普通高等教育农业农村部"十四五"规划教材

渔业资源生物学

（第二版）

陈新军　刘必林　主　编

科学出版社

北　京

内 容 简 介

渔业资源生物学是海洋渔业科学与技术等相关专业的基础课程。本书共 9 章，在系统介绍渔业资源生物学基本概念、研究内容、研究概况等的基础上，重点介绍以鱼类为主的渔业资源种类的种群及其研究方法，生活史与早期发育，年龄与生长，性成熟、繁殖习性与繁殖力，饵料、食性与种间关系，以及集群与洄游分布。最后，介绍了世界渔业资源概况，以及渔业资源调查的基本技能和方法。通过对该课程的学习，使学生能够掌握开展渔业资源种类的生物学特性及渔业资源调查与研究的基本方法，了解我国近海和世界主要海洋渔业资源的分布，为今后从事渔业资源生物学的研究打下扎实基础。

本书可作为海洋渔业科学与技术等相关专业本科生、研究生的教材，也可供从事水产与海洋领域研究的科技工作者参考。

图书在版编目（CIP）数据

渔业资源生物学 / 陈新军，刘必林主编. -- 2 版. -- 北京：科学出版社，2024.6. -- (普通高等教育农业农村部"十四五"规划教材). -- ISBN 978-7-03-078859-7

Ⅰ. S931.1

中国国家版本馆 CIP 数据核字第 2024RZ8847 号

责任编辑：刘　丹　韩书云 / 责任校对：严　娜
责任印制：肖　兴 / 封面设计：金舵手世纪

科学出版社 出版
北京东黄城根北街 16 号
邮政编码：100717
http://www.sciencep.com
北京天宇星印刷厂印刷
科学出版社发行　各地新华书店经销
*
2017 年 3 月第 一 版　开本：787×1092　1/16
2024 年 6 月第 二 版　印张：19 1/2
2024 年 6 月第一次印刷　字数：460 000
定价：79.80 元
（如有印装质量问题，我社负责调换）

《渔业资源生物学》（第二版）编委会

前　言

渔业资源生物学是海洋渔业科学与技术等相关专业的基础课程。该学科为生物学科的一个分支。通过该课程的学习，能够使学生掌握开展渔业资源种类的生物学特性及渔业资源调查与研究的基本方法，了解我国近海和世界主要海洋渔业资源的分布状况，从而为今后从事渔业资源与渔场的调查、研究等工作打下扎实基础。

随着渔业资源生物学的发展，科学技术研究手段和水平的提高，以及近五年来科研成果、教学实践和学生反映情况，本书增加了不少新的理论和研究方法。例如，在种群章节中增加了金枪鱼的人工智能研究方法；在年龄章节中增加了虾蟹类眼柄和胃磨，以及在头足类中增加了内壳和眼睛晶状体等硬组织的年龄研究方法；在繁殖章节中新增了生殖对策与环境关系的内容；在洄游分布章节中增加了基于生物地球化学的柔鱼和秋刀鱼的洄游分布研究；在渔业资源调查章节中增加了渔业资源调查设计与优化。经过扩充后，大大丰富了渔业资源生物学的研究内容。

基于上述认识，我们重新组织了上海海洋大学、广东海洋大学、大连海洋大学、浙江海洋大学、天津农学院等全国同类高校从事本学科教学的教师，对《渔业资源生物学》进行了补充和完善。修订后的教材共9章：第一章为绪论，主要介绍了渔业资源的基本概念、研究内容、学科体系，国内外渔业资源生物学的研究概况和研究意义，特别是对经典专著和教材进行了介绍。第二章为种群及其研究方法，主要介绍种群的基本概念及种群判别的方法，分析种群数量增长的一般规律及其影响因子，为了解和掌握种群鉴定的基本方法提供基础。第三章为生活史与早期发育，主要介绍鱼类生活史不同阶段的划分及其特征，初步掌握鱼卵、仔鱼、稚鱼的形态特征及鉴别要点。第四章为年龄与生长，简要阐述了研究鱼类年龄与生长的意义，详细描述了年轮形成的一般原理及一般鉴定材料，探讨了鱼类、甲壳类和头足类等的其他年龄研究方法，并以阿根廷滑柔鱼为案例，详细介绍基于耳石微结构的年龄与生长研究进展。第五章为性成熟、繁殖习性与繁殖力，主要介绍鱼类繁殖习性、繁殖力测定的基本方法，鱼类的性成熟特征，产卵群体的结构、繁殖力及其与环境因子的关系，以及生殖对策等。第六章为饵料、食性与种间关系，重点介绍鱼类的食饵关系与食物链，以及鱼类摄食的类型与特征及研究方法，阐述鱼类是如何来保障其食物供给的，同时介绍了肥满度和含脂量的概念及其研究方法。第七章为集群与洄游分布，详细描述集群的概念、形成的原因及类型，探讨了种群结构及其变化规律；介绍鱼类洄游的概念、类型及鱼类洄游的机制与生物学意义。第八章为世界渔业资源概况，重点介绍世界海洋环境，概述世界海洋生物地理区系，以及我国近海海洋生物区系的地理学特征；重点对我国近海重要经济种类（主要中上层鱼类、主要底层鱼类、中国明对虾等）的资源分布及其开发状况进行了简要描述。第九章为渔业资源调查，重点介绍海洋生物调查、鱼类资源调查、海洋环境调查等调查工作的主要内容和所需仪器、设备等，以及渔业资源调查的基本技能和方法。

在本书编写过程中，编者力求把国内外最新的研究成果补充进来，力图与国际接轨以适应海洋渔业科学与技术等相关专业发展的需要，但因篇幅和参考资料的局限，以及编写人员的水平有限，教材中仍有诸多不当之处，恳请读者指正。

编　者

2024 年 3 月 16 日

目　　录

第一章　绪论 ……………………………………………………………………………………1

第一节　渔业资源的基本概念与特点 …………………………………………………………1

一、渔业资源的基本概念 ……………………………………………………………………1

二、渔业资源学的基本概念 …………………………………………………………………2

三、渔业资源的基本特点 ……………………………………………………………………3

第二节　渔业资源生物学的基本概念及其研究内容 …………………………………………4

一、渔业资源生物学的基本概念 ……………………………………………………………4

二、渔业资源生物学的学科地位 ……………………………………………………………5

三、渔业资源生物学的目的、任务和基本研究内容 ………………………………………5

四、渔业资源生物学与其他学科的关系 ……………………………………………………5

第三节　国内外渔业资源生物学的发展及经典著作介绍 ……………………………………6

一、国内渔业资源生物学的发展及经典著作介绍 …………………………………………6

二、国外渔业资源生物学的发展及经典著作介绍 …………………………………………9

第四节　渔业资源生物学研究的意义 ……………………………………………………… 10

课后作业 ……………………………………………………………………………………… 11

一、建议阅读的相关文献 ………………………………………………………………… 11

二、思考题 ………………………………………………………………………………… 11

第二章　种群及其研究方法 ……………………………………………………………………12

第一节　种群的简介 ………………………………………………………………………… 12

一、种群的基本概念 ……………………………………………………………………… 13

二、种群分化的原因 ……………………………………………………………………… 14

三、种族、亚种群与群体的含义及其和种群的差异 …………………………………… 15

第二节　种群结构及其变化规律 …………………………………………………………… 16

一、种群结构的基本含义 ………………………………………………………………… 16

二、年龄结构及其变化规律 ……………………………………………………………… 17

三、个体（长度/质量）组成的概念及其内涵 ………………………………………… 19

四、性比组成和性腺成熟度及其变化规律 ……………………………………………… 21

第三节　种群的鉴定方法 …………………………………………………………………… 22

一、形态学方法 …………………………………………………………………………… 23

二、生态学方法 …………………………………………………………………………… 28

三、分子生物学方法 ……………………………………………………………………… 30

四、渔获量统计法 ………………………………………………………………………… 38

五、种群鉴定及其生物学取样时的注意事项 …………………………………………… 39

第四节　分子系统地理学概述 ……………………………………………………………… 39

一、分子系统地理学的理论基础 ………………………………………………………… 39

二、分子系统地理学的建立与发展 ·························· 40
三、案例分析——东太平洋茎柔鱼分子系统地理学研究 ··············· 41
第五节 种群数量增长及其调节方式 ························ 45
一、种群数量增长过程 ····························· 45
二、种群数量增长模型 ····························· 46
三、有限环境条件下鱼类自然种群数量动态变化的基本特征 ··········· 47
四、鱼类资源开发与种群平衡 ························· 47
第六节 种群鉴定的案例分析 ·························· 49
一、大黄鱼地理种群划分及其与地理环境的关系分析 ·············· 49
二、基于地标点分析法的茎柔鱼种群鉴别 ··················· 51
三、基于人工智能方法的金枪鱼鱼种鉴别 ··················· 56
课后作业 ································· 63
一、建议阅读的相关文献 ··························· 63
二、思考题 ······························· 63
第三章 生活史与早期发育 ·························· 65
第一节 鱼类的生活史及寿命 ························· 65
一、生活史及发育期的划分 ·························· 65
二、发育阶段不同的划分方法 ························· 67
三、鱼类生活史类型 ···························· 68
四、寿命 ································ 68
第二节 鱼类的早期发育 ··························· 69
一、鱼类早期发育的一般特征与过程 ····················· 69
二、鱼类早期发育研究的目的和意义 ····················· 75
第三节 鱼卵、仔鱼、稚鱼的形态及鉴别要点 ·················· 76
一、鱼卵与仔鱼的形态学鉴别 ························· 76
二、鱼卵的形态结构及鉴别要点 ······················ 77
三、仔鱼、稚鱼及其鉴别要点 ························· 81
第四节 影响仔鱼存活的环境因子分析 ····················· 83
课后作业 ································· 84
一、建议阅读的相关文献 ··························· 84
二、思考题 ······························· 84
第四章 年龄与生长 ···························· 85
第一节 研究鱼类年龄与生长的意义 ····················· 85
第二节 年轮形成的一般原理及鉴定材料 ···················· 86
一、年轮形成的一般原理 ··························· 86
二、鉴定鱼类年龄的材料 ··························· 87
三、年龄组的划分及基本概念 ························· 87
四、鱼类鳞片和耳石鉴定方法的比较 ····················· 88
第三节 鱼类鳞片与年龄鉴定 ························· 88
一、鱼类鳞片的结构 ···························· 89

二、鱼类鳞片的类型 ·· 90

三、鱼类鳞片的年轮特征 ·· 91

四、鱼类的副轮、生殖痕和再生鳞 ·· 92

五、鱼类鳞片的采集 ··· 93

第四节　鱼类耳石和年龄鉴定 ·· 93

一、鱼类耳石日轮的发现、研究进展及意义 ································· 93

二、鱼类耳石日轮的形态特征 ·· 94

三、鱼类耳石日轮的生长规律 ·· 95

四、鱼类耳石的鉴龄方法 ·· 95

第五节　甲壳类的年龄鉴定 ··· 98

一、饲养法 ·· 98

二、标记重捕法 ·· 99

三、体长频度法 ·· 100

四、脂褐素分析法 ··· 100

五、放射性同位素分析法 ·· 100

六、硬组织生长纹分析法 ·· 101

七、年龄鉴定方法的比较分析 ·· 102

第六节　头足类硬组织和日龄鉴定 ··· 103

一、耳石 ·· 103

二、角质颚 ··· 103

三、内壳 ·· 105

四、眼睛晶状体 ·· 107

第七节　鱼类年龄的其他鉴定方法 ··· 108

一、饲养法 ··· 108

二、标志放流法 ·· 108

三、基于体长频率分布的鱼类年龄鉴定方法 ································· 108

四、相对边缘测定法 ·· 111

五、同位素校验法 ··· 112

第八节　鱼类生长及其测定方法 ·· 113

一、鱼类生长的规律及其一般特性 ·· 113

二、影响鱼类生长的主要因素 ·· 114

三、测定鱼类生长的方法 ·· 114

第九节　案例分析——基于耳石微结构的头足类年龄与生长研究 ············ 119

一、材料和方法 ·· 119

二、结果 ·· 121

课后作业 ·· 129

一、建议阅读的相关文献 ·· 129

二、思考题 ··· 130

第五章　性成熟、繁殖习性与繁殖力 ·· 131

第一节　鱼类性别特征及其性成熟 ··· 131

一、雌雄的区别……………………………………………………131
二、性成熟特性及性比………………………………………………132
三、性腺成熟度的研究方法…………………………………………135
第二节 繁殖习性……………………………………………………138
一、鱼类繁殖期………………………………………………………138
二、生殖方式…………………………………………………………138
三、产卵类型…………………………………………………………139
四、产卵群体的类型…………………………………………………139
第三节 繁殖力概念及测定方法……………………………………140
一、个体繁殖力的概念………………………………………………140
二、鱼类个体繁殖力的变化规律……………………………………140
三、鱼类个体繁殖力的调节机制……………………………………142
四、鱼类个体繁殖力的测算方法……………………………………143
五、鱼类种群繁殖力及其概算方法…………………………………144
第四节 鱼类的生殖对策……………………………………………145
一、生殖对策的概念…………………………………………………145
二、鱼类生殖对策的类型……………………………………………146
三、生殖对策与环境的关系…………………………………………147
第五节 案例分析——头足类的性成熟及繁殖习性………………149
一、生长与性成熟……………………………………………………149
二、繁殖力特性………………………………………………………150
三、生殖对策…………………………………………………………151
四、卵的性质及成熟…………………………………………………155
课后作业………………………………………………………………157
一、建议阅读的相关文献……………………………………………157
二、思考题……………………………………………………………158
第六章 饵料、食性与种间关系………………………………………159
第一节 鱼类的食饵关系与食物链…………………………………159
一、鱼类的食饵组成…………………………………………………159
二、食物链、食物网及生态效率……………………………………160
第二节 鱼类摄食的类型……………………………………………162
一、依据鱼类所摄食的食物性质划分………………………………162
二、依据鱼类所摄食的食物生态类型划分…………………………163
三、依据鱼类所摄食的饵料种数划分………………………………163
四、依据鱼类的捕食性质划分………………………………………163
五、依据鱼类的摄食方式划分………………………………………163
第三节 鱼类摄食的特征……………………………………………164
一、不同发育阶段的摄食习性………………………………………164
二、不同生活周期鱼类食物组成的变化……………………………164
三、不同水域鱼类食物组成的变化…………………………………164

　　四、摄食习性的昼夜变化……………………………………………………………165
　　五、鱼类食物的选择性………………………………………………………………165
第四节　鱼类的食物保障………………………………………………………………165
　　一、鱼类食物保障的概念……………………………………………………………165
　　二、鱼类对食物保障的适应…………………………………………………………166
　　三、水域理化环境对食物保障的影响………………………………………………167
第五节　鱼类摄食研究方法……………………………………………………………168
　　一、样品的采集与处理………………………………………………………………168
　　二、鱼类摄食的现场观察……………………………………………………………169
　　三、定性与定量分析方法……………………………………………………………169
　　四、影响鱼类摄食的主要因素………………………………………………………173
第六节　肥满度和含脂量………………………………………………………………174
　　一、鱼类的肥满度……………………………………………………………………174
　　二、鱼类的含脂量……………………………………………………………………175
第七节　案例分析——茎柔鱼种群摄食生态与共存关系研究…………………………175
　　一、基于脂肪酸组成的茎柔鱼种群摄食生态与共存关系研究……………………175
　　二、基于碳、氮稳定同位素的茎柔鱼种群摄食生态与共存关系研究……………182
课后作业……………………………………………………………………………………186
　　一、建议阅读的相关文献……………………………………………………………186
　　二、思考题……………………………………………………………………………187
第七章　集群与洄游分布…………………………………………………………………188
第一节　鱼类的集群……………………………………………………………………188
　　一、鱼类集群的概念及其类型………………………………………………………188
　　二、鱼类集群的一般规律……………………………………………………………189
　　三、鱼类集群的作用…………………………………………………………………189
　　四、鱼类集群的行为机制及其结构…………………………………………………190
第二节　鱼类的洄游分布………………………………………………………………192
　　一、洄游的概念与类型………………………………………………………………192
　　二、鱼类洄游的机制与生物学意义…………………………………………………196
第三节　鱼类洄游的研究方法…………………………………………………………199
　　一、渔获物统计分析法………………………………………………………………199
　　二、标志放流法………………………………………………………………………200
　　三、微量元素分析法…………………………………………………………………203
第四节　洄游分布研究案例分析………………………………………………………204
　　一、分离式卫星标志放流技术在金枪鱼研究中的应用……………………………204
　　二、利用 Sr/Ca 和 Ba/Ca 重建茎柔鱼的洄游路线………………………………206
　　三、基于耳石信息的北太平洋柔鱼栖息地溯源年间差异…………………………208
　　四、基于耳石信息的西北太平洋秋刀鱼栖息地溯源………………………………212
课后作业……………………………………………………………………………………215
　　一、建议阅读的相关文献……………………………………………………………215

二、思考题 ·· 216
第八章　世界渔业资源概况 ·· 217
　第一节　世界海洋环境及海洋生物地理区系概述 ··· 217
　　一、世界海洋环境概述 ·· 217
　　二、世界海洋生物地理区系概述 ·· 220
　　三、我国近海海洋生物区系的地理学特征 ·· 222
　第二节　全球海洋渔业资源概述 ·· 224
　　一、联合国粮食及农业组织的渔区划分方法 ··· 224
　　二、各渔区渔业资源概况 ·· 224
　第三节　中国海洋渔业资源概况 ·· 230
　　一、中国近海海洋环境概况 ··· 230
　　二、中国海洋渔场概况及种类组成 ·· 232
　第四节　中国近海重要经济种类的资源分布 ·· 237
　　一、主要中上层鱼类 ··· 237
　　二、主要底层鱼类 ·· 243
　　三、甲壳类 ··· 245
　　四、头足类 ··· 246
　课后作业 ·· 249
　　一、建议阅读的相关文献 ·· 249
　　二、思考题 ··· 251
第九章　渔业资源调查 ·· 252
　第一节　渔业资源调查的目的与类型 ··· 252
　　一、渔业资源调查的主要目的 ·· 252
　　二、渔业资源调查的基本类型 ·· 252
　第二节　渔业资源调查工作的组织与实施 ·· 253
　　一、渔业资源调查的准备工作 ·· 253
　　二、渔业资源调查站点设置与航迹设计 ··· 254
　　三、渔业资源调查期间的值班制度和观测记录 ·· 255
　第三节　海洋生物调查 ·· 256
　　一、初级生产力的测定 ·· 256
　　二、海洋微生物调查 ··· 256
　　三、浮游生物调查 ·· 257
　　四、底栖生物调查 ·· 258
　第四节　鱼类资源调查 ·· 259
　　一、调查前的准备工作 ·· 259
　　二、海上调查工作 ·· 259
　　三、资料整理与调查报告撰写 ·· 260
　第五节　海洋环境调查 ·· 263
　　一、海洋环境调查系统的构成 ·· 263
　　二、海洋水文观测的分类及内容 ··· 265

三、海洋水文气象调查方法 ……………………………………………266

第六节　渔业资源调查设计与优化 …………………………………269

一、渔业资源调查设计涵盖内容 ……………………………………270

二、基于计算机模拟方法的抽样调查设计与优化 ……………………270

三、基于计算机模拟方法的抽样调查设计与优化示例 ………………272

课后作业 ………………………………………………………………280

一、建议阅读的相关文献 ……………………………………………280

二、思考题 ……………………………………………………………281

主要参考文献 …………………………………………………………282

附录　相关基本概念 …………………………………………………288

| 第一章 |

绪　论

提要： 党的十八大作出了建设海洋强国的重大部署，而渔业资源作为海洋强国的重要组成部分，对于发展海洋经济，维护我国国家主权，发展利益起到了重要作用。在本章中，将科学阐述渔业资源和渔业资源学的基本概念，以及渔业资源的自然特性，简要介绍渔业资源生物学的基本概念、研究内容及与相关学科之间的关系，同时分年代分析国内外渔业资源生物学的发展简况，对渔业资源生物学的经典著作进行介绍，最后阐述渔业资源生物学的研究意义。要求重点掌握渔业资源相关的基本概念，以及渔业资源生物学的研究内容。

渔业资源是自然资源的重要组成部分，是人类食物的一个重要来源，它为从事捕鱼活动的人们提供了就业机会、经济利益和社会福利。根据联合国粮食及农业组织（FAO）统计分析，2020年，渔业和水产养殖总产量创历史新高，达 2.14 亿 t，包括 1.78 亿 t 水生动物和 3600 万 t 藻类；2020 年人均食用水产食品约 20.2kg，是 50 年前的两倍多。全球范围内，水产食品提供的蛋白质占动物蛋白摄入量的 17% 左右，占所有蛋白质摄入量的 7% 左右。对于 33 亿人而言，水产食品至少提供了人均动物蛋白摄入量的 20%，在亚洲和非洲的部分国家甚至达到 50% 以上。2020 年，全球 89%（1.58 亿 t）的产量（不包括藻类）直接供人食用，而 20 世纪 60 年代这一比例为 67%（FAO，2022）。水产品依然是世界上贸易程度最高的食品。2020 年，约 225 个国家报告有渔业和水产养殖产品出口。渔业贸易对发展中国家特别重要，在一些情况下占贸易商品总值的一半以上。2020年，水产品贸易约占农业出口总值的 11%，占世界商品贸易总值的 1%。世界上许多人以渔业和水产养殖作为收入和生计的来源，包括自给自足型和次级产业工人及其家属在内，2020 年估计有 6 亿人至少部分以渔业和水产养殖为生，其中 25% 为全职，21% 为兼职，14% 为临时，40% 为其他未明状态。

在我国，渔业在国民经济中的地位不断提高。据统计，2020 年全国水产品总量达到 6230 万 t，连续 20 多年位居世界第一，其中海洋捕捞产量为 1354 万 t，远洋捕捞 1177 万 t。渔船总数 56.4 万艘。全社会渔业总产值达到 22 019 亿元（2015 年价格）。渔业人口 2017 万人，渔业从业人员 1415 万人。水产品进出口总量 814.15 万 t，进出口总额 293.14 亿美元。全国水产品人均占有量 40.1kg。因此，渔业资源在食品安全、渔民就业、经济发展、对外贸易等方面都起到了重要的作用。

◆ 第一节　渔业资源的基本概念与特点

一、渔业资源的基本概念

渔业资源（fishery resources），又称水产资源，是发展水产业的物质基础，也是人类食物和优质动物蛋白的重要来源之一。在《农业大词典》中，渔业资源的定义为："栖息于天然水域中具有开发利用价值的经济动植物的总称。"《大辞海（农业科学卷）》（2008 年出版）中认为："水产资源，亦称渔业资源，是指天然水域中蕴藏并具有开发利用价值的各种经济动植物的种类和数量的总称。主要有鱼类、甲壳动物类、软体动物类、海兽类和海藻类等。"以前，在上海水产学院主编的内部教材中，也把水产资源与渔业资源分开来定义："水产资源为水域中蕴藏着的经济动植物（鱼类、软体动物、甲壳类、海兽类和藻类等）的群体数量"；"渔业资源是指水产资源中可供捕捞的经济鱼类和其他经济动植物的群体蕴藏量。"随着时代的发展，水产资源与渔业资源多被作为同一概念来定义。因此，本书中，我们将渔业资源定义为：天然水域中具有开发利用价值的经济动植物（鱼类、贝类、甲壳类、海兽类、藻类）的种类和数量的总称。

渔业资源种类繁多，主要的类别有鱼类、甲壳类、软体类、藻类和哺乳类等，各类群的数量相差很大。鱼类是渔业资源中数量最大的类群；甲壳类主要指虾类和蟹类；软体类主要包括贝类和头足类，头足类包括柔鱼科（Ommastrephidae）、枪乌贼科（Loliginidae）、乌贼科（Sepiidae）和蛸科（Octopodidae）；藻类包括海带、紫菜等；哺乳类包括蓝鲸、抹香鲸、白鲸、海豹等。

在所有渔业资源中，海洋渔业资源为最多。按所在水层的不同，其可分为：①底层种类，主要栖息于底层，通常用拖网捕捞，产量占全球海洋渔业产量的40%以上，主要是鳕科和无须鳕科鱼类；②岩礁种类，栖息于岩礁区，主要采用钓捕，如石斑鱼；③沿岸中上层种类，在大陆架海区栖息于中上层的种类都属于这一类型，主要为鲱科、鳀科、鲹科和鲭科鱼类；④大洋性中上层鱼类，主要栖息于大陆斜坡和洋区透光层的表层，如金枪鱼类等。

在我国近海，海洋渔业资源丰富，种类繁多，其种类按黄海、东海和南海依次递增。各海区的主要经济种类见表1-1。

表 1-1 中国沿海主要水产经济动植物种类的分布

海区	主要水产经济动植物种类
黄海	小黄鱼、带鱼、鲐、太平洋鲱、蓝点马鲛、鳓、海鳗、青鳞鱼、白姑鱼、牙鲆、日本枪乌贼、对虾、中国毛虾、鹰爪虾、毛蚶、海带等
东海	带鱼、大黄鱼、小黄鱼、绿鳍马面鲀、银鲳、蓝圆鲹、鲐、海鳗、马鲛、竹荚鱼、曼氏无针乌贼、鳓、梭子蟹、中国毛虾、牡蛎、缢蛏、泥蚶、海带、紫菜等
南海	蓝圆鲹、蛇鲻、金线鱼、马六甲鲱鲤、二长棘鲷、大眼鲷、黄鲷、日本金线鱼、深水金线鱼、红鳍笛鲷、黄鳍马面鲀、鲐、金色小沙丁鱼、牡蛎等

二、渔业资源学的基本概念

渔业资源学，也称水产资源学，是水产学的主要分支之一。在《中国农业百科全书》中，渔业资源学是指"研究可捕种群的自然生活史（繁殖、摄食、生长和洄游），种群数量变动规律、资源量和可捕量估算，以及渔业资源管理保护措施等内容，从而为渔业的合理生产、渔业资源的科学管理提供依据的科学。"《大辞海（农业科学卷）》中认为："水产资源学是研究水产资源特性、分布、洄游，以及在自然环境中和人为作用下数量变动规律的学科。为可持续开发利用水产资源提供依据。主要包括研究水产资源生物学特性的水产资源生物学，研究评估水产资源开发利用程度的水产资源评估学，研究渔业资源开发利用与社会经济发展、资源最佳配置规律的渔业资源经济学等。"随着学科的发展，渔业资源学的内涵也在不断延伸，编者认为：渔业资源学是研究鱼类等种类的种群结构、繁殖、摄食、生长和洄游等自然生活史过程；研究鱼类等种类的种群数量变动规律、资源量和可捕量估算，以及不同管理策略下种群数量变动规律及其不确定性；研究鱼类等种类的资源开发利用与社会经济发展、资源优化配置规律；研究渔业资源管理与保护措施等内容，从而为渔业的合理生产、渔业资源的科学管理提供依据的科学。

三、渔业资源的基本特点

渔业资源是自然资源的一种，具有明显的自然特性。它既不同于不可耗竭的自然资源，如潮汐能、风能等，又完全不同于能耗竭但不能再生的自然资源，如矿物等。它是一种可更新（或再生）的生物资源，并且大部分种类具有跨区域和大范围的流动性、季节的洄游性，因此渔业资源具有其所特有的属性和变化规律。深刻分析和研究渔业资源的自然特性，对渔业资源的可持续开发和利用、科学管理等具有十分重要的意义。渔业资源具有以下 6 个方面的自然特性。

（1）再生性 渔业资源是一种可再生资源，具有自行繁殖的能力。通过种群的繁殖、发育和生长，资源可得到不断更新，种群数量不断获得补充，并通过一定的自我调节能力（因受到饵料、空间的限制，以及敌害的制约等）使种群的数量在一定点上达到平衡。如果有适宜的环境条件（主要指栖息的海洋环境条件等），且人类开发利用合理，渔业资源则可世代繁衍，持续为人类提供高质量的动物蛋白。但如果生长的环境条件遭到自然或人为的破坏（如厄尔尼诺现象引起的栖息环境改变，围海垦地导致鱼类产卵场等的破坏），或者遭到人类的酷渔滥捕，渔业资源的自我更新能力则降低，生态平衡遭到破坏，长此以往将会导致渔业资源的衰退甚至枯竭。

（2）洄游性或流动性 渔业资源中除少数固着性水生生物、定居性生物外，绝大多数渔业资源都有在水中洄游移动的习性，这是渔业资源与其他可再生生物资源如草原、森林等所不同的，是与其他自然资源相区别的最显著特征之一。从经济学上来讲，这一流动性是自然产权难以固定或者界定的根本原因，也是产生过度捕捞的主要原因之一。一般来说，甲壳类等的移动范围较小，鱼类和哺乳类的移动范围较大，特别是溯河产卵的大麻哈鱼和金枪鱼等大洋性鱼类。许多种类产卵时洄游到近岸海区，产卵后游向外海。许多种类在发育的不同阶段生活于不同海区。因此，不少渔业资源种群在整个生命周期中会在多个国家或地区管辖的水域内栖息。

（3）共享性 除领海和 200 海里（n mile）专属经济区外，海洋的极大部分没有划分国界。即使是一国的领海，或跨区域的河流，一般也没有明显的省市或州郡等界线。对洄游性种类而言，更没有国界和区域界限而言。由于渔业资源具有季节的洄游性和流动性，因此在某一水域中，对于某一种渔业资源，甚至是同一种群，常常是几个国家或地区共同开发利用的对象。人们难以将其局限在某一海区进行管理，同样某一渔民也无法阻止别人前来捕鱼。因此，从经济学上分析，渔业资源通常具有利用或消费无排他性的特征。人们可以自由入渔，渔业资源的产权往往是在被渔民捕获时才确定的。这是一种典型的共享性资源。

共享性资源是非专有的，非专有性是财产权的一种减弱，它将会导致资源管理和利用的低效率。在这种情况下，价格既不能在使用者之间对分配和利用资源起协调作用，也不能为生产或保护资源及提高收入提供刺激作用。在资源经济学中认为，该资源的最终配置结果是：资源开发过度，在资源管理、保护和提高资源生产能力等方面投资严重不足。

（4）渔获物的易腐性 鱼类等渔业资源是人类优质动物蛋白的重要来源。但如果渔获物腐败变质，就会完全失去效用价值和使用价值；即使没有腐败变质，若鲜度下降，水产品利用效果也会降低。人们在船上捕获生食的金枪鱼后，通常会马上放血、去内脏，随即在-60℃条件下进行冷冻保藏，这样才能保证其品质；反之，金枪鱼若经过一般的冷冻处理，其品质则会剧减，渔获物价格就会大幅度下降。因此，在无保鲜措施的时代，渔场利用和流通的范围受到了很大的限制，渔业生产只能局限在沿岸海域，水产品的消费也局限在沿海地区。冷冻技术及超低温技术（-60℃）的发展，促进了作业渔场的远洋化、流通的广域化及加工原料的大量贮藏，为渔业生产的发展及产业链的延伸创造了良好的条件，同时促进了外海和远洋渔业资源的大规模开发与利用。

（5）波动性　鱼类等水生动物是冷血性种类，因此其渔业资源的生长、死亡等除了受到人为捕捞因素的作用，还极易受到气候条件、水文环境等自然因素的影响，不可预见的因素较多，年间资源量的波动性较大。水温、海流等因素的异常变化，会给鱼类等生长造成极大的危害，对渔业资源数量造成很大的影响，如厄尔尼诺现象造成的秘鲁鳀产量的剧降。由于渔业资源的波动性，捕捞生产和水产养殖等渔业生产活动存在较大的不确定性和风险性。

（6）整体性　鱼类等种类是海洋生态系统的重要组成部分之一，多数处在海洋食物链的中上层位置。因此，渔业资源与它生存的各种自然环境条件、捕食和被捕食，以及人类生产活动之间存在着密切的关系，它们既互相联系又互相制约，一种资源要素或环境条件的变化会引起其他相关资源要素的相应变化。比如，假定有两种竞争性鱼类构成了不同渔业的目标种类，两种船队分别采用了不同的捕捞强度，这样将会改变海洋生态系统的广度和方向，因而对两种鱼类的相对资源量产生影响。有两种渔业 A 和 B，竞争性种类 S1 和 S2（没有开发时，它们共同存在和生活），若增加捕捞种类 S1 的强度（渔业 A）将会导致种类 S2 资源量的增加（渔业 B），这样，渔业 A 对渔业 B 产生一个正的外部效果，这种类型在资源经济学中可称为竞争共存条件下的外部性（externality under competitive coexistence）。

由上述分析可知，渔业资源数量及其分布状况不仅受其自身生物学特性的影响，还会因栖息环境条件的变化和人类开发利用的状况而发生变动。此外，随着人类社会、科学技术和生产手段的日益进步，渔业资源的开发种类、开发海域、开发水层也在不断扩大。

◆ 第二节　渔业资源生物学的基本概念及其研究内容

一、渔业资源生物学的基本概念

渔业资源生物学是研究鱼类资源和其他水产经济动物群体生态的一门自然学科，是生物学的一个分支。它是随着人类的生产活动而逐步发展起来的一门为渔业生产服务的科学，是鱼类学和水产动物学的发展及其在生产上的实际应用。由于在世界渔业资源中，鱼类是人类开发和利用的主要对象，其产量居多，因此人们在渔业资源生物学中又往往以鱼类作为其主要的研究对象。

随着学科的发展，渔业资源生物学的内涵和外延在不断丰富和分化。例如，日本学者久保伊津男和吉原友吉（1957）认为：渔业资源生物学包括了与生物学和数理有关的两个方面内容，主要研究单一或多鱼种的种群、结构、洄游分布、年龄生长、死亡、繁殖以及资源数量变动的原因和机制，资源量估算，最适渔获量的确定和资源管理、增殖方法等。Cushing（1968）比较明确地认为：渔业资源生物学包括了种群的自然生活史（繁殖、摄食、生长和洄游）和种群数量变动（死亡率、补充率、资源评估和管理）研究这两个领域。1991 年，邓景耀和赵传絪著的《海洋渔业生物学》一书中，渔业生物学涵盖了种群结构、年龄与生长、洄游与分布、摄食与繁殖、渔场分布与环境的关系、资源量评估与管理等内容。后来，其研究内容还包括鱼类群落、区域性渔业资源概述等内容（陈大刚，1995）。

从渔业资源生物学这一学科的发展历程可以看出，其涵盖的内容和含义在不断地拓展，但是一些研究内容由于研究深度和研究方法的不断拓展，又单独成为一门学科，如渔业资源评估与管理。因此，我们认为渔业资源生物学存在两种概念，即广义和狭义的概念。从广义上讲，渔业资源生物学是指研究鱼类等渔业生物的种群结构、年龄与生长、洄游与分布、摄食与繁殖、渔场分布与环境的关系、种群数量变动、资源量评估与管理等内容的一门学科。从狭义上讲，渔业资源生物学是指研究鱼类等水生生物的种群组成，以及以鱼类种群为中心，研究渔业生物的生命周期中各个阶段的年龄组成、生长特性、性成熟、繁殖习性、摄食、洄游分布等种群的生活史过程及其特征的一门学科。在本书中，以狭义的渔业资源生物学为研究内容。

二、渔业资源生物学的学科地位

渔业资源生物学是海洋渔业科学与技术等相关专业的基础课程，是研究鱼类等水产动物群体的生物学的一门综合性基础应用科学，属于应用生态学范畴，也属于生物学范畴。由于本学科所涉及的范围极其广泛，因而它既具有基础性，又具有应用性，具有综合科学的性质。

本学科所研究的内容是从事海洋渔业生产、管理和研究的科技人员所必须具备的专业基本理论和基本技能。通过学习本课程，能够使学生基本掌握鱼类的种群、生长、摄食、生殖等生物学方面的基本研究方法，学会渔业资源调查的基本技术与方法，了解我国近海和全球主要渔业资源分布及其概况，为今后从事海洋渔业生产、渔业资源管理及教学科研工作打下扎实的基础，为渔业生产、渔业资源管理及其可持续利用提供科学方法和手段。

三、渔业资源生物学的目的、任务和基本研究内容

为了持续、合理地利用渔业资源，必须要熟悉捕捞对象在水域中的蕴藏量、分布情况和它们的生长、繁殖、死亡、洄游分布等生物学特性，这是海洋渔业学科中极为重要的一个研究课题。渔业科学工作者根据多年的渔业生产实践和渔业科学实验的丰富资料，将有关捕捞对象的生活、习性、分布、洄游等资料上升为科学理论并找出其系统规律，成为渔业科学一个极为重要的组成部分。

渔业资源生物学的目的和任务是传授渔业资源生物学的有关基本知识和调查方法及有关捕捞对象的洄游分布等，为掌握渔业资源的生活史及数量变动，确保渔业资源的可持续利用提供基础。其主要内容如下。

1）掌握研究渔业资源生物学的基础理论和方法，如种群鉴定及其结构、年龄与生长、食性与肥满度、繁殖习性与繁殖力、鱼类群落结构及其生物多样性、鱼类早期生活史及其各个阶段特征等，为渔业资源评估、群体数量变动、渔情预报（包括中心渔场的确定）及鱼类生活史的掌握提供最为基础的资料。

2）掌握鱼类的集群与洄游分布研究方法和基本概念，如鱼类集群的一般规律和原理、鱼类的洄游类型和研究方法。

3）了解我国近海渔场环境及其渔业资源分布，以及世界主要渔业资源的概况，包括世界金枪鱼、头足类和中上层鱼类等主要渔业资源。

4）掌握和了解渔业资源与渔场的调查方法，主要包括海洋环境调查、海洋生物调查和鱼类资源调查等。

四、渔业资源生物学与其他学科的关系

渔业资源生物学作为由渔业科学与生态学、生物科学、海洋科学等学科交叉形成的一门专业

性基础学科，与其他许多相关学科有着十分密切的关系，简述如下。

（1）鱼类学（ichthyology）　　众所周知，鱼类学是动物学的一个分支，是研究鱼类的形态、分类、生理、生态及遗传进化的科学。由于鱼类是渔业的主要研究对象，因此它是渔业资源生物学的基础。

（2）海洋生物学（marine biology）　　海洋生物学是研究海洋浮游生物、底栖生物的科学。由于浮游生物、底栖生物等与渔业资源生物学的研究对象关系密切，为鱼类的生长提供充足的饵料，因此是本学科的基础学科。

（3）生态学（ecology）　　生态学是以研究生物与环境相互关系为主要内容的科学。由于渔业资源生物学自身就是应用生态学的一个分支，因此生态学的有关基本理论与方法已成为渔业资源生物学的基本内容与核心，并引导着该学科前进的方向。

（4）鱼类行为学（fish ethology）　　鱼类行为学是研究鱼类行动状态和环境条件之间相互关系的一门学科，特别是研究水温、盐度、海流等条件与鱼类洄游分布之间的关系，它为渔业资源生物学的发展和研究打下了基础。

（5）海洋学（oceanography）　　海洋学是研究海洋的水文、化学及其他无机和有机环境因子的变化与相互作用规律的科学，因此海洋水域环境作为研究对象的载体，与鱼类学共同成为渔业资源生物学的基础学科。

（6）渔业资源评估（fisheries stock assessment）　　它由渔业生物学中的鱼类资源动态部分独立而成，是以研究渔业生物的死亡、补充、数量动态和资源管理为核心的科学，是渔业资源生物学的发展、服务对象和本课程的后继课程。

（7）环境生物学（environmental biology）　　环境生物学是在近几十年环境质量下降并危及生物种质资源和鱼类自身情况下，逐步发展和兴起的一门环境与生物学交叉的科学。它从生物学、生态学角度出发，侧重研究保护生物学、生物多样性和大洋生态系统等重大课题，探讨环境变化与海洋生物资源变动的关系，从而为维持生物多样性和持续利用生物资源提供科学依据。

此外，还有生理学、生化遗传学、增殖资源学、生物统计学、分子系统地理学等学科也都为渔业资源生物学的发展提供了手段和方法，丰富了其研究内容，共同促进着渔业资源生物学向前发展。

◆ 第三节　国内外渔业资源生物学的发展及经典著作介绍

一、国内渔业资源生物学的发展及经典著作介绍

1. 国内渔业资源生物学的发展

（1）19 世纪以前　　我国渔业历史悠久，早在距今 5000 多年前，就有采食鱼、贝的记录。到了春秋战国时期，人们已广泛使用船只从事海洋捕捞。公元前 505 年，吴越两国在海战时就有捕捞黄花鱼的记载。三国时期（220—280 年）的《临海水土异物志》中就有关于鱼类、贝类、虾蟹类和水母的形态、生活习性的记述。据考证，南海沿岸的渔民在唐宋时期（618—1279 年）就已开发了西沙群岛和南沙群岛海域的外海渔场。

与此同时，一些记述渔业资源的著作相继问世。例如，16 世纪末的《闽中海错疏》（1596 年）记述了分布在福建沿海的鱼、贝、虾、蟹、棘皮动物和爬行动物等 200 余种水生动物的形态、生

活习性和地理分布，是我国最早的水生动物区系志。明代后期（17 世纪中叶），浙江沿海宁波、台州、温州一带的渔民已对大、小黄鱼的生活习性、洄游路线有了比较深入的了解。明代李时珍记述石首鱼（大黄鱼、小黄鱼）"每岁四月，来自海洋，绵亘数里，其声如雷。海人以竹筒探水底，闻其声乃下网，截流取之""鰳鱼出东南海中，以四月至，渔人设网候之，听水有声，则鱼至矣。"18 世纪中叶，《官井洋讨鱼秘诀》（1743 年）中记述了官井洋渔民寻找鱼群的方法。可见，自古代以来，我国在渔业资源生物学的研究方面就有记载，反映出我国沿海渔民通过长期的捕鱼实践积累了丰富的鱼类生态习性等方面的知识。

（2）19 世纪至 1949 年之前　　19 世纪后期欧洲工业的发展，促进了渔业技术改造和渔业生产的发展，海洋科学、数理统计、生物学和生态学等发展起来的学科在渔业资源上得到了应用，产生了一门新的应用科学——渔业资源学。当时我国受外敌侵扰，内战不止，渔业生产特别是渔业科学研究几乎停滞，直至 1947 年我国才建立了第一个渔业科研机构，即中央水产研究所（中国水产科学院黄海水产研究所前身）。因此，1949 年以前尽管我国对近海渔业资源进行了开发和利用，但是对渔业资源生物学的研究没有系统性，根本没有科学的资源调查。1949 年以前，王贻观等主要开展了真鲷年龄观察等研究，朱元鼎、伍献文、王以康等主要从事鱼类形态与分类的基础研究工作，而渔业资源的大规模调查及其基础生物学研究则处于空白状态，也没有相关的著作出版。

（3）1949 年之后　　1949 年以后，国家有关部门和水产研究机构有组织地开展内陆水域和近海渔业资源调查工作。1953 年，以朱树屏等为首的渔业资源专家首次系统地开展了烟台-威海附近海域鲐渔场的综合调查，研究了鲐生殖群体的年龄、生长、繁殖和摄食等生物学特性及其与环境因子的关系。随后，1962～1964 年又进行了黄海、东海鲐渔场调查，开发了春汛烟威渔场和秋冬汛大沙外海的索饵、越冬渔场。

1957～1958 年，我国和苏联合作对东海、黄海底层鱼类越冬场的分布状况、集群规律和栖息条件进行了试捕与调查。这是我国首次在东海、黄海开展的国际合作调查，调查结果明确地指出：小黄鱼和比目鱼类资源正面临过度捕捞的危险。

1959～1961 年，结合全国海洋普查，在渤海、黄海和东海近海进行了鱼类资源大面积试捕与调查和黄河口渔业综合调查，系统地获得了水文、水化学、浮游生物、底栖生物和鱼类资源的数量分布与生物学资料，并在此基础上绘制了渤海、黄海、东海各种经济鱼类的渔捞海图。对黄海、渤海经济鱼虾类的主要产卵场、黄河口及其附近海域的生态环境、鱼卵、仔鱼和生物的数量分布进行的全面调查，对繁殖保护和合理利用我国近海渔业资源具有十分重要的意义。

1964～1965 年，中国水产科学研究院南海水产研究所开展了"南海北部（海南岛以东）底拖网鱼类资源调查"。这是我国首次在南海水域系统地进行渔业资源生物学的调查，取得了丰富的资料，对南海水域的渔业生产和管理有着十分重要的意义。

1973～1976 年，对北自济州岛外海、南至钓鱼岛附近水域的东海大陆架海域进行了渔业资源调查，获得了东海外海水文、生物、底形、鱼虾类资源等大量的第一手资料，开发了东海南部的绿鳍马面鲀资源。

1975～1978 年，开展了闽南-台湾浅滩渔场调查，这是台湾海峡水域的综合渔业资源调查，第一次揭示了该海区的渔场海洋学特征与一些经济种类的渔业生物学特性，为区域渔业开发和保护提供了重要的科学依据。

1978～1982 年，先后在南海北部和东海大陆架外缘及大陆架斜坡水深在 120～1000m 的水域进行深海渔业资源调查，查清了我国大陆架斜坡水域的水深、底形、渔场环境，底层鱼虾类的种类组成、数量分布和可供开发利用的捕捞对象。在南海北部 300～350m 水深的水域发展了南海深水虾类渔业。

1980~1986 年，在渤海、黄海、东海、南海及全国内陆水域进行了全国性的渔业资源调查和区划研究。该调查涉及海洋和内陆水域的水生生物资源、增养殖、捕捞、加工、经济等各个领域，其调查成果以"全国渔业资源调查和区划专辑"（共 14 分册）被陆续出版。

1981~1986 年和 1992 年，先后在渤海和黄海进行了水域生态系统及资源管理和增殖基础调查，查明了渤海、黄海水域的生态环境和渔业资源状况、资源补充特性、种间关系、营养结构的季节和年间变化，综合评价了渤海渔业资源开发利用的潜力，为渤海、黄海渔业资源的科学管理和持续利用提供了科学依据。

1983~1987 年，对东海北部毗邻海区的绿鳍马面鲀等底层鱼类进行了调查与探捕，取得了绿鳍马面鲀种群数量分布等基础资料。

1984~1993 年，在黄海、东海进行了鳀资源调查，这是首次采用声学评估系统完成的。调查结果表明：黄海、东海鳀越冬群体资源蕴藏量为 250 万~420 万 t。

1987~1989 年，对闽南-台湾浅滩渔场上升流海区生态系统进行了包括地质、地貌、水文、气象、水化学、海洋生物、渔业资源和渔业生物学等多学科的调查，取得了大量资料和多项研究成果。

1996~2002 年，我国开展了"专属经济区和大陆架勘测"的国家专项调查，首次对涵盖渤海、黄海、东海和南海的我国专属经济区和大陆架的辽阔海域进行了海洋生物资源及环境调查，使用声学评估系统对我国海洋生物资源进行了评估，调查面积 201.6 万 km^2，完成了各海域 4 个季节的全水层、同步综合调查，是迄今为止我国海域内容最丰富、最全面的生物资源与栖息环境的科学资料。这是我国有史以来规模最大的一次海洋资源综合调查。

进入 21 世纪之后，类似近海渔业资源专项调查较少，更多地被近海渔业资源日常监测所代替。沿海海区各研究所在国家和有关部门的统一协调与组织下，开展了长时间序列、覆盖面较广的近海渔业资源监测计划，这为全面掌握近海主要渔业资源生物学变化及资源状况提供了第一手资料。

与此同时，1985 年，我国开始发展远洋渔业。远洋渔业资源调查工作也同步开展，但多数是与生产渔船结合进行的。1986 年，中国水产科学研究院南海水产研究所派出两艘调查船到西南太平洋帕劳水域进行了金枪鱼资源调查。1988~1989 年，中国水产科学研究院东海水产研究所的"东方"号资源调查船应几内亚比绍共和国的邀请，到西非水域进行了资源与渔场环境调查。1989 年，上海海洋大学（原上海水产大学）的"蒲苓"号调查船赴日本海俄罗斯管辖水域，对太平洋褶柔鱼资源进行探捕调查。1993 年，中国水产科学研究院黄海水产研究所的"北斗"号调查船赴白令海和鄂霍次克进行了狭鳕资源调查。1993~1995 年，上海海洋大学与舟山海洋渔业公司、上海海洋渔业公司、烟台海洋渔业公司、宁波海洋渔业公司等联合，对西北太平洋海域柔鱼资源进行探捕调查。1996~2001 年，在国家有关部门的统一领导下，上海海洋大学联合有关渔业公司每年对北太平洋海域柔鱼资源进行调查，每年向东部拓展 5 个经度，到 2000 年调查海域拓展到 170°W 海域。其间，上海海洋大学还与渔业公司合作，开展了西南大西洋阿根廷滑柔鱼、秘鲁外海茎柔鱼、新西兰双柔鱼等资源调查。2001 年至今，国家有关部门每年组织渔业企业和科研单位联合开展公海渔业资源探捕，对大洋性鱿鱼、金枪鱼、深海底层鱼类、秋刀鱼和南极磷虾等资源进行了探捕调查，对其捕捞种类的生物学、资源渔场分布、栖息环境等有了初步的了解，为我国远洋渔业的可持续发展奠定了基础。

2. 国内渔业资源生物学的经典著作

（1）20 世纪 50~80 年代　　1956 年，教育部审定和编制了《水产资源教学大纲》，水产资源成为高等院校水产养殖专业的课程。1960 年，根据国内近海渔业资源调查的需要，最早由中国水产科学研究院黄海水产研究所编译的《海洋水产资源调查手册》，为我国渔业资源学科的发展奠定了扎实的基础。1962年，我国著名水产资源学家、留日学者王贻观教授主编的《水产资源学》由农业出版社正式出版，并成为高等水产院校海水养殖、工业捕鱼专业的教材，该教材较为系统地介绍了种群、鱼类年龄和生长、鱼类食饵、繁殖、洄游、鱼群侦察、渔场、资源量预报及我国渔业资源的概况，成为我国水产资源学学科发展中具有极为重要意义的里程碑。其后，根据学科的发展，上海水产学院渔业资源教研室编写了内部使用教材《渔业资源与渔场学》。福建水产学校于1981年主编出版了《渔业资源与渔场》。台湾学者郑利荣于1986年出版了《海洋渔场学》。

（2）20世纪90年代至2000年 1990年，我国著名水产资源专家费鸿年、张诗全共同编写了《水产资源学》，系统介绍了水产资源学学科的产生、发展及其定义、内涵、体系、方法与问题，内容翔实，是较为系统和全面的一本著作。著名水产资源学专家邓景耀和赵传细于1991年编著了《海洋渔业生物学》，该书在概略地系统介绍我国海洋渔业的基本情况、渔业生物学研究的基本原理和方法之后，系统地总结了1949年以来我国海洋渔业10余种主要捕捞对象的渔业生物学研究成果，是我国渔业生物学研究领域难得的力作。为了适应高等教育的需要，1995年国家有关部门组织有关专家编写高等院校的农业系列教材，同年胡杰主编出版了《渔场学》。1996年，上海海洋大学经过多次修改和补充，编写了《渔业资源生物学》讲义。陈大刚教授于1997年主编出版了《渔业资源生物学》，这是一本较为系统的渔业生物学教材。

（3）2001年以后 2001年，邓景耀和叶昌臣编著出版了《渔业资源学》。2002年，126专项课题组编写出版了《我国专属经济区和大陆架勘测专项综合报告》。郑元甲等于2003年出版了《东海大陆架生物资源与环境》。2004年，陈新军教授组织有关兄弟院校编写了新版的《渔业资源与渔场学》，成为全国高校海洋渔业科学与技术专业的教材。2007年，张秋华等编著出版了《东海区渔业资源及其可持续利用》。2011年，刘必林等出版了首本《头足类耳石》，该专著对头足类耳石微结构和微化学进行了详细介绍，利用耳石研究种群结构、年龄与生长及生活史过程等。2011年，陈新军等根据近20年北太平洋柔鱼资源调查与生物学研究结果，系统汇编了《北太平洋柔鱼渔业生物学》。2012年，贾晓平等编著出版了《南海北部近海渔业资源及其生态系统水平管理策略》，唐启升主编出版了《中国区域海洋学——渔业海洋学》，孙松主编出版了《中国区域海洋学——生物海洋学》。2014年，陈新军根据1999年以来我国对西南大西洋阿根廷滑柔鱼资源调查及生物学特性研究成果，整理出版了《西南大西洋阿根廷滑柔鱼渔业生物学》。刘必林等分别于2017年和2021年出版了两本渔业生物硬组织专著《头足类角质颚》《鱼类耳石形态学》。以上这些代表性专著，是对2001年以来我国近海及远洋渔业资源调查与生物学研究成果的系统总结，同时也是对渔业资源生物学研究方法和研究内容的拓展与提升。

二、国外渔业资源生物学的发展及经典著作介绍

渔业资源生物学的研究历史悠久，自从Hooke利用刚刚问世的显微镜观察鱼类鳞片的结构以来，在很长时间里，鱼类鳞片鉴别一直是渔业资源生物学的主要研究内容。1685年，van-Leeuwenhoek根据鳞片轮痕来鉴定年龄；1898年，Hoffbaner根据鲤鱼鳞片轮纹结构，提出了新的年龄鉴定方法，并确立了鱼类年龄形成与鉴定的理论。

20世纪初，人们开始利用鳞片上年轮间距与鱼体生长的关系来鉴别鱼类年龄、测算鱼类生长，即渔业资源生物学中"年龄与生长学"的基本内容。与此同时，年龄鉴定的理论与方法也扩大到利用鱼类的脊椎骨、鳍条、鳍棘、鳃盖骨、耳石等硬组织材料，同时证明它们同样可以用来鉴定温带鱼类的年龄。

随着研究手段和科学技术的日益进步，学科交叉不断深入，微化学和微结构技术得到应用，采用微小的耳石等材料鉴定鱼类等的年龄，通过耳石可以逐日跟踪耳石"日轮"生长，通过观察这些轮纹的分布，可帮助人们分析鱼类早期发育过程的周日与季节生长的规律。同时利用耳石等硬组织的微量元素，分析其不同生长阶段的含量变化与水温等海洋环境因子的关系，以此来推测鱼类等的生活史过程及种群组成等。

与此同时，渔业资源生物学各个方面的研究都得到深入和加强，加之与分子生物学、生理学、生物能量学及环境科学等的交叉渗透，促进了渔业资源生物学的发展，也形成了一些新兴学科并促进了其研究领域的发展，如鱼类分子系统地理学，鱼类生殖对策及其环境因子影响，气候变化对鱼类种群的影响等。

种群是渔业资源生物学研究的重要内容，也是研究的基础和难点，因此，有关种群鉴定与判别的技术发展迅速。近期主要经典著作有：①Zelditch 等（2012）共同编著的 *Geometric Morphometrics for Biologists: A Prime*，该专著系统阐述了几何形态测量学及其在鱼类等种群鉴别方面的应用；②Cadrin 等（2013）共同编著的 *Stock Identification methods：Applications in Fishery Science*，该专著比较系统地介绍了目前世界上对种群鉴定的研究方法，特别是一些新技术和新方法的发展，比如分子生物学、微化学、图像识别技术、标志放流技术等的最新研究成果，多学科的交叉促进了种群鉴别技术的发展，丰富了渔业资源生物学的研究内容和技术体系。

◆ 第四节　渔业资源生物学研究的意义

党的二十大报告中指出，加快建设海洋强国。而渔业作为海洋中的重要组成部分，如何为渔业生物资源量、可持续发展提供科学的依据，显得尤为重要。渔业资源种类繁多，主要有鱼类、甲壳类（虾、蟹）、软体动物、藻类和哺乳类（鲸、海豚），其中鱼类就有 2 万余种，但主要捕捞对象只有 130 余种，鱼类居多数。据 FAO 的研究报告，产量排在前 15 名的种类为秘鲁鳀、狭鳕、鲣、远东拟沙丁鱼、太平洋鲱、大西洋鲱、日本鲐、鲔鲹、黄鳍金枪鱼、鳀、带鱼、大西洋鳕、欧洲沙丁鱼、毛鳞鱼、茎柔鱼等，其累计产量超过 3000 万 t，占捕捞产量的 35%以上。自 2000年以来，世界海洋捕捞业总产量稳定在 7800 万～8300 万 t。根据 FAO 测算，不包括头足类资源且传统渔业资源得到合理的管理，世界海洋捕捞产量的潜力最大可达 1 亿 t。

渔业资源除供人类食用外，还用作经济动物饲料、工业和医药原料，经济价值很高。渔业资源在食物安全、渔民就业、经济发展、对外贸易等方面都起到了重要的作用，因此确保渔业资源可持续利用是极为重要的研究课题。要确保渔业资源的可持续利用，应查明渔业资源的生物学特性，以及它们与栖息环境的有机联系，进而获得控制和改造这些生物资源所遵循的生物学规律，以便为人类合理开发和利用渔业资源提供服务和基础，营造海洋渔场环境。随着科学技术的不断发展和人类对水产品蛋白质需求的进一步增加，人类也正在从单纯捕捞业向增养殖业与捕捞业协调发展的方向转变，因此渔业资源生物学的研究也显得越来越重要。

渔业资源生物学主要研究鱼类等经济水生生物种群数量变动的基本生物学机制，其内容主要包括种群、繁殖和发育、摄食和生长、种群结构等，其中尤以种群及其结构的研究最为重要，科学地划分种群是开展资源定性、定量研究的前提条件。对渔业生物学基础的研究可为渔业资源评估、渔情预报、资源管理与增殖等提供理论依据，也为维护我国海洋权益，实现海洋强国战略贡献力量。

◆ 课 后 作 业

一、建议阅读的相关文献

1. 郑元甲，李建生，张其永，等. 2014. 中国重要海洋中上层经济鱼类生物学研究进展. 水产学报，01：149-160.

2. 郑重. 1998. 中国海洋浮游生物学研究的回顾与前瞻. 台湾海峡，04：3-13.

3. 陈新军. 2021. 渔场学. 北京：科学出版社.

4. 陈新军，李云凯，胡贯宇，等. 2018. 基于角质颚和内壳的秘鲁外海茎柔鱼渔业生态学研究. 北京：科学出版社.

5. 陈新军，刘必林，易倩，等. 2017. 基于耳石的东太平洋茎柔鱼渔业生态学研究. 北京：科学出版社.

6. 刘必林，陈新军，方舟，等. 2017. 头足类角质颚. 北京：科学出版社.

7. Miriam L Z，Donald L S，David H S. 2012. Geometric Morphometrics for Biologists. New York: Elsevier.

8. Steven X C，Lisa A K，Stefano M. 2014. Stock Identification Methods：Applications in Fishery Science. New York: Elsevier.

二、思考题

1. 简述渔业资源的概念。
2. 简述渔业资源学的概念。
3. 简述渔业资源的基本特点。
4. 简述渔业资源生物学的基本概念。
5. 简述渔业资源生物学的基本研究内容。
6. 简述渔业资源生物学研究的意义。

第二章

种群及其研究方法

提要： 我国既是陆地大国，也是海洋大国，拥有广泛的海洋战略利益。经过多年发展，我国海洋事业总体上进入了历史上最好的发展时期。种群的认识对于可持续开发和利用渔业资源，以科学指导渔业资源的开发和养护，具有十分重要的现实意义。在本章中，详细描述了种群的形成，以及种群的基本概念与特征；探讨了种群结构及其变化规律；结合最新研究成果，详细介绍了种群的鉴定方法；分析种群数量增长的一般规律及其影响因子；同时，以大黄鱼和大洋性鱿鱼为案例，详细分析了不同地理种群和产卵种群的划分及其与环境因子的关系，为了解和掌握种群鉴定的基本方法提供基础。要求重点掌握种群及其相关的基本概念，熟练掌握种群判别的方法。

种群是生物学研究的基本单位，对于了解物种的生存状态、遗传特征和进化过程具有重要意义。同时，种群也是生态系统和资源开发管理的重要组成部分。

在生态学研究中，种群的数量变动和生活习性是核心研究内容，这有助于人们更好地理解物种在生态系统中的地位和作用。同时，通过研究种群之间的相互关系，可以更好地理解生态系统的稳定性和可持续性。

在渔业资源评估与管理的过程中，需要深入理解和研究渔业种群的生物学特征，并在此基础上，结合一定的假设条件，建立数学模型来预测和评估种群的组成结构、资源量及其变动。这样的研究可以帮助人们更好地理解捕捞强度和捕捞规格对种群的影响，同时也能提供科学依据，以便更有效地制订和实施渔业资源的管理措施。

然而，随着人类生产实践的发展和科学技术的进步，人类的捕捞强度也在不断增加，这使得许多传统的渔业资源面临着过度开发和利用的问题。过度的捕捞不仅破坏了渔业资源的栖息地，也对渔业资源的可持续性构成了威胁。

因此，研究如何应用鱼类种群数量变动理论，以科学的方式来指导渔业资源的开发和养护，具有重要的现实意义。这样的研究不仅可以帮助人们更好地管理和保护渔业资源，也有助于实现渔业的可持续发展。

◆ 第一节　种群的简介

种群是物种存在、遗传与进化的基本单元，是生物群落和生态系统的基本结构单元，是渔业资源开发和管理的具体单元，因此种群鉴定是研究鱼类种群数量变动和生活习性的基础，只有了解鱼类种群结构的基础，才能为渔业资源可持续利用和科学管理提供依据。

每个种群都处在某一区域生物群落的特定生态位中，同时每个种群又有着各自固有的新陈代谢、生长、死亡、摄食、繁殖习性及策略、洄游分布等特征，因此对种群的研究有助于阐明物种之间的相互关系，以及物种在生态系统中的能量转化和物质循环。

　　从物种的进化观点来看，种群是物种的基因库，物种形成或新物种的诞生，以及物种多样性的发展，都是物种基因库内基因流的某种隔离机制受到破坏时发生的，因此对种群的研究有助于了解物种的进化过程与演化机制，以及物种的形成。

　　在群体生态学研究中，种群数量变动规律是其中心研究内容。因此，对种群的研究有助于界定研究对象的范围，从种群生态学的观点来研究渔业资源的合理利用与保护，可认为是现代生态学最重要的研究内容之一。

　　在渔业资源评估与管理中，通常是在了解、掌握渔业种群对象生物学特征的基础上，以一定的假设条件为前提，通过建立数学模型，描述和估算种群的组成结构、资源量及其变动，评估捕捞强度和捕捞规格对种群的影响，掌握种群资源量的变动特征与规律，从而对资源群体过去和未来的状况进行模拟与预测，为制定和实施渔业资源的管理措施提供科学依据。

一、种群的基本概念

　　1. 种群的定义与特征　　在渔业资源学中，首先应该确定鱼类数量变动的基本单位是什么，渔业资源学研究的基本对象是什么。在渔业资源学研究的初期，Heincke（1898）将这一基本单位定为"种族"（race），也有少数人用"族"（tribe）。目前，大家都赞成用"种群"（population）作为研究的基本单位。因此，种群是物种的基本结构单元，也是渔业生物学、水域生物群落组成、种间关系、生态系统研究的基本单元。种群的各个特征，并不是种群各个个体的特征，而是各个个体特征的集合。

　　众所周知，动物在自然界中的分布并不是均匀的，而是分散在一些地域中生活，具有明显的地域性和空间上的差异性。这种在一定环境空间内，同种生物个体的集群便逐渐形成了种群。因此，本书将种群定义为"特定时间内占据特定空间的同种有机体的集合群"。也就是说，种群是一个在种的分布区内，有一群或若干群体中的个体，其形态特征相似，生理、生态特征相同，特别是具有共同的繁殖习性，即相同遗传属性和同一基因库的种内个体群。例如，终年生活在黄海的太平洋鲱可称为黄海种群。

　　由于地理分布、环境条件和种之间的生活史各不相同，种群具有一定的特征。一般来说有以下三个主要特征。

　　（1）遗传特征　　种群有一定的遗传性，即一定的基因组成，同属于一个基因库。由于种群都有自己的遗传属性，因此它又是群体遗传学（population genetics）研究的基本单位。一方面，个体之间能够交换遗传因子，促进种群的繁荣；另一方面，种群之间保持形态、生理和生态特征上的差异。

　　（2）空间特征　　种群都有一定的分布范围，在该范围内有适宜的种群生存条件。其分布中心通常条件最适宜，而边缘地区则波动较大，边界往往又是模糊的，时有交叉。

　　（3）数量特征　　种群的数量随时间与环境而变动，有着自己固有的数量变化规律，通常有一个基本范围。其密度和大小常常变动，幅度甚至很大。通常各自都有相应的出生率、补充率、生长率和死亡率等生活史特征。

　　2. 种群的其他定义　　不同的学者根据学科及研究范畴的不同，对种群也有着不同的描述和理解。将一些主要的定义简述如下。

　　1）Mayr（1970）认为，种群是指在一个规定地区内具有可能交配的个体群，或一个局部种群内所有个体组成的一个基因库。这样的一个种群可以定为一群个体，其中任何两个有相等的机会交配而繁衍后代，当然它们是性成熟的、异性的，而且对性选择是相同的。

2）Odum（1971）认为，种群是指一群在同一地区、同一物种的集合体，或者其他能交换遗传信息的个体集合体。它们具有许多特征，这些特征是集体特有而不是其中个体的特性，这些特征包括密度、出生率、死亡率、年龄组成、生物潜能、分布和生长型等，特别是与生态有关的，即适应性、生殖适应和持续性，如长期遗留后代的能力。

3）Dempster（1975）认为，种群是一群同物种的个体，可明显地在时间和空间上与其他同物种的群体分开。所有物种都是不均匀分布的，种群的形成在一定程度上是不能生存的地域所造成的。一个种群可以当作一个单位，其特征如出生率、死亡率、年龄组成、遗传特质、密度和分布等是可以确定的。

4）Wilson（1975）认为，种群是指一群生物属于同一物种，在同一时间居住在同一局限的地区。这个单位有着遗传上的稳定性。在有性生殖的生物中，种群是一群被地理局限的个体，在自然情况下，能彼此自由交配、繁殖。

5）Emmei（1976）认为，一个种群是由一群遗传相似而具一定时间和空间结构的个体所组成的。

6）Southworth 和 Hursh（1979）认为，种群是一群同物种的生物个体能够接近而形成一个杂交繁殖的单位。

7）陈世骧（1978）认为，每一物种都有一定的生活习性，要求一定的居住场所，每一物种又占有一定的分布区域，但是在它的区域内，有可能生存的场所，又有不能生存的场所，彼此相互交替着。因此，每一物种都有一定的空间结构，在其分散的、不连续的居住场所或地点，形成大大小小的群体单元，称为种群。

8）方宗熙（1975）认为，种群是由同一物种的若干个体组成的，生活在同一地点、属于同一物种的一群个体。个体和种群的关系好比树木和森林的关系。

9）在遗传学上，种群被认为是地理上分离的一组组群体。它可被定义为同一物种内遗传上有区别的群体。种群的划分对认识地理群体在遗传上有某种程度的分化很有意义。

二、种群分化的原因

在自然界中，物种内的个体不是随意存在的，而是分别以种群形式存在的。这些种群在自然界是不连续分布的，它们各自都有一定的生活习性和一定的居住场所。

生物进化过程的基本方式之一是分化式的进化，即由于种群的间隔分化，可能形成亚种，由亚种连续分化，可能形成新种。因此，物种的形成就是从一个统一的繁殖体发展为新的、间隔的繁殖体。隔离机制的作用造成种群分化，隔离机制一般表现在地理的、生态的、生殖的、季节的、性心理的 5 个方面。

（1）地理隔离　　多个群体不论是在一个连续生存的地域内，还是被分布的空隙所分开，都是存在于不同的区域中，即它们的空间分布不重叠，彼此间不能相互交配。

（2）生态隔离　　群体生存在同一地域内而各承受不同的生存条件，久而久之，各自积累了不同的遗传性，以适应不同的生境。

（3）生殖隔离　　群体间性生理出现差别，使它们之间的繁殖交流受到限制或抑制。

（4）季节隔离　　群体间交配或成长的时期发生在不同季节。

（5）性心理隔离　　不同物种性别间的相互吸引力微弱或缺乏，或者生殖器在体质上的不相符合。

三、种族、亚种群与群体的含义及其和种群的差异

1. 种族、亚种群与群体的含义　　19 世纪 80 年代以来，人们在理论研究和实践的基础上，将种族、族或种群作为渔业资源的基本单位。也有一些选用亚种群（subpopulation）（或称种下群）、群体（stock）作为研究数量变动的基本单位。这些概念究竟有什么样的关系，至今还没有一个公认、大家均可接受的说法。

（1）种族　　种族这一名词首次出现在 Heincke（1898）的文章《北海大西洋种群鉴别的研究》中，他认为该水域的鲱存在两个种族，即春汛鲱和秋汛鲱。同时，他将种族的定义归纳为“在同一或极相似条件的水域及海底的、多多少少接近的产卵场所，在同一时期产卵，之后离去，并在翌年同时期，又以同样的成熟度回来”的鱼类群体。他认为种族的各种形态特征和生态习性具有固定的遗传性，这样反过来，也可通过测定形态特征来鉴定种族。

Ebroabaum（1928）认为：在一定的环境条件下产卵孵化的稚鱼群，每年在同一季节同一海区长大，从而获得同一时期的特征，并能保持形态特征的共同性，将这样的鱼群称为同一种族。

Liassaes（1934）在研究大西洋鲱时，将种族和地方型（local form）加以区别。种族是指“栖息于有限的水域，包含着同一时期产卵的若干地方型”。他所定义的地方型与 Heincke 定义的种族完全一样。

种群与种族通常两者混用，如将大黄鱼岱衢洋地理种群称为岱衢族，渤海、黄海的小黄鱼种群称为渤海、黄海地理族。种群与种族的鉴别方法和手段大同小异，可以通用。种群在生态学和渔业生物学范畴内较种族具有更广泛的内涵，因此后者已逐步被前者所替代。

（2）亚种群　　Clark 和 Mayr（1955）首次使用“亚种群”或“种下群”概念。1980 年，在群体概念国际专题讨论会上，大家认为地方种群的遗传离散性取决于基因流动、突变、自然选择和遗传漂移的相互作用，由于基因流动受到地理、生态、行为和遗传的限制，鱼种或多或少地分化为地方种群，然后再分为亚种群或种下群。

徐恭昭（1983）认为：“任何一种鱼，在物种分布区内并非均匀分布着，而是形成几个多少隔离并具有相对独立的群体，这种群体是鱼类生存和活动的单位，也是我们渔业上开发利用鱼类资源的单位，它在鱼类生态学和渔业资源学中被称为种下群。”种下群内部可以充分杂交，从而与邻近地区（或空间）的种下群在形态、生态特性上彼此存在一定差异。各个种下群具有其独立的洄游分布系统，并在一定的水域中进行产卵、索饵、越冬洄游。各种下群间或者在地理上彼此形成生殖隔离，或者在同一地理区域内由于生殖季节的不同而形成生殖隔离。

（3）群体　　群体是在渔业生物学中普遍使用的一个概念或术语。但对群体的定义说法不一，有代表性的定义如下。

Gulland（1969）认为：能够满足一个渔业管理模式的那部分鱼，可定义为一个群体。Gulland（1975）也认为：群体就是一些学者所说的亚种群。Gulland（1980，1983）还从渔业生产和科学研究的需要出发，认为划分单位群体往往带有主观性，主要是为了便于分析或政策的制定，并随其目的的不同而变化。

Larkin（1972）认为：共有同一基因库的群体，有理由把它考虑为一个可以管理的独立系统。强调鱼类群体是渔业生产与管理的单位。

Ricker（1975）认为：群体是种群之下的一个研究单位。

Ihssen（1977）认为：从遗传角度，群体具有空间和时间的完整性，是可以随机交配的种类个体群。

日本学者川崎健（1982）认为：是以固有的个体数量变动形式为标准，通过对生活史的全面分析探讨来确定鱼类群体。

张其永和蔡泽平（1983）认为：由随机交配的个体群组成，具有时间或空间上的生殖隔离，在遗传离散性上保持着个体群的形态、生理和生态性状的相对稳定，也可作为渔业资源管理的基本单元。

综上所述，诸多学者对群体的定义并不完全一致，多数学者倾向于群体与亚种群是等同的概念，不过它更强调根据渔业生产与渔业资源管理需求而定义的一个渔业资源研究与管理单位，是在渔业资源评估、管理问题研究和实践中形成的。因此，鱼类群体是由可充分随机交配的个体群所组成，具有时间或空间的生殖隔离及独立的洄游系统，在遗传离散性上保持着个体群的生态、形态、生理性状的相对稳定，是渔业资源评估和管理的基本单元。

2. 种群与种族、亚种群、群体的区别　　种族、种群、群体或亚种群是物种存在的具体形式。在种下分类的水平中，种族和种群属于同一水平，群体和亚种群属于同一水平，其比种族和种群低一级。也就是说，一个种族即一个种群，一个群体也等同于一个亚种群，但一个种群（或种族）可以由一个或多个群体（或亚种群）所组成。

严格地说，种族是分类学上的，是种或亚种以下的一个分类单位，偏重于遗传性状差异的比较。而种群是生态学上的，是有机体与群落之间的一个基本层次。群体则偏重于渔业管理的单元，即能够满足一个渔业管理模式的那部分鱼，是在渔业资源评估、渔业管理研究和实践中形成的，受到开发利用和管理的影响。编者认为，种群是客观的生物学单元，群体是渔业管理单元，两者关系密切，但并不存在从属关系。如某一生殖群体，它可能是种群之下的一个生物学繁殖单位；而某一捕捞群体开发利用和管理中的"群体"可能是种群之下的一个群体，也可能是一个种群，甚至是几个种群的集合。

在实际研究和管理中，对那些广泛分布、数量大的鱼类，以及作长距离游动的大洋性鱼类，很难找到如定义所述的严格的群体、亚种群（种下群）和单位群体。例如，关于如何确定太平洋鲑的群体问题，曾引起广泛关注，这种鱼可能回到其他河流进行产卵，可能造成群体或种族遗传分离。因此对这些不同群体需要采用不同的捕捞对策，以获得最佳产量，这是有重大实际意义的。

在划分单位群体时，既要考虑生态、生理、形态和遗传异质性，又要辩证地考虑渔业管理等实际需要，从而确定出适当的单位群体。单位群体选得过大，会忽略一个单位群体中所存在的重要差别；选得过小，会使其与其他单位群体的相互关系变得复杂，增加分析研究的难度与复杂性。总之，群体划分是渔业生物学研究和渔业资源评估与管理的重要内容，需要进行资源评估与数量变动的不确定性研究。

◆ 第二节　种群结构及其变化规律

一、种群结构的基本含义

种群结构是指一个世代（或一个种群）鱼类形态及其数量特征异质性的状况，具体是指鱼类种群内部各年龄组、各体长组的数量和生物量的比例，种群中性成熟鱼群数量的比例，高龄鱼与同种群中其余部分的比例，整个种群或是各年龄组或各体长组中雌雄性别数量的比例。

就渔业资源生物学而言，种群结构的主要特征或者研究内容包括年龄结构、个体组成（长度、质量）、性别结构和性成熟组成 4 个方面。

不同鱼种、不同种群，其群体结构不同。通常，种群结构具有明显的稳定性。但由于种群是生活在不断变化的环境之中，因此种群结构与种群的其他属性一样，是在一定范围内不断地变动着，以便适应外界栖息环境的变化。

二、年龄结构及其变化规律

1. 年龄结构的概念及其内涵　　一个种群包括各个不同年龄的个体，从而构成种群的年龄结构。年龄结构是指鱼类种群的最大年龄、平均年龄及各年龄级个体的百分比组成，是种群的重要特征之一。

鱼类种群的年龄结构同其寿命的长短有关。寿命长的鱼类，其种群年龄组组数多，结构复杂，属多年龄结构类型。寿命短的鱼类，其种群年龄组组数少，结构相对比较简单，属年龄结构简单的类型。因此，鱼类寿命长短各不相同，其年龄结构也不尽相同。就是同一鱼种的不同种群，其年龄结构也不尽相同。这是种群保障其在具体生活环境中生存的适应属性。

多年龄结构的种群，其饵料对象相对较广泛，饵料基础较稳定，成鱼对敌害的防御能力较强，所以凶猛动物对种群中性成熟个体的危害较弱，同时种群性成熟较晚，增殖节律平缓。年龄结构较简单的鱼类，则饵料基础相对较不稳定，凶猛动物对其影响较强烈，自然死亡率较高，种群数量的变动也较明显，种群性成熟较早，增殖节律变动大。

（1）鱼类的寿命及其规律　　鱼类的寿命极不相同。某些虾虎鱼只能生活几个月，一些鲟可生活上百年。传统经济鱼类的寿命多为 2 龄至几十龄。

不同纬度的鱼类，其寿命不一。以北半球为例，分布在中纬度的鱼类多以寿命 5～15 龄、长度 30～50cm 的鱼类为最多；分布在赤道水域的鱼类平均寿命要低一些。此外，南部海域鱼类的平均年龄和年龄变动范围较小，性成熟也较早，这首先与凶猛动物的影响程度不同有关，也是保证种群有较强增殖能力的适应机制。

不同摄食特性的鱼类，其寿命不一。一般寿命最长而个体又最大的鱼类，一般多属短期内剧烈捕食的大型凶猛鱼类；以底栖生物为食的鱼类，以及部分草食性和肉食性的鱼类，基本上个体中等（大 1m 或稍大些），年龄为 30 龄左右；以浮游生物和小型底栖生物为食的鱼类，一般多数为短生命周期的小型鱼类，几乎没有属于凶猛性的鱼类。

沿岸定居型种群与洄游性种群相比，一般具有生命周期较短和个体较小等特性。这种差异主要同食物保障的差异有关，多数情况下同凶猛动物的影响无关。

同一种鱼类的不同种群，其年龄范围和最大体长也可能不同，这反映了种群对生活环境的适应性。较长寿命和中等寿命的鱼类种群结构差别很大，短生命周期的鱼类也有差别，但要小一些。

（2）种群年龄组成的概念及内涵　　种群的年龄组成是一个种群中各个世代数量的比例。世代数量的变动是种群补充、生长和死亡减少这三个过程相互作用的结果。年龄结构的变化，无论是整个种群，还是其性成熟部分，均取决于这三个相互作用过程的比例。各世代的数量不同，会对种群的年龄组成产生直接影响。有些鱼类，某强盛世代的数量比弱世代的数量可高出几十倍，甚至几百倍。强盛世代的加入，必然引起高龄鱼所占比例的减少；相反，新补充进来的世代数量少，种群中高龄鱼的比例就相对提高。

除世代发生量的变动对种群年龄结构产生显著的影响外，食物保障的变化和种群内鱼类的生长对种群的年龄组成也会产生很大影响。多数鱼类初次性成熟的体长，大约为该鱼类所能达到的最大体长的一半。因此，若种群营养条件良好，食物保障程度提高，索饵季节延长，从而促使鱼类生长加速，就会在较低年龄阶段达到性成熟的体长范围，性成熟提早，有时甚至引起性比的改变和寿命的缩短。例如，在强化捕捞年份，北海鲽鱼群的营养条件改善，饵料基础加强，鱼体生长节律加快，从而出现生殖群体低龄化。

多龄结构的长生命周期种群，其结构复杂，种群数量年间变动相对比较平缓。通常，这类种群中，不仅重复生殖的群体是由较多的年龄组组成，补充群体也是多年龄组结构。这一方面保障强盛世代连续加入生殖群体，另一方面保障每年新补充的鱼群数量占整个种群的百分比相对较小，从而保障群体总数有一定的稳定性。因此，其年龄结构的年变化相对来说较稳定。

由较少年龄组组成的短生命周期种群，其结构简单，种群数量年间变动较强烈。一个世代的丰歉，会很快在种群数量上反映出来。当海洋环境条件不利时，它就迅速减少；有利时就很快增加。另外，世代初次性成熟时间较一致，因而也就强烈地影响生殖群体数量。

2. 年龄结构的类型及其与种群数量变动的关系

（1）年龄结构的类型　　年龄结构包括单龄结构和多龄结构。单龄结构是指一年生的个体，如对虾和大部分中小型的头足类；多龄结构是由多个年龄组成的，如大多数鱼类。多龄结构的稳定性和变异性会受到捕捞强度、世代丰歉等条件的影响。比如，由于捕捞压力过大，我国近海一些传统经济渔业资源出现衰退，年龄结构偏低，东海带鱼在20世纪50年代末期，最高龄为6龄，1龄和2龄的比例为77%，而到了70年代末期，1龄和2龄占到了98%，最高龄仅为4龄。

（2）年龄结构与种群数量变动的关系　　种群的出生率和死亡率对其年龄结构有很大影响。一个种群中具有繁殖能力的个体，往往仅限于某些年龄级，死亡率的大小也伴随着年龄的不同而不同。因此，通过年龄结构的分析，可以预测一个种群数量变化的动向。

一般来说，可通过在不同渔场和不同季节，使用有代表性渔具捕获的渔获物的年龄结构来具体了解种群的年龄结构。通常，对一个未开发利用的自然种群，从其年龄结构的变化可以看出：①若是资源量迅速增大的种群，就有大量的补充个体，渔获物的年龄组成偏低；②若是资源量稳定的种群，其年龄结构分布较为均匀且较为恒定；③若是资源量在下降、补充个体减少的种群，则其渔获物中高龄个体的比例较大，年龄组成偏高。

而对于一个已开发利用的种群，从其渔获物年龄结构的变化可以看出：①若开发利用过度，即渔获物中的年龄结构明显偏低；②若是开发利用适中，则渔获物年龄结构反映其自身的典型特征；③若开发利用不足，即渔获物中年龄的序列长，年龄组成偏高。因此，渔获物的年龄结构反映了种群的繁殖、补充、死亡和数量的现存状况，可预示未来可能出现的情况。因此，长时间收集渔获物的年龄组成是种群数量动力学研究的一项重要内容。

在渔业生物学中，通常采用频率分布图或者柱形图来表示种群的年龄组成及其分布（图2-1），可直观地反映出种群的年龄结构特点、优势年龄组成及优势世代。如果是长时间序列的年龄组成资料，便可清楚地反映出各个世代在种群中的地位及它们的数量变化。由图2-1可知，该种群的最大年龄为9龄；1991世代的种群，在1992年、1993年、1994年的渔获物中占据了主要位置，均为渔获物的优势年龄组，到1996年变为劣势，所占比例不高；此外，也可以看出1990～1996年各年间渔获物中年龄组成有明显的差异。因此，种群的年龄结构是研究种群数量变动、编制渔获量预报的重要基础资料。

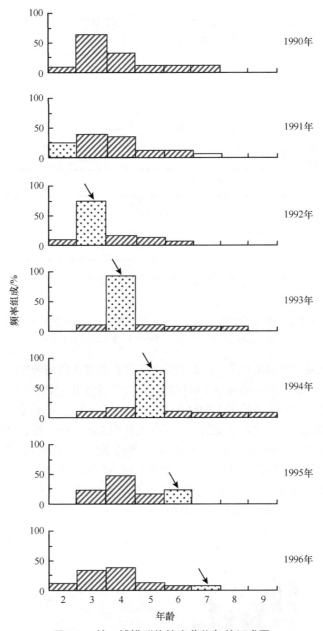

图 2-1　某一捕捞群体的渔获物年龄组成图

三、个体（长度/质量）组成的概念及其内涵

个体组成通常包括长度（体长）组成和质量（体重）组成，是指一个世代（或一个种群）中各体长组或者质量组数量的比例。其通常以渔获物中的个体（长度、质量）组成来表达。

在一个未开发的自然种群中，种群的长度组成和质量组成的变化反映着生活条件的改变。若体长组组数增加，说明个体生长快速、个体变大，使种群能够更广泛地利用各种饵料，扩大饵料基础，从而保障有更加稳定的补充群；反之，若体长组组数减少，则推测其饵料基础不稳定。

由于长度组成和质量组成的资料要比年龄组成的资料容易获取，并能迅速计算出百分比组成并将其绘制成频率分布图或柱形图,因此长度组成和质量组成已成为渔业资源生物学研究中最基础的内容(图2-2)。特别是对于一些年龄鉴定困难又费时的种类或没有年龄标志的种类来说,其意义更重要。

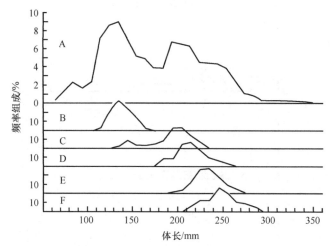

图 2-2　某一群体的长度组成分布图及其 1~5 龄组的体长分布
A. 长度组成综合分布图;B~F. 1~5 龄组的体长分布图

此外,体长组成或者质量组成分布图已被应用于种群和群体的划分中。通常,可使用体长频率混合分布分析方法,把不同年龄或出生时间的几个群体区分开(图2-3)。例如,分布在秘鲁外海的茎柔鱼是大洋性柔鱼科中个体最大的种类。由图2-3可知,雄性个体胴长分布在203~736mm,优势胴长为 230~440mm,占总数的 80.0%,平均胴长为388.3mm;雌性个体胴长分布在 205~805mm,优势胴长为 260~440mm,占总数的 74.4%,平均胴长为390.6mm。雄性个体胴长组成出现三个波峰,其三个群体的平均值分别为(261±21.5)mm、(381±40.0)mm 和(496±110.6)mm(P<0.01)。雌性个体胴长组成也出现三个波峰,其三个群体的平均值分别为(289±32.2)mm、(406±57.9)mm 和(634±64.1)mm(P<0.01)。

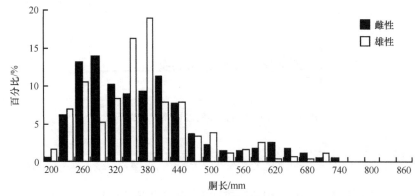

图 2-3　秘鲁外海茎柔鱼胴长组成图

在渔业资源评估中,可以把体长和体重组成资料换算成对应的年龄,并求取生长或死亡等其他渔业生物学参数。在渔场学中,渔获物中的个体组成也是一个渔场分析的重要指标。如果渔获物中长度组成个体均匀,则预示着渔汛旺期的到来;如果渔获物中个体极不均匀,说明渔汛就要结束或者是处在不稳定的渔场区。

四、性比组成和性腺成熟度及其变化规律

1. 性比组成及其变化规律　　性比组成是指一个种群中雌性个体与雄性个体的数量比例，通常以渔获物中的雌雄数比来表示。鱼类性比通常是通过改变代谢过程来调节的，其过程为：食物保障程度变化→物质代谢过程改变→内分泌作用的改变→性别形成。

在渔获物中，性比组成反映了种群结构的特点和变化，这种变化是种群自然调节的一种方式。在一个未开发的自然种群中，鱼类在生活条件（主要指营养条件）较好的时期，将增加雌性个体的比例，以增强种群的繁殖力；反之，雄性增加，群体繁殖力下降。但也有研究表明，在饵料保障条件恶化的情况下，有些鱼类采取优先保证雌鱼成熟的策略，以保证种类的延续，这也是种群对环境条件变化的一种适应。

当然，某些鱼类种群的个体性别在不同发育阶段，在一定条件下实行性别转换。例如，黑鲷初次性成熟的低龄鱼全部是雄性，随着发育生长逐步转化为雌性，高龄鱼以雌性占优势。石斑鱼则相反，低龄鱼皆为雌性，到高龄鱼时通过性逆转才变成雄性，所以这类鱼种的性比随年龄组成而异。还有一些鱼类在非繁殖期实行雌、雄分群栖息，如半滑舌鳎等，也导致性比组成随季节和地域而异，但这些也都是种群对环境条件变化的一种适应属性。

总的来说，海洋鱼类种群的性比组成多数为 1∶1 左右。性比组成还与鱼体生长、年龄、季节及捕捞等其他外界因子有关。

2. 性腺成熟度及其变化规律　　性成熟及其组成是种群结构的一个重要内容。性成熟组成通常是指一个世代（或一个种群）中各性腺成熟度等级的数量比例。其通常以渔获物中的各个性腺成熟度的组成来表达。性腺成熟度的划分在本书第五章中详细介绍。不同类别的性腺成熟度划分也不一样，如鱼类、头足类等。

鱼类性腺发育及初次性成熟的年龄和持续时间因种类不同而异。同一种群内，个体性成熟早晚与其生长速率和生活环境的变化有关，性腺成熟度能够反映出外界（如环境和捕捞）对种群的影响。如水温适宜，生长好，则成熟快。同时，性成熟作为种群数量调节的一种适应，可因种群数量减少或增加从而提早或推迟性成熟的年龄。我国近海传统经济种类如小黄鱼、带鱼等种类的性成熟年龄明显提前，充分反映了种群资源数量衰退的现实。

鱼类初次性成熟的个体大小是渔业资源生物学研究的重要内容。对不同体长组内性成熟个体的比例和体长组数据采用线性回归，拟合逻辑斯谛（logistic）曲线（图 2-4），推算不同性别种群的初次性成熟体长：

$$Pi = \frac{1}{1 + e^{-(a+b \cdot L_i)}}$$

式中，Pi 为成熟个体占组内样本的百分比；L_i 为各体长组；a，b 为参数。

初次性成熟的体长（$L_{50\%}$）= $-a/b$。

对于群体的性成熟组成，通常用补充部分和剩余部分来表示。掌握和积累补充部分与剩余部分的组成情况，不仅可及时了解种群结构的变化，对研究和分析种群数量动态也有着十分重要的意义。补充部分是指产卵群体中初次达到性成熟的那部分个体；剩余部分是指重复性成熟的那部分个体。

在渔场学中，性比组成对在产卵场捕捞生殖群体而言，它能够间接地反映出渔场大致的发展趋势及其目前所处的状态。如在生殖期间，雄性与雌性数量差不多，但在生殖过程中的各个阶段稍有变化。其规律为：在生殖初期，雄性个体多于雌性个体；在生殖旺期，雄性个体与雌性个体差不多；在生殖后期，雄性个体少于雌性个体。当产卵场中性未成熟个体占多数时，说明渔场的

鱼群未到产卵阶段，鱼群不稳定；若性腺已成熟的个体占多数，说明渔场的鱼群接近产卵阶段，鱼群稳定；若渔获物中已产卵的个体占多数，说明产卵阶段接近尾声，鱼群不太稳定。

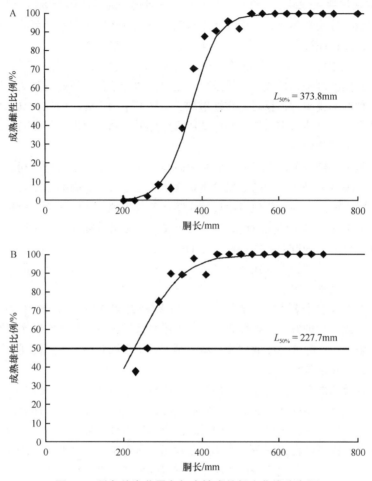

图 2-4　秘鲁外海茎柔鱼初次性成熟长度曲线分布图

◆ 第三节　种群的鉴定方法

鉴定种群的方法一般有形态学、生态学、分子生物学、渔获量统计、生物化学和遗传学等方法，前 4 种方法属于传统方法，随着计算机技术、数理统计及智能技术等的发展，这些传统方法都增加了新的内容和新的途径。最后一种方法（生物化学和遗传学方法）在一定程度上丰富了种群、群体概念的资料，提高了鉴定工作的准确性，但基因的交流也使得其种群鉴别出现困难。在这 5 种方法中，形态学方法被用得最为广泛。对于种群鉴定，通常采用多种方法进行综合应用，才能得出最后结论。

生殖隔离及其隔离程度是种类与种群划分的基本标准，生殖隔离也是防止生物杂交的重要生物学特征。因此，用于种群鉴定的材料一般应注意：①样本必须是产卵群体，并在产卵场采样，这样才能有可靠的代表性。产卵鱼群可把形态等生物学特征显著表现出来。②样本的鱼体要求新鲜、完整，尤其是使用生理学、生物化学和遗传学方法时更要求现场鲜活采样，使用形态学方法时则要求鱼体的鳞片、鳍条等完整无缺损，以减少测定误差。③样本采集要有足够的代表性且满足数量上的要求，这是开展种群鉴别研究的前提。

一、形态学方法

形态学（morphology）方法，又称生物测定学方法，属于传统鉴别方法。在分类学上，鉴别种的常规程序是根据个体的形态特征和它相应性状检索而得的。其"特征"既包括生物个体"质"的描述，如鱼类体型，也包括"量"的计测，如分节和量度的特征参数。物种在形态和遗传学上的稳定性，导致种间在质和量特征上的间断或显著差异，所以种的鉴别通常只要对少数个体的检索即可确定。而种群因是种内的个体群，所以在其特征和性状上则往往呈现不同程度的连续与性状变异，这就要求收集不同产卵群体并达到一定数量的个体样品，对它们的各项分节特征、体型特征和解剖学特征进行测量和鉴定，然后根据各样品特征的差异程度进行种群鉴定。随着计算机技术、图像技术等的发展，几何形态测量学方法成为种群判别的重要方法。

1. 分节特征　此部分主要是计数和测定鱼体解剖前后的各项分节特征，并进行统计分析。通常的分节特征材料有：脊椎骨（脊椎骨数、躯椎数和尾椎数）、鳞片（侧线鳞数、侧线上鳞数、侧线下鳞数和棱鳞数）、鳍条、幽门垂、鳃耙、鳃盖、鳔支管、鳞相和耳石轮纹。

（1）脊椎骨　脊椎骨分为躯椎（位于胸腔部分）和尾椎两部分。尾椎末端连接尾杆骨（尾部棒状骨）。一般计算脊椎骨数时由头骨后方的第一椎骨起进行计算，并算至尾杆骨，但也有不把尾杆骨计算在内的。

在形态特征中，最常用的是计算脊椎骨数，且用这一指标来鉴别种群是行之有效的。在鉴定种群时，常常分别计算躯椎数和尾椎数。对于尾部十分发达的鱼，如绵鳚属，把躯椎数分开计算和鉴定很有用。但在很多情况下，特别是鲱类，只计算脊椎骨数较为适宜。总之，如何计算和鉴定，依不同的鱼类而异。例如，鉴定中国近海的带鱼种族时，林新濯等（1965）用躯椎数和头后多髓棘椎骨数，而张其永等（1966）则采用腹椎数。

已查明相近的种和分布区内同一种鱼的椎骨数量的变化规律，其规律一般为：北方类型的脊椎骨比南方类型的多，脊椎骨数自北向南逐渐减少。此现象也发生在峡湾和浅水区，且该处的鱼脊椎骨数也少于外海的。

过去为了获得脊椎骨数，最常用的方法是解剖。但在样本数量较少时，特别是遇到模式标本和稀有珍贵种类时，则要求标本保存完整无损而不能解剖，因此人们也应用 X 射线技术进行拍片计数，以及观察脊椎骨及其他骨骼的数目和形态。

（2）鳞片　通常计数侧线鳞数。侧线上下的鳞片数则是由背鳍基部斜向侧线计算其鳞片列数，以及自臀鳍基底部斜向侧线数鳞片列数，并分别记录。蓝圆鲹则计算其体侧的棱鳞数，鲱则计算其腹部的棱鳞数。

（3）鳍条　鱼类有背鳍、胸鳍、腹鳍、臀鳍和尾鳍 5 种。鳍条数具有表现种群形态特征的性质。计数的各鳍鳍条和鳍棘应分别记录。鉴定种群应采用何种鳍条应视不同鱼种而定。例如，田明诚等（1962）在探讨中国沿海大黄鱼形态特征的地理变异时，把鳍条形态特征的比较放在重要的位置。Jensen（1939）对不同年度海鲽的臀鳍鳍条数变化进行了观察，认为臀鳍鳍条数的变化是水文因子作用的结果，平均温度变化 1℃，臀鳍鳍条数就发生 0.4 条的变化。

（4）幽门垂　许多鱼类在幽门的附近长有许多须状的盲管，称为幽门垂。幽门垂的形状和数量因鱼的种类不同而不同。在计数幽门垂的时候，应根据其基部的总数来测定。在计测时，应用解剖针区别检查，以免发生计数上的误差。

（5）鳃耙　鱼类鳃弓朝口腔的一侧有鳃耙，一般每一鳃弓长有内外两列鳃耙，其中以第一鳃弓外鳃耙最长。在利用鳃耙数来鉴定种群时，一般利用第一鳃弓上的鳃耙数。有时因鱼种不同，应分别计算鳃弓上部和下部的鳃耙数。鳃耙的形状和结构因鱼类的食性而不同。一般以浮游生物为食的鱼类的鳃耙细小，以动物性食物为饵料的鱼类的鳃耙稀疏且粗大。此外，像里海鲱类等的鳃耙数则随年龄和生长而不断增长。因此，比较不同种群或群体的鳃耙数差异时，最好能分年龄组进行。

（6）鳔支管　石首鱼类鳔支管的两侧常有多对侧肢有向背腹方向的分支，形成鳔两侧成树状的分支。分支状态是石首鱼鉴定种群的依据。鳔支管的复杂分支是石首鱼科的一种特有现象。例如，小黄鱼的每侧鳔支管通常从大支又分出背腹支及许多小支。

（7）鳞相　鳞片一般计测第一年龄与核的距离（即第一年轮半径），以及在该距离中的轮纹数目，或判别其休止带的宽窄，也有的将鱼类休止带系数的变异情况作为鉴定种群的参数。休止带的系数，即自鳞片的核至各休止带的距离除以核部至最外侧的休止带外缘的距离所得的商。当然，还可根据鳞片的其他特征鉴定种群。例如，为了易于划分各个种群，在挪威鲱中区分出 4 个年轮型，即轮纹明显的北方型年轮、轮纹模糊的南方型年轮、大洋型年轮和产卵型年轮。

2. 体型特征（度量特征）　体型特征主要是测量鱼体有关部位的长度和高度，计算它们之间的比值，并对其进行统计分析，比较平均数和平均数误差。通常所求的体型长度比值有全长/体长、体长/头长、体长/体高、头长/吻长、头长/眼径、尾柄长/尾柄高。另外，根据可能存在的体型特征差异，还可测量上颌长、眼后头长、眼径、背鳍基长、背鳍后长、肛长、胸鳍长、腹鳍长等，并计算各种比值。

以往在划分两个单位群体的各项分节特征和体型特征的差异程度时，常用统计学上的平均数差异标准差公式（差异系数公式）。但确定单位群体仅仅根据某一项特征指标是不够的，还应结合其他多项指标进行综合分析。所以，人们已经采用多元统计方法来进行种群鉴定，如根据测定的多项指标应用判别分析、聚类分析等方法鉴定粤东蓝圆鲹、台湾海峡和北部湾二长棘鲷、东海曼氏无针乌贼的种群和群体等。

计数特征和度量特征是传统种群鉴别方法的主要手段，需要进行大量的生物学测定工作，取样和测定工作容易实现，得到广泛应用。但这些特征容易受环境因子的影响，形成年间差异，降低了特征本身的稳定性，使鉴别结果的可信度受到影响。

代应贵等（2013）分析了两个不同种群稀有白甲鱼的形态特征，结果如图 2-5 所示。从两个地点的样本分析来看，不同种群之间存在较为明显的差异，不同长度个体的特征也有一定的区别。通过主成分分析可以发现，沅江种群和西江种群有一定的区别，但是其差异性并不大，且具有较高的重合性（图 2-6）。

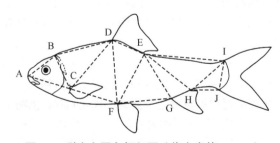

图 2-5　稀有白甲鱼框架图（代应贵等，2013）

A. 吻端；B. 上枕骨后端；C. 胸鳍起点；D. 背鳍起点；E. 背鳍基末端；F. 腹鳍起点；G. 臀鳍起点；H. 臀鳍基末端；I. 尾鳍基背部起点；J. 尾鳍基腹部起点

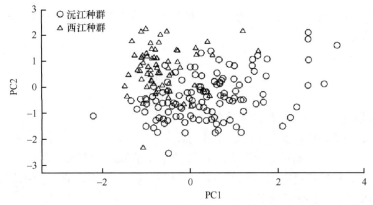

图 2-6 稀有白甲鱼比例性状第一、二主成分（PC1、PC2）散点图（代应贵等，2013）

形态学特征主要受遗传因子控制，但也受到环境因子的作用，比如水温对鱼类脊椎骨等计数性状早期发育和变异的影响较大。因此，特征的稳定性可能会出现年间差异，从而影响种群鉴别结果。这一方法要求进行大量的样本采集和生物学测定工作，然后对形态学测量数据进行统计学分析，求取平均值和标准差，判别被研究对象种群之间的差异程度。常见的统计学分析方法有以下三种。

（1）差异系数（coefficient of difference，C.D）

$$\text{C.D} = \frac{M_1 - M_2}{S_1 + S_2}$$

式中，M_1 和 M_2 分别为两个种群特征计量的平均值；S_1 和 S_2 分别为两个种群特征计量的标准差。

按照划分亚种 75% 的法则（Mayret et al.，1953），若 C.D≥1.28，则表示差异达到亚种水平；C.D<1.28 属于种群间的差异。

（2）均数差异显著性（M_{diff}）

$$M_{\text{diff}} = \frac{M_1 - M_2}{\sqrt{\dfrac{n_1}{n_2} m_2^2 + \dfrac{n_2}{n_1} m_1^2}}$$

式中，M_1 和 M_2 分别为两个种群特征计量的平均值；m_1 和 m_2 分别为两个种群特征计量的均数误差；n_1 和 n_2 分别为两个种群特征的样品数。

当 $n_1=n_2$ 或者大量采样时，上式分母可以简化为 $\sqrt{m_1^2 + m_2^2}$，将计算结果进行均数差异显著性 t 检验，当概率 $P\leq0.05$ 且 $P>0.01$ 时，差异为显著；如概率 $P\leq0.01$，则差异为极显著。例如，当自由度为 120 时，概率为 0.01 时的 t 值为 2.62，若 M_{diff} 值大于 2.62，则 $P\leq0.01$，表明差异为极显著。对于大样本，通常以 M_{diff} 值≥3.00 表示差异显著；若 M_{diff} 值<3.00，则说明无显著差异，即从该指标分析两个样品没有成为不同单位群体的特征。

（3）判别函数分析　检验种群特征的综合性差异，特别是单项特征差异不显著时，可应用判别函数的多变量分析方法来检验种间是否存在综合性差异。根据线性方程组：

$$\lambda_1 s_{11} + \lambda_2 s_{12} + \cdots + \lambda_k s_{1k} = d_1$$
$$\lambda_1 s_{21} + \lambda_2 s_{22} + \cdots + \lambda_k s_{2k} = d_2$$
$$\cdots$$
$$\lambda_1 s_{k1} + \lambda_2 s_{k2} + \cdots + \lambda_k s_{kk} = d_k$$

由上述方程组可解出判断系数 λ_1，λ_2，$\cdots$，λ_k。

式中，d_i 为 i 项种群特征的离均差；s_{ij} 为 i、j 项种群特征的协方差之和；k 为种群特征项；i、$j=1$，2，$\cdots$，k；判断函数为 $D = \lambda_1 d_1 + \lambda_2 d_2 + \cdots + \lambda_k d_k$。

差异显著性 F 检验为

$$F = \frac{n_1 \times n_2}{n_1 + n_2} \times \frac{n_1 + n_2 + k - 1}{k} \times D$$

式中，n_1 和 n_2 分别为两个种群特征的样品数量。

根据 F 检验，当 $F > F_{0.05}$ 或 $F_{0.01}$ 时，差异为显著。

实际上该方法是对各个指标的综合评价，计算出各特征值的总差异性，λ_1，λ_2，$\cdots$，λ_k 相当于权重。

随着数学和计算机的广泛应用，统计检验技术越来越多，如方差分析、变异系数、均值聚类、模糊分析、灰色聚类、空间距离分析等。

3. 几何形态测量学方法 目前比较常用的几何形态测量学（geometric morphometrics）方法有傅里叶分析法和地标点分析法，其已在种群鉴定、鱼类形态学、生物发育和考古学等方面都有广泛的应用。

（1）傅里叶分析法（Fourier analysis） 最开始使用的几何形态测量学方法是外部特征法，也称外部轮廓法。该方法是按照同源性原则，在物体的外部轮廓选取一定数目的样点，利用软件进行二值化之后对外部轮廓进行编码，将极值化坐标后的轮廓曲线分解为符合正弦和余弦的函数，从而得出傅里叶系数，通过后续的统计学方法最终求得形态差异（图 2-7）。该方法是法国数学家 Joseph Fourier 创立的。该方法主要以椭圆傅里叶分析法为主，因其鱼类耳石具有近似椭圆的特征，因此该方法被广泛地应用到耳石种类鉴别的研究中。

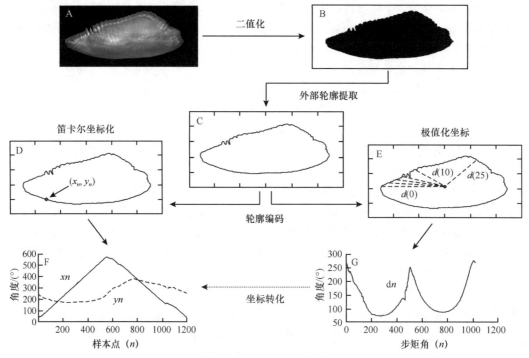

图 2-7 外部轮廓法的步骤

耳石本身的外部轮廓并不是光滑的曲线，不符合"曲线"的定义，在传统测量中并不会产生误差。傅里叶分析法侧重于外部轮廓的表达，在实际分析中需要借助小波转换分析和曲率尺度空间分析，将轮廓重建为数学曲线函数。

（2）地标点分析法（landmark analysis） 不同物体的外部轮廓选取并没有统一的规则，对形态的描述多侧重于使用地标点分析法。该方法是基于笛卡尔坐标的形状统计方法，将获取的物体二维图像转换为 x、y 的坐标点数据。地标点在选取时要遵循一定的原则：①Ⅰ型地标点，主要是指不同组织间的交叉点，如骨骼与肌肉的连接点、鱼体和鱼鳍间的连接点；②Ⅱ型地标点，是指组织间的凹陷或凸出点，如骨头的突起、耳石的缺口或其他组织中位置突出且可以明确辨析的点；③Ⅲ型地标点，是指组织间的最值点，如最长点、最宽点等（图 2-8）。

傅里叶分析法侧重于选择外部的整体轮廓，对于因此在描述外部形态时存在一定的误差。所以目前

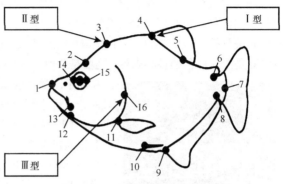

图 2-8 三种类型地标点示意图

在选取地标点时，总会因为样本的大小、位置、方向而产生误差。如果不进行处理，会对后续分析产生影响，因此需要采用叠印法去除干扰。最小二乘法准则是目前应用最广泛的叠印法，该方法通过对样本间进行平移、旋转来达到叠印效果。然后通过薄板样条（thin-plate spline）分析，利用变形和反卷的方式，使多个样本的坐标值相互对应，绘制变形网格来分析形态差异。该方法将扭曲能量矩阵（bending energy matrix）引入到几何分析中，通过局部扭曲（partial warp）、相对扭曲（relative warp）等多种统计方法来进行差异比较（图 2-9）。这种方法将能量矩阵、主成分分析和特征值分析等统计学方法引入其中，目前已在鱼类种类与种群鉴定中得到了广泛应用。

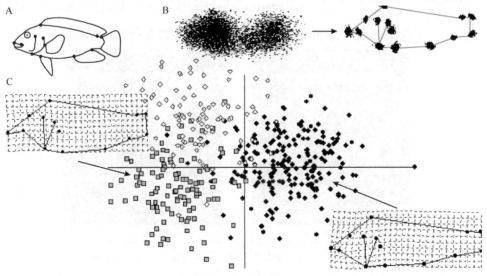

图 2-9 地标点分析法的操作步骤

A. 未加工数据的量化（数据取自丽鲷科）；B. 去除非形态变异的影响［412 个样本在广义普氏分析（GPA）处理前后的比较］；C. 统计分析（CVA）和结果的图形化［对左侧红剑齿丽鱼（*Spathodus erythrodon*）和右侧蓝带桨丽鱼（*Eretmodus cyanostictus*）栅格化变形］

（3）几何形态测量学方法常用软件 几何形态测量学方法一般是基于二维图像进行分析，所以需要借助软件将图像转换为数据。目前常用的软件主要有 MorphJ、PAST 等综合性分析软件

及 TPS、IMP、SHAPE 等系列性软件。综合性分析软件可以单独完成采集样点到扭曲分析等步骤，系列性软件由多个程序承担不同的分析步骤，共同完成分析过程。

纽约州立大学石溪分校生态与进化学系的 F. James Rohlf 教授于 20 世纪 80 年代末开始对几何形态测量学进行研究，并于此后研发出 TPS 系列软件。该软件包集图像数字化、叠印、变形网格分析及主成分分析和回归分析等简单统计分析为一体，可以对二维（2D）的图像进行几何形态测量的相关分析。该软件包主要由 tpsUtil、tpsDig、tpsPLS、tpsRegr 和 tpsRelw 等程序组成。其中 tpsDig 是该软件包的核心内容，主要是读取图像中研究对象的轮廓或者自定义地标点，并坐标化，

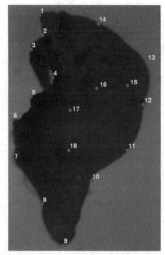

图 2-10　头足类耳石图像及其地标点（用 tpsDig V2.16 所作）

起到了图像内容数字化的关键作用（图 2-10），然后利用其他多种分析程序配合完成分析。

TPS 系列软件操作简单，界面友好，能比较快地获得结果。但目前仅主要适用于 2D 图像的形态分析，并且 TPS 系列软件是在 20 世纪 90 年代所开发的软件，很多程序已过时（有些程序仅能在 DOS 环境中运行）。作为核心部分的 tpsDig 因运行稳定、操作简便，被许多研究人员所推崇，并且应用在各项研究分析中。

东京大学的 Hiroyoshi Iwata 教授长期从事植物形态学方面的研究，并自主研发出了 SHAPE 软件，主要将椭圆傅里叶分析法应用于生物形态研究中。SHAPE 主要由 6 个应用程序和 2 个应用指南组成。"Chain coder"程序可进行图像灰度（gray scale）处理、影像二值化（image binarization）、创建编码链（coding chain）；"Chc2Nef"可创建傅里叶谐量（harmonics）；"PrinComp"可进行主成分分析（principal component analysis，PCA）；"ChcViewer"或"Nefviewer"可以观察记录目标物边缘的变化效果（图 2-11）。

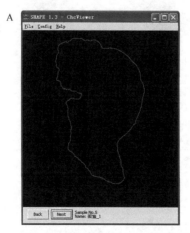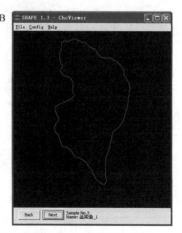

图 2-11　不同大洋性头足类耳石轮廓示意图（利用 SHAPE 所作）

A. 柔鱼；B. 茎柔鱼

二、生态学方法

在海洋中，鱼类种群的离散性是一种动态特性，是由于生态和遗传过程的相互作用而产生的。鱼类生态离散性产生于时间和空间的不均匀性，因此，种群鉴定就可利用它们在生态方面的差异及各自具有的特点来进行。鱼类种群量变动理论认为，鱼类种群就是靠这种时间和空间的隔离来

实现食物保障，从而增加种群数量的。因此，生态学（ecology）方法是鉴定种群的重要方法之一。

生态学方法就是研究和比较不同生态条件下种群的生活史及其参数，主要指标有：①生殖指标，如生殖时期、怀卵量、繁殖力、排卵量等。②生长指标，如长度和质量、生长率、肥满度等。例如，刘效舜等（1966）以同一年龄组的生长率变化作为小黄鱼种群划分的重要依据。③年龄指标，如寿命、年龄组成、性成熟年龄等。例如，罗秉征等（1981）根据耳石与体长相对生长的地理变异，划分中国近海的带鱼种群。④洄游分布，将种群的洄游路线差异作为种群划分的依据。例如，邓景耀等（1983）利用标志放流方法研究黄海、渤海对虾的洄游分布，进而确认了渤海及黄海中北部的对虾同属一个种群。⑤摄食指标，如摄食种类、摄食频率等。⑥种群数量变动的节律。⑦寄生虫，如寄生物的种类等。⑧微量元素，硬组织中的微量元素种类及其组成，已成为鱼类种群研究的主要材料之一，特别是一些河口性种类。通常用于鉴定种群的指标如下。

（1）洄游分布 最直接的方法就是标志放流。同时也通过系统的资源渔场调查，判断种群各种洄游的时间、路线及越冬场、产卵场、索饵场的分布范围，调查幼鱼与成鱼洄游分布的差别。例如，林景祺（1985）根据大量系统的渔业资源调查资料，研究了带鱼在海洋环境条件下自然调节适应性问题，将自南而北分布的带鱼分为三个种群。日本学者根据西太平洋（30°N～40°N）鲕标志放流的重捕结果及鲕洄游范围，以 33°N 以北的潮岬为界，将鲕分为北部和南部两个不同的种群。

（2）生长、生殖指标 不同的种群或群体由于生活环境的不同，其生长状况也会产生差异，这样就可以依据它们的生长差异来鉴定不同的种群。徐恭昭等（1962，1984）将中国沿海大黄鱼 3 个地理种群、8 个生殖群体的体长和纯体重的相对增长量，以及纯体重与体长的回归参数作了比较，结果发现各个种下群之间不论是纯体重还是体长的相对增长量均存在差异，它们的纯体重与体长的回归参数也存在或大或小的差异。

生殖指标的比较内容主要包括各群体的成熟年龄、产卵时间、怀卵量和卵径大小等。例如，大黄鱼的开始性成熟年龄和大量性成熟年龄从南至北变大；对于同一种族的大黄鱼的不同群体，其产卵时间也存在不同程度的差异，如有的是春季产卵，有的是秋季产卵。

除了上述几个生态习性用于鉴定种群，还可以将研究种类的感官生理功能对外界条件反应的差别，以及研究种类生活的外界环境状况如产卵场面积、深度等的差别，作为鉴定单位群体的有用参考资料。

（3）寄生虫 栖息于不同水域的群体，往往有自己固有的寄生虫区系，因此可从一些鱼体身上找到某些生物指标予以区别。例如，分布在长江的鲚有陆封和海陆洄游的群体。当它们混群时则可依鱼体上是否有海洋寄生甲壳类来加以区别。同样，在海洋中栖息时期的大麻哈鱼，也可根据鱼体内寄生物的种类不同而判别其不同出生河流区系的归属。日本学者在研究北太平洋中东部海域的柔鱼种群时，根据柔鱼体内寄生虫种类的不同进行鉴定和划分。

（4）硬组织微量元素 鱼类、头足类等在与外界环境进行物质交换过程中，环境中的化学元素通过呼吸、摄食等方式进入体内，然后经过一系列的代谢、循环进入内淋巴结晶后沉积在耳石等硬组织中。这些元素经过体内的递减传输后，沉积在耳石中的含量非常小，故称为微量元素。微量元素根据其含量大小又可分为少量元素（浓度 $> 100 \times 10^{-6}$ mol/g，如 Na、Sr、K、S、N、Cl、P 等）和痕量元素（浓度 $\leqslant 100 \times 10^{-6}$ mol/g，如 Mg、Cu、Pb、Hg、Mn、Fe、Zn 等）两种。由于耳石等硬组织的非细胞性和代谢惰性，随着鱼类及其耳石等硬组织的同步生长，水环境中沉积在耳石等硬组织中的化学元素基本上是永久性的。耳石等硬组织记录了其整个生命周期内所生活的水环境特征，而水环境的变化导致耳石等硬组织微量元素的改变。通过周围水环境和耳石等硬组织中微量元素的相关信息分析，不仅可以有效地划分群体，而且对鱼类的洄游、繁殖、产卵等生活史分析，以及温度、盐度、食物等栖息环境的重建起着重要作用。

目前用于耳石等硬组织微量元素分析的方法主要有：电感耦合等离子体质谱法（inductively coupled plasma mass spectrometry，ICP-MS）、激光剥蚀-电感耦合等离子体质谱法（laser ablation inductively coupled plasma mass spectrometry，LA-ICP-MS）、质子 X 射线荧光分析（proton induced X-ray emission，PIXE）、同步辐射 X 射线荧光分析（synchrotron X-ray fluorescence，SXRF）、电子探针微区分析（electron probe microanalysis，EPMA）、极小二次离子质谱法（nanosecondary ion mass spectrometry，nanoSIMS）、原子吸收光谱法（atomic absorption spectrometry，AAS）、电感耦合等离子体发射光谱分析法（inductively coupled plasma optical emission spectrometry，ICP-OES）和质子背散射分析法（proton back scattering，PBS）。

（5）氧、碳同位素　鱼类种群识别的氧、碳同位素分析方法即在鱼类耳石微结构研究的基础上发展起来的。与基因分析方法相比，鱼耳石的同位素标志有两个显著的优点：一是鱼类耳石的环带结构提供了一种理想的时间序列，以便分离鱼类（特别是海鱼）不同的生长阶段；二是为鱼类耳石的形成机制提供了鱼类生活环境的对应信息，使之有可能重建鱼类的生长史。应当特别指出的是，鱼耳石的 $\delta^{18}O$ 反映了鱼类生活环境中水的状况，而 $\delta^{13}C$ 反映的是鱼类的食物状况，两种同位素成分相结合便成为识别鱼类种群和群体的有用工具。

$\delta^{18}O$ 和 $\delta^{13}C$ 的关联分析可追溯至 Leith 和 Weber 的早期工作，当时认为碳酸盐岩形成过程中有两种不同的同位素成分来源或选择的碳氧化合物具相关的 $^{18}O/^{16}O$ 和 $^{13}C/^{12}C$ 值。对光合作用和非光合作用的珊瑚研究表明，生物碳酸盐岩中的 $\delta^{13}C$ 和 $\delta^{18}O$ 的相关性可能显示动力学和新陈代谢效应，尤其是那些生长迅速的碳酸盐岩残留体。在渔业上，Gao 和 Beamish 用 $\delta^{18}O$ 和 $\delta^{13}C$ 关联性研究结果来判断太平洋鲑的栖息指数（habitat index）。如果某一鱼类栖息于不同的自然环境中，并有不同的 $\delta^{18}O$ 和 $\delta^{13}C$ 成分，那么当它游移于不同水体时，它们的耳石 $\delta^{18}O$ 和 $\delta^{13}C$ 的关联性分析可以作为一种天然的示踪。一般而言，由生物因素引起的同位素不平衡分馏不占主导地位，因而鱼耳石稳定同位素成分的关联分析不会像珊瑚那样受动力学效应的控制。

美国东北部缅因湾的大西洋鲑（*Salmo salar*）属受保护的鱼种。该区现有两种孵化场：商业性孵化场生产幼鱼作海滩圈式养殖，联邦政府经营的孵化场生产的幼鱼作为野生鲑的补充；正确识别不同孵化场的鲑对扩大大西洋鲑鱼群的规模和避免野生幼鱼被误捕至关重要。首先进行鱼耳石稳定同位素成分的可行性分析，即从三个商业性孵化场和两个联邦政府经营的孵化场中分别采集 40~50 个大西洋鲑耳石样品进行 $\delta^{18}O$ 和 $\delta^{13}C$ 成分分析，对比两组数据的原始分析数值或均值，看能否将 5 个孵化场的幼鱼分开。然后进行耳石同位素数据的统计分析，作为统计学进一步量化识别的依据。研究结果表明，耳石稳定同位素原始数据和均值（图 2-12）能正确、有效地判定不同孵化场来源的大西洋鲑鱼群。因此，据耳石同位素成分特征建立的判别标准有可能用于判别实践，为缅因湾大西洋鲑的研究和管理提供切实的帮助。

三、分子生物学方法

自 20 世纪 80 年代开始，随着分子生物学技术的不断发展，分子生态学的遗传标记从蛋白质水平向着 DNA 水平发展，并出现了种类较多的 DNA 标记技术，特别是表达序列标签（expressed sequence tag，EST）技术，其已经开始进入 RNA 水平的标记。同时，随着分子标记技术的不断更新与完善，新的标记层次（如 RNA 水平）的技术将会不断出现，推动分子生物学在种群鉴定中被应用。目前，分子生物学方法主要包括血清凝集反应法、同工酶电泳法、限制性片段长度多态性（restriction fragment length polymorphism，RFLP）、随机扩增多态性 DNA（random amplified

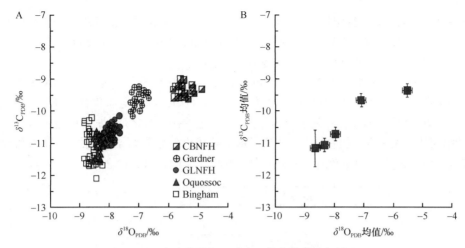

图 2-12 大西洋鲑耳石稳定同位素成分分析结果

A. 耳石同位素成分原始数据（图例表示 5 个不同孵化场群体）；B. 耳石同位素数据均值；PDB. Pee Dee Belemnite，为来自美国南卡罗来纳州 Pee Dee 组织的一种碳酸盐样品的同位素比值

polymorphic DNA，RAPD）、扩增片段长度多态性（amplified fragment length polymorphism，AFLP）、微卫星标记（microsatellite marker）、简单重复序列间多态性（inter-simple sequence repeat polymorphism，ISSR）标记、线粒体 DNA 标记、单链构象多态性（single-strand conformation polymorphism，SSCP）、单核苷酸多态性（single nucleotide polymorphism，SNP）标记、表达序列标签等技术。

1. 蛋白质水平上的分子标记技术 目前，用于分子种群地理学上的蛋白质水平标记的方法主要为血清凝集反应法和同工酶电泳法，等位酶标记法在实际种群研究中较为少见。

（1）血清凝集反应法 血清凝集反应法是根据许多生物在传染源或某一异性蛋白（抗原）从肠道以外的路径侵入机体时，其血浆蛋白都起着重要的保护作用，而使机体发生保护性反应的原理制定的。有机体的保护反应表现在：形成所谓抗体的特殊蛋白；抗体进入血浆，与各种抗原相遇后使其变为无害。血清凝集反应法就是根据这一原理来鉴定鱼类种群的。

具体方法是：取鱼的蛋白质作抗原，注入兔或其他试验动物体内，使其产生抗体，经过一定的时间，抽取其血液制成血清，称为抗血清。由于这种血清含有抗体，因此在其上面滴入原来作为抗原的鱼的蛋白质时，便能产生浑浊沉淀。该反应称为血清凝集反应。亲缘关系近的鱼类的相应蛋白质对该抗血清有此反应，而且亲缘关系越远所产生的沉淀便越少。这个沉淀即作为鉴定鱼类种群的指标。张其永等（1966）将这一方法的实验结果作为鉴定我国东南沿海带鱼种群的依据之一。

（2）同工酶电泳法 生物化学、遗传学方法被用于鉴定种群的研究，丰富了种群概念，提高了种群鉴别的准确性。遗传学方法主要通过电泳技术对所分析的物质进行测定。例如，鱼体蛋白质分子在一定缓冲液中带有电荷并可移动，不同种群的蛋白质分子不同，所显示的迁移率也不同，将此作为判别种群的标准。更为准确的鉴定是进行同工酶电泳，且从电泳获得表型及其频率，进而计算出等位基因频率和遗传距离。不同种群之间的遗传性差异主要表现在基因频率不同，而同一种群不同个体之间的差异一般表现为等位基因的差异。近些年来，随着分子生物学的发展，具有高分辨力的电泳技术和组织化学、染色等新技术的应用，可在电泳板上直接组化染色并判读蛋白质或同工酶的多型现象，用较简单的多元分析法计算基因频率，进而识别不同种群。例如，美国科学家对大西洋西北部 8 个地点的鳕种群和格陵兰西部 5 个地点的鳕种群进行研究，利用遗传距离值的差异（当 $D''=0$ 时，则无种群间差异；当 $D''=1$ 时，则种群基因频率有明显差异），证明了在格陵兰西部有 2 个种群，美国北部有 4 个种群，并展现出这 6 个鳕种群的进化历史。

2. DNA 水平上的分子标记技术 DNA 水平上的分子标记技术能克服蛋白质水平上标记数量少、容易受到环境影响等缺点，随着测序深度的加大和测序精度的不断提高，DNA 水平上的分子标记技术被广泛应用于动物种群遗传结构的鉴定中。

（1）RFLP RFLP 最初由美国学者 Botstein 等于 1980 年提出，是识别 DNA 多态性的第一种方法。其主要是利用限制性内切酶酶切个体的基因组 DNA，通过电泳和 DNA 印迹法（Southern blotting），将酶切后的 DNA 转移到杂交膜上，选用一定的探针与之杂交，从而显示与探针含有同源序列的酶切片段在长度上的差异。其本质是由单碱基的突变或者结构的插入、转移和倒位等引起的，符合孟德尔遗传的共显性标记技术。其实验操作流程如图 2-13 所示。

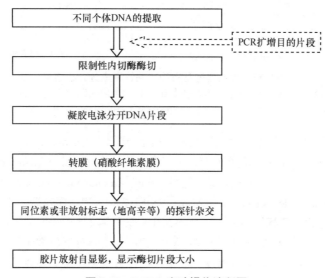

图 2-13　RFLP 实验操作流程图

在 DNA 双螺旋结构中，A-T 是双键连接，C-G 是三键连接，因此在 A-T 中更容易发生突变。如 *Eco*R Ⅰ：

GTAGTCGATTGTCGAGAATTCGTCGGTGGTAAG

CATCAGCTAACAGCTCTTAAGCAGCCACCATTC

当酶切位点发生于 GAATTC 中 GA 的连接处时，在 GAATTC 或者 CTTAAG 中，重复出现的位置就能作为 *Eco*R Ⅰ酶切位点被酶切，形成大小不一的片段。如图 2-14 所示，在不同的酶切位点中，可以形成 A、B 和 C 三种不同长度的片段，三个片段在聚丙烯酰胺凝胶电泳中，由于长度的不同，故而分辨出不同的多态位点。由于 RFLP 是由 DNA 一级结构的变异造成的，当 DNA 的变异位点不在内切酶的位点范围之内时，变异则不能通过单酶切检测到。因此，在实际的种群结构研究过程中，通常采用多酶切位点对不同地理群体的个体进行检测，以提高实验结果的可靠性。

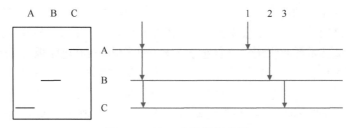

图 2-14　*Eco*R Ⅰ酶切示意图

单淇等（2006）对来自江西瑞昌（47尾）、湖南长沙（32尾）的天然群体及天津宁河（48尾）的人工繁殖鳙群体的线粒体DNA（mitochondrial DNA）控制区进行PCR扩增，使用12种限制性内切核酸酶酶切PCR产物。酶切结果显示了8种酶具有酶切位点，其中2种有个体间的变异，共得到7种单倍型。在长沙群体中，单倍型6的比例高达87.48%，宁河群体中单倍型7的比例为72.92%（表2-1）。根据单倍型的频率组成情况，计算了瑞昌与长沙、宁河群体之间的罗杰斯（Rogers）遗传距离分别为0.7283和0.5007，长沙与宁河群体间的Rogers遗传距离为0.8135（表2-2）。以Rogers遗传距离为基础，构建不加权算数平均组对法（unweighted pair group method with arithmetic mean，UPGMA）聚类图（图2-15），结果显示瑞昌和宁河群体先聚为一支，然后再与长沙群体聚合。长沙群体与瑞昌和宁河群体之间的距离较远，且卡方检验结果显示，长沙群体与瑞昌和宁河群体间具有显著的遗传差异（$P<0.001$）。

表2-1　mtDNA单倍型数据及其在三个鳙群体内的分布与比例

单倍型编号	单倍型组成	瑞昌	长沙	宁河	合计
1	AAAAAAA	11（0.2340）	0	6（0.1250）	17
2	AAAABAA	22（0.4681）	1（0.0313）	1（0.0208）	24
3	AAAACAA	0	1（0.0313）	0	1
4	BAAAAAA	0	1（0.0313）	6（0.1250）	7
5	CAAAAAA	4（0.0851）	1（0.0313）	0	5
6	CAAABAA	0	28（0.8748）	0	28
7	CAAACAA	10（0.2128）	0	35（0.7292）	45
合计		47	32	48	127

表2-2　鳙三个群体间的Rogers遗传距离

群体	瑞昌	长沙
长沙	0.7283	
宁河	0.5007	0.8135

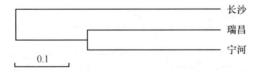

图2-15　鳙三个群体Rogers遗传距离的UPGMA聚类图

虽然RFLP在种群结构的研究中具有一定的可操作性，但是其对样本纯度的要求较高，样本需求量比较大，单酶切的多态性信息含量受限，过多依赖限制性内切核酸酶的种类及数量，以提高多态性信息容量。RFLP分析技术步骤繁多，所需要的工作量较大，通常在分析种群结构的过程中需要较多的样本数量，因此增加了实验的成本。

（2）RAPD　　RAPD技术是1990年由Williams和Welsh几乎同时报道的一种分子标记技术。此技术建立于PCR基础之上，使用一系列具有10个左右碱基的单链随机引物，对基因组的全部DNA进行PCR扩增。当基因组中存在或长或短被间隔开的颠倒重复序列时，由单个短的随机序列引物对基因进行PCR扩增，只要两个反方向互补的引物结合位点间距满足PCR扩增的条件，就能够产生可以重复扩增的片段。引物结合位点DNA序列的改变及两扩增位点之间DNA碱基的缺失、插入或置换，均可导致扩增片段数目和长度的差异，形成可检测的多态性。

曾珍（2013）采用 RAPD 技术研究了富春江、黄河、滦河和鸭绿江的松江鲈 4 个群体共计 120
尾个体的遗传多样性。结果显示在扩增得到的 591 个位点中，有 515 个位点呈现多态性。群体间香
农（Shannon）信息指数和根井正利基因多样性指数（Nei's gene diversity index）分别为 0.3393～
0.3566 和 0.2157～0.2279（表 2-3）。群体间基因流值介于 5.7610 和 19.8450 之间（表 2-4），表明了
不同群体间较为广泛的基因交流。群体间遗传距离显示，4 个群体间的遗传距离为 0.0082～0.0246
（表 2-5）。根据遗传距离，构建 UPMGA 聚类图，结果显示鸭绿江、黄河和富春江三个群体聚为一支，
滦河群体单独为一支（图 2-16）。

表 2-3　松江鲈 4 个不同群体的 Shannon 信息指数和根井正利基因多样性指数

群体	Shannon 信息指数	根井正利基因多样性指数
富春江	0.3560±0.2308	0.2259±0.1710
黄河	0.3566±0.2380	0.2279±0.1768
滦河	0.3393±0.2382	0.2157±0.1727
鸭绿江	0.3438±0.2365	0.2183±0.1743

表 2-4　松江鲈群体间基因交流值（N_m，对角线上方）和遗传分化系数（F_{st}，对角线下方）

群体	富春江	黄河	滦河	鸭绿江
富春江		12.3858	5.7610	16.2747
黄河	0.0388（$P<0.01$）		10.9805	19.8450
滦河	0.0797（$P<0.01$）	0.0436（$P<0.01$）		7.9701
鸭绿江	0.0298（$P<0.01$）	0.0246（$0.01<P<0.05$）	0.0590（$P<0.01$）	

表 2-5　松江鲈群体间遗传相似度（对角线上方）和遗传距离（对角线下方）

群体	富春江	黄河	滦河	鸭绿江
富春江		0.9862	0.9757	0.9886
黄河	0.0139		0.9850	0.9919
滦河	0.0246	0.0151		0.9814
鸭绿江	0.0115	0.0082	0.0188	

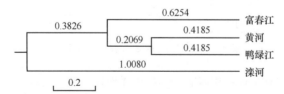

图 2-16　基于遗传距离的 4 个松江鲈群体间的 UPGMA 聚类图

RAPD 技术在种群结构中具有很强的科学性，但图谱中常带有某些弱带，且其重复性较差；
该技术引物长度的设置、序列及引物数目、扩增的反应体系及扩增条件并没有标准化，使得不同
的引物设计长度和数目、反应条件及扩增条件出现差异，出现了不同的结果。

（3）AFLP　　AFLP 是 1995 年由 Vos 等发明的一项 DNA 分子标记技术。此技术是建立在基
因组限制性片段基础上的选择性 PCR 扩增。由于不同物种的基因组 DNA 大小不同，单核苷酸突
变或者插入及缺失突变导致增加或者减少限制性内切核酸酶的酶切位点。使用特定的双链接头
（adapter）与酶切 DNA 片段连接作为扩增反应的模板，用含有选择性碱基的引物对模板 DNA 进

行扩增，选择性碱基的种类、数目和顺序决定了扩增片段的特异性。扩增产物经放射性同位素标记、聚丙烯酰胺凝胶电泳分离，然后根据凝胶上 DNA 指纹的有无来检测产物的多态性。

应一平（2011）利用 5 对 AFLP 引物对 5 个青鳞小沙丁鱼群体［日照群体（$N=14$）、青岛群体（$N=12$）、舟山群体（$N=13$）、爱知群体（$N=16$）和香川群体（$N=16$）］进行了遗传多样性研究。71 个个体共产生了 414 条清晰的扩增条带（只有清晰的扩增条带才能读取可靠的结果），其中多态性条带有 340 条，多态性比例高达 82.13%。对两两群体之间的遗传分化分析结果显示，F_{st} 介于 –0.0027 和 0.0827 之间（表 2-6）。总体上，中国群体之间的 F_{st} 较小，且 P 值大于 0.05，表明了中国群体间并没有产生显著的遗传分化。中国群体与日本群体之间都具有显著的 F_{st}，表明了中国群体和日本群体分属两个不同的种群。在日本的两个群体中，爱知群体与香川群体的 F_{st} 为 0.0208，且显著性检验为极显著，说明了日本群体中不同群体之间的分化较为明显。进一步的两两群体之间的遗传距离显示，日照与舟山群体之间、爱知与香川群体之间的遗传距离最小，都为 0.0094，青岛与香川群体之间的遗传距离最大，为 0.0273（表 2-7）。根据遗传距离，构建 UPGMA 聚类图（图 2-17），日本群体形成一支，与中国群体并列，形成两个单独的拓扑结构，表明了日本群体与中国群体为两个不同的种群。

表 2-6　青鳞小沙丁鱼群体两两间 F_{st}（对角线下方）与相应的 P 值（对角线上方）

群体	日照	青岛	舟山	爱知	香川
日照		0.3243	0.1712	0.0000	0.0000
青岛	0.0035		0.6937	0.0000	0.0000
舟山	0.0063	–0.0027		0.0000	0.0000
爱知	0.0487	0.0570	0.0456		0.0000
香川	0.0802	0.0827	0.0789	0.0208	

表 2-7　青鳞小沙丁鱼群体间的遗传距离

群体	日照	青岛	舟山	爱知	香川
日照					
青岛	0.0115				
舟山	0.0094	0.0108			
爱知	0.0204	0.0248	0.0191		
香川	0.0264	0.0273	0.0229	0.0094	

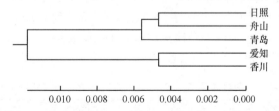

图 2-17　利用 AFLP 依据青鳞小沙丁鱼群体间遗传距离构建的 UPGMA 聚类图

AFLP 标记技术具有重复性较好、标记位点多等优点，被广泛应用于海洋生物的遗传多样性研究中。但是，由于 AFLP 实验过程中用到的试剂盒价格昂贵，限制了其技术的推广；操作过程中，需要用到同位素标记，经济性不足；对样本 DNA 在研究片段内的完整性质量要求严格。

（4）微卫星分析　　微卫星 DNA 是 1981 年由 Miesfeld 等从人类基因组文库中首先发现的，

到了 1989 年才正式被定义为微卫星序列。微卫星序列是一种广泛分布于真核生物基因组中的串状简单重复序列，每个简单重复单元的长度为 2～10bp，常见的微卫星序列如 TGTG…TG［记为(TG)$_n$］或 AATAAT…AAT［记为(AAT)$_n$］等，被称为简单重复序列。不同数目的序列呈串联重复排列，从而呈现出长度多态性。在每个 SSR 座位两侧一般是相对保守的单拷贝序列，据此可设计引物。扩增的 SSR 序列经聚丙烯酰胺凝胶电泳、银染，通过比较谱带的相对迁移距离，读取不同个体在某个 SSR 座位上的多态性。

刘连为等（2013）利用通过基因组高通量测序技术获得的 7 个多态性 SSR 位点，分析了阿根廷滑柔鱼两个不同产卵群体的遗传变异。结果显示其具有较高的遗传多样性，观测杂合度介于0.796 和 0.904 之间，两两群体之间的 F_{st} 为 0.0083（$P>0.05$），表明阿根廷滑柔鱼两个产卵群体间存在广泛的基因交流，为同一种群。刘连为等（2015）利用通过基因组高通量测序技术获得的12 个多态性 SSR 位点，分析了赤道海域茎柔鱼群体（33 个个体）和秘鲁外海茎柔鱼群体（33 个个体）两个遗传群体之间的遗传差异。结果显示，赤道群体的观测杂合度为 0.725，期望杂合度为 0.897，秘鲁外海群体的观测杂合度和期望杂合度分别为 0.697 和 0.874，均显示出了较高的遗传多样性。群体间的 F_{st} 为 0.020 46，显著性检验为极显著差异（$P<0.01$），表明赤道群体与秘鲁外海群体分属两个独立的种群。

SSR 广泛分布在基因组中，其多态性较好。由于是针对 DNA 一级结构的检测，对于杂合子和纯合子都能有效地检测，重复性能好，且能做自动化分析，一个位点的检测一般在 24h 之内便可以完成，也可以进行多位点的同时检测。SSR 座位侧翼引物序列的设计，需要以 DNA 文库为基础，其前期成本相对较高。

（5）ISSR 标记　　ISSR 是由 Zietkiewicz 等（1994）提出的一种新型分子标记技术，主要用于检测 SSR 间 DNA 序列的差异，是对 SSR 标记技术的进一步扩展。ISSR 是以锚定的微卫星 DNA为引物，在 SSR 序列的 3′端或 5′端加上 2～4 个随机核苷酸，在 PCR 扩增过程中，锚定的引物可以引起特定位点的退火，从而引起与锚定的引物相互补间隔不太大的重复 DNA 片段进行 PCR扩增。为此，所扩增的 SSR 间隙间的产物大小不一，这些大小不一的 PCR 扩增产物可以通过聚丙烯酰胺凝胶电泳、银染、图谱读取加以分辨。

应一平（2011）利用 4 对 ISSR 引物对 5 个青鳞小沙丁鱼群体［日照群体（N=18）、青岛群体（N=18）、舟山群体（N=16）、爱知群体（N=17）和香川群体（N=18）］进行了遗传多样性研究。87 个个体共产生了 191 条清晰的扩增产物，多态性产物为 173 条，多态性位点高达 90.58%。两两群体之间的 F_{st} 介于–0.0104 和 0.0680 之间（表 2-8）。中国群体之间为非显著的 F_{st}（$P>0.05$），中国群体与日本群体间的 F_{st}（P=0.0000），表明了中国群体和日本群体为两个独立的地理种群。两两群体间的 Nei's 遗传距离（表 2-9），香川与日照群体间达到 0.0298，而青岛与舟山群体之间仅为 0.0058。依据两两群体的 Nei's 遗传距离构建 UPGMA 聚类图（图 2-18），中国群体聚为姐妹群，与日本群体并列，形成相对独立的谱系结构。

表 2-8　两两群体间 F_{st}（对角线下方）和 P 值（对角线上方）

群体	香川	爱知	青岛	舟山	日照
香川		0.4684	0.0000	0.0000	0.0000
爱知	0.0000		0.0000	0.0000	0.0000
青岛	0.0576	0.0254		0.8829	0.7027
舟山	0.0598	0.0403	−0.0104		0.7387
日照	0.0680	0.0542	−0.0017	−0.0070	

表 2-9 青鳞小沙丁鱼两两群体间的 Nei's 遗传距离

群体	香川	爱知	青岛	舟山	日照
香川					
爱知	0.0087				
青岛	0.0267	0.0163			
舟山	0.0277	0.0213	0.0058		
日照	0.0298	0.0252	0.0078	0.0067	

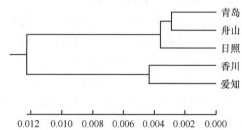

图 2-18 利用 ISSR 标记依据青鳞小沙丁鱼群体间遗传距离构建的 UPGMA 聚类图

ISSR 克服了 SSR 需要构建 DNA 文库的缺陷，同时又保持不弱于 SSR 标记多态性的功能，使其可靠性更高，操作简单，成本相对低廉，DNA 用量较小，安全性能高。为此，ISSR 标记技术在群体遗传学上得到了迅速且广泛的应用。

（6）线粒体 DNA 标记　　线粒体基因组是独立于核基因组的遗传物质，普遍存在于真核细胞中。线粒体 DNA（mtDNA）呈共价闭合双链状，具有保守、结构简单、母系遗传和几乎不发生重组等特点。mtDNA 包含了 13 个蛋白质编码基因、2 个 rRNA 基因、22 个 tRNA 基因及一个非编码的控制区。通常，在鱼类的线粒体 DNA 中，控制区（D-loop）的进化最快，rRNA 基因的进化最慢。由于线粒体 DNA 遵循母系遗传的特点，因此其检测有效种群的大小为核 DNA 两性遗传方式的 1/4，通常较少样本的种群遗传结构采用线粒体 DNA 标记的基因进行检测，为此其被广泛地应用于海洋生物地理种群结构的鉴定中。

有学者利用线粒体 $CO\ I$ 基因序列的 528bp 片段，分析了长江、钱塘江和黑龙江水系中银鲴群体的遗传多样性。结果显示，长江群体单倍型多样性为（0.742±0.053）～（0.991±0.033），高于黑龙江群体的 0.731±0.087 和钱塘江群体的 0.552±0.137（表 2-10）。群体间遗传分化系数显示，三个群体间都存在显著的遗传分化，群体间基因流最大值发生在黑龙江和长江群体间，为 1.32（表 2-11），表明了三个群体间存在显著的遗传分化。基于群体单倍型的网络状分析表明，三个明显的拓扑结果定义了黑龙江、长江和钱塘江三个独立的群体。

表 2-10 银鲴各群体遗传多样性

群体		样本数	单倍型数	核苷酸多样性	单倍型多样性
黑龙江		19	7	0.003 77±0.000 61	0.731±0.087
长江	岳阳	20	8	0.005 27±0.000 38	0.895±0.034
	南昌	16	5	0.002 19±0.000 29	0.775±0.063
	九江	20	9	0.003 25±0.000 25	0.991±0.033
	鹰潭	20	4	0.001 09±0.000 16	0.742±0.053
钱塘江		15	4	0.001 30±0.000 37	0.552±0.137

表 2-11　银鲴群体间遗传分化系数（对角线上方）、群体间遗传距离（对角线）及基因交流值（对角线下方）

群体	黑龙江	长江	钱塘江
黑龙江	0.003 81	0.0354 19**	0.780 84**
长江	1.32	0.004 66	0.588 00**
钱塘江	0.13	0.61	0.000 131

注："**"表示极显著分化，$P<0.01$

　　线粒体 DNA 的母系遗传特性，揭示了线粒体 DNA 标记技术突破了孟德尔遗传定律的局限性，从 DNA 的一级结构上阐述变异的本质。但是，单一的线粒体标记所包含的遗传多样性信息具有局限性，且不同生物之间的不同线粒体基因的进化速率具有一定的区别，所以通常需要筛选较多的标记基因，然后利用模型选择，选取更为有效的标记基因以阐述种群的地理分布特征。

　　（7）SSCP　　SSCP 技术首先是由 Noumi 等（1984）在研究大肠杆菌正常和突变 F1-ATPase 的基因时，经酶切电泳后发现的突变 DNA 而提出的。DNA 单链在非变性的聚丙烯酰胺凝胶电泳时，其迁移率除了与 DNA 的长短有关，更主要取决于 DNA 单链所形成的二级结构的构象，即与 DNA 的一级序列有关。而单链 DNA 构象对 DNA 序列的改变非常敏感，可以体现在大小和结构上，为此，常常一个碱基的增加、减少或者突变都能显示出来。在 SSCP 分析中，对 PCR 特异性片段进行变性处理，使得双链 DNA 变成单链 DNA，经非变性聚丙烯酰胺凝胶电泳分离，根据电泳图谱的位置判断变异情况。SSCP 技术具有灵敏度高、操作简便、结果的重复性高、应用广泛的特点。

　　（8）SNP 标记　　SNP 标记是由 Wang 等在 1998 年建立的，是继 RFLP 和 SSR 之后的第三代分子标记技术。它是由基因组核苷酸的变异引起的 DNA 序列的多态性，包括碱基转换、颠换、单碱基插入或者缺失等。SNP 位点分布广泛但不均匀，平均约 1000bp 就会出现一个 SNP 标记。其基本原理是将被检测的 DNA 片段与高密度的 DNA 探针阵列进行杂交，每一探针的序列与原基因组相应的序列相比，除有原互补序列外，还包括其他三种改变了的碱基序列，阵列完整而有序，杂交的结果通过计算机分析，最后显示出 SNP 特异性结果表达图谱，是一种依赖于 DNA 芯片技术发展的标记技术。

　　（9）EST　　EST 技术首先是由 Adams 等于 1991 年提出的。EST 是长 150～500bp 的基因表达序列片段，是 cDNA 的部分序列。EST 技术是将 mRNA 反转录成 cDNA 后，克隆到载体后构建成 cDNA 文库，进行大规模的 cDNA 克隆、测序，并与基因库中的已知序列进行比对分析的技术。因此，本技术主要局限于编码区基因的研究，主要用于研究不同物种、不同组织及生物体不同发育阶段功能基因的表达。

四、渔获量统计法

　　各海区的长期渔获量统计资料，可以用来比较渔况的一致性、周期性和变动程度，也可以作为鱼类种群鉴别的依据。鱼类种群数量变动是种群的属性，是鱼类种群与其生活环境相互作用的一种适应。由于鱼类各种群的生活环境存在一定的差异，因此所表现的种群数量变动节奏也不一致。渔获量是渔业活动的结果，尽管渔获量的丰歉受到人为因素和自然因素的影响，但渔获量的变动也能间接地反映出种群数量变动的趋势，借以判别种群。例如，库页岛鳟分布在堪察加半岛的东岸和西岸，两者各年间产量丰歉的情况刚好相反，因而两岸的鳟被认为分属不同的种群。

以上几种鉴别方法都有一定的优缺点，可以采用优势互补的方式使用多种方法进行综合分析。用不同的分析方法，通常可以得到相同的结论。有学者对群体鉴定的材料和方法做了综述，认为现代生物化学、细胞学、免疫学、形态学及生态学技术的应用，使得人们能够把任何生物的集合再分为类群，其范围为从一个或两个个体再到完整的集合，同时他也强调遗传学技术在种群鉴定中的应用。

五、种群鉴定及其生物学取样时的注意事项

鉴定种群是一项复杂细致的基础研究，特别是采样和测定工作，要有代表性和统一性。另外，在分析资料时应当采取慎重的态度，既不可忽视形态学方法，又不能机械地依靠它，应尽可能采用多种鉴别方法，相互比较和综合分析，以免由主观片面的判断而导致错误的结论，因此在取样和资料分析中应注意如下事项。

1）由于渔业资源种群的生殖特性，以及种群概念所强调的生殖隔离的重要性，因此从产卵场取样是最理想的，所取样必须是在不同产卵场上按同样的标准分组进行的。特别是样品要包括从生殖期开始到结束整个过程的样本。

2）取样必须要考虑到网具的选择性和渔获量的变动等因素。

3）在进行形态特征中的体型特征测定时，样品须取同一体长范围的鱼，并须特别注意年龄和性别的差异；同时也应充分考虑因生活条件的改变产生的变异。对分节特征进行分析时应注意它是否与环境条件有密切的联系。因此，将同质的资料（如同一年份和统一捕捞方法等）作比较更为可靠。

4）利用生态学指标作分析依据时，须充分考虑它们世代和生活条件可能产生的变动。

5）对统计学的分析要采取慎重的态度，在判断时要充分考虑到生物学的意义。

6）确定种群时应对各种指标进行综合分析，避免个别指标所产生的片面性和偶然性。

◆ 第四节 分子系统地理学概述

一、分子系统地理学的理论基础

任何新兴学科的建立都离不开理论知识的不断积累及理论体系的形成，随着分子生物学理论和技术在生物地理学研究中的应用，分子系统地理学（molecular phylogeography）的理论框架便建立了。它可以准确地阐释各分类阶元之间的进化关系，为生物地理学研究提供更加可信的科学结论。在 DNA 分子时代之前，分子多态性主要以蛋白质电泳图谱中等位基因频率的形式表现，多态性水平较低。随着 DNA 分子双螺旋结构的发现及 DNA 检测技术的发展，DNA 分子上单个碱基的突变即可被检测到，使得个体间乃至群体间分子多态性大大增加。同时，基因突变也是生物进化的基础，它为生物能够适应周围环境的变化提供了一种手段。

1975 年，Watterson 描述了基因谱系的基本特征，标志着现代溯祖理论（coalescent theory）的诞生。该理论在本质上为利用当前一个样本不同等位基因构建基因树，从而及时地追溯到祖先样本经历的历史事件。目前，溯祖理论被一致认为是群体样本各种分子数据分析的基础，而利用分子数据重建系统发育树以描述种间、群体间乃至个体间的谱系关系是分子系统地理学的核心内容。重建系统发育树的方法可分为两类：一类是基于遗传距离的算术聚类方法，主要包

括邻接法（neighbor joining，NJ）和不加权算数平均组对法（unweighted pair group method with arithmetic mean，UPGMA）；另一类是基于性状的最优搜索方法，主要包括最大简约法（maximum parsimony，MP）、最大似然法（maximum likelihood，ML）和贝叶斯法（Bayesian inference of phylogeny）。

分子遗传标记的发展为分子系统地理学的建立与发展提供了实践基础。线粒体 DNA 标记由于能够检测出群体间及群体内较高水平的遗传变异，并且能够进一步阐明影响种群结构（如生殖对策等）、群体历史动态及遗传多样性水平的因素而被广泛应用于分子系统地理学研究中。早期主要是应用 mtDNA 限制性酶切技术，通过对 RFLP 的比较分析，探讨种内不同种群及近缘生物类群种间的系统发育关系。20 世纪 90 年代以来，随着 PCR 扩增技术及 DNA 测序技术的发展，mtDNA 序列分析方法在分子系统地理学领域得到广泛应用。微卫星 DNA 是一种广泛分布于真核生物基因组中的串状重复序列，又称简单重复序列（simple sequence repeat，SSR）。SSR 标记具有高度多态性，虽然在阐述种群进化历程方面有所欠缺，但在检测群体间遗传分化等方面更为敏感，能够检测出其他分子遗传标记不能反映的遗传结构，常与 mtDNA 标记结合来确立物种的种群遗传结构。

二、分子系统地理学的建立与发展

随着分子系统地理学的理论基础不断完善及分子遗传标记的快速发展，分子系统地理学便应运而生。它采用分子生物学技术重建种内及种上的系统发育关系，探讨种群及近缘生物类群的系统地理格局（phylogeographical pattern）形成机制，从而阐释其进化历史。分子系统地理学首先通过分子遗传标记获得所要研究物种或者近缘生物类群的遗传学信息，根据这些分子数据构建种间、群体间乃个体间的系统发育树。然后利用分子钟理论和溯祖理论推测祖先种群的分化时间，并与板块构造变化或冰期-间冰期变化等古地质、古气候事件发生的时间进行比较，结合物种的地理分布状况探讨其系统地理格局的形成机制，以及追溯和揭示物种的进化历程。

第四纪大冰期-间冰期气候变化对物种的形成、分布区演变及现存物种遗传格局的形成产生了重要影响。在冰盛期，亚洲的北部、欧洲和北美洲的大部分地区都为巨大的冰原所覆盖，海平面高度发生最大为 140m 的下降，许多生物在分布区域面积和种群大小方面产生了较大的变化，最后迁移到若干个被压缩的冰期避难所，冰期后物种再发生群体扩张，从而形成了现在的地理分布格局。物种的这种时空分布历程在遗传学上留下的印记可以通过分子遗传标记获得，进而可以追溯和揭示物种的进化历程。自分子系统地理学建立以来，陆生动植物的系统地理格局研究主要集中在北美洲和欧洲地区。该学科在海洋生物主要是海洋鱼类中也得到广泛应用，如海洋生物地理学假设的检验、群体历史动态及其影响因素的检测等。

近年来，有关分子系统地理学的研究取得较快的进展，已成为国际上研究的热点领域。例如，青藏高原的隆起对该区域生物多样性的塑造与物种进化历史的推测产生了重要影响，为隔离假说的应用提供了前提条件；而全球大尺度的气候变化则对生物的栖息地环境产生了重要影响，使得生物向适宜的栖息地扩散，形成当前的时空分布格局。分子系统地理学的研究对象也逐渐由单一物种扩大为区域性近缘生物类群，这有利于近缘生物类群系统演化的推测。

分子系统地理学由于能够重建种内和种上水平的系统发育关系进而阐释物种进化历史而得以广泛应用，但也存在不足，主要体现在以下两个方面：①分子系统地理学的理论基础不够完善；②分子遗传标记自身存在缺陷。

三、案例分析——东太平洋茎柔鱼分子系统地理学研究

1. 材料和方法

（1）实验材料与基因组 DNA 的提取　　茎柔鱼采自赤道海域及秘鲁外海，存放于船舱冷库中并运回实验室（表 2-12）。取套膜肌肉组织，置于 95%乙醇中，于−20℃条件下保存备用。基因组 DNA 提取采用组织/细胞基因组 DNA 快速提取试剂盒。

表 2-12　茎柔鱼样本采集信息

海域	采样地点	采样时间	平均胴长/cm	平均体重/g	样本数量
赤道海域	3°N～5°S、114°W～120°W	2011 年 12 月～2012 年 4 月	33.28±9.65	1378.26±1096.57	33
秘鲁外海	10°S～11°S、82°W～84°W	2011 年 9 月～2011 年 10 月	24.65±1.58	436.41±136.98	33

（2）PCR 扩增　　$CO\,I$ 基因扩增引物是自行设计的：$CO\,I$F，5′-ATCCCATGCAGGCCCTTCAG-3′；$CO\,I$R，5′-GCCTAATGCTCAGAGTATTGGGG-3′。$Cytb$ 基因扩增引物引自闫杰等（2011）：$Cytb$F，5′-ACGCAAAATGGCATAAGCGA-3′；$Cytb$R，5′-AGTTGTTCAGGTTGCTAGGGGA-3′。PCR 扩增反应体系均为 25μl，其中 10×PCR 缓冲液 2.5μl、Taq DNA 聚合酶（5U/μL）0.2μl、dNTP（各 2.5mmol/L）2μl、上下游引物（10μmol/L）各 0.6μl、DNA 模板 20ng，用 ddH₂O 补足体积。PCR 反应程序均为：94℃预变性 2min；94℃变性 30s，58℃退火 45s，72℃延伸 45s，35 个循环；72℃最后延伸 2min。

（3）PCR 产物的纯化与测序　　PCR 产物经过 1.2%琼脂糖凝胶电泳分离，纯化后进行双向测序，测序仪为 ABI3730 基因分析仪。

（4）数据分析　　测序结果使用 ClustalX 1.83 软件进行比对并辅以人工校对。采用 MEGA 4.0 软件中的 Statistics 统计 DNA 序列的碱基组成，利用 TrN+G 模型计算净遗传距离。单倍型数、单倍型多样性指数（h）、核苷酸多样性指数（π）、平均核苷酸差异数（k）等遗传多样性参数由 DnaSP 4.10 软件计算。通过构建最小跨度树来反映不同单倍型间的连接关系，单倍型间的关系和核苷酸差异数由 Arlequin 3.01 软件计算，并利用该软件计算群体间遗传分化系数 F_{st} 及其显著性（重复次数 1000）。采用 Tajima's D 与 Fu's F_s 中性检验和核苷酸不配对分布（mismatch distribution）检测茎柔鱼群体的历史动态。群体历史扩张时间用参数 τ 进行估算，参数 τ 通过公式 $\tau=2ut$ 转化为实际的扩张时间，其中 u 是所研究的整个序列长度的突变速率，t 是自群体扩张开始到现在的时间。$Cytb$ 基因的核苷酸分歧速率采用（2.15%～2.6%）/10^6 年。

2. 结果

（1）序列分析　　经 PCR 扩增，得到 $Cytb$ 基因片段的扩增产物，纯化后经测序和序列比对得到 724bp 的可比序列。在所有分析序列中，A、T、G、C 碱基的平均含量分别为 43.97%、23.61%、12.25%、20.17%，其中 A+T 含量（67.58%）明显高于 G+C 含量（32.42%）（表 2-13）。在 $Cytb$ 基因片段中检测到 18 个变异位点，其中单碱基变异位点 9 个，简约信息位点 9 个。转换和颠换分别为 16 个和 2 个，无插入和缺失。这些变异位点共定义了 21 个单倍型，其中单倍型 H3、H4 与 H7 为所有群体共享单倍型，其余单倍型均为单个个体所有（表 2-14）。

表 2-13　茎柔鱼 $CO\,I$ 与 $Cytb$ 基因片段序列组成

基因	片段长度/bp	基因序列数	碱基含量/%					
			A	T	G	C	A+T	G+C
$CO\,I$	622	67	27.69	36.67	15.39	20.25	64.36	35.64
$Cytb$	724	67	43.97	23.61	12.25	20.17	67.58	32.42

表 2-14　茎柔鱼 *Cytb* 单倍型及其在群体中的分布

单倍型	变异位点																		单倍型分布情况		
	0 8 8	0 9 9	1 0 0	1 1 3	1 5 1	1 8 7	1 9 8	2 5 0	2 9 2	3 3 7	3 4 3	4 1 8	4 7 5	4 8 7	4 8 9	5 8 0	6 1 3	6 1 9	赤道海域	秘鲁外海	合计
H1	G	A	A	T	A	G	T	G	C	T	A	A	T	T	A	G	C	C	1		1
H2	.	G	.	.	G	.	.	.	.	.	G	.	.	.	.	.	.	.	1		1
H3	.	.	.	A	G	.	.	.	.	.	G	.	.	.	.	.	.	.	5	5	10
H4	.	.	.	A	G	A	.	.	.	.	.	.	.	.	.	.	.	.	14	16	30
H5	.	.	.	A	G	A	.	.	.	.	.	.	.	.	G	.	.	.	1		1
H6	.	.	.	A	G	.	.	.	.	.	G	.	.	.	.	A	.	.	1		1
H7	.	.	.	A	G	A	.	.	.	.	G	.	.	.	.	.	.	.	7	2	9
H8	.	.	.	A	G	.	.	.	.	.	.	.	.	.	.	.	.	.	1		1
H9	.	.	.	A	G	A	.	.	T	C	.	G	.	.	.	.	.	.	1		1
H10	.	.	.	A	G	A	A	.	.	.	.	C	.	.	.	.	.	.	1		1
H11	.	.	.	A	G	A	A	.	.	.	.	.	.	.	.	.	.	.	1		1
H12	.	.	.	A	G	A	.	.	.	.	G	.	.	.	.	.	.	.		1	1
H13	A	.	.	A	G	A	.	.	.	.	G	.	.	.	.	.	.	.		1	1
H14	.	.	.	A	G	A	.	.	.	G	G	.	.	.	.	.	.	.		1	1
H15	.	.	.	A	G	.	.	.	.	.	G	C	.	.	.	.	.	.		1	1
H16	.	.	G	A	G	A	.	.	.	.	G	.	.	.	.	.	T	T		1	1
H17	A	.	.	A	G	A	.	.	.	.	G	.	.	.	.	.	.	.		1	1
H18	.	.	.	A	.	.	.	.	.	.	G	.	.	.	.	.	.	.		1	1
H19	.	.	.	A	G	A	.	.	.	C	.	G	.	.	.	.	.	.		1	1
H20	.	.	.	A	G	A	.	.	.	.	.	.	C	.	.	.	.	.		1	1
H21	.	.	.	A	G	A	.	A	.	.	G	.	.	.	.	.	.	.		1	1

注：变异位点有 18 个，其下纵列数字表示每个变异位点所在的序列位置。下表同

　　按照 *Cytb* 基因序列分析方法，获得了 *CO I* 基因片段 622bp 的可比序列。在所有分析序列中，A、T、G、C 碱基的平均含量分别为 27.69%、36.67%、15.39%、20.25%，其中 A+T 含量（64.36%）明显高于 G+C 含量（35.64%）（表 2-13）。在 *CO I* 基因片段中检测到 20 个变异位点，其中单碱基变异位点 14 个，简约信息位点 6 个。转换和颠换分别为 17 个和 3 个，无插入和缺失。这些变异位点共定义了 19 个单倍型，其中单倍型 H1、H5 与 H6 为所有群体共享单倍型（表 2-15）。单倍型序列分歧值较低，与单倍型 H1 相比，其余 18 个单倍型中有 9 个与它只存在 1 个核苷酸的差异。

表 2-15　茎柔鱼 *CO I* 单倍型及其在群体中的分布

单倍型	变异位点																				单倍型分布情况		
	0 4 7	0 6 4	0 8 2	1 4 2	1 6 0	1 7 9	2 6 5	2 6 8	2 7 1	2 7 2	3 4 1	3 8 9	4 0 0	4 9 8	4 1 1	5 1 5	5 2 3	5 2 9	5 3 5	5 3 8	赤道海域	秘鲁外海	合计
H1	C	T	C	G	T	C	G	A	A	G	G	G	A	A	G	G	G	T	C	A	14	18	32

续表

单倍型	047	064	082	142	160	179	265	268	271	272	341	389	400	478	491	515	523	529	535	538	赤道海域	秘鲁外海	合计
	变异位点																				单倍型分布情况		
H2	.	.	.	.	.	.	G	.	.	.	.	.	.	.	.	.	.	.	.	.		1	1
H3	.	.	.	.	.	T	.	.	.	.	.	.	.	.	.	.	.	.	.	.		1	1
H4	.	.	.	.	.	.	.	.	.	.	.	.	.	.	.	.	.	.	G	.		1	1
H5	.	.	.	.	.	.	.	.	.	.	.	.	.	.	.	A	.	.	.	.	4	4	8
H6	.	.	T	.	.	.	.	.	.	.	.	.	.	.	.	.	.	.	.	.	2	2	4
H7	.	.	.	.	.	.	G	.	.	.	.	A	.	.	A	A	.	.	.	.		2	2
H8	.	.	.	.	.	.	G	G	.	.	.	A	.	.	.	.	.	.	.	.		1	1
H9	.	.	.	.	.	.	.	.	.	.	.	.	.	.	.	.	.	T	.	.		1	1
H10	.	.	A	.	.	.	.	.	.	.	.	.	.	.	.	.	.	.	.	.		1	1
H11	.	.	.	.	.	.	.	.	.	.	.	.	.	.	.	.	C	.	.	.		1	1
H12	T	.	.	.	.	.	.	.	.	.	.	.	.	.	.	A	.	.	.	.	2		2
H13	.	.	.	.	.	.	.	.	.	.	.	G	.	.	.	A	.	.	.	.	2		2
H14	.	.	.	.	.	.	G	.	.	A	.	.	.	.	.	A	.	.	.	.	2		2
H15	.	.	.	.	.	.	G	.	.	A	C	A	.	.	A	C	.	.	.	.	2		2
H16	.	.	.	.	.	.	.	.	.	.	.	G	.	.	.	.	.	.	.	.	2		2
H17	.	A	.	.	C	.	.	.	.	.	.	.	.	.	.	.	.	.	.	.	2		2
H18	.	.	.	.	.	.	.	.	.	A	G	.	.	.	.	.	.	.	.	.	1		1
H19	.	.	.	.	.	.	.	.	.	.	.	G	.	.	A	.	.	.	.	.	1		1

（2）群体遗传多样性　　基于 $Cytb$ 基因片段所有序列得到的两个群体总的单倍型数、单倍型多样性指数、核苷酸多样性指数及平均核苷酸差异数分别为 21、0.767±0.047、0.002 24±0.001 44 和 1.548。基于 $CO\,I$ 基因片段所有序列得到的结果分别为 19、0.743±0.055、0.002 67±0.001 78 和 1.658。由表 2-16 可以看出，赤道海域群体的单倍型多样性指数、核苷酸多样性指数及平均核苷酸差异数均高于秘鲁外海群体。

表 2-16　基于 $Cytb$ 与 $CO\,I$ 基因片段序列的茎柔鱼两个地理群体遗传多样性

基因	群体	样本数量	单倍型数	单倍型多样性指数(h)	核苷酸多样性指数(π)	平均核苷酸差异数(k)
$Cytb$	赤道海域	34	11	0.783±0.055	0.002 39±0.001 36	1.568
	秘鲁外海	33	13	0.752±0.075	0.002 14±0.001 15	1.549
	合计	67	21	0.767±0.047	0.002 24±0.001 44	1.548
$CO\,I$	赤道海域	34	11	0.815±0.060	0.003 57±0.002 25	2.223
	秘鲁外海	33	11	0.663±0.090	0.001 76±0.001 12	1.095
	合计	67	19	0.743±0.055	0.002 67±0.001 78	1.658

（3）群体间遗传分化　　由 $Cytb$ 与 $CO\,I$ 单倍型最小跨度树可以看出，茎柔鱼种群内不存在显著分化的单倍型类群，各单倍型之间通过单一突变和多步突变相连接，最小跨度树呈星状结构，

提示茎柔鱼可能经历过群体扩张事件（图 2-19）。结合茎柔鱼哥斯达黎加群体 *Cytb* 基因测序结果构建三个地理群体的单倍型邻接进化树（图 2-20），秘鲁外海群体与赤道海域群体间不存在显著分化的单倍型类群，哥斯达黎加外海群体有两个单倍型形成一个显著分化单倍型类群。两两群体间遗传分化系数（F_{st}）分析结果显示，赤道海域群体与秘鲁外海群体不存在显著的遗传分化（*Cytb*：F_{st}=0.013 76，$P>0.05$；*CO I*：F_{st}=0.021 60，$P>0.05$）（表 2-17）。

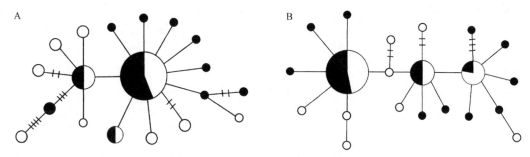

图 2-19　茎柔鱼 *CO I*（A）与 *Cytb*（B）单倍型的最小跨度树

圆圈面积与单倍型频率成正比，短划线代表单倍型间的核苷酸替换数目。群体：■秘鲁外海；□赤道海域

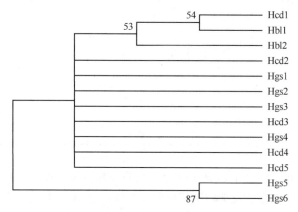

图 2-20　基于茎柔鱼 *Cytb* 单倍型构建的邻接进化树

Hcd、Hbl、Hgs 分别为赤道海域群体、秘鲁外海群体、哥斯达黎加外海群体单倍型

表 2-17　茎柔鱼两个地理群体间遗传分化系数（F_{st}）

群体	赤道海域	秘鲁外海
赤道海域	—	0.021 60（$P>0.05$）
秘鲁外海	0.013 76（$P>0.05$）	—

注：对角线下方为 *Cytb* 基因片段序列分析结果，对角线上方为 *CO I* 基因片段序列分析结果

（4）群体历史动态　　基于 *Cytb* 基因片段序列的 Tajima's *D* 和 Fu's F_s 中性检验 *D* 值和 F_s 值均为负，且统计检验均为显著（表 2-18）。核苷酸不配对分布分析结果表明，*Cytb* 单倍型核苷酸不配对分布呈单峰类型（图 2-21），且观测值没有明显偏离模拟值。以上结果表明，茎柔鱼可能经历过近期群体扩张事件。

表 2-18　茎柔鱼 *Cytb* 基因的中性检验结果

基因	群体	Tajima's *D*		Fu's F_s	
		D	*P*	F_s	*P*
Cytb	赤道海域	−1.330	0.091	−27.656	0.000
	秘鲁外海	−1.502	0.061	−27.590	0.000
	合计	−1.774	0.027	−17.926	0.000

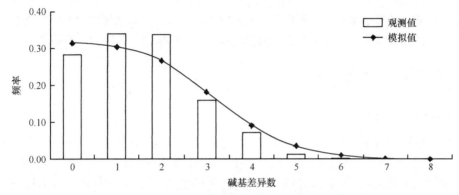

图 2-21　茎柔鱼 *Cytb* 单倍型的核苷酸不配对分布图

　　基于茎柔鱼 *Cytb* 单倍型核苷酸不配对分布的 τ 值为 3.588，计算得到茎柔鱼发生群体扩张事件的时间在 12.5 万～15.1 万年前，处于更新世晚期，全球气候及海洋环境变化对许多海洋生物的空间分布格局产生了重大影响。茎柔鱼种群内存在一个显著分化的单倍型类群分支，这与各地理群体间是否存在显著的遗传分化一致，表明茎柔鱼哥斯达黎加群体与秘鲁外海和赤道海域群体在更新世形成隔离，而秘鲁外海和赤道海域群体的种群遗传结构模式主要是由当前因素造成的，受历史因素的影响较小。

◆ 第五节　种群数量增长及其调节方式

　　影响鱼类种群数量增长的因子有内部因子和外部因子。内部因子主要指繁殖力和死亡率等；外部因子包括生物因子和非生物因子，生物因子主要指竞争者或捕食者等，而非生物因子主要指物理环境方面的约束，如光、水温、海流等。从理论上来讲，如果上述内部和外部因子及其影响作用都已知，估算或预测鱼类种群数量增长率是可能的。目前用于描述生物种群数量增长的模型很多，主要包括几何增长模型、指数增长模型、逻辑斯谛模型等。

一、种群数量增长过程

　　为了解释种群数量增长的过程，我们假设外部因子对种群数量的增长没有影响，只探讨内部因子对种群数量的增长的影响，并假设种群的数量因出生和迁入而增加，因死亡和迁出而减少。在这些因子的相互作用下，从 *t* 时刻到 *t*+1 时刻，种群在数量上发生的变化（ΔN）可用下式来表达：

$$\Delta N = N_{t+1} - N_t = B + I - D - U$$

式中，*B*、*I*、*D* 和 *U* 分别为在 *t* 时刻到 *t*+1 时刻内出生、迁入、死亡和迁出的种群数量；N_t、N_{t+1}

分别为在 t 时刻、$t+1$ 时刻种群的数量。对一个单种种群来说，基本没有迁入和迁出，I 和 U 可取值为 0，则上式可变为

$$N_{t+1} - N_t = B - D$$

种群中出生和死亡的总数均为种群个体数量的函数，因而有 $B = bN_t$ 和 $D = dN_t$，其中 b 和 d 分别为种群的繁殖率和死亡率。也就是说，b 为每一个体能生产或繁殖的新个体数，d 为给定时间内个体死亡的概率，则上式可变为

$$N_{t+1} - N_t = (b - d) N_t$$

由上式可知，如果繁殖率大于死亡率，则种群数量将增加；如果死亡率大于繁殖率，则种群数量减少。但种群数量并不是无限增长，因饵料和空间等的限制，将趋向一有限值。

二、种群数量增长模型

（一）几何增长模型

种群数量增长的最简单模型就是假设种群数量的变化率为一常数，而与分布密度无关，这一种群数量增长模型称为几何增长模型。在这样的种群中，每代只繁殖一次，而母体繁殖后便死亡，如一年生植物或单世代昆虫等。假设每一个体平均能产生 R_0 个子代，将 R_0 定义为每一代的净增长率，于是 R_0 为

$$R_0 = N_{t+1} / N_t$$

将上式依次类推，第一代的数量为 $N_1 = R_0 \times N_0$，第二代的数量为 $N_2 = R_0 \times N_1 = R_0^2 \times N_0$，则第 t 代的种群数量为

$$N_t = R_0^t \times N_0$$

如果 R_0 大于 1，则种群数量将会随时间增加；如果 R_0 小于 1，则种群数量将会随时间减少；当 R_0 等于 1 时，则种群数量将保持不变。

（二）指数增长模型

在一些种群中，其个体几乎是连续繁殖的，没有特殊的繁殖期间。在这种情形下，种群数量大小的变化可用以下微分方程来表示：

$$dN/dt = (b - d) \times N$$

式中，dN/dt 为种群数量在很短的时间间隔的变化。繁殖率与死亡率之差用 r 表示，即 $r = b - d$，则 r 可称为种群的内禀增长率，则上述公式可表示为

$$dN/dt = r \times N$$

由以上内容可看出，如果 r 大于 0，则种群数量将增加；如果 r 小于 0，则种群数量将减少；如果 $r = 0$，则种群数量维持不变。

此外，上式还可以表示为

$$N_t = N_0 \times e^{rt}$$

式中，N_0 为 0 时刻的种群数量。

（三）逻辑斯谛模型

在几何增长模型和指数增长模型中，当 R_0 大于 1 或 r 大于零时，种群数量增长将一直持续下去，直到无限大，这种现象在自然界中并不常见。一般来说，受环境中食物、空间或其他资源的限制，种群数量将趋向于一有限值，这一有限值也称为负载容量或承载力。一定的环境条件会支

持一定数量的个体。同时，一个自然种群的负载容量大小，在很大程度上也由一定环境条件下的资源水平所确定。鱼类等种群的数量增长基本上属于逻辑斯谛模型（logistic model）。

负载容量可在种群数量增加而生长率下降的种群增长模型中应用。当种群大小与负载容量相等时，种群增长就停止，种群数量则保持不变。如果用 K 表示负载容量，则指数型的增长模型可变为逻辑斯谛模型（图 2-22）。

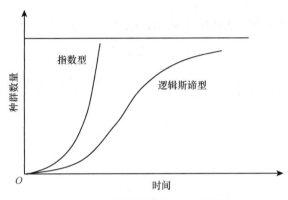

图 2-22　逻辑斯谛增长 S 形曲线

$$\frac{\mathrm{d}N}{\mathrm{d}t} = rN\left(1 - \frac{N}{K}\right) = F(N)$$

式中，N 为种群数量；r 为种群内禀增长率；K 为负载容量。

上式称为逻辑斯谛模型，构成了图 2-22 中的 S 形曲线。通过求解，逻辑斯谛模型也可表示为

$$N_t = K/[1 + (K/N_0 - 1)\,\mathrm{e}^{-rt}]$$

三、有限环境条件下鱼类自然种群数量动态变化的基本特征

任何资源的发展演变过程都会受到人为调节、自身更新功能和环境容量等方面的限制，前者为社会经济因素，后者为自然因素。在自然因素中，除了前面提到的初始规模、生长率、死亡率和时间，还包括：①种间竞争。在生物资源中，各种生物为获取维持其生长所需要的其他资源而相互竞争，所谓"物竞天择，适者生存"正是如此。这种竞争的结果必然使某些种类迅速衰竭，另一些种类获得发展。②空间限制。在生物学上，种群密度的增加会导致个体空间缩小，从而改变其增殖率，当种群密度达到一定程度时，增殖停止。③生存条件。即使空间无限，一些资源的数量增长也会由于某些必要的自然因子（如气候等）得不到满足而改变其初始所表现出的指数增长趋势。因此，即使排除人为调节活动的影响，资源数量随时间的变化过程也会受到有限环境因素的制约，从而表现为一个有限的增长趋势。

四、鱼类资源开发与种群平衡

对鱼类资源来说，经济意义上的开发就是指捕捞（harvesting），但是存量的变化不等于捕捞率，它受到生物生长或更新能力的调节。现假定种群不受人为因素影响下的鱼类种群数量变化特征为

$$\frac{\mathrm{d}N}{\mathrm{d}t} = F(N) = rN\left(1 - \frac{N}{K}\right)$$

对上式进行求导，可得鱼类资源增长率最大时的种群数量水平，即 $N=K/2$ 时，其鱼类资源增长率达到最大值，为 $\frac{1}{4}rK$。

当鱼类资源存在开发活动时，种群数量变化受到了捕捞率（h）的影响，则有

$$\frac{\mathrm{d}N}{\mathrm{d}t}=F(N)-h$$

现单纯从生物学意义上来分析捕捞行为与种群数量增长率之间的关系。

1）当捕获率为 h_1 时，$h_1 < \frac{1}{4}rK$，则上述方程有两个平衡点 N_1 和 N_2（图 2-23），在这种情况下，种群动态取决于其存量的规模 N_t。若 N_t 位于 N_1 和 N_2 之间，则 $\frac{\mathrm{d}N}{\mathrm{d}t}>0$，$N_t$ 将趋向于 N_2，当 $N_t=K$ 时也会出现这种情况；若 N_t 位于 N_1 的左侧，则 $\frac{\mathrm{d}N}{\mathrm{d}t}<0$，$N_t$ 将趋于 0，或在有限的时间内衰减为 0。

2）当捕获率为 $h_{\max}$ 时，$h_{\max}=\frac{1}{4}rK$，则上述方程在 $N^*=\frac{K}{2}$ 处有唯一平衡点（图 2-23），此时 $\frac{\mathrm{d}N}{\mathrm{d}t}=0$，则该点的捕捞率称为最大持续产量（maximum sustainable yield，MSY）。

3）当捕获率为 h_2 时，$h_2 > \frac{1}{4}rK$，则 $\frac{\mathrm{d}N}{\mathrm{d}t}<0$。对于任一资源的存量水平 N_t，种群数量都将趋于 0（图 2-23），这一情况通常称为过度开发。

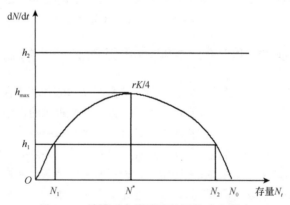

图 2-23 捕捞对鱼类种群数量的动态影响

现假定捕捞量与鱼类种群数量（或者资源存量）水平成正比，则有

$$h=qEN$$

式中，q 为捕捞系数；E 为捕捞强度；N 为种群数量。

将上式代入可得

$$\frac{\mathrm{d}N}{\mathrm{d}t}=F(N)-h=rN\left(1-\frac{N}{K}\right)-qEN$$

令 $\frac{\mathrm{d}N}{\mathrm{d}t}=0$，则有 $N^*=K\left(1-\frac{Eq}{r}\right)$

相应于捕捞强度 E 的平衡捕捞量或持续产量 $Y=h$，则有下式

$$Y = qEK\left(1 - \frac{Eq}{r}\right) = aE - bE^2$$

式中，$a = qK$；$b = Kq^2/r$。

此式是由生物学家 M. B. Schaefer 提出的，因此也称为 Schaefer 模型。对此式求解，可得最大持续产量 MSY 为 $\dfrac{a^2}{4b}$，其对应的捕捞强度 E_{MSY} 为 $\dfrac{a}{2b}$。

◆ 第六节　种群鉴定的案例分析

一、大黄鱼地理种群划分及其与地理环境的关系分析

地理种群的形成和分化与区域性的环境条件有着密切的关系，不同区域性条件下的种群在形态和生态等特征方面也有着明显的差异。徐恭昭等（1962）（表 2-19，表 2-20）和田明诚等（1962）对大黄鱼种群结构的地理变异及其与环境关系的研究结果如下。

表 2-19　大黄鱼地理种群主要生物学指标（徐恭昭等，1962）

地理种群	性别	最高年龄	平均年龄	开始性成熟年龄	大量开始性成熟的年龄	生殖鱼群年龄组数目	剩余群体比例/%	渔获量（相对质量）
岱衢族	♀	18～29	5.49～12.98	2	3～4	17～24	80～85	100
	♂	21～27	6.33～14.00	2	3	20～24		
闽-粤东族	♀	9～13	3.23～4.98	1	2～3	8～12	60～65	25
	♂	8～17	3.30～4.92	2	2	8～16		
硇洲族	♀	9	3.06	1	2	7	60～65	1
	♂	8	2.94	1	2	8		

表 2-20　大黄鱼各地理种群的主要分布区及与种群数量有关的几个因素（徐恭昭等，1962）

地理种群	分布区的大致范围	主要产卵场	主要产卵场面积（相对数）	60m 等深线以内的面积（相对数）	100m 等深线以内的面积（相对数）	主要结合年径流量（相对数）	主要作业方式
岱衢族	黄海南部至东海中部（约到福建北部瑜山岛）	吕泗洋、岱衢洋和猫头洋	100	100	100	100	定置和半流动性渔具；南部温州外海 1956 年开始敲鼓作业
闽-粤东族	东海南部（瑜山岛以南）至广东珠江口	官井洋、南澳、汕尾	47	38	33	42	福建沿海为定置和半流动性渔具；1956～1957 年福建南部有过敲鼓作业，广东为敲鼓作业
硇洲族	广东珠江口以西至琼州海峡以东	硇洲附近	12	19	19	1.5	定置和半流动性渔具；仅 1956 年有过敲鼓作业

（1）大黄鱼种群结构与地理纬度的关系　　分布在浙江北部的岱衢族，其寿命最长，性成熟（特别是大量性成熟年龄）较迟，组成复杂，剩余群体占着稳定的优势。生活在南海珠江口以西的硇洲族，其寿命短，性成熟最早，组成简单，补充群体的比例较大。而分布在福建北部至珠江口海区的闽-粤东族，则介于它们之间。因此，上述各个地理种群的寿命和组成的变异也表现出动物界中依温度而改变的一般性规律，即栖息于我国沿海具有明显不同纬度分布区的大黄鱼地理种群，随着分布区纬度的增高，种群寿命延长，世代性成熟推迟及种群组成越趋复杂，种群数量变动的稳定性越高。

（2）大黄鱼地理种群与环境的关系　　大黄鱼三个地理种群的数量主要与产卵场的面积有关，其次与所掌握的生活区域的大小及主要江河径流量的多少有关，即岱衢族为最广阔，硇洲族最狭小，闽-粤东族介于两者之间。另外，从我国东海和南海鱼类区系种类组成的数目而言，南海要比东海多一倍以上。此外，从增殖能力和种群数量变动的稳定性来看，岱衢族既有随着寿命延长、种群结构复杂而较为稳定的特点，同时又具有补充速度相对迅速的特性。综上所述，大黄鱼三个地理种群的数量、寿命和组成复杂或简单的程度等的差别如此悬殊，是各个种群对其生活海区的海洋学条件与地理位置特点在历史过程中适应性的表现。

（3）大黄鱼形态特征的地理变异　　大黄鱼大部分分节特征，特别是鳃耙和鳔侧枝数，以及体型量度特征的眼径、尾柄高、体高和背鳍–臀鳍的距离（D–A）等特征的平均数，都表现出明显的由北向南、与纬度平行级次的地理变异（表 2-21）。背鳍棘数、幽门盲囊数和鳔侧枝数是由北向南逐渐增加，鳃耙数、脊椎骨数、臀鳍条数则相反，是由北向南依次减少；眼径的大小是北部的第一类群大于南部者；尾柄高、体高和 D–A 等三个特征则是由北向南逐渐增高。

表 2-21　大黄鱼三个种群的形态特征差异（田明诚等，1962）

种群	背鳍棘数	幽门盲囊数	鳔侧枝数		鳃耙数	脊椎骨数	臀鳍条数
			左侧	右侧			
岱衢族	9.91	15.12	29.81	29.65	28.52	26.00	8.07
闽-粤东族	9.96	15.20	30.57	30.46	28.02	25.99	8.04
硇洲族	9.96	15.29	31.74	31.42	27.39	25.98	8.01
种群	胸鳍条数	背鳍条数	眼径/头长	（尾柄高/尾柄长）/%	（体高/L）/%	（D–A）/L/%	
岱衢族	16.82	32.53	20.20	27.80	25.29	46.31	
闽-粤东族	16.78	32.64	19.19	28.42	25.58	46.46	
硇洲族	16.68	32.27	19.40	28.97	25.96	47.02	

注：L. 鱼体长度

根据大黄鱼三个主要生殖种群的资料来看，各种群眼径平均大小的变异与分布海区的海水透明度有一定的关系，即眼径平均较大的种群所在海区的海水透明度较低（表 2-22）。

表 2-22　三个大黄鱼种群眼径大小与海水透明度的关系（田明诚等，1962）

种群	（眼径/头长）/%		主要产卵场地海水透明度	
	波动范围	平均	波动范围/m	主要数值/m
岱衢族	17~23	20.16	<1.5	<0.5
闽-粤东族	17~21	19.19	0.5~1.1	0.6~0.8
硇洲族	17~22	19.40	0.5~2.0	1.0~2.0

大黄鱼三个地理种群在统计形态上有一定的差异，它们在生态学方面也具有相应的区别。从三个地理种群的主要栖息区的海洋环境条件来看，首先是所处的纬度不同而产生的气候学上的差别，即从最北分布区的温带-亚热带到最南分布区的亚热带-热带性质的海洋气候的差别。其次，受我国近岸海流及江河径流的影响而形成的不同特点。第一类群的主要分布区大致是北到黄海南部或中部，南到台湾海峡以北，它们的大部分区域受到长江径流的影响。第二类群的分布区约在瑜山岛以南至珠江口，这一区域均直接或间接地受到台湾海峡所特有的海洋条件的影响。第三类群的分布区是珠江口以西至琼州海峡以东的南中国海沿岸带有内湾性质特点的区域。

（4）总结　　综上所述，大黄鱼三个种群的主要形态和生态学特征差异较为明显，呈现出连续性的梯度地理变异，在地理上较隔离的岱衢族和硇洲族之间的差异较为明显，处于中间地带的闽-粤东族则大部分特征具有过渡的性质。岱衢族的主要形态特点是较南部的两个族的鳃耙数多，鳔侧枝数少，眼径较大，尾柄和身体相较于其他部位较低。在生态特征方面，其寿命最长，性成熟较迟，组成最复杂，种群数量相对较为稳定，以春季生殖期为主。硇洲族的主要形态特征是鳃耙数较少，鳔侧枝数较多，眼径较小，尾柄和身体相较于其他部位较高。在生态学方面，其寿命最短，性成熟较早，组成较为简单，以秋季生殖期为主。而闽-粤东族的形态和生态学的特点均介于岱衢族和硇洲族之间（仅眼径稍小于硇洲族，背鳍条数稍多于岱衢族），在生殖期方面，北部群体以春季为主，南部群体则以秋季为主。

二、基于地标点分析法的茎柔鱼种群鉴别

1. 材料和方法

（1）二维图像的采集　　将采集的茎柔鱼样本送回实验室解冻后，用镊子取出左、右耳石放入 1.5ml 离心管内编号保存。利用超声波清洗机清除耳石表面有机物质和杂物，统一选取一侧耳石的凸面朝上置于 40 倍（物镜×4，目镜×10）Olympus 光学显微镜下用电荷耦合器件（CCD）拍照。图像采集完成后，利用 Photoshop CS5 对耳石进行图片处理以保证耳石外部形态的清晰。

（2）地标点的选取　　地标点在生物学上分为三大类，结合前人对耳石形态学的研究，共选取 14 个地标点：其中将 2、8、10、11、13 定义为 I 型地标点，是各区分布的分界点，可以被精确定位；将 3、4、5、6、7 定义为 II 型地标点，为翼区各部分凹陷和突起点，可以清晰地辨认；将 1、9、12、14 定义为 III 型地标点，为耳石最宽、最高和最外侧点，便于作为耳石形态的参考点。利用 tpsDig2 软件提取茎柔鱼三个地理种群的 14 个地标点（图 2-24），获取对应的 x、y 坐标值（2D）和数据文件。

（3）几何形态分析

1）依据最小二乘法回归分析，检验地标点的有效性。

2）利用普式分析法（Procrustes analysis）对所有样本的地标点进行叠加，利用 tpsRelw 对每个样本的地标点进行平移、置中、旋转和缩放，计算质心距离，求出平均形（mean shape），之后进行局部扭曲（partial warp）和相对扭曲（relative warp）主成分分析，保存生成的分析报告和相对扭曲得分（relative warp score，RW）。

3）运用 tpsRegr 进行薄板样条分析，绘制茎柔鱼三个地理种群的网格变形图，比较并分析其形态差异。TPS 系列软件在 Rohlf 等提供的相关应用网站下载。

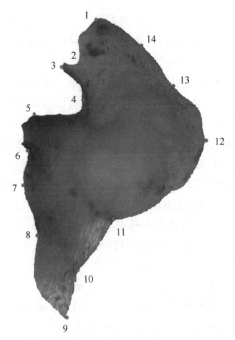

图 2-24 茎柔鱼耳石的 14 个地标点位置

4）依据各个样本的相对扭曲得分数据，采用 SPSS 19.0-贝叶斯判别分析法进行种群类别鉴定，并进行交互验证分析，建立判别函数并求得判别率，以比较上、下颚之间的判别差异。

2. 结果

（1）相对扭曲主成分分析　　根据获取的坐标点数据，利用 tpsRelw 软件计算出的茎柔鱼三个地理种群的耳石平均形如图 2-25 所示，所有样本的地标点叠加后的效果如图 2-26 所示。相对扭曲主成分分析结果显示，对三种茎柔鱼群体共提取了 24 个主成分，其中哥斯达黎加茎柔鱼第一主成分的贡献率为 53.00%，第二主成分的贡献率达到 15.49%，第三主成分的贡献率达到 6.27%，前三主成分累计贡献率达到 74.76%；秘鲁茎柔鱼第一主成分的贡献率达到 21.50%，第二主成分的贡献率达到 19.66%，第三主成分的贡献率达到 10.90%，前三主成分累计贡献率为 52.06%；智

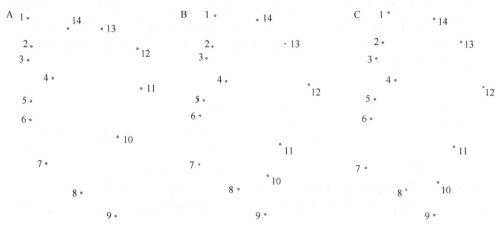

图 2-25 茎柔鱼三个地理种群的耳石平均形

A. 哥斯达黎加；B. 秘鲁；C. 智利

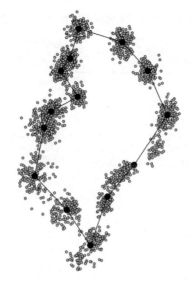

图 2-26　茎柔鱼三个地理种群的地标点叠加

利茎柔鱼第一主成分的贡献率为 31.66%，第二主成分的贡献率为 14.99%，第三主成分的贡献率为 10.18%，前三主成分累计贡献率为 56.83%（表 2-23）。茎柔鱼三个地理种群 14 个地标点，其中 I 型地标点中 2、13 和 III 型地标点中 14 的累计贡献率较大，主要体现在耳石的背区；II 型地标点中 3、4、5、6 的贡献率较大，体现在耳石的翼区；其中 II 型地标点在茎柔鱼三个地理种群区分中所起的作用最大（表 2-24）。

表 2-23　茎柔鱼三个地理种群相对扭曲得分的前 14 个主成分的特征值与累计贡献率

主成分	特征值			累计贡献率/%		
	哥斯达黎加（CR）	秘鲁（PE）	智利（CH）	哥斯达黎加（CR）	秘鲁（PE）	智利（CH）
1	1.2503	0.4130	0.5598	53.00	21.50	31.66
2	0.6759	0.3949	0.3852	68.49	41.16	46.66
3	0.4302	0.2940	0.3175	74.76	52.05	56.84
4	0.4082	0.2603	0.2990	80.41	60.59	65.87
5	0.3469	0.2393	0.2465	84.49	67.81	72.01
6	0.2802	0.2253	0.2068	87.15	74.21	76.33
7	0.2657	0.1951	0.1978	89.55	79.01	80.29
8	0.2405	0.1673	0.1877	91.51	82.54	83.85
9	0.2245	0.1489	0.1720	93.22	85.33	86.84
10	0.1849	0.1307	0.1533	94.38	87.49	89.21
11	0.1744	0.1233	0.1259	95.41	89.40	90.81
12	0.1652	0.1178	0.1211	96.33	91.15	92.29
13	0.1520	0.1107	0.1086	97.12	92.70	93.48
14	0.1316	0.1065	0.1035	97.70	94.12	94.56

表 2-24　茎柔鱼三个地理种群不同地标点在相对扭曲主成分分析时的贡献率

地标点	贡献率/%		
	哥斯达黎加（CR）	秘鲁（PE）	智利（CH）
1	1.58	1.40	2.33
2	32.27	25.76	23.21
3	26.73	22.42	20.17
4	2.51	2.56	4.05
5	15.50	21.84	21.55
6	10.47	15.20	13.34
7	1.54	1.07	1.28
8	1.10	1.74	2.35
9	0.20	0.31	0.70
10	0.44	2.87	4.29
11	1.04	1.48	1.75
12	1.39	0.48	0.67
13	2.28	1.45	2.16
14	2.94	1.46	2.15

（2）形态差异可视化分析　　相对扭曲主成分分析显示背区和翼区的形态在茎柔鱼三个地理种群耳石识别中起到了主要作用。利用 tpsRegr 软件进行回归得分分析（图 2-27），并通过绝对扭曲绘制了可视化网格图（图 2-28）。通过回归得分分析可以看出茎柔鱼三个地理种群的耳石外部形态变化基本趋于稳定状态，不会随耳石的生长而出现显著性变化。网格变形可视化图显示茎柔鱼三个地理种群Ⅱ型地标点 3、4、5、6 扭曲变形最大，其中智利茎柔鱼地标点 3 相对于哥斯达黎加海域和秘鲁海域茎柔鱼有所下沉，而地标点 5 相对于另外两种茎柔鱼则有所扩张；Ⅰ型地标点 2、13 扭曲变形次之，智利茎柔鱼地标点 13 相对于另外两种茎柔鱼表现有所上扬，智利茎柔鱼地标点 2 相对于另外两种茎柔鱼则有所下俯。

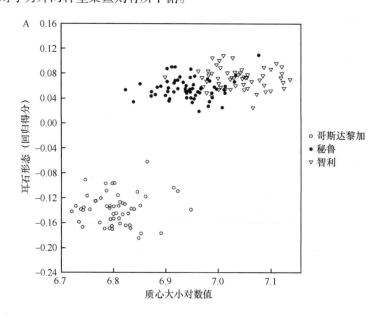

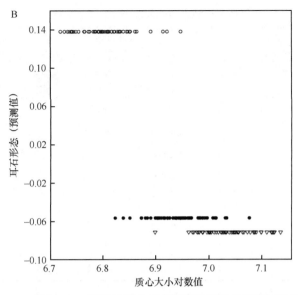

图 2-27　茎柔鱼三个地理种群耳石形状的回归得分分析

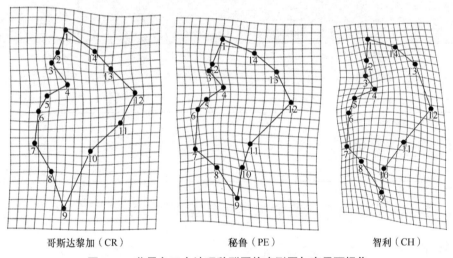

图 2-28　茎柔鱼三个地理种群网格变形图与变异可视化

（3）判别分析　　根据 tpsRelw 软件所生成的相对扭曲得分来进行判别分析和交互验证分析，建立相应的判别函数并求得判别率。

利用 SPSS 进行逐步判别分析时，共计将 PC1、PC11、PC5、PC8、PC12、PC3、PC17、PC7 最终 8 个变量纳入判别分析中。表 2-25 显示筛选后的变量（Wilks' lambda 检验，$P<0.001$）。判别分析表明，54 个哥斯达黎加茎柔鱼样本中没有错判，判别率达到 100%；61 个秘鲁茎柔鱼样本中，错判为智利茎柔鱼样本的有 12 尾，判别率达到 80.3%；56 尾智利茎柔鱼样本中错判入哥斯达黎加茎柔鱼的有 1 尾，错判入秘鲁茎柔鱼的有 12 尾，判别率达到 78.6%；交互验证分析结果显示哥斯达黎加、智利茎柔鱼的判别率相同，秘鲁茎柔鱼的判别率略低。初始判别法和交互验证法判别率分别达到 86.3% 和 85.2%（表 2-26）。

表 2-25 茎柔鱼三个地理种群入选参数及统计分析

步骤	输入的	Wilks' lambda 检验							
		统计量	df1	df2	df3	精确 F			
						统计量	df1	df2	Sig.
1	PC1	0.045	1	2	168.000	1762.567	2	168.000	0.000
2	PC11	0.038	2	2	168.000	342.388	4	334.000	0.000
3	PC5	0.035	3	2	168.000	239.541	6	332.000	0.000
4	PC8	0.032	4	2	168.000	188.147	8	330.000	0.000
5	PC12	0.029	5	2	168.000	158.212	10	328.000	0.000
6	PC3	0.027	6	2	168.000	136.829	12	326.000	0.000
7	PC17	0.026	7	2	168.000	120.212	14	324.000	0.000
8	PC7	0.025	8	2	168.000	107.552	16	322.000	0.000

表 2-26 茎柔鱼三个地理种群判别结果

逐步判别分析	种类	种类			总计	判别率/%
		哥斯达黎加（CR）	秘鲁（PE）	智利（CH）		
初始判别	哥斯达黎加（CR）	54	0	0	54	100
	秘鲁（PE）	0	49	12	61	80.3
	智利（CH）	1	12	44	56	78.6
交互验证	哥斯达黎加（CR）	54	0	0	54	100
	秘鲁（PE）	0	47	14	61	77.0
	智利（CH）	1	12	44	56	78.6

三、基于人工智能方法的金枪鱼鱼种鉴别

1. 材料和方法

（1）材料　　本研究选取了大眼金枪鱼、黄鳍金枪鱼和长鳍金枪鱼作为研究对象，三种金枪鱼属（*Thunnus*）鱼类共 300 尾，每种各 100 尾（图 2-29）。三种金枪鱼属鱼类都是我国金枪鱼渔业中主要的捕捞对象。通过海上观察员采集了金枪鱼的二维数字图像。本研究中金枪鱼在图像中水平居中对齐，并对图像进行处理，得到高 400 像素、宽 800 像素的图像，然后以 JPEG 文件格式保存金枪鱼图像文件。

（2）方法　　三种金枪鱼属鱼类的自动化识别主要包括三个步骤：①自动测量获取形态指标；②形态指标的不同数据集划分；③利用不同的机器学习 KNN 算法训练不同的数据集，通过训练好的模型对测试集进行识别，得到评价指标、ROC 曲线和 AUC 值及混淆矩阵。具体流程如图 2-30 所示。

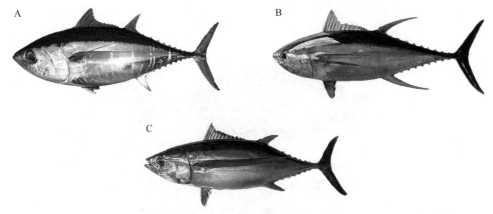

图 2-29 金枪鱼属鱼类

A. 大眼金枪鱼（*T. obesus*）；B. 黄鳍金枪鱼（*T. albacares*）；C. 长鳍金枪鱼（*T. alalunga*）

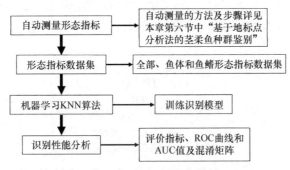

图 2-30 金枪鱼类形态指标自动识别流程

（3）形态指标自动测量和数据集划分　　利用测量方法得到三种金枪鱼属鱼类的形态指标数据。主要形态指标有全长（ag）、叉长（ah）、体长（af）、体高（bn）、尾鳍宽（gi）、第二背鳍长（cd）、第二背鳍基底长（ce）、臀鳍长（ml）、臀鳍基底长（mk）、尾柄高（fj）、头一鳍长（ab）、头二鳍长（ac）、头臀鳍长（am），形态指标值的单位为像素（图 2-31）。设置上述 13 个形态指标值中的任意 1 个实际值，可立即得出其他 12 个实际值。本研究以金枪鱼叉长的实际长度与像素长度的关系计算出其他 12 个形态指标的实际长度，并将 12 个形态指标分别除以叉长得到标准化后的形态指标数据。

将 12 个形态指标划分为三组数据集，分别为全部形态指标数据集、鱼体形态指标数据集和鱼鳍形态指标数据集。其中，鱼体形态指标数据集的划分依据为形态指标在鱼体体内，鱼鳍形态指标数据集的划分依据为形态指标涉及鱼鳍部分。全部形态指标数据集包含全部 12 个形态指标；鱼体形态指标数据集的主要形态指标有 6 个，分别是体长、体高、尾柄高、头一鳍长、头二鳍长和头臀鳍长；鱼鳍形态指标数据集的主要形态指标有 6 个，分别是全长、尾鳍宽、第二背鳍长、第二背鳍基底长、臀鳍长和臀鳍基底长。

（4）机器学习 KNN 算法　　KNN（K-nearest neighbor）是对于任意一个新的数据集，通过确定待识别样本与已知类别的训练样本间的距离，然后找出与待识别样本距离最近的 K 个样本，再利用这些样本所属的类别分析待识别样本的类别。KNN 是机器学习技术最为常用的识别算法之一，其识别原理易于理解，并能有效识别研究对象的优势。

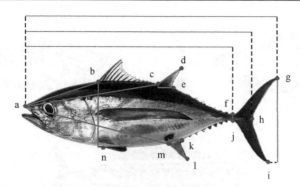

图 2-31 金枪鱼属鱼类的形态指标

（5）评估指标   本研究中提出的机器学习 KNN 算法的性能分析通过精密度、召回率和 F1 值进行衡量。精密度（precision）是机器学习 KNN 算法识别预测的正例金枪鱼中预测正确的比率。召回率（recall）是机器学习 KNN 算法识别预测正确的正例金枪鱼占真正例和假反例的比率。F1 值（F1 score）是精密度和召回率的综合衡量，能更好地反映模型的整体性能。不同评估指标的公式定义如下：

$$精密度 = \frac{TP}{TP + FP} \qquad (2\text{-}1)$$

$$召回率 = \frac{TP}{TP + FN} \qquad (2\text{-}2)$$

$$F1值 = 2 \times \frac{精密度 \times 召回率}{精密度 + 召回率} \qquad (2\text{-}3)$$

真正例（true positive，TP）为在正例样本中预测正确；真反例（true negative，TN）为在反例样本中预测正确；假正例（false positive，FP）为在正例样本中预测不正确；假反例（false negative，FN）为在反例样本中预测不正确。

（6）ROC 曲线和 AUC 值   在本研究中引入受试者操作特征曲线（receiver operating characteristic curve，ROC 曲线）对机器学习 KNN 算法识别性能进行评估。ROC 曲线的 x 轴为假正例率（false positive rate，FPR），y 轴为真正例率（true positive rate，TPR）。AUC 值是 ROC 曲线下的面积。AUC 值在 0 和 1 之间。其相关计算公式如下：

$$TPR = \frac{TP}{TP + FN} \qquad (2\text{-}4)$$

$$FPR = \frac{FP}{FP + TN} \qquad (2\text{-}5)$$

$$AUC = \frac{1 + TPR - FPR}{2} \qquad (2\text{-}6)$$

（7）混淆矩阵   混淆矩阵是一种表示预测结果的矩阵。混淆矩阵用于分析机器学习 KNN 算法对金枪鱼测试数据集的识别性能。本研究以真实金枪鱼种类和分类预测的金枪鱼种类为标准，用矩阵形式进行绘制，主要利用数据集的 TP、TN、FP 和 FN 绘制不同金枪鱼的混淆矩阵。

（8）数据处理   本研究通过自动测量得到三种金枪鱼属鱼类的 12 个形态指标数据，并将 12 个形态指标分别除以叉长得到标准化后的形态指标数据。再将形态指标数据划分成三组数据集，分别为全部形态指标数据集、鱼体形态指标数据集和鱼鳍形态指标数据集。不同数据集都分为训练集和测试集，其中 80% 为训练集，20% 为测试集。机器学习 KNN 算法的参数设置 $K=4$。不同数据集都进行评估指标、ROC 曲线和 AUC 值及混淆矩阵方法分析。

（9）实验环境   实验环境包括：计算机处理器 Intel（R）Core（TM）i7-7700HQ CPU

@2.80GHz；主板型号 LNVNB161216；主硬盘 NVMe SAMSUNG MZVLW128（119GB）；显卡 Intel（R）HD Graphics 630（1024MB）和 NVIDIA GeForce GTX 1060（6144MB）；处理软件 python 3.6.6。

2. 结果

（1）不同形态指标数据集的评估指标分析　　对三种金枪鱼属鱼类进行评估指标分析。结果表明，金枪鱼形态指标在不同数据集上具有不同的识别性能。全部形态指标数据集的评估指标分析结果表明，三种金枪鱼属鱼类在精密度、召回率和 F1 值的平均性能分别为 0.87、0.87 和 0.86（表 2-27）。其中，黄鳍金枪鱼的识别性能最好，它的精密度、召回率和 F1 值分别为 0.91、1.00 和 0.95。三种金枪鱼属鱼类在鱼体形态指标数据集的评估指标分析中，其精密度、召回率和 F1 值的平均性能均为 0.83（表 2-28）。其中，不同金枪鱼鱼种的识别性能分析中，黄鳍金枪鱼仍然是最好的，它的精密度、召回率和 F1 值分别为 0.86、0.90 和 0.88。鱼鳍形态指标数据集的评估指标分析中，金枪鱼属鱼类在精密度、召回率和 F1 值的平均性能分别为 0.91、0.90 和 0.90（表 2-29）。鱼鳍形态指标数据集与前两个数据集的分析结果一致，也是黄鳍金枪鱼的识别性能最佳，其精密度、召回率和 F1 值分别为 1.00、0.95 和 0.97。

表 2-27　全部形态指标的性能评估指标值

鱼种	精密度	召回率	F1 值
大眼金枪鱼（*T. obesus*）	0.82	0.90	0.86
黄鳍金枪鱼（*T. albacares*）	0.91	1.00	0.95
长鳍金枪鱼（*T. alalunga*）	0.88	0.70	0.78
均值	0.87	0.87	0.86

表 2-28　鱼体形态指标的性能评估指标值

鱼种	精密度	召回率	F1 值
大眼金枪鱼（*T. obesus*）	0.82	0.90	0.86
黄鳍金枪鱼（*T. albacares*）	0.86	0.90	0.88
长鳍金枪鱼（*T. alalunga*）	0.82	0.70	0.76
均值	0.83	0.83	0.83

表 2-29　鱼鳍形态指标的性能评估指标值

鱼种	精密度	召回率	F1 值
大眼金枪鱼（*T. obesus*）	0.83	0.95	0.88
黄鳍金枪鱼（*T. albacares*）	1.00	0.95	0.97
长鳍金枪鱼（*T. alalunga*）	0.89	0.80	0.84
均值	0.91	0.90	0.90

（2）金枪鱼属鱼类的 ROC 曲线和 AUC 值　　ROC 曲线和 AUC 值的分析结果表明，三种金枪鱼属鱼类在不同形态指标数据集中的识别性能分析存在差异。金枪鱼形态指标在不同数据集的 AUC 值的平均性能：全部形态指标为 0.931，鱼体形态指标为 0.926，鱼鳍形态指标为 0.951（图 2-32）。在全部形态指标的 AUC 值中，黄鳍金枪鱼的性能最好，为 0.971；其次是大眼金枪鱼，为 0.922（图 2-32A）。在鱼体形态指标的 AUC 值性能分析与全部形态指标不同，大眼金枪鱼的性能最好，为 0.956；其次是黄鳍金枪鱼，为 0.939（图 2-32B）。对鱼鳍形态指标的 AUC 值分析与全部形态指标分析一致，黄鳍金枪鱼的性能最好，为 0.996；其次是大眼金枪鱼，为 0.944（图 2-32C）。

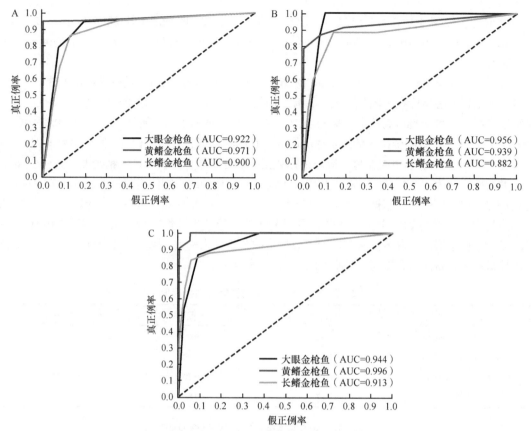

图 2-32　三种金枪鱼属鱼类的 ROC 曲线和 AUC 值

A. 全部形态指标；B. 鱼体形态指标；C. 鱼鳍形态指标

（3）金枪鱼属鱼类形态指标的机器学习 KNN 算法混淆矩阵预测数量分析　　利用金枪鱼属鱼类的形态指标进行机器学习 KNN 算法混淆矩阵预测数量分析。结果显示，形态指标的不同数据集的混淆矩阵预测数量结果存在显著差异。在全部形态指标数据集的预测数量分析中，大眼金枪鱼预测正确数量为 18 尾，预测误判为长鳍金枪鱼 2 尾；黄鳍金枪鱼预测数量完全正确，为 20 尾；长鳍金枪鱼预测正确为 14 尾，其中误判为大眼金枪鱼 4 尾和黄鳍金枪鱼 2 尾（图 2-33A）。鱼体形态指标数据集的预测数量分析中，大眼金枪鱼预测正确数量为 18 尾，预测错误为长鳍金枪鱼 2 尾；黄鳍金枪鱼预测正确为 18 尾，误判大眼金枪鱼和长鳍金枪鱼各 1 尾；长鳍金枪鱼预测正确为 14 尾，误判大眼金枪鱼和黄鳍金枪鱼各 3 尾（图 2-33B）。鱼鳍形态指标数据集的预测数量分析中，大眼金枪鱼预测正确数量为 19 尾，预测错误为长鳍金枪鱼 1 尾；黄鳍金枪鱼预测正确数量也为 19 尾，误判长鳍金枪鱼为 1 尾；长鳍金枪鱼预测正确数量为 16 尾，误判大眼金枪鱼为 4 尾（图 2-33C）。

（4）金枪鱼属鱼类形态指标的机器学习 KNN 算法混淆矩阵识别精密度分析　　利用金枪鱼属鱼类的形态指标进行机器学习 KNN 算法混淆矩阵的识别精密度分析。结果表明，不同形态指标数据集对三种金枪鱼属鱼类的识别效果均较好。全部形态指标数据集的识别精密度分析中，金枪鱼属鱼类的平均识别性能为 87%，其中，大眼金枪鱼为 90%，黄鳍金枪鱼为 100%，长鳍金枪鱼为 70%（图 2-34A）。鱼体形态指标数据集的识别精密度分析中，金枪鱼属鱼类的平均识别性能为 83%，其中，大眼金枪鱼和黄鳍金枪鱼的识别性能一致，为 90%，长鳍金枪鱼则较差，为 70%（图 2-34B）。鱼鳍形态指标数据集的识别精密度分析中，金枪鱼属鱼类的平均识别性能为 90%，其中，大眼金枪鱼和黄鳍金枪鱼的识别性能一致，为 95%，长鳍金枪鱼则为 80%（图 2-34C）。

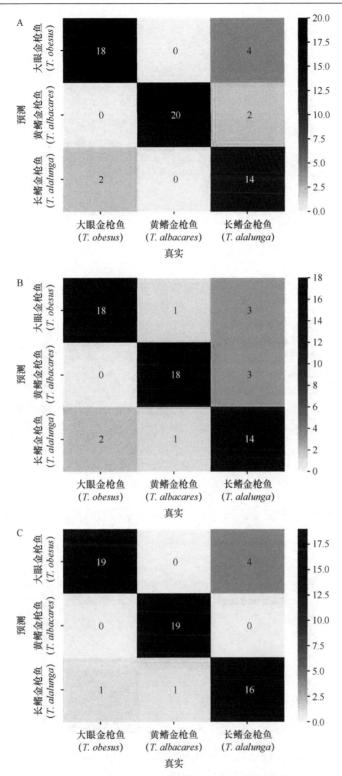

图 2-33　机器学习 KNN 算法混淆矩阵的预测数量

A. 全部形态指标；B. 鱼体形态指标；C. 鱼鳍形态指标

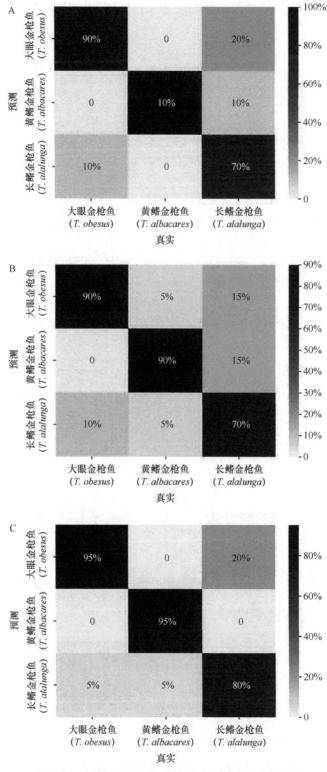

图 2-34 机器学习 KNN 算法混淆矩阵的识别精密度

A. 全部形态指标；B. 鱼体形态指标；C. 鱼鳍形态指标

◆ 课 后 作 业

一、建议阅读的相关文献

1. Miriam L Z，Donald L S，David H S. 2012. Geometric Morphometrics for Biologists. New York：Elsevier.

2. Steven X C，Lisa A K，Stefano M. 2014. Stock Identification methods：Applications in Fishery Science. New York：Elsevier.

3. 陈大刚. 1997. 渔业资源生物学. 北京：中国农业出版社.

4. 陈新军. 2014. 渔业资源与渔场学. 北京：海洋出版社.

5. 邓景耀，赵传纲. 1991. 海洋渔业生物学. 北京：农业出版社.

6. 陈新军，方舟，苏杭，等. 2013. 几何形态测量学在水生动物中的应用及其进展. 水产学报，12：1873-1885.

7. 高永华，李胜荣，任冬妮，等. 2008. 鱼耳石元素研究热点及常用测试分析方法综述. 地学前缘，6：11-17.

8. 高天翔，任桂静，刘进贤，等. 2009. 海洋鱼类分子系统地理学研究进展. 中国海洋大学学报（自然科学版），5：897-902，1036.

9. Chen X J，Lu H J，Liu B L，et al. 2011. Age，growth and population structure of jumbo flying squid，*Dosidicus gigas*，based on statolith microstructure off the EEZ of Chilean waters. Journal of the Marine Biological Association of the United Kingdom，91（1）：229-235.

10. 陆化杰，陈新军. 2012. 利用耳石微结构研究西南大西洋阿根廷滑柔鱼的年龄、生长与种群结构. 水产学报，36（7）：1049-1056.

11. 肖述，郑小东，王如才，等. 2003. 头足类耳石轮纹研究进展. 中国水产科学，1：73-78.

12. Ou L，Liu B，Chen X，et al. 2023. Automated identification of morphological characteristics of three *Thunnus* species based on different machine learning algorithms. Fishes，8（4）：182.

13. 俞存根，严小军，蒋巧丽，等. 2022. 东海岱衢族大黄鱼资源变动的原因探析及重建策略. 水产学报，46（4）：616-625.

14. 张其永，洪万树，陈仕玺. 2017. 中国近海大黄鱼和日本带鱼群体数量变动及其资源保护措施探讨. 应用海洋学学报，36（3）：438-445.

15. 代应贵，岳晓炯，尹邦一. 2013. 濒危鱼类稀有白甲鱼沅江种群与西江种群形态度量学性状的差异性. 生态学杂志，32（3）：641-647.

二、思考题

1. 简述种群的概念及研究种群的意义。
2. 简述地方种群的概念。
3. 简述外来种群的概念。
4. 简述种群组成的概念。
5. 简述种群参数的概念。
6. 简述种类组成的概念及其研究内容。

7. 简述种群鉴定的概念。

8. 简述种群、群体、种族的含义及其差异。

9. 种群分化的原因是什么？

10. 简述年龄结构的概念及其内涵。

11. 简述年龄结构与种群数量变动的关系。

12. 简述个体（长度、质量）组成的概念及其含义。

13. 简述性比组成的概念及其含义。

14. 鱼类初次性成熟的个体大小如何计算？

15. 种群的鉴定方法有哪些？种群鉴定取样通常需要注意哪些问题？

16. 检验种群特征显著性的常见数学方法有哪些？

17. 鱼类种群数量是如何进行调节的？

| 第三章 |

生活史与早期发育

提要： 发展海洋经济大有可为、大有前途。如何布局谋势、经略海洋成为当今我们面临的主要问题。研究了解鱼类的生活史和早期发育，针对不同阶段的渔业资源进行针对性的管理和养护，有利于渔业资源的可持续发展。在本章中，详细描述了鱼类的生活史过程及发育期的划分与特点，划分了鱼类生活史类型；提出了鱼卵的类型，以及仔鱼、稚鱼的形态特征及鉴别要点，最后对影响仔鱼存活的环境因子进行了初步分析。要求重点掌握鱼类生活史不同阶段的划分及其特征，初步掌握鱼卵、仔鱼、稚鱼的形态特征及鉴别要点。

鱼类的生活史涵盖了其从出生到死亡的整个过程，包括胚胎和幼鱼发育的早期阶段。这一过程对鱼类的生存和繁衍至关重要，并与生态环境、食物来源、天敌等外部因素紧密相关。

鱼类胚胎发育的速度和过程因种类而异，但通常包括受精、卵裂、囊胚、原肠胚等阶段。在孵化后，幼鱼会经历一系列的变态过程，逐渐从类似幼虫的形态转变为成鱼的形态。在此期间，它们通常依赖卵黄囊提供营养，并逐渐学会觅食和逃避天敌。鱼类的生活史不仅包括其生长发育的过程，还包括其行为习性、生殖对策和环境适应性。例如，一些鱼类会随着季节的变化迁移，以追逐食物来源或寻找适宜的繁殖场所；而有的鱼类则表现出强烈的领地行为，以确保食物和避免竞争。

了解鱼类的生活史与早期发育具有重要的生态和保护意义。首先，通过研究鱼类的生活史，科学家可以更好地理解其种群动态和分布，预测其对环境变化的响应，并制定更为有效的保护和管理措施。其次，了解鱼类的早期发育有助于评估其繁殖成功率。在自然环境中，许多因素如捕食、疾病和污染都可能影响幼鱼的生存。因此，了解其早期发育阶段的死亡率有助于评估鱼类种群的整体健康状况。最后，生活史研究也有助于渔业管理。通过了解鱼类的生长速率、繁殖习性和生活史，渔业部门可以制定更为可持续的捕捞策略，确保资源的长期利用。

总结来说，鱼类的生活史与早期发育是生态学和保护生物学中的重要研究领域。通过深入研究这些方面，人们不仅能更深入地理解鱼类的生态行为和适应机制，还能为生态保护和资源管理提供科学依据。

◆ 第一节　鱼类的生活史及寿命

一、生活史及发育期的划分

鱼类的生活史（life history）是指鱼类个体从受精卵发育到成鱼，直至衰老整个一生的生活过程，又称为生活周期。整个过程所经历的时间，即我们通常所谓的"寿命"。鱼类的生活史可以划分为若干个不同的发育期，各发育期在形态结构、生态习性及与环境的联系方面均具有各自的特点。也就是说，在其生命周期中，结构和功能从简单到复杂的变化过程，也是其生物体内部和外界环境不断变化与统一的适应性过程。发育过程因鱼类种类的不同、生态类型的不同而各具自己的特殊性。

现以鱼类绝大多数的卵生硬骨鱼类为例，将其生活史过程及发育期介绍如下。

（1）胚胎期（embryonic stage）　　胚胎期是指鱼类个体在卵膜内进行发育的时期。当精子进入卵膜孔，精卵完成结合过程，即标志着胚胎期的开始。此时期的特点是仔胚发育仅限于卵膜内，因此也称为卵发育期。仔胚发育所需的营养完全依靠卵黄，与环境的联系方式主要和呼吸及敌害掠食有关。

（2）仔鱼期（larval stage）　　仔鱼期是指鱼苗脱膜孵化，从卵膜内发育向卵膜外发育的转变时期，口尚未启开，属于靠内源性营养（卵黄、油球）阶段，也是从依赖亲体内部环境变为在外界环境中直接进行发育的转变时相。仔胚孵化出膜，便进入仔鱼期。初孵仔鱼体透明，一般无色素，眼色素部分形成或未形成，各鳍呈薄膜状、无鳍条，口和消化道发育不完全，有一个大的卵黄囊作为营养来源。这一阶段，也称为卵黄囊期仔鱼，或前期仔鱼（prelarva）。这一时期与环境的联系方式仍以呼吸和防御敌害掠食为主。和胚胎期不同的是，卵黄囊期仔鱼开始具有避敌能力和行为特性。此后，随着仔鱼的进一步发育，眼、鳍、口和消化道功能逐步形成，鳃开始发育，巡游模式建立，仔鱼开始转向外界摄食。此期仔鱼一般均营浮游生活，溶氧条件获得改善，与外界的联系方式逐步转向以营养和御敌为主。

（3）稚鱼期（juvenile stage）　　稚鱼期是指体形迅速趋近成鱼的时期。当仔鱼发育到体透明等仔鱼期特征消失，各鳍鳍条初步形成，特别是鳞片形成过程开始，便标志着进入稚鱼期。早期稚鱼一般仍营浮游生活方式，到后期才转向各类群自己固有的栖息方式。此期与外界的联系方式以营养和御敌为主。在这一阶段，消化器官不仅在质上向成鱼的基本类型发育，胃、肠、幽门垂等也均达到各个"种"所固有的类型和数量。鳞被发育完全及完成变态是该时期结束的基本标志。此期生态习性的一个主要特征是集群性显著加强。

（4）幼鱼期（young stage）　　一般是指性未成熟的当年生幼鱼，在体形上与成鱼完全相同，但斑纹、色泽仍处于变化中，是个体一生中生长速率最大的时期。在这一阶段，鱼体鳞片全部形成，鳍条、侧线等发育完备，体色、斑纹、身体各部比例等外形特点及栖息习性等均和成鱼一致，便进入幼鱼期。少数卵胎生或胎生的种类，往往以幼鱼形式从母体产出。幼鱼期性腺尚未发育成熟，第二性征不明显或无。随着鱼体迅速长大，在外界联系方面，防御敌害的适应关系显得越来越弱，自然死亡率逐渐下降，而营养关系越来越重要。

（5）未成熟期（immature stage）　　这是形态和成鱼完全相同而性腺尚未成熟的时期，一般是从当年生幼鱼向性成熟转变的时期。

（6）成鱼期（mature stage）　　自性腺初次成熟开始，即进入成鱼期。成熟个体能在适宜季节发生生殖行为，繁衍后代；若有第二性征，此时已出现。有些性成熟较晚的大中型鱼类，达到食用规格时，性腺尚未成熟，可称为食用鱼。此阶段与外界的联系，除营养外，一个极为重要的关系是繁殖。个体摄取的营养物质，大部分用于性腺发育，并积累脂肪等储备物质，以供洄游、越冬和繁殖后代。自然死亡率降至最低，而捕捞死亡率急剧上升。

（7）衰老期（oldest stage）　　这一阶段没有明显的界线，一般是指性功能开始衰退、繁殖力显著降低、长度生长极为缓慢的时期。鱼体摄取的营养物质主要用于维持生命和积累脂肪等能源物质，以备急需时维持代谢活动。在没有捕捞的水域，自然死亡率又开始上升。

前人经研究认为，鱼类的个体发育，总的来说是以连续的渐近方式进行的。但是，从一个发育阶段转向另一个发育阶段，往往是在相当短暂的时间内以突进的方式完成的。这就是说，在各个不同的发育阶段，鱼体仅进行着物质积累等缓慢而逐渐的变化，而在形态、生态和生理上并不产生本质的变化。当这种渐近式变化发展到一定程度时，鱼体往往在很短的时间内，有时仅仅是短短的几小时内就完成了转向另一个发育阶段的突进。这时，鱼体的形态、生态和生理均产生了本质的变化。因此，处于不同发育阶段的同种鱼类，它在形态、生态和生理及与外界环境的联系方式上均保持一定的独立性，而这种独立性在不同种类和不同生态类型的鱼类之间，其表现形式又有很大不同。

二、发育阶段不同的划分方法

关于鱼类生命周期各发育阶段的划分，不同的研究工作者之间稍有差异：有的学者将仔鱼期直接分为前仔鱼和后仔鱼期，或将前仔鱼期和卵期作为胚胎期的两个亚期；有的文献将稚鱼期、幼鱼期并入未成熟期；有的不划分衰老期等。早期历史上关于鱼类发育阶段的一些术语沿革可见表 3-1。

表 3-1 鱼类的发育阶段术语（渡部泰辅和服部茂昌，1971；张仁斋等，1985）

著者	发育阶段						
	卵期	仔鱼期		稚鱼期	幼鱼期	未成熟期	成鱼期
		前仔鱼期	后仔鱼期				
Sette（1943）	卵期	仔鱼期		后期仔鱼阶段			
		具卵黄囊阶段	仔鱼阶段				
Hubbs（1943）	胚胎期	仔鱼期		稚鱼期	幼鱼期		
		前仔鱼期	后仔鱼期				
		具卵黄囊的鲑苗					
		被认为是鲑科的后期仔鱼					
内田惠太郎（1958）	胚胎期	仔鱼期		稚鱼期	幼鱼期	未成熟期	成鱼期 衰老期
		前仔鱼期	后仔鱼期				
Nakai（1962）	卵期	前仔鱼期	后仔鱼期	稚鱼期			
Nikolsky（1962）	胚胎期	仔鱼期	未成熟期			成熟期	高龄鱼期
	卵期	前仔鱼期					
服部茂昌（1970）	卵期	前仔鱼期	后仔鱼期	稚鱼期	未成熟期	成鱼期	
渡部泰辅（1970）	卵期	前仔鱼期	后仔鱼期	稚鱼期	幼鱼期	未成熟期	成鱼期

Hubbs（1943）提出将仔鱼期划分为前仔鱼期和后仔鱼期。由于这两个命名概念模糊，20 世纪 70 年代以后，使用逐渐减少。目前一般用卵黄囊仔鱼（yolk-sac larvae）期或仔鱼早期（early-stage larvae）代替前仔鱼期，后仔鱼期用仔鱼晚期（late-stage larvae）代替。卵黄囊仔鱼的命名简单正确地表达了这一期相仔鱼的形态、功能和生态特征，因此被广泛使用。

Kendall 等（1984）认为，早期史阶段存在着两个过渡期，即卵黄囊期和变形期仔鱼（transformation larvae）。这两个期相的仔鱼，其形态、生态和生理变化相当剧烈。变形期仔鱼的变态是共性，而不是鳗鲡和比目鱼等少数鱼类特有的，这种变态在外形上包括某器官的有无和位置变更，鳍褶、外鳃、体透明等仔鱼器官和特征的消失，鳍条和鳞片的形成。变形期仔鱼可延续到稚鱼期。

Kendall 等（1984）将仔鱼期进一步划分为弯曲前、弯曲和弯曲后三个亚期，是指尾鳍发育过程中脊索末端向上弯曲的情况。由于仔鱼的其他发育特征，诸如鳍条形成、体形和运动能力的显著改变都与脊索弯曲有很大的关联，因此这三个亚期的划分被认为是合适的，目前得到较为广泛的认可和使用。

三、鱼类生活史类型

在鱼类漫长的进化过程中，由于各种鱼类栖息于特殊的环境中，以及其固有的形态、生理和生态特征，各种鱼类生命周期的长短存在差异。现知某些鲟科鱼类寿命可达上百年，而热带小型鱼类的寿命就较短，虾虎鱼的寿命甚至有的仅有几个月的时间。同种鱼类的不同种群，其生命周期往往也存在明显的差异，如中国沿海的大黄鱼，岱衢族、闽-粤东族和硇洲族的生命周期分别约为 30 年、12 年和 9 年。

一般来说，随着地理纬度的增加，鱼类的生命周期延长，即生活于热带低纬度水域中的鱼类，其生命周期比生活于中纬度和高纬度水域中的鱼类短。由于生命周期长的鱼类与生命周期短的鱼类在生态习性上存在较为显著的差异，因此在研究工作中，又将鱼类的生命周期划分为三种不同的类型。

（1）单周期型鱼类　　年满 1 周龄便性成熟，终生只繁殖一次，产后即死亡，种群只由一个年龄级组成，如大银鱼（*Protosalanx hyalocranius*）、矛尾刺虾虎鱼（*Acanthogobius hasta*）等。属于此类型的鱼类，其生殖群体全由补充量组成，参加生殖活动之后的个体基本上全部死亡。因此，各年参加繁殖活动的鱼类补充量的多寡就决定了生殖群体数量的多少，世代的丰歉又深刻地影响着群体数量。所以这一类型鱼类的种群数量变动较为剧烈，变动幅度大。遭遇高强度捕捞时资源量很容易受到破坏，但是也容易恢复。

（2）短周期型鱼类　　虽然可重复性成熟，但是寿命较短，年龄组成简单，如蓝圆鲹（*Decapterus maruadsi*）、带鱼（*Trichiurus lepturus*）、鳀（*Engraulis japonicus*）、青鳞小沙丁鱼（*Sardinella zunasi*）及一些常见的小型鱼类。但不同种的群体结构和性成熟时间有很大差别，其数量变幅巨大，这也意味着该鱼类的资源容易受过度捕捞等破坏。不过管理措施得当，资源也较易恢复。

（3）长周期型鱼类　　如小黄鱼（*Larimichthys polyactis*）、大黄鱼（*Larimichthys crocea*）、褐牙鲆（*Paralichthys olivaceus*）和长蛇鲻（*Saurida elongata*）等一些大、中型肉食性鱼类的生命周期长，一生中重复产卵次数多，年龄结构复杂，其资源逐年变动较为平稳，变动过程较为和缓，变动幅度不大，但该类型鱼类资源受到破坏之后，恢复速度也较缓慢。

鱼类的生活史类型是各个鱼种固有的生物学特征，其主要意义在于它作为研究种群特征的基础资料，决定着鱼类数量动态。随着渔业资源学的兴起，这方面的研究更成为渔业科学的重要问题，并取得了大量研究成果。

四、寿命

鱼类个体发育早期所经历的时间，通常比后期所经历的时间短得多。早期发育阶段，一般经历数天到数月即完成，而后期发育阶段则同其寿命长短有关。寿命是指鱼类整个生活史所经历的时间，它取决于鱼类的遗传特性和所栖息的外界环境条件。在自然界中，鱼类成体所产生的后代，只有极少数能正常完成整个生活史，活到它们的生理寿命（physiological longevity）；绝大多数由于外界不合适的环境条件，无法完成整个生活史，它们所活的寿命称为生态寿命（ecological longevity）。特别是真骨鱼类，其存活曲线和若干高等哺乳动物不同，它们的自然死亡率通常在早期生活史阶段最高。据野外调查数据分析，真骨鱼类在早期生活史阶段的死亡率达到 99%以上。所以，现在一般统计的鱼类寿命实际上也不是真正的生理寿命。鱼类的生理寿命恐怕只有在人工饲养的条件下才能达到。

各种鱼类的寿命长短不一样，其个体大小也不一样。一般来说，寿命长，个体大；寿命短，个体小。鱼类寿命和最大鱼类体积间相差悬殊。世界上现已知的最大鱼类是生活在海洋中的软骨鱼类，即鲸鲨（*Rhincodon typus*），其体长可达 18～20m，体重超过 10t，其寿命长短未知。在硬骨鱼类中，鲟科（Acipenseridae）和长吻鲟科（Polyodontidae）的种类，其寿命和个体大小是数一数二的。据报道，里海和黑海的欧洲鳇（*Huso huso*），其体长达 9m，体重约 1.5t，寿命大于 100 龄；我国的白鲟（*Psephurus gladius*）是世界上最大的淡水鱼，最大个体 7m，体重超过 1t，寿命一般为 20～30 龄，最大寿命超过 100 龄。但是一些如虾虎鱼科（Gobiidae）、灯笼鱼科（Myctophidae）、青鳉属（*Oryzias*）及大银鱼属（*Protosalanx*）等的鱼类只能活到一年或者不到一年。这些种类一般在完成繁殖活动之后便死亡。目前知道的世界上最小的鱼类是生活在菲律宾周围海域的微虾虎鱼（*Trimmatom nanus*），其性成熟个体的体长仅为 0.75～1.15cm。

尽管鱼类寿命的长短在种间差别很大，但绝大多数鱼类的寿命为 2～20 龄，其中约 60%的鱼类，其寿命为 5～20 龄，在 30 龄以上的鱼类不超过 10%，大约 5%的鱼类寿命不到 2 龄。我国淡水鱼类中寿命 2～4 龄的种类不少，如中华银飘鱼（*Pseudolaubuca sinensis*）等；溯河性大麻哈鱼的寿命一般为 3～6 龄；许多大中型淡水鱼类的寿命一般为 7～8 龄，如青鱼、草鱼、鲢、鳙、鲤、鲫等，超过 10 龄的很少，但也有个别可以活到 15～20 龄。鲟鳇鱼类的寿命较长，一般可以达到 20～30 龄，10 龄以上才性成熟。海水鱼类的寿命较短，如鳀，一般只有 3 龄，但我国东海早期捕捞的大黄鱼渔获中，最大寿命可到 29 龄。

同种鱼类的不同地理种群，其寿命长短也不同。例如，栖息在我国浙江沿海的大黄鱼的最大寿命为 29 龄，生活在福建沿海的最大寿命可到 17 龄，而生活在海南岛东部至湛江海域的大黄鱼的最大寿命只有 9 龄。这是不同生活环境对生命周期影响的结果。又如，冰岛、挪威海区鲱种群最大体长可达 37～38cm，年龄 22～23 龄，而生活在英伦海峡、北海、波罗的海的鲱，其最大体长为 20～32cm，年龄 10～13 龄，库页岛鲱介于上述两者之间，最大体长约为 35cm，年龄为 15～17 龄。

◆ 第二节 鱼类的早期发育

一、鱼类早期发育的一般特征与过程

鱼类生命周期中的早期阶段，即从鱼卵到幼鱼的各个时期，是鱼类数量最大、死亡最多，即鱼类数量变化率最高的敏感时期。它的残存量多寡，将决定鱼类世代的发生量和补充量。因此，进行鱼类早期发育规律的研究，对阐明鱼类数量变动规律及开展资源增殖与保护具有非常重要的现实意义。

黑棘鲷（*Acanthopagrus schlegelii*）隶属于鲈形目（Perciformes）鲷科（Sparidae）棘鲷属（*Acanthopagrus*），分布于中国、日本和韩国等地的沿岸、港湾及河口，是重要的经济鱼类和增养殖对象。黑棘鲷为浅海底层鱼类，喜栖息在沙泥底或多岩礁海区，一般在 5～50m 水深的沿岸带移动，不作远距离洄游。杂食性，极贪食，主食软体动物贝类、多毛类、小鱼和虾类、蟹类、端足类海星及海藻等。黑棘鲷具有生长迅速、食性较杂、适应能力和抗病力强等特点，且肉质鲜美、营养丰富，深受人们喜爱。下面以黑棘鲷为例，简述其早期发育过程中的主要形态特征（图 3-1）。

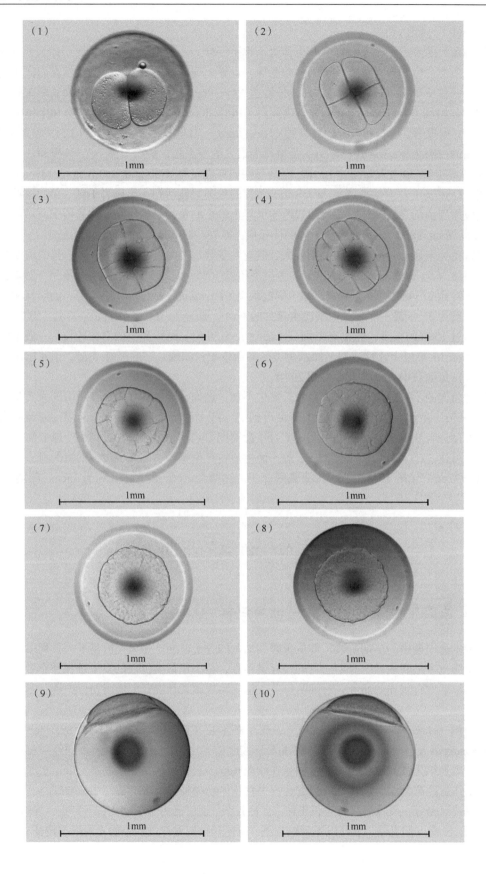

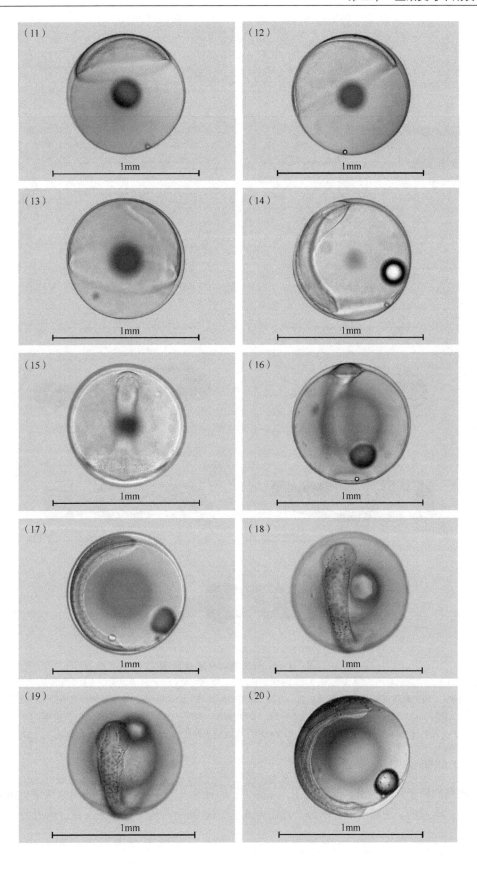

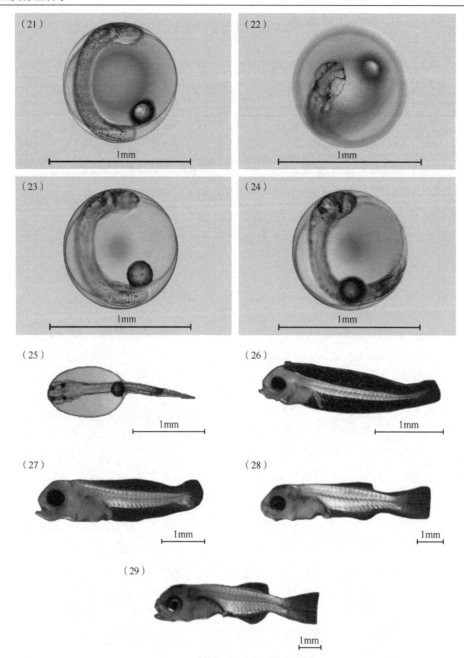

图 3-1　南海黑棘鲷早期发育图

（1）2 细胞期；（2）4 细胞期；（3）8 细胞期；（4）16 细胞期；（5）32 细胞期；（6）64 细胞期；（7）多细胞期；（8）桑葚胚期；（9）高囊胚期；（10）低囊胚期；（11）原肠早期；（12）原肠中期；（13）原肠晚期；（14）胚体形成期；（15）胚孔封闭期；（16）视囊形成期；（17）肌节出现期；（18）听囊形成期；（19）脑泡形成期；（20）心脏形成期；（21）尾芽期；（22）晶状体形成期；（23）心脏跳动期；（24）将孵期；（25）卵黄囊期；（26）弯曲前期；（27）弯曲期；（28）弯曲后期；（29）稚鱼期

（一）卵期

　　黑棘鲷的卵子卵膜平滑，薄而透明，无黏性；卵径为 0.78～0.95mm。卵周隙狭窄，卵黄囊和胚体几乎充满卵内。油球 1 个，前位，直径为 0.17～0.19mm。其受精卵的发育过程可分为 5 个不同的发育阶段。

1. 卵裂期　　黑棘鲷的卵裂方式为盘状卵裂。观察对象为湛江市东海岛周边海域采集的野生黑棘鲷活体鱼卵。

（1）2细胞期（2 cell stage）　　黑棘鲷受精卵第一次分裂，分裂形成2个细胞，见图3-1（1）。

（2）4细胞期（4 cell stage）　　第二次分裂，分裂面与第一次分裂面垂直，分裂球形成4个细胞，见图3-1（2）。

（3）8细胞期（8 cell stage）　　第三次卵裂，卵裂时新出现两个分裂面，且都与第一次分裂面平行，形成两排排列的8个细胞，靠外排列的4个细胞个体较大，靠内排列的4个细胞个体较小，见图3-1（3）。

（4）16细胞期（16 cell stage）　　第四次卵裂，卵裂方向与第二次卵裂方向大致平行，形成4排16个细胞，进入16细胞期，见图3-1（4）。

（5）32细胞期（32 cell stage）　　第五次卵裂，进入32细胞期，此次卵裂后细胞排列开始出现不规则感，细胞团轮廓呈近圆球形，见图3-1（5）。

（6）64细胞期（64 cell stage）　　32细胞期后开始第六次卵裂，进入64细胞期，卵裂后的细胞形状、大小不一，细胞在胚盘层面出现重叠，细胞团轮廓呈圆球形，见图3-1（6）。

（7）多细胞期（multi-cell stage）　　细胞明显变小，在显微镜下每个细胞核清晰可见；细胞团轮廓仍呈圆球形，细胞在胚盘层面重叠更明显，见图3-1（7）。

（8）桑葚胚期（morula stage）　　鱼卵发育细胞明显变得更小，细胞界限难以分辨，细胞核依然清晰可见，细胞团轮廓呈圆球形，边缘与桑葚果实相似，此时从分裂球的侧面观察，分裂球隆起明显，见图3-1（8）。

2. 囊胚期　　囊胚期从原肠作用开始到胚孔关闭为止。本阶段延续时间最长，变化也较复杂，诸如中胚层分化、神经胚和肌节的出现等。

（1）高囊胚期（high blastula stage）　　随着卵裂的进行，细胞数目及层数不断增加，胚盘与卵黄之间形成囊胚腔，囊胚中部明显向上隆起，呈高帽状，动物极的细胞团高高隆起，进入高囊胚期，见图3-1（9）。

（2）低囊胚期（low blastula stage）　　囊胚隆起逐渐降低，胚盘向扁平方向发展，但尚不明显，细胞变小且多，进入低囊胚期，见图3-1（10）。

3. 原肠胚期　　随着细胞分裂的进行，在囊胚期后期，囊胚边缘细胞分裂比较快，细胞增多，这些胚层逐渐向植物极方向迁移、延伸和下包，在此过程中，边缘的部分细胞运动缓慢并向内卷。

（1）原肠早期（early gastrula stage）　　卵黄被胚层下包近1/4，此时从植物极观察可见胚环，侧面可见胚层顶端形成一个新月形的胚盾，胚盾的下边缘明显卷曲，内胚层开始形成，此时进入原肠早期，见图3-1（11）。

（2）原肠中期（middle gastrula stage）　　随着时间的推移，分裂球逐渐向植物极的卵黄包裹，慢慢到达卵黄的约1/3处；当卵黄被胚层下包约1/2时进入原肠中期，可以看到部分胚体的雏形，此时期油球上无色素斑，见图3-1（12）。

（3）原肠晚期（late gastrula stage）　　分裂球逐渐向植物极的卵黄包裹，慢慢到达卵黄的约3/4处，进入原肠晚期，见图3-1（13）。

4. 神经胚期

（1）胚体形成期（embryo body stage）　　胚体背面增厚，形成神经板，中央出现1条圆柱形脊索，胚体雏形已现，进入胚体形成期，见图3-1（14）。

（2）胚孔封闭期（closure of blastopore stage）　　胚孔即将封闭，胚体头部两侧有两明显突出；胚体形成期第 52 分钟后胚孔封闭，进入胚孔封闭期，见图 3-1（15）。

5. 器官形成期

（1）视囊形成期（optic capsule stage）　在胚体前端出现 1 对眼囊，见图 3-1（16）。

（2）肌节出现期（muscle burl stage）　有肌节 13～14 对；胚体背面颈部到中间区域开始出现色素斑，油球上未出现色素斑点，见图 3-1（17）。

（3）听囊形成期（otocyst stage）　胚体头部在视囊后位置出现听囊 1 对，进入听囊形成期；视囊至胚胎体背部浅黑色素斑明显，见图 3-1（18）。

（4）脑泡形成期（brain vesicle stage）　当脑泡开始出现时，即进入脑泡形成期，见图 3-1（19）。

（5）心脏形成期（heart stage）　心脏已经形成雏形，轮廓很明显；此时视野内油球上有 9 个黑色素斑，胚体背面从头部到中后端未分化的肌节处有数个小黑色素斑；脊索清晰可见，见图 3-1（20）。

（6）尾芽期（tail bud stage）　背鳍褶形成，尾部少部分与卵黄囊分离，见图 3-1（21）。

（7）晶状体形成期（crystal stage）　视囊内晶状体开始形成，见图 3-1（22）。

（8）心脏跳动期（heart-beating stage）　心脏开始搏动，频率约 60 次/min；此时胚体吻部至尾部浅黑色素斑明显，脊索、肌节、晶状体、耳石清晰可见，见图 3-1（23）。

（9）将孵期（pre-hatching stage）　胚体在卵膜内更加频繁、有力地抽动，进入将孵期。进入将孵期约 4h 21min 后开始进入孵化期，见图 3-1（24）。

鱼卵从受精到孵出过程中所经历的时间称为鱼卵年龄，它是鱼种固有的生物学属性。同时，它又受环境的影响，随温度、溶解氧和盐度的不同而变化。鱼卵年龄是评估鱼卵死亡率、海域产卵量等研究所必需的生物学数据，具有重要的研究意义。

（二）仔鱼期

仔鱼期从个体孵化开始，到鳍条数量完备、鳞片开始出现为止。其主要包括卵黄囊期、弯曲前期、弯曲期、弯曲后期 4 个仔鱼阶段和变形期这一过渡阶段。

1. 卵黄囊期　此期自个体破膜而出，终至卵黄囊吸收完毕。大部分鱼类孵化后成为初孵仔鱼，也称卵黄囊期仔鱼。此时，个体发育所需营养主要靠卵黄提供，所以又称内源性营养阶段。卵黄囊期仔鱼的活动能力微弱，口尚未开启，眼部缺少色素，多数种类仔鱼身体透明，缺少鳍的分化。在卵黄囊的影响下，个体开始时常仰浮于水面，后垂直倒挂，最后逐渐转平。以黑棘鲷为例，初孵仔鱼平均体长约为 1.80mm，肌节 9+16。卵黄囊发达，呈椭球形，长径约为 1.00mm，卵黄囊后部具一个油球，胚体密布黑色素斑点。仔鱼仰浮于水面，不时作波状游动。水温为 19.0～26.5℃时，鱼体随胸鳍芽出现，卵黄囊逐渐被吸收。到口部初开，肠管明显，历经 3d，全长达 2.77mm，见图 3-1（25）。

2. 弯曲前期　从卵黄囊吸收完毕开始，至脊索末端开始弯曲为止。其间脊索保持平直，尾结构在腹部方向开始形成。个体刚刚开始摄食，感觉与运动器官发育迅速，奇鳍鳍褶通常连续，未分化成单独的鳍。胸鳍发育良好，腹鳍一般尚未出现，色泽模式开始建立。此时黑棘鲷仔鱼体长为 3.52mm，肌节 9+16。眼睛能在亮光下视物，眼球周围的色素加深变浓；腹囊、肠道明显，其上分布黑色素斑点，见图 3-1（26）。

3. 弯曲期　头部器官发育明显，下颌长度超过上颌，口裂发育明显，眼睛进一步发育，布满黑色素。奇鳍原基开始发育，鳍褶开始收缩，在脊索下部条的支持作用下，脊索末端开始向上弯曲。体形变化剧烈，开始形成鳔泡，游泳和摄食能力进一步增强。此时黑棘鲷仔鱼体长为 3.74mm，肌节 9+16。中脑部和后脑部散布黑色素点，腹囊上方具一黑色素斑块，肛门前部具 2~3 个黑色素斑块，臀鳍基底出现 9 个黑色素点；尾鳍鳍条开始发育，见图 3-1（27）。

4. 弯曲后期　起始于脊索末端弯曲完成，结束于鱼体所有鳍条完备，稚鱼阶段即将开始。个体继续生长，开始用鳃呼吸，胃、肠开始分化，视觉器官进一步发育，具备弱光下视物能力，此时具有趋光和集群现象。背鳍、尾鳍、臀鳍鳍条逐步发育完全。此时黑棘鲷仔鱼体长 5.73mm，肌节 9+16，中脑部分布黑色素簇，腹囊、肠道上下方均分布黑色素斑块，臀鳍基底出现 12 个黑色素点，见图 3-1（28）。

5. 变形期　此期是仔鱼期与稚鱼期中间的一个过渡阶段。这个阶段时间长短不一，有可能很快或持续很久。许多鱼种往往伴随从浮游向底栖习性的转变，也有一些种类在此期间甚至在本阶段即将开始前向育幼场移动。形态上，这一阶段的个体从仔鱼向稚鱼到成鱼形态变化。变态开始出现，且在个体具备稚鱼一般特征时完成。

本阶段有两个个体发育进程，分别是一些仔鱼期特有特征的消失和稚鱼到成鱼特征的出现。具体涉及色彩与斑纹、外形的变化、鳍的迁移（如一些鳏、鲱类）、发光器形成（如灯笼鱼类）、延长鳍棘（条）与头棘的消失（如石斑鱼类）、眼的扭转（如比目鱼类）和鳞片的出现等。

一些变形期时间漫长的鱼类，会发育出一些特化的、与仔鱼和稚鱼完全不同的形态特征。这些特征通常与外形、色彩和斑纹有关。也有一些鱼类，如灯笼鱼类及珍珠鱼科的种类，会特化出特殊的体型和鳍形。

（三）稚鱼期

当鱼体鳍条数量完整、达到种的定数，鳞片开始出现时，稚鱼期开始，个体进入成鱼种群或达到成熟时，本期结束。一般而言，稚鱼形态上与成鱼较为相近，许多鱼种稚鱼就相当于一个微型的成鱼。也有不少鱼种稚鱼与成鱼形态上差异显著，这些差异可能表现在外形、色彩及斑纹上，如一些珊瑚礁鱼类。历史上，不少稚鱼因与成鱼形态特征差异巨大而被误判为新的鱼种。稚鱼一般不像仔鱼一样营浮游生活，有些会洄游至一片与成鱼完全不同的栖息地。有的稚鱼定居于水底裂隙，有些栖息于漂流物周围，或附着于大型海藻、漂流物甚至水母上。许多比目鱼类稚鱼栖息于浅水甚至潮间带。很多鱼种，其稚鱼会从沿岸洄游至河口育幼场。以黑棘鲷为例，此时的稚鱼体长 6.39mm，肌节 10+16。各鳍发育完全，具备较强的自主摄食能力，背鳍为 XI+11，臀鳍为 III+8，尾鳍为 18。头部各器官发育完全，眼发达，趋光和集群反应更为明显；中脑部和后脑部散布大型黑色素簇，腹囊上方黑色素簇延伸至肠道周围。尾柄上下肌节散布黑色素点，见图 3-1（29）。

鱼类早期发育的形态、生态学特征依种而异，尤其是降河性的鳗鲡、深海型的鮟鱇及底栖生活的比目鱼等变态复杂的鱼类，其早期发育形态与黑棘鲷差异甚多，但通常也都经历了上述主要发育阶段，并具有上述的基本特征。因此，只要循其规律，认真观察，海洋中千姿百态的各种仔鱼和稚鱼也是可以识别的。

二、鱼类早期发育研究的目的和意义

综合国内外研究状况，鱼卵和仔鱼研究工作的目的和意义可概括为 4 个方面。

（1）**鱼类补充量波动**　早在 20 世纪初，科学家就已了解到渔业群体的资源量变动主要是由年际间繁殖成功率的波动造成的。而早期生活史阶段鱼类个体数量庞大，死亡率高，对环境高度敏感，了解早期生活史阶段的各种事件是解析鱼类补充量变动的关键。这方面的工作需要以物理海洋学的研究为基础，幼体的输运与扩散、生长、死亡及环境状况是鱼卵、仔鱼直至稚鱼阶段存活变动的"指示剂"。水团与海流、水动力学过程可用于解析鱼卵与仔鱼的分布，生物海洋学研究则用于探索仔鱼的饵料和敌害生物的生产、数量动态与时空分布。鱼类早期补充机制的研究涉及多个学科的交叉。

（2）群体资源量评估　　准确的亲鱼资源量评估是渔业资源科学管理的基础与前提。通过对渔业群体卵或仔鱼丰度（日产卵量与年产卵量方法）的调查评估，结合亲鱼繁殖生物学参数的估计，可以有效地评估一定水域的亲鱼资源量。研究鱼卵、仔鱼的生长和成活数量是衡量亲体资源量大小和预报补充资源量的基础数据，因此产卵场调查是开展准确的资源预测和分析的重要资料，也为我国制定渔业捕捞策略、资源管理养护等提供科学依据，以提升我国海洋话语权。

（3）水产养殖　　在现今全球野生渔业资源大部分处于充分或过度开发的大背景之下，水产养殖为社会提供了大量的水产品，尤其是在中国。而鱼类早期生活史阶段形态发育、摄食、生长、行为等方面的研究，则为海洋水产养殖在品种筛选、工厂化苗种培育等关键环节提供了生物学基础支撑。

（4）渔业资源保护　　现今人类涉海活动非常频繁，这些活动对海洋重要渔业资源群体产生着重大的影响。大型运输船往来于世界各地，压舱水将不同生态系统的鱼卵带到其他海域，带来潜在的生物入侵。海岸涉海工程建设破坏了岸带环境，对产卵场栖息地产生直接破坏；江河大规模的水资源截流开发，以及人类活动带来的区域性气候环境的改变，不仅造成淡水水系渔业资源的破坏，也直接影响河流入海口产卵场与育幼场环境；海上石油开发与运输事故可产生大规模的海上溢油污染，直接影响鱼类早期生活阶段的生长与存活状况，污染物大量入海也对鱼类产卵场环境及早期补充带来直接的负面影响。研究鱼类早期生活史阶段分布、扩散、生长与死亡等生物学特性及对各种环境变动、人类强迫的响应特征与机制，是有效开展渔业资源保护的核心科学基础。

苏联学者 Bacuehob（1946，1948，1950）从形态、功能与环境统一的观点出发，通过鲤科鱼类形态发育阶段的研究，提出了"鱼类阶段发育的理论"。该理论的主要要点可归纳为：①鱼类的个体发育过程，依其形态特征可以划分出许多发育小阶段；②在一个发育阶段内（以一定体长变化为基础），通常只有量的生长，形态、生态也不发生质的变化，当向下一阶段转移时，则几乎全部器官系统都产生质的变化；③在各发育阶段中，鱼类和环境之间具有特殊的关系，其形态特征则是对环境适应的结果。

因此，深入开展对鱼类生命周期的研究，揭示各个发育阶段与环境的相互关系，阐明其生命活动的基本规律，对渔业资源开发利用、科学管理及增殖放流等具有十分重要的意义。

◆ 第三节　鱼卵、仔鱼、稚鱼的形态及鉴别要点

一、鱼卵与仔鱼的形态学鉴别

（一）鉴别前的资料准备

形态学方法是鱼卵与仔、稚鱼种类鉴定的常规方法，也是研究工作中应用最多的不可缺少的基础方法。关于鱼卵与仔鱼阶段的形态发育及种类鉴定，国内外学者一直在努力开展工作，有了

不少成果（张仁斋等，1985；邵广昭等，2001；冲山宗雄，2014；万瑞景等，2016）。由于鱼类早期生活史过程中经历复杂的发育过程，不同鱼种在早期阶段特别是卵期又往往相似程度较高，其种类鉴定颇具难度；海洋鱼类种数繁多，而有详细早期生活史形态发育记述的鱼种又相对占比较少，因此进一步增加了种类鉴定的难度。

在正式开展对样品进行种类分析前，有必要进行一些基础的资料准备工作，以提高工作效率和精度。这些资料准备工作主要包括以下几项。

1. 研究海域可能出现的鱼类名录及其分节特征　这些分节特征主要包括鳍条数和脊椎骨数。分节特征不全的鱼种，通过成鱼样品分析补足。鱼种所属目、科等分类阶元需要备注。

2. 鱼种的生活史特征　比如是海洋鱼类还是淡水鱼类，是否产卵，沉性卵还是浮性卵，繁殖期等。

3. 鱼种资源量的相对丰度　需要注意的是，由于不同的生活史策略，鱼卵、仔鱼的相对丰度与成鱼可能显著不同。

4. 鱼卵与仔鱼形态发育的详细初始记述资料　包括文字、图鉴等。在不可得的情况下，同属甚至同科的其他种的资料也可作为参考。

（二）建立鱼卵与仔鱼的形态学鉴别标准

要依靠形态学方法对鱼类浮游生物进行种类鉴定，前提是要掌握其早期生活史过程中不同生活阶段的形态学特征，构建一套可用于样品分析比对的形态学鉴别标准。这套标准可包括文字描述、图像甚至发育的视频资料。通常通过两种方法建立鱼卵与仔鱼的形态学鉴别标准。

1. 直接饲养法　即获取已知种类的受精卵并在人工条件下饲养，详细记录其不同发育时期的形态学特征并进行完整记录，作为形态学种类鉴定依据。对大部分鱼种来说，获取成鱼并在人工控制下产卵并不容易，因此这种方法往往仅能应用于少数种类。与此类似的是直接在水域中采集活的鱼卵并将其孵化成仔鱼，直到能准确鉴定种类为止。

2. 间接手段　这是一种应用较广泛的方法，即在野外采集不同发育时期的幼体，观察鉴定结果作为形态学鉴定依据。其中，所能采到的最大仔鱼应该在具备仔鱼期形态特征的同时，已经具有一些可用于准确鉴定的某些成鱼的特征；尚未表现出成鱼形态特点的较小仔鱼，则依靠和后期较大个体的特征重叠进行鉴定。稚鱼特征作为仔鱼与成鱼的中间阶段，也会起到一定的辅助鉴别作用（Moser et al.，1970）。

二、鱼卵的形态结构及鉴别要点

1. 鱼卵的形态结构　卵是一种高度特化的细胞，对受精、胚胎发育和营养有特殊的适应性，其结构由下列几部分组成。

（1）卵膜　卵膜位于卵的最外层，保护卵细胞免受外界因素的伤害，并使卵保持一定的形状，对外部环境起着隔离的作用，以保证胚胎的正常发育。由于物种不同和细胞成熟过程所处的条件不同，卵膜的厚度、构造也不一样。

一般卵膜表面为光滑的透明角质，但有些种类的卵膜上有特殊的结构。例如，板鳃类卵生的种类（鳐类等），其卵很大，并且外面由角质的卵壳包裹，最大的卵壳长 180mm，宽 140mm。卵壳的外形有匣形、螺旋形，卵壳外面常有卷曲的胶质丝，用它缠绕在海藻或岩石上，以便有一个安定的孵化环境。鳗的鱼卵呈椭球形，韦氏侧带小公鱼的卵呈椭球形，靠近胚体头部则具一瘤状突起。黑背须唇飞鱼的卵膜较透明，卵膜上具胶质丝，长度为 0.28～0.51mm，某些飞鱼类的卵借此附着于海藻上。白鳍飞鳅的卵膜表面具小棘，长度为 0.03～0.08mm。似玉筋鱼属的卵膜则有许多三角菱形突起，冠鲽的卵具有一瘤状突起，为其典型特征，突起高度约为 0.17mm（图 3-2，图 3-3）。带鱼的卵膜呈淡红色。青鳞小沙丁鱼（*Sardinella zunasi*）的卵膜略呈浅蓝色。

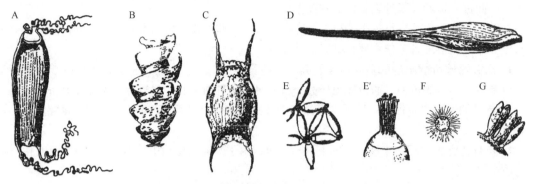

图 3-2　海洋鱼类卵的形态一（陈大刚，1997）

A. 猫鲨；B. 虎鲨；C. 花鳐；D. 银鲛的卵壳；E. 加利福尼亚盲鳗的卵；E'. 一个卵的动物极；F. 颌针鱼；G. 黑虾虎鱼

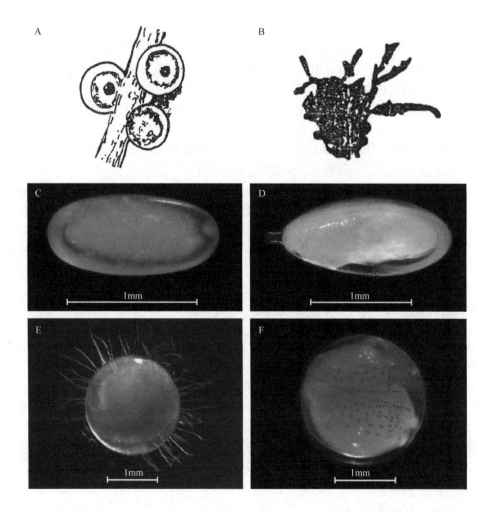

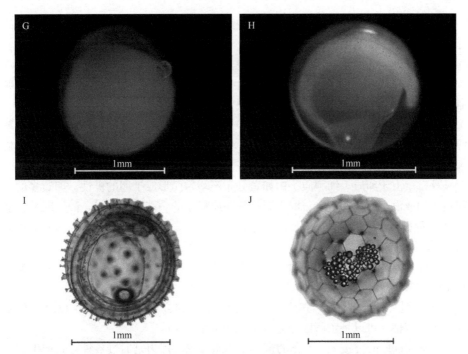

图 3-3 海洋鱼类卵的形态二（A，B 引自陈大刚，1997；D～G，I，J 引自侯刚和张辉，2023；C，H 来自西北太平洋调查报告）

A. 河鲀卵；B. 大线鱼卵附着在海藻上；C. 鳀；D. 韦氏侧带小公鱼；E. 黑背须唇飞鱼；F. 白鳍飞鲹；G. 冠鲽；H. 东方双光鱼；I. 似玉筋鱼属；J. 峨眉条鳎

（2）卵黄　　卵黄是一种特殊的蛋白质，是由卵细胞质的液泡合成的，是胚胎发育所需要的营养物质。卵黄的大小一般和胚胎发育时间长短有关。卵黄大的胚胎发育时间长，卵黄小的胚胎发育时间短。

卵黄的颜色有多种，有浅红色、淡绿色，但绝大多数是黄色的，有透明和不透明之分。卵黄的形状随卵黄量的多少而不同，在卵黄含量不太丰富的卵中，常呈细微的颗粒状，在卵黄含量多、体积大的卵中，卵黄常为球状。卵黄含量的多少及其分布状况，决定以后卵裂的方式和分裂的大小。根据卵黄量的多少和卵黄分布的位置，又可将卵区分为均黄卵、间黄卵、中黄卵和端黄卵 4 种类型，绝大多数海产硬骨鱼类的卵属于端黄卵。

卵黄的表面构造因种类不同也存在差异，有的是均匀的，有的表面呈龟裂状。例如，斑鰶（*Konosirus punctatus*）卵黄表面具不规则的网状龟裂；鳀科鱼类卵黄表面则为整齐的泡状裂纹；遮目鱼的卵黄表面龟裂很小，呈细密排列的小点状。

（3）油球　　油球是很多种硬骨鱼类卵的特殊组成部分，它是含有脂肪的、表面围有原生质薄膜的小球状体。油球对于浮性卵不仅是营养的储藏部位，也起"浮子"的作用，使卵能经常保持在一定水层中；但是它对于沉性卵只是作营养的储藏部位。

油球一般为圆球状，但有些种类的油球在发育过程中变形。有些鱼卵仅含一个油球（如鲐、带鱼、大黄鱼、鲇鱼、鲷类等），为单油球卵，也有些鱼卵含有多个大小不同的油球（如鲥、叶鲱等）或含有更多更细小的油球（如卵鳎、斑头舌鳎等）。

有的种类虽然是浮性卵，但没有油球，如蛇鳁鱼类、毛烟管鱼类等。鱼卵除在油球的数量上有差别外，油球的颜色也不同，有的呈淡黄色，有的呈暗绿色、橙色等，但一般为透明。用甲醛长期保存后，有的种类的油球色泽消失变为无色。

（4）卵质　　卵质就是卵子的细胞质（原生质），是构成卵细胞体的主要部分，是卵细胞营养和生命活动中心。一个鱼卵内细胞质的多少决定了细胞的大小。

（5）卵核　　卵核又称生殖核或细胞核，卵裂、生长、新陈代谢都和核有直接的关系。核的形状一般为圆形或杆状，比较大，核的位置在正常情况下看不到，有时在卵的侧面，有时在中间，但一般都在细胞质较丰富的极性一侧。

（6）极性　　由于卵质（细胞质）中卵黄分布不均匀而形成了卵的极性。卵黄多的一端称植物极，卵黄少的或没有卵黄的一端，即主要是细胞质集中的一端称动物极。静置时总是动物极朝下，而植物极朝上。受精卵在动物极形成胚盘，细胞的分裂从胚盘开始，这个时候就较容易看到动物极的位置。

（7）卵周隙（围卵腔）　　卵周隙是指介于卵膜和卵细胞本体之间的空隙。受精卵的卵周隙将随着精子的进入吸水膨胀而增大。

2. 鱼卵的类型　　鱼卵一般可按生态和形态分为两大类。根据鱼卵的不同密度，以及有无黏性和黏性强弱等特性，可以将鱼卵区分为以下几种类型。

（1）浮性卵（pelagic egg）　　卵的密度小于水，它的浮力是通过各种方式产生的，许多鱼类的卵含有使密度降低的油球，有的鱼卵则卵周隙很大，便于漂浮。这样鱼卵产出后即浮在水中或水面，随着风向和水流而漂移。我国主要海产经济鱼类如大黄鱼、小黄鱼、带鱼、鲐和真鲷等，都产浮性卵。

大部分浮性卵没有黏性，自由漂动。但也有少数种类的卵黏聚在一起，有的呈卵带状，有的呈卵囊状或卵块状。例如，鳀鳁的卵连成一条带状的卵囊，漂浮于水面，有的可长达数米。

（2）沉性卵（demersal egg）　　卵的密度大于水，卵产出后沉于水底，卵一般较浮性卵大，卵周隙较小。

沉性卵又可分为：①不附着沉性卵，卵沉于海底或亲鱼自掘的坑穴内，不附着在物体上。②附着沉性卵，在附着型内又有黏着和附着两种，黏着卵的卵膜本身有黏液，黏着于其他物体上；附着卵的上面有一个附着器，通过附着器固定于其他物体上。③有丝状缠络卵，如燕鳐鱼的卵即属此类，卵球形，无油球，卵膜较厚，表面有 30～50 枚丝状物，它的长度为卵径的 5～10 倍，分布在卵膜的两极，卵借此附着于海藻上。在各种鱼卵中，沉性卵数量不多。

有些鱼卵的特性介于两种类型之间。在咸淡水中生活的梭鱼，其卵在盐度为 0.015 以上的海水中呈浮性，在盐度为 0.008～0.01 的半咸淡水中悬于水的中层，在淡水中则沉于底部。另有一些鱼类卵分布在很大的深度范围，如鳕科的一些种类，在深海 1000～2000m 时均可拖到其鱼卵，在 100m 深的海中也可以拖到其鱼卵，这就难以进行分类了。

3. 鱼卵的鉴别要点　　鱼种的多样性及它们在早期发育过程中的多变性，给鱼种鉴定工作带来很大困难，目前难以找到一份较系统的、实用的鱼卵、仔鱼检索表。在鱼卵鉴别时，应首先了解并掌握该海区、该季节出现的鱼种及其产卵期，以判断可能出现鱼卵的种类，在此基础上，以不同发育阶段卵比较"稳定"的形态和生态学特征，特别是鱼卵的外部特征进行鉴别。其他一些鉴别要点简列如下。

（1）鱼卵类型　　浮性卵（游离卵，如斑鰶；凝聚卵，如鳀鳁）；沉性卵（附着卵，如鳉；非黏着性卵，如鲑、鳟）。

（2）卵径大小和形状　　卵径大小和形状是鉴别鱼种的主要依据之一，如鳗和虾虎鱼的卵虽都呈椭圆形,但前者为游离型浮性卵,后者则是带有固着丝的沉性卵,附着于产卵室的洞壁上(矛尾刺虾虎鱼)或空贝壳里(纹缟虾虎鱼)。又如,同是圆球形浮性卵,南海的日本带鱼的卵径为1.65~2.21mm,眶棘双边鱼的卵径则仅为0.58~0.77mm。

(3)卵膜特征 海产鱼类的卵膜通常较薄,表面光滑且透明。但是部分鱼种的卵膜上有五边形栅状突起(峨眉条鳎);有的卵膜上有小刺状突起(短鳍鲬);还有的卵膜表面着生细丝(燕鳐、大银鱼)等。

(4)卵黄结构 由于卵黄含量的丰富程度不同,卵黄的结构和形态也不相同,如大部分浮性卵的卵黄分布均匀、透明、略带黄色,但斑鰶等却因卵黄粒较粗而呈现不规则网状纹理。

(5)油球 卵内有无油球及其数量、大小、色泽和分布位置都是鉴定卵的重要依据。例如,牙鲆只有一个大油球,而条鳎则有几十个小油球。

(6)卵周隙 卵周隙的大小在同种鱼或不同种鱼中有差异。

(7)胚胎特征 胚胎形成后,是鱼卵整个发育期中外部形态比较"稳定"的阶段,是识别鱼卵十分重要的时期,诸如胚体的形状、大小,以及色素出现的早晚、形状和分布等,也都是鉴定卵最重要的依据。

鱼卵用于种类鉴定的形态学特征见图3-4。

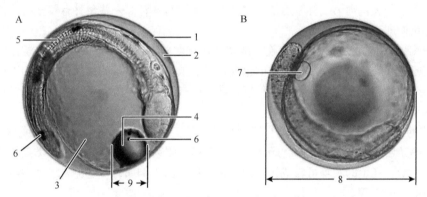

图3-4 鱼卵形态结构及测定名称(侯刚和张辉,2023)

A. 断纹紫胸鱼卵;B. 弯角鳎卵。1. 卵膜;2. 卵周隙;3. 卵黄囊;4. 油球;5. 肌节;6. 色素;7. 柯氏泡;8. 卵径;9. 油球直径

三、仔鱼、稚鱼及其鉴别要点

在仔鱼阶段,个体较卵期具有了更多的可用于种类鉴别的形态特征;同时,由于发育过程中经历了复杂的形态变化,对仔鱼的鉴定也具有较高难度。对仔鱼的鉴定,首先要根据一些可数性状、鱼体形状及其他形态特点将样品鉴定到目、科;然后再重点考察一些特有的可数性状、色素和其他形态特征,并与研究水域可能出现的种的记述资料(图、文字等)相比较,争取鉴定到属或种的水平。

仔鱼阶段鉴定需要重点观察的形态学特征如下。

1. 仔鱼形状 由于仔鱼形状随发育而变化,故观察样品形状特征时须考虑个体大小及所处发育阶段。重要的形状特征包括:鱼体的形状,体高与体长的比例,眼径与头长的比例等;卵黄囊的形状,油球在卵黄囊中的位置;肛门的位置,肛前长度占体长比例等。

2. 色素 由于现有鱼类浮游生物样品在固定与保存条件下,其色素存在褪色现象,仔鱼阶段可用于种类鉴定的色素仅限于黑色素。黑色素的相对大小、位置、数量及在鱼体上的分布特征是仔鱼期非常重要的鉴别依据。黑色素位置随着仔鱼期的发育过程很少移动，但是黑色素的增多或减少则很普遍。一般而言，弯曲前期仔鱼黑色素数量较弯曲后期仔鱼要少；而到了变形期，仔鱼皮肤表面色素可能被体积更大的色素所取代。大部分鱼种在弯曲前期至变形期存在特定的色素模式，这种模式在很多鱼种相对稳定和为该种所特有，能作为鉴定的有效特征。

虽然色素的位置分布是种的属性，但即使是同一种的不同个体，由于生理的影响，其色素的浓淡程度也有所不同。

3. 可数性状　　肌节数、鳍条数等是鉴别仔鱼的重要依据。鱼鳍随着仔鱼期发育而逐渐完善，因而使用这些可数性状时须注意不同发育阶段的影响。

（1）肌节　　肌节是发育过程中最早稳定下来的可数性状，其数量能反映成鱼脊椎骨数量。鱼类脊椎骨数量可从不到 20 枚到 200 枚以上。

（2）鳍条　　发育中的奇鳍鳍条数是重要的分类特征。通过化学染色的方式可以更好地观察鳍条与头棘情况。尾鳍鳍条数目一般在弯曲期后不久即可达到种的定数；背鳍、臀鳍的数目、位置和发育顺序，以及鳍棘和软条的数量，都是重要的分类特征。一些鱼类如岩礁性鱼类，其背鳍与臀鳍的鳍棘开始发育时呈软条，至变形期才转变成鳍棘。因此，在仔鱼后期，有些鱼种奇鳍的鳍棘、软条组成与成鱼是不同的。棘状背鳍有可能在第二背鳍形成之前、同时或之后产生。如果两个背鳍存在且连续，则第二背鳍通常和臀鳍的软条同时发育。一些鱼种有鳍条的延长，这种延长通常在仔鱼期即产生。

偶鳍中胸鳍出现得较早，腹鳍较晚。胸鳍芽在卵期即出现（无鳍条），而鳍条在仔鱼期较晚才出现。胸鳍鳍条的数量和长度是分类的重要特征。虽然胸鳍鳍条的数量在属内的不同种间，甚至种内不同个体间存在变化，但腹鳍的位置与鳍式在较高的分类阶元下（如目）通常保持稳定。有些鱼类则没有腹鳍。

4. 特化的仔鱼特征　　一些鱼类有特化的仔鱼特征，其会在稚鱼末期被替代或消失。这些特征主要包括鳍条延长、锯齿状鳍棘、肠管外突、眼柄、锯齿状头棘等。一些鱼类延长的鳍条花式多样、色彩缤纷；仔鱼的头棘可较成鱼数量更多、更突出。例如，一些鲉科、金眼鲷目、鲽形目的仔鱼存在明显的头棘。

随着越来越多的仔鱼被准确鉴定，人们逐渐了解到仔鱼与成鱼类似，近缘种间一般具有更高的相似度，仔鱼形态学也可用于研究鱼类间的系统分类。1976 年，Ahlstrom 和 Moser 首次编制了基于仔鱼形态的目和亚目水平的检索表。数十年来，这方面的研究成果不断出现，推动了鱼类早期生活史研究的发展（Fahay，1983；Matarese et al.，1989；Moser，1996）。

仔鱼、稚鱼期用于种类鉴定的形态学特征见图 3-5。

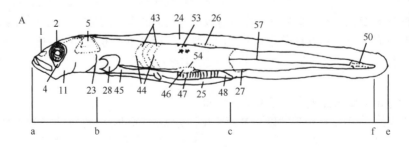

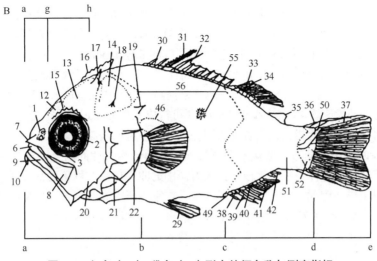

图 3-5 仔鱼（A）、稚鱼（B）形态特征名称与测定指标

1. 鼻孔；2. 眼球；3. 眼裂；4. 脉络膜组织；5. 听囊；6. 前上颌骨；7. 主上颌骨前段突起；8. 主上颌骨；9. 下颌骨；10. 须；11. 下颌角；12. 前脑部；13. 中脑部；14. 后脑部；15. 眼上棘；16. 上枕骨棘；17. 头顶棘；18. 翼耳棘；19. 上拧锁棘；20. 前鳃盖骨内缘棘；21. 前鳃盖骨外缘棘；22. 主鳃盖棘；23. 肩带缝合部；24. 背鳍膜；25. 肛门前鳍膜；26. 背鳍原基；27. 臀鳍原基；28. 胸鳍；29. 腹鳍；30. 背鳍棘条部基底；31. 锯齿状背鳍棘；32. 平滑背鳍棘；33. 背鳍软条部基底；34. 背鳍软条；35. 脂鳍；36. 尾鳍前鳍条；37. 尾鳍；38. 臀鳍棘条部基底；39. 臀鳍棘条；40. 臀鳍软条部基底；41. 臀鳍软条；42. 小鳍；43. 肌节；44. 肌隔；45. 消化道；46. 鳔；47. 横纹肌肠道；48. 直肠；49. 肛门；50. 脊索末端；51. 尾柄；52. 尾下骨；53. 体表黑色素；54. 内部黑色素；55. 辐射黑色素；56. 肛门前肌节；57. 尾部肌节。仔鱼、稚鱼各部位测量指标：全长（ae），从吻端到尾部末端的水平距离；体长（ad），从吻端到尾椎骨末端的长度；脊索长（af），从吻端到脊索末端的水平距离，一般用于弯曲前期；肛前距（ac），从吻端到肛门前段的水平距离；头长（ab），从吻端到鳃盖骨末端的水平距离；吻长（ag），从吻端到眼睛前缘的水平距离；眼径（gh），眼睛最外缘的水平距离；体高，腹鳍基底到背鳍基底最宽的垂直距离

◆ 第四节　影响仔鱼存活的环境因子分析

海洋鱼类鱼卵和仔鱼、稚鱼在水层中分布、数量变动及其和环境因子变动的相关性，是预测补充量及其变动的主要依据之一。环境理化因子，主要包括水温、盐度、水深、流速、流量、风浪及水污染、pH 等，对鱼类鱼卵和仔鱼的分布与存活均具有直接和间接的影响。鱼卵和仔鱼、稚鱼是鱼类生活史过程中最稚嫩、最脆弱的阶段，任何不适宜的环境条件都会引起它们的大量死亡。例如，各种鱼卵和仔鱼的发育与生长都要求合适的温度范围，不适宜的水温变化将会延缓其发育，甚至导致死亡；它们的分布也必然受到等温线的限制。如果海流把它们带到不合适发育的水域，就会导致它们的死亡。这一观点作为鱼卵和仔鱼阶段死亡的重要因子，已经获得广泛的认可，同时也得到了很多事实的证明。环境理化因子的变动通常被认为对河口区产卵鱼类的后代数量、补充群体数量的影响最为剧烈和明显。例如，分布在西南大西洋的阿根廷滑柔鱼（*Illex argentinus*），该种类的寿命为一年，没有剩余群体，产完卵即死亡，其资源补充量的年间变化剧烈，经研究发现其资源补充量与上一年的产卵场海洋环境的关系极为密切。若产卵期产卵场适宜生存的水温范围及其比例越大，则来年资源补充量就越高，这在实际生产中得到了证实。

环境理化因子通过影响饵料生物的分布和密度，从而影响仔鱼的分布和存活，具有特别重要的意义。已有研究表明，仔鱼的存活依赖于小规模食饵密集区，或称为"层片"（patch）的存在。

仔鱼群一旦发现食饵"层片"，便具有停留在"层片"摄食的能力。仔鱼及其食饵生物在海洋中的分布并非是随机的，而是以密集区的形式作不均匀分布的。许多研究结果都证实了这一论点。Lasker（1975）提出了其科学假设——稳定性假设（stability hypothesis），即在稳定的海洋气候条件下（主要是指弱风），海洋冷热水团间前锋间断性存在和发展，导致出现仔鱼食饵生物聚集的密集区时，仔鱼食饵的可获性增加，生长和成活率提高，这种情况也称为出现了所谓的 Lasker 事件。经研究认为，一般连续 4d 风力小于 5m/s，便可构成一次 Lasker 事件。之后，许多学者认为：Lasker 事件和海洋仔鱼存活相关，是若干预测仔鱼存活模型的基础。

卵和仔鱼在海洋中的分布、数量变动及其和环境因子相关性的调查方法与手段不断推陈出新，目前已经能够利用海洋卫星等手段来推测海洋中的卵和仔鱼、稚鱼的密集区，并有能力在不同深度水层定量采样。因此，配合野外实际调查，在室内研究和测定各种环境因子（如水温、盐度、流速、pH 等）对仔鱼发育、生存和存活的影响，对探索鱼类早期死亡的原因、保护野生鱼类资源和室内工厂化育苗均具有重要意义和实践指导作用。

◆ 课 后 作 业

一、建议阅读的相关文献

1. 殷名称. 1995. 鱼类生态学. 北京：中国农业出版社.

2. 陈大刚. 1997. 渔业资源生物学. 北京：中国农业出版社.

3. 陈新军. 2014. 渔业资源与渔场学. 北京：海洋出版社.

4. 邓景耀，赵传䌹. 1991. 海洋渔业生物学. 北京：农业出版社.

5. 侯刚，张辉. 2021. 南海仔稚鱼图鉴（一）. 青岛：中国海洋大学出版社.

6. 侯刚，张辉. 2023. 南海鱼卵图鉴（一）. 青岛：中国海洋大学出版社.

7. 陈国柱，林小涛，许忠能，等. 2008. 饥饿对食蚊鱼仔鱼摄食、生长和形态的影响. 水生生物学报，3：314-321.

8. 万瑞景，李显森，庄志猛，等. 2004. 鳀鱼仔鱼饥饿试验及不可逆点的确定. 水产学报，1：79-83.

9. 钟俊生，楼宝，袁锦丰. 2005. 鮸鱼仔稚鱼早期发育的研究. 上海水产大学学报，3：3231-3237.

10. 钟俊生，夏连军，陆建学. 2005. 黄鲷仔鱼发育的形态特征. 上海水产大学学报，1：24-29.

11. 林昭进，梁沛文. 2006. 中华多椎虾虎鱼仔稚鱼的形态特征. 动物学报，3：585-590.

12. 雷霁霖，樊宁臣，郑澄伟. 1981. 黄姑鱼（*Nibea albiflora*）胚胎及仔、稚鱼形态特征的初步观察. 海洋水产研究，1：77-84.

二、思考题

1. 鱼类的生命周期可分为哪些基本时期？各时期又具有哪些主要特征？

2. 什么是鱼类生命周期与早期生活史？鱼类早期生活史有什么研究意义？

3. 鱼类卵的基本结构与类型及其鉴别的主要特征分别是什么？

4. 鱼类仔稚鱼时期的基本形态特征及其识别要点是什么？

5. 在鱼类生活史过程中，影响其资源补充量的主要生活阶段是哪个阶段？为什么？

| 第四章 |

年龄与生长

提要：我们要像对待生命一样关爱海洋。保护海洋生物多样性，实现海洋资源有序开发利用，为子孙后代留下一片碧海蓝天。鱼类的年龄与体长是开展资源评估、生活史探究等重要研究的基础，特别是针对远洋主要经济物种，科学的评估可为我国远洋渔业履约等提供科学依据，同时也是我国"渔权即海权"的象征。在本章中，简要阐述了研究鱼类年龄与生长的意义，详细描述了年轮形成的一般原理及一般鉴定材料，对鳞片构造、鳞片类型、鳞片的年轮特征，以及鳞片采集时应该注意的事项等进行介绍；同时对其他鉴定材料，如鱼类耳石，以及甲壳类年龄鉴定、头足类年龄鉴定等方法也进行详细描述。探讨了其他的年龄研究方法，包括标志放流法、基于体长频率分布的鱼类年龄鉴定方法、同位素校验法等方法。系统描述了鱼类生长及其测定方法，并以阿根廷滑柔鱼为案例，详细介绍基于耳石微结构的年龄与生长研究。要求重点掌握鱼类等年龄鉴定方法及生长计算方法。

鱼类的年龄和生长是生态学与渔业研究的重要领域，涉及鱼类的生命周期、环境适应性和资源管理等方面。年龄和生长是鱼类生物学特征的两个重要参数。不同种类的鱼类有不同的寿命，同时其生长速率和生长潜力取决于其遗传特性、食物来源、生活环境和种群密度等多种因素。

了解鱼类的年龄和生长具有多方面的意义。首先，这些信息有助于评估鱼类种群的状态和动态。通过研究不同年龄段的鱼类比例和大小分布，可以了解种群的繁殖成功率、死亡率、生长状况和环境适应性。这对于预测种群数量变化、制定保护措施和渔业管理策略至关重要。其次，了解鱼类的年龄和生长有助于评估其经济价值和生态功能。不同大小和年龄的鱼类在生态系统中发挥不同的作用。此外，了解其生长规律有助于确定合理的捕捞时间和捕捞规格，以维护生态平衡和可持续利用。最后，鱼类的年龄和生长信息对于渔业管理和资源保护具有重要意义。过度捕捞、生境破坏和气候变化等因素都可能影响鱼类的生长和生存。通过研究这些影响因素与鱼类的年龄和生长之间的关系，可以制定针对性的保护措施，如设定合理的捕捞限额、恢复生境和改善水质等。因此，了解鱼类的年龄和生长是评估其生态价值和资源状况的关键。通过深入研究这些方面，人们可以更好地保护鱼类种群，维护生态平衡，并实现可持续的渔业发展。

◆ 第一节　研究鱼类年龄与生长的意义

年龄与生长是渔业生物学研究的基础内容。由于水域环境的季节性变化，包括生物环境和非生物环境，会在鱼体的硬组织材料中（如鳞片、脊椎骨、耳石、鳍条、匙骨、鳃盖骨等）留下明显的标志，这些标志可作为年轮、日轮的判别依据，同时也可根据在鱼体上所留下的标志来研究它们过去的生活、生长速率、性成熟年龄、产卵时期及其产卵习性等，从而为鱼类渔业生物学的研究提供基础材料。

　　鱼类年龄与生长研究是开展渔业资源评估、科学管理和可持续利用的基础工作。研究鱼类年龄与生长主要具有以下重要意义。

　　（1）可为制定合理的捕捞强度提供科学依据　　渔业生产的目的是能从水域中长期、稳定地获取一定数量的优质渔获物，并确保其可持续利用。判断最佳渔获量的基本指标：一是渔获量多、质量好；二是鱼体生长速率适宜，使它较快地进入捕捞商品规格。一般认为在原始水域中，高龄鱼稍多，各龄组的鱼类有一定的比例，未经充分利用的水域就会出现这种现象。相反，已经充分利用的水域或特别是过度捕捞的水域，年龄组出现低龄化，第一次性成熟的长度小型化，高龄鱼的比例很小。

　　鱼类的生长速率和资源蕴藏量存在一定的关系。如果水域中饵料没有变化，鱼类数量增加，势必影响到鱼类的生长速率，性成熟推迟，体长变小，这对渔获量提高不利。反之，鱼类的数量适当，有利于合理觅食饵料，生长迅速，性成熟时体重增加，有利于渔获量的提高。也就是说，鱼类资源蕴藏量与鱼体长度成反比。

　　（2）可为确定合理的捕捞规格提供科学依据　　在捕捞水域中限定捕捞规格是十分重要的，也是渔业管理的重要内容之一。鱼类第一次性成熟和第一次进入捕捞群体的大小，取决于鱼体生长速率。一般认为，高龄鱼数量过多，不利于水域饵料的合理利用，因为它们生长缓慢，不利于提高水域的生产力。在生长速率最快的时期，对水域中饵料的消费合理，鱼类增长率最佳，这是养殖业提倡的原则，也是渔业资源管理原则。

　　（3）可为渔情预报提供基础资料　　当积累了长期的鱼类渔获量统计，以及年龄组成、生长规律、渔场与环境之间关系等资料，基本掌握了不同鱼类的生物学特性时，就可根据鱼类年龄组成和生长等情况，结合环境因子等，科学编制出渔获量预报，为渔情预报奠定基础。

　　（4）可为鱼类养殖提供科学的依据和措施　　根据鱼类的生长特点，特别是对饵料的需求状况、生长速率及对环境条件的需求，从而判断水域中应该养殖鱼类的品种、数量、各品种间的合理搭配及饲料供应等，以提高养殖质量和产量。

　　（5）可为提高种类移植和驯化效果提供依据　　通过鱼类的生长特点，可查明影响鱼类的生长速率、规律及对饵料的需求，进而改善环境条件，以适应鱼类的生长、发育和繁殖，增加移植和驯化的新品种，增进驯化效果，提高商品价值。

　　（6）鱼类的生长特点也是研究鱼类种群特征的一个重要依据，可作为种群判别的指标　　太平洋西北部的狭鳕分布广泛，在年龄组成、形态特征和生态习性上存在差异，以此能鉴别出狭鳕的三个地方种群，即白令海群体、鄂霍茨克海群体和北日本海群体等。北日本海群体在春季到近海产卵，主要群体由5～6龄组成，体型也大于北部其他两个群体。

◆ 第二节　年轮形成的一般原理及鉴定材料

一、年轮形成的一般原理

　　鱼类的生长和大多数脊椎动物的生长相同，其生长过程中发生了两种变化：一是体型的生长；二是体质的生长。通常这两种生长现象是同时进行的，而且是互补的。体型的生长是体长和体重增加的过程，而体质的生长则是性腺的发生和性成熟的过程。鱼类的生长不会因达到性成熟而终止，它的生命仍在不断繁衍下去，直至衰老死亡而终止。但也有例外，如鲑在产卵洄游期仅是形状上的生长，而在体积上则有缩小的现象，因此该鱼类的生长呈现不均衡性。鲑的寿命为 2～4 年，产完卵后，亲鱼则因体力衰竭而死亡。多数鱼类的生长呈均衡性，即鱼类随着时间的推移，在体质方面也不断地增长下去。鱼类这一生长特点主要由营养条件起决定作用。

在鱼类生长过程中，当夏季鱼类大量摄取营养物质时，生长就十分迅速，而在冬季鱼类缺少食物时，其生长速率就缓慢下来，甚至停滞。鱼类的这种生长规律，在鳞片、骨片等硬组织材料的生长中得到反映，即春夏季节鱼类生长十分迅速，在鳞片等硬组织上形成许多同心圈，而且呈宽松状况，称为"疏带"，也称"夏轮"；而在秋冬季节，鱼类生长缓慢甚至停滞，这时在鳞片等硬组织上形成的同心圈纹较窄，称为"密带"，也称"冬轮"。疏带与密带结合起来构成生长带，这样每年就形成一个生长轮带，也就是一个年龄带或一个年轮。通常，大多数鱼类都是遵循上述规律的，但也有个别是例外的。例如，分布在东海海域的黄鲷一年形成两个年轮；黄鲷生长到高龄时，其年轮形成无规律性，有时 2～3 年才出现一轮。因此，鱼类年轮的形成不仅仅是由季节性水温变化所致，也是鱼类在生长的过程中（如遗传的作用），由于外界环境的周期变化通过内部生理机制产生变化的结果，即鱼类的生理周期性变化的结果。

二、鉴定鱼类年龄的材料

通常，用于鉴定鱼类年龄的材料有鳞片、耳石、鳃盖骨、脊椎骨、鳍条、匙骨等，然后配以现代化设备如显微镜、解剖镜等工具。由于不同鱼类的生活习性和组织结构不一样，其理想的鉴定材料也不同，因此，通常采用几种材料进行鉴定、对比分析后再确定其年龄。例如，我国一些经济鱼类采用下列材料鉴定年龄：大、小黄鱼以耳石为主，鳞片为辅；带鱼以耳石为主，脊椎骨为辅；鲐以耳石为主，脊椎骨和鳞片为辅等；鰳以鳞片为主，耳石为辅；蓝圆鲹以鳞片为主；沙丁鱼以鳞片为主；太平洋鲱以鳞片为主，耳石为辅。

鱼类年龄鉴定是一项细致的基础性工作，尤其是老龄鱼的年龄鉴定常常存在相当大的困难，因此对鱼类年龄进行鉴定时通常需要两个以上的人独立来判读，然后进行比较，误差超过 10% 的需要重新判读；否则可以取其平均值。鱼类和无脊椎动物的年龄鉴定可以通过饲养、标志放流、观察年轮及分析长度分布等方法，较为适用的方法为年轮法和长度频率法。而年轮法又包括利用鳞片、耳石、脊椎骨等硬组织鉴定年龄等。

三、年龄组的划分及基本概念

在鱼类生物学基础的研究和水产资源调查等工作中，对鱼类年龄的研究是必不可少的一个项目，因此准确地鉴定和划分鱼类的年龄组显得极为重要。现将常见的一些鱼类年龄组的概念描述如下。

（1）当年鱼　当年鱼是已完全成形的小鱼，鳞片已具备（通常是从鱼的生命开始那一年的下半年或秋季算起）但未出现年轮的痕迹。对这一组的鱼类用零龄组（0）来代表。

（2）一冬龄鱼　一冬龄鱼是已越冬的当年鱼，生长的第一期已完成。一冬龄鱼这个名称在春季也可以用于去年秋天孵化的鱼，一冬龄鱼可能还不满一足岁，通常鳞片上有一个年轮痕迹。对于这一组的鱼，也称为第一龄组（Ⅰ）。

（3）二夏龄鱼　二夏龄鱼是已度过两个夏季的鱼，自鱼的生命开始后的第二年的下半年和秋季起称之。鳞片上有一个年轮痕迹，年轮外围或多或少有第二年增生的部分轮纹。二夏龄鱼同样也属于第一龄组（Ⅰ）的范畴。

（4）二冬龄鱼　　二冬龄鱼是已越冬的二夏龄鱼，鳞片已有两个年龄，或是有一个年轮和差不多已完成的第二年的增生部分轮纹，但是增生部分轮纹的边缘上还没有出现第二个年轮。有时在第二个年轮的外围还有由几个宽亮的环纹所组成的第三年的增生部分轮纹。根据环纹的宽度和排列稀疏的情况，以及整个生长带（狭窄轮纹）的出现，这种新增生轮纹是很容易和上一年已完全长好了的轮纹区别开的。

在第三年春季或上半年时，鳞片上具有两个年轮和少许第三年的增生部分轮纹，同样也称为二冬龄鱼。二冬龄鱼属于第二龄组（Ⅱ），依次类推。

（5）鱼类的年龄归并　　鱼的年龄是指完成一个生命的年数或生活过的年数。鱼群中相同年龄的个体，称为同龄鱼。在统计中，把这些同龄鱼归在一起，称为同龄组。例如，当年出生的鱼称为0龄鱼，出生第二年的鱼称为1龄组，出生第三年的鱼称为2龄组，依次类推。一个鱼群，同一年或同一季节出生的全部个体，称为同一世代。一般以出生的年份来表示属于某一世代。若该世代的鱼发生量极充足，也就是亲鱼的数量丰富，产卵量很高，幼鱼的发育阶段环境良好，饵料丰盛，成活率高，构成了丰富的可捕资源。可捕量高的世代称为强盛的世代。例如，1971年秘鲁鳀属于强盛世代，导致1972年鳀产量达到1200余万吨的高水平。在同一种鱼的渔获物中，各年龄的个体数和全部个体数之间的比率，称为渔获物中的年龄组成。有的鱼类年龄组数很多，可达到20多个，如大黄鱼，有的鱼类的年龄组数少，只有几个，如竹荚鱼；有的鱼类的年龄数仅1~2年，如沙丁鱼、鳀。

（6）鉴定年轮的记录　　一般来说，鱼的实际年龄往往很少是整数，但在研究鱼类种群年龄状况时，并不需要了解得那么准确，因此习惯上用"n龄鱼"或"n龄组"等名称加以统计。为了表示年轮形成后，在轮纹外方又有新的增生部分，常在年轮数的右上角加上"+"号，如1^+、2^+、3^+、…、n^+等。

四、鱼类鳞片和耳石鉴定方法的比较

在我国，鳞片长期以来一直被认为是可靠的年龄鉴定材料，特别是在淡水鱼的年龄鉴定上，除少数无鳞鱼或鳞片上年轮特征不明显的种类外，通常仅用鳞片作为年龄鉴定材料，只是偶尔用脊椎骨、鳍条等作为年龄鉴定的佐证。但已有一些研究者指出用鳞片鉴定会产生困惑，有时可能将年轮忽略或误认为副轮而造成年龄鉴定的误差。国外许多研究表明，鳞片只适用于生长较快的低龄鱼的年龄鉴定，它通常低估高龄和生长缓慢个体的年龄，其准确度和精密度要比耳石、鳍条、鳃盖、脊椎骨、匙骨等估算的年龄低，差距有时很大。耳石被认为是比其他钙化结构更可靠、更精确的材料。Erickson发现用鳞片和鳍条鉴定生长较快的大眼梭鲈年龄，其结果与耳石相近，而鉴定生长较慢的高龄鱼，耳石比鳞片和鳍条更容易、更准确。沈建忠等（2001）用鳞片和耳石鉴定鲫的年龄并进行了比较研究。

因此，一般认为，对年龄组成较为简单、生长较快的种群，用耳石、鳞片都是可行的，而鳞片则具有采集方便、处理简单的优点，在精密度要求不是很高的情况下，可仅取鳞片作为年龄鉴定的材料；而对年龄组成复杂、生长缓慢的种群，选用鳞片作为鉴定材料则显然不适用，而是采用耳石。

◆ 第三节　鱼类鳞片与年龄鉴定

鳞片是鱼类皮肤的衍生物，是适应水域环境的一种构造。它作为鱼类的外骨骼，广泛存在于现生硬骨鱼类的体表。鳞片的数目和形态特征是鱼类分类的主要特征之一，也是鱼类年龄鉴定和生长状态分析的重要依据。自 20 世纪 70 年代以来，国内外一些学者如谢从新、张春光等开始将扫描电镜技术应用于观察鳞片表面结构特征，并对多种鱼类鳞片进行了扫描电镜观察研究，此项研究对于系统研究鱼类的分类区系和种群特征具有重要的意义。用于观察鳞片的仪器通常有显微镜、解剖镜、投影仪、照相放大机和幻灯机等。

一、鱼类鳞片的结构

鱼类的鳞片主要分为侧线上鳞、侧线下鳞和侧线鳞三部分，其结构直接反映出鱼类的分类特征和生长特征，是研究鱼类分类、生存环境和生长趋势的重要组成部分。每个鳞片朝鱼头方向而埋入鳞囊内的部分为鳞片的前区，朝着鱼尾部而露出囊外的为后区，位于前后区之间的部位为侧区。环轮的生长同鱼体生长的快慢有着密切联系，鳞片的生长是宽带和狭带相间排列而构成的（图 4-1，图 4-2）。鳞片的结构介绍如下。

（1）鳞沟（scale groove） 又称辐射沟或辐射线，是鳞片骨质层出现的凹陷。由于骨质层是局部折曲形成的，使鳞片容易弯曲，增加其柔软性及弹性，适于运动和输送营养。其在鳞片角质层里，由特殊的浅纹断裂而成，完全由于环轮的存在而显现出来。通常辐射沟自鳞片中心或稍偏离向边缘方向延伸，呈放射排列。不同种类的辐射沟是不一样的，比如：鲑型鳞片无辐射沟；鳕型鳞的辐射沟由小枕状的环片排列，各自分离的间隙沟分布于整个鳞片；鲱型鳞和鲷型鳞的辐

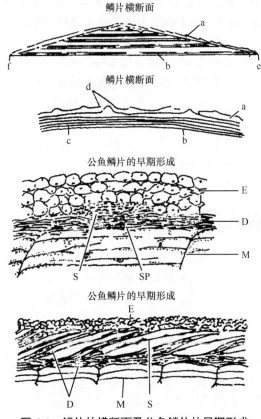

图 4-1 鳞片的横断面及公鱼鳞片的早期形成

a. 环片；b. 基片；c. 底面；d. 背面；e. 后区；f. 前区；E. 表皮细胞；D. 真表皮；M. 皮下层；S. 鳞片；SP. 鳞囊

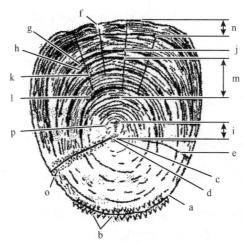

图 4-2　鱼类鳞片模式图

a. 后区；b. 栉齿；c. 鳞焦；d. 中心区；e. 侧区；f. 前区；g. 环片；h. 年轮；i. 幼轮间距；j. 生殖轮；k. 副轮；l. 第一年轮；m. 年龄间距；n. 边缘间距；o. 疣状突起；p. 幼轮

射沟发达。有的鱼类的辐射沟朝四方辐射，如鰍科、弹涂鱼科；有的鱼类的辐射沟只朝前区辐射，如鲷科、食蚊鱼；有的鱼类的辐射沟呈曲折状，如鲥；有的鱼类的辐射沟呈圆环状，如泥鳅。

（2）环片（circuli）　又称鳞嵴、环纹、轮纹，是鳞片表面的骨质层隆起线。环片在鳞片上排列的特点与鱼体生境的季节性变化及鱼体生理状况（如性成熟状况、血液中钙质的含量等）的改变相一致，它反映了鱼类在过去年份的生长情况。围绕鳞焦中心排列有许多隆起线，这些隆起线就称为环片或轮纹。轮纹一般以同心圆圈形式排列，但也有矩形或其他形状，这主要依据鳞型不同而有区别。鱼类鳞片上的轮纹结构又可分为年轮、幼轮、副轮和生殖痕。

（3）鳞焦（scale focus）　居于鳞片的中心，是鳞片的最早形成部分。鳞片表层构造以此为中心向四周扩展，年轮一般在两侧区先形成，然后逐渐包围前区，形成完整的一个年轮。焦核在鳞片的中心或偏在一边。例如，小黄鱼、大黄鱼、鲥、白鲢等鱼类的焦核位于鳞片正中心；而鳊的焦核位于鳞片的后区。焦核的位置取决于三种因素：一是鳞片的生长是否在同一个生长轴上，或生长轴有些偏离；二是生长中心的原始条件不同，它可以决定鳞片大小和鳞焦的位置；三是鳞片埋入前区时大小的情况有差别。

二、鱼类鳞片的类型

通过对多数硬骨鱼类鳞片的研究，初步将鳞片分为 4 种有代表性的类型（图 4-3）。

（1）鲑鳟型　以鳞焦为中心，环纹以同心圆圈排列。依鱼类不同，着生位置不同，鳞片的外形也略有差异。鳞片质薄，无辐射沟。环纹以疏密相间形式排列，规律性显著。这一类型的鳞片有红鳟、大西洋鲑等。

（2）鲷型　鳞片呈矩形，前端左右略似直角，前区边缘具有许多缺刻。环纹排列以鳞焦为中心，形成许多相似的矩状圈。轮纹间有明显的"透明轮"。年轮间的距离向外圈逐渐缩小。自鳞焦向前缘形成放射沟。这一类型的鳞片主要有真鲷、黄鲷、大黄鱼、小黄鱼、黄鳍鲷等。

（3）鲱型　鳞片呈圆形，质薄而透亮，鳞片上密布微细的环纹，疏密排列与中轴几乎成直角相交。辐射沟从居中的半径上向两旁分出，如同白桦树枝状。年轮十分清晰，以同心圆环显示出来。这一类型的鳞片有太平洋鲱、鲥、沙丁鱼、刀鲚、凤鲚等。

（4）鳕型　　鳞片细小呈椭圆状，环纹也呈同心圆状排列于鳞片上，由许多小枕状突起组成。其年轮的轮纹标志则以环片的疏密状排列，特别是在鳞片的后区更为清晰。这一类型的鳞片有大头鳕、狭鳕、大西洋鳕等。

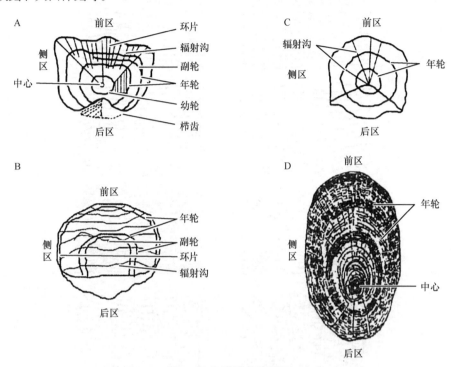

图 4-3　鱼类鳞片类型图

A. 鲷型（小黄鱼）；B. 鲱型（太平洋鲱）；C. 鲑鳟型（大麻哈鱼）；D. 鳕型（狭鳕）

三、鱼类鳞片的年轮特征

通常，硬骨鱼类鳞片上的年轮标志可归纳为 5 种形态特征类型（图 4-4）。

（1）疏密型　　环片形成宽而疏的生长带及窄而密的生长带，窄带与宽带的交界处就是年轮。鱼类在春夏季期间，新陈代谢十分旺盛，生长迅速，在鳞片上形成宽的环纹，而在冬季期间生长减缓下来，形成密的环纹，二者相互交替。之后，第二年又是如此重复生长，在鳞片上留下第二年的宽、密轮纹。依次类推，延续几年、十几年。在最后十几年的年轮中，人们仍可在鳞片上找到这些轮纹，只是轮带间的距离越来越短，越来越紧密，直到难以判别为止。

鳞片上的这种疏、密、疏、密的排列特点，是绝大多数鱼类所具有的，如大黄鱼、小黄鱼、黄姑鱼、真鲷、刀鲚、牙鲆等鱼类。

（2）切割型　　在正常生长时，环纹呈同心圆排列，当生长缓慢时环纹不呈圆形，而是逐渐缩短，其两端终止于鳞片后侧区的不同部位，当下一年恢复生长时，新生的环纹又沿鳞片的全缘生长，形成完整的环纹，引起环纹群走向的不同，即在一周年中环纹的排列都是互相平行的，在新的一周年开始时，前一周年末的环纹群和新周年开始的第一条环纹相交界而形成切割，该切割处即年轮，一般在鳞片的顶区和侧区交界最清晰。此种类型的鱼类有蛇鲻、白鲢、鲤等。

（3）明亮型　　由于鳞片年轮上的环片发育不全，往往出现 1~2 环的消失或不连续，形成明亮带，其宽度有 1~2 个正常环片的间隙。在透射光下进行观察，呈现明亮环节，如鳓。此类型的鳞片多出现在前区。

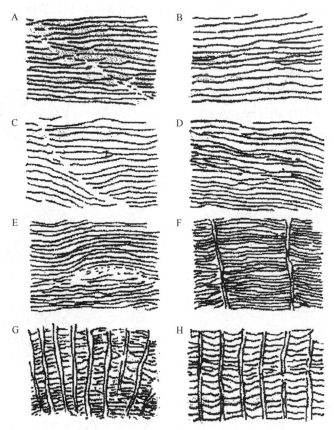

图4-4 几种鱼类鳞片上年轮的形态（久保伊津男和吉原友吉，1957）
A. 鲱（切割型）；B. 鲑（疏密型）；C. 鲐（切割型）；D. 金眼鲷（疏密型）；E. 真鲷（明亮型）；
F. 濑户鲷（平直型）；G. 虫鲷（乱纹型）；H. 舒（乱纹型）

（4）平直型 由于鳞片上环纹排列一般为弧形，在正常生长下突然出现 1～2 个呈平直的环纹排列，与相邻环纹截然不同，即将两个年度的环纹由平直排列隔开。这种类型的鳞片多发生于前区，如白姑鱼等。

（5）乱纹型 两个生长带之间环片排列方向杂乱，呈波纹状，有时断断续续，有时交叉、合并等。年轮表现为环纹的疏密和碎裂结构，间或也有疏密与切割的情形。第一个生长年带（有时也出现第二个生长年带）临近结束时，常有 2～3 个环纹彼此靠拢，在放大镜下观察，一般呈现粗黑的线状阴影，其余的生长带为环纹排列，凡出现破碎结构即年轮。有的环纹以波浪状断断续续出现，有的出现交叉或合并为一些点状纹。这类特征在鳞片的前区或侧区出现较多，如赤眼鳟等。

四、鱼类的副轮、生殖痕和再生鳞

除了年轮标志，鱼类的鳞片上还会出现其他轮纹，如副轮、幼轮、生殖痕和再生鳞等。因此在鉴定年龄时，要学会正确判别其他轮纹和年龄标志。

（1）副轮（假轮） 副轮（假轮）是鱼类在正常生活中由于饵料不足、水温变化、疾病等原因，鱼的生长速率突然受到很大的影响，以致在鳞片上留下的痕迹。一般来看，副轮没有年轮清晰，为支离破碎的轮圈。需要周年观察，或结合鳞长与体长关系进行逆算等手段，去加以验证。

（2）幼轮　　幼轮也是副轮之一，是有些鱼鳞片中心区的一小环圈，也称为"零轮"，最容易与第一年轮混淆。幼轮可根据鳞片与体长关系的逆算方法，结合对鱼类的溯河、降海、食性转变等生物学特征的分析来判别。

（3）生殖痕　　生殖痕也称产卵轮或产卵标志，是由于生殖作用而形成的轮圈。其特征为：鳞片的侧区环片断裂、分歧和不规则排列，鳞片顶区常生成一个变粗了的暗黑环片，并常断裂成许多细小的弧形部分，环片的边上常紧接一个无结构的光亮间隙。

（4）再生鳞　　再生鳞是由于一些原因鳞片脱落，在原有部位又长出的新鳞片。这种鳞片的中央部分已看不见有规则的环片，不适用于年龄鉴定。

五、鱼类鳞片的采集

由于鱼类鳞片获得比较方便，且相对耳石等材料较大，能够较清楚地看到年轮，因此鳞片成为目前最常用的鱼类年龄鉴定材料。一般来说，在未了解某种鱼类鳞片年轮形成的性质之前，应先对该鱼体侧进行分区采集，然后进行观察比较，选择鳞片正规、轮纹明显的区域为采鳞部位。取鳞后，可以立即做成片子。作片子时，可将新鲜的鳞片浸在淡氨水或温水中数分钟，然后用牙刷或软布轻擦表面，再放到清水中冲洗，拭干后即可用于观察。

◆ 第四节　鱼类耳石和年龄鉴定

一、鱼类耳石日轮的发现、研究进展及意义

1971 年，美国耶鲁大学地质和地球物理学系的潘内拉首先提出了银无须鳕（*Merluccius bilinearis*）耳石上存在日轮，之后一些学者陆续证实其他鱼类也具有耳石日轮。美国、加拿大、英国、日本等国诸多学者已采用多种方法研究报道了鲱形目、鲑形目、灯笼鱼目、鳗鲡目、鲤形目、鲈形目、鳕形目、鲈形目、鲽形目等百余种海淡水鱼类的耳石日轮，表明耳石日轮是鱼类普遍存在的现象。加拿大研究者用耳石日轮宽度（间距）与体重的线性关系推算红大麻哈鱼稚幼鱼的体重、生长。美国学者拉特克用电子微探针测定耳石日轮中铝和钙的含量比例，作为环境历史变化指标来研究鱼类的生活史。我国在这方面的研究处于初始阶段，在鲤、脂眼鲱、白仔鳗、鲍等 9 种生物种类上已取得研究成果。耳石日轮的发现，是 20 世纪 70 年代以来世界鱼类生物学研究最重要的进展，它拓宽并深化了鱼类生物学研究领域。因此，鱼类耳石通常被用来鉴定鱼类（特别是海洋鱼类）的年龄或生态类群。

耳石日轮研究具有广阔的发展前景，特别是耳石的同位素分析，耳石日轮的化学组成和微细结构，耳石日轮与鱼类早期生活史等可能成为热门课题。但耳石日轮研究属新兴领域，尚有许多问题诸如亚日轮、过渡轮、多中心日轮的形成，日轮沉积速率，影响日轮形成的主要因子，日轮形成机制等，均有待深入研究。

耳石日轮揭示了鱼类自身的生长发育与外界环境的关系，不仅具有理论意义，而且有重要的应用价值。第一是能精确研究鱼类的生长，用日龄为时间单位描述鱼类的生长能客观地反映出鱼类的生长特性。拉特克等依据日龄推算体长，很好地描述了南极银鳕日龄与生长之间的关系，建立了生长方程。第二是研究鱼类的生活史，耳石日轮具有一定的环境敏感性，可依日轮间距变化等追溯鱼类生境的变化。根据白仔鳗的日龄确定鳗鲡产卵期、变态期、漂移规律等，澄清了以往

不确切的提法。第三是可促进鱼类种群生态和渔业资源研究，用耳石日轮研究种群的补充率和死亡率，鉴别不同繁殖的群体等，均可获得更为准确、可靠的结果。

二、鱼类耳石日轮的形态特征

在鱼类内耳中的椭圆囊、球囊和听壶中，分别具有微耳石（lapillus）、矢耳石（sagitta）和星耳石（asteriscus）三对耳石，其上均有日轮沉积。大多数鱼类的矢耳石较大，因此一般采用矢耳石作为材料来研究日轮。但也有一些学者认为，鲤科鱼类的微耳石形态变化较稳定，更适于日轮生长研究。图 4-5 为梭鱼仔鱼耳石轮纹宽度测定示意图。

在光镜或扫描电镜下观察制片，耳石中心是一个核，核的中心是耳石原基，核外为同心排列的日轮（图 4-6）。由于耳石形态随鱼体生长而发生变化，日轮形态也相应改变，一般由最初正圆形耳石的同心圆轮到最后稳定的梨形或长圆形耳石的同心梨形或长圆形轮。当耳石由正圆形变成一端圆一端稍尖的梨形或长圆形时，其中心位于偏近圆的一端，耳石形成长短半径。通常短半径日轮排列紧密、清晰，长半径日轮排列较疏且多有轮纹紊乱不清的区段，所以多以短半径计数测量日轮。在透射光镜下，一个日轮由一条透明的增长带和一条暗色间歇带组成。超微结构显示，增长带由针状碳酸钙晶体聚集而成，间歇带为有机填充物，而且这两个带互相穿插渗透。某些鱼类耳石上除正常日轮外，还有由于鱼体发育阶段或生态条件变化产生的比日轮粗且明显的过渡轮，有些鱼类卵黄营养或混合营养期仔鱼日轮中出现纤细的亚日轮。

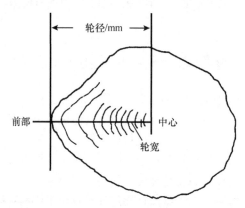

图 4-5 梭鱼仔鱼耳石轮纹宽度测定示意图（李城华等，1993）

轮宽是指两条纹之间的距离

图 4-6 加利福尼亚标灯鱼耳石日轮

三、鱼类耳石日轮的生长规律

耳石日轮研究首先要确证耳石上的轮纹是不是一天形成一轮。这可采用饲养鱼日龄与日轮对照法、耳石日轮标记法（用化学印迹或环境刺激留在实验鱼耳石上）等，但最简便可靠的方法是日龄与日轮对照法。从胚胎发育后期耳囊内出现耳石开始，连续跟踪观察第一个日轮出现的时间，则可知日龄与日轮对照确定耳石轮纹是否是日轮。从已研究报道的鱼类来看，大多数是孵出之后第二天开始形成第一个日轮（如遮目鱼、香鱼、草鱼、鳙等），或卵黄接近吸收完转为外源营养时形成第一轮，如大姜鲆、大西洋鲱等。第一轮形成之后，正常条件下一天形成一轮，即日轮。

鱼类耳石日轮间距随鱼体生长发育和环境条件的变化而发生规律性变化。在自然条件下，通常前几个日轮间距放宽，之后间距稍窄，一月龄之后轮距随着鱼体生长发育和鱼摄食活动能力的增强而增宽。夏秋水温较高，食饵丰盛，轮距增宽，越冬期日轮间距变窄；鱼类生长期日轮间距放宽，性成熟产卵期间距变窄。当鱼类栖息环境（如盐度）发生变化时，耳石上会留下比日轮粗显的过渡轮。美洲鳗、日本鳗鲡和香鱼的幼鱼由河口进入淡水时耳石上都有过渡轮。过渡轮是由生态生理因素造成日轮沉积暂时停止形成的，一般需 3～5d。对于不同的鱼类来说，其耳石的形状和大小相差很大，如石首鱼科的耳石体积甚大，而鲐和带鱼等的耳石比较小。

四、鱼类耳石的鉴龄方法

1. 耳石轮纹年龄鉴定法　　在投射光下，耳石通常交替存在较宽的不透明带和较窄半透明带，由此共同组成了年轮。较宽的不透明带一般在春、夏季沉积而成，称为夏轮；而较窄的半透明带则通常在秋、冬季形成，称为冬轮。Waldron 和 Kerstan（2001）分析了大西洋竹荚鱼（*Trachurus trachurus*）耳石（图 4-7），由图 4-7 可知，耳石上的年轮清晰可见，可判断该尾大西洋竹荚鱼的年龄为 3 龄。年轮分析法通常需要采集大量的鱼类样本，有些情况下需要每个月都采集，甚至要求知道样本所在的水深（Cailliet et al., 2001）。如果每个月都有样本，那么可根据耳石最外缘的透明带和不透明带形成的时间，确定冬轮和夏轮的形成时间和年轮的形成周期（Brouwer et al., 2004）。

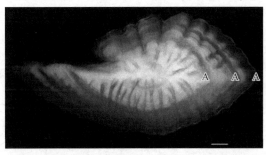

图 4-7　大西洋竹荚鱼耳石及其年轮（Kerstan and Waldron, 2001）
A. 年轮

根据耳石表面和横截面的轮纹鉴定年龄是年轮分析法中最常用的方法（CARE, 2006）。利用耳石横截面鉴定鱼类的年龄，特别是对长寿命鱼类更为精确，若用耳石表面进行鉴定，其年龄可能会比真实年龄小（Horn and Sutton, 1996；Brouwer and Griffiths, 2004）。有时耳石表面会出现结晶，这些结晶覆盖了耳石表面的年轮，使得无法判读。而耳石横截面则可以完全避免结晶对轮纹的影响。图 4-8 为黄尾平鲉（*Sebastes flavidus*）耳石表面和横截面照片，耳石表面有大量结晶，会对年龄鉴定产生影响。结晶在耳石横截面右侧顶端（D 点）仍然留下了痕迹，但通过横截面其他部分的轮纹仍可以对年龄进行准确鉴定。尽管用耳石表面鉴定年龄存在上述不足，但该方法不应被忽视，是横截面年龄鉴定法的重要补充，在辨别耳石上最初的几个年轮时非常有效（CARE，2006）。

图 4-8　黄尾平鲉耳石出现结晶示意图（CARE，2006）

A. 耳石表面出现结晶（箭头所示），年轮（黑点所示）难以辨认；B. 耳石横截面，截面右侧为受结晶影响的部分

　　鱼类自孵化初始，耳石就已经形成，之后年轮在耳石上每年都有沉积。但很多时候鱼类不是在每年的 1 月 1 日孵化，年轮的形成是跨年度的。针对这种情况，在鉴定鱼类的年龄时，不论孵化日期是哪一天，通常将 1 月 1 日作为鱼类的"生日"，即计算年龄的起始点，再根据被捕获日期确定合适的年龄级（Williams and Bedford，1974；Villamor，2004）。要做到这一点，必须判断耳石边缘最外一圈轮纹是在什么时候形成的，是否要把最外一圈轮纹算入年龄。图 4-9 为耳石边

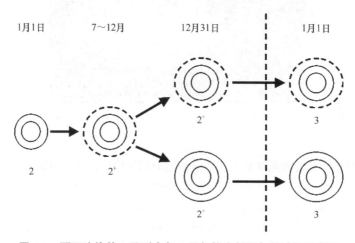

图 4-9　耳石边缘从 1 月到次年 1 月年轮生长及年龄计数示意图

缘轮纹从 1 月到次年 1 月的生长变化示意图，耳石上的实线表示冬轮，实线间的白色条带表示夏轮，虚线表示生长不完全的夏轮。如果捕获日期在 7~12 月，那么最外缘的夏轮还未完全形成，该轮不计入年龄；如果在 12 月 31 日被捕获，无论下一圈冬轮形成与否，都不计入年龄；如果在 1 月 1 日被捕获，无论下一圈冬轮形成与否，都计入年龄。

2. 耳石质量年龄鉴定法 与鱼类个体体长和其他钙化组织生长模式不同，鱼类耳石质量在其整个生活史中不断增长。许多研究表明，耳石质量和个体年龄密切相关，耳石的平均质量随着年龄的增大而呈线性增加。因此，耳石质量成为鉴定鱼类年龄的良好指标，与诸如体长和耳石尺寸等参数相比，其应用前景更加广阔。郭弘艺等对刀鲚（*Coilia nasus*）矢耳石质量与年龄的关系进行分析，发现用耳石质量所估算的年龄与实测的年龄无显著差异，因此耳石质量可作为验证依据钙化组织判断刀鲚年龄准确性的辅助手段。

利用耳石质量鉴定鱼类年龄虽然有着操作简单、成本较低等优点，但同时具有较大的局限性：①由于长期以来的过度捕捞，鱼种年龄结构组成比较单一，低龄鱼在渔获群体中比例很大，故缺乏高龄组的体长和耳石质量资料，从而影响整个种群年龄鉴定的准确性。已有研究结果表明，用耳石质量测定年龄对低龄鱼比较有效，但应用于高龄鱼时误差较大。②耳石生长在一定程度上还受到个体生长的影响，同一种群中生长过快或过慢的个体，在用耳石质量估算其年龄时，可能被高估或低估。③耳石质量会受到生长环境的影响，这也制约了这种方法的应用。④当样品数量较少时，无法构建可靠的耳石质量与年龄的线性关系，因此无法通过此方法来鉴定年龄。

3. 放射性元素年龄鉴定法 这是鉴定鱼类年龄的新方法，它是利用硬骨鱼类耳石中放射性元素的自然蜕变特性来确定鱼类的年龄（Bennett et al., 1982；Campana et al., 1990）。该方法对鉴定长寿命的鱼类极具价值，特别适合于不易进行样本采集的深海鱼类。放射法通常通过测定耳石中的放射性元素铅（^{210}Pb）和镭（^{226}Ra）的放射性比来确定鱼类的年龄（Bergstad，1990）。著名物理学家 Rutherford 在 21 世纪初发现，某些放射性元素的原子是不稳定的，并且在已知的一段时间内有一定比例的原子自然蜕变而形成新元素的原子，且物质的放射性与所存在的物质的原子数成正比。放射性元素都有其半衰期，即给定数量的放射性原子蜕变到其最初原子数的一半时所需的时间，半衰期常用来衡量放射性元素的蜕变率。人们已经测定了很多放射性元素的半衰期，如 ^{14}C 的半衰期为 5568 年，^{238}U 的半衰期为 45 亿年，^{226}Ra 的半衰期为 1600 年。放射性元素 ^{210}Pb 和 ^{226}Ra 是铀放射系的组成部分之一。自然界 99.275% 的铀是以放射性的 ^{238}U 存在的，它会经过一系列的衰减，直到蜕变为无放射性的 ^{206}Pb，其中 ^{226}Ra 为 ^{238}U 蜕变过程中的一种产物，^{226}Ra 经过 1600 年蜕变为 ^{210}Pb，^{210}Pb 再蜕变为 ^{210}Bi、^{210}Pt、^{206}Pb。

放射性元素年龄鉴定法取决于耳石中的 ^{226}Ra，^{226}Ra 类似于可溶性的钙，从周边环境中进入耳石的碳酸钙基质，然后蜕变为 ^{210}Pb（Fenton and Short，1992；Smith et al.，1995）。耳石中的 ^{210}Pb 是由 ^{226}Ra 衰变产生的，这一过程称为内生长（Fenton and Short，1992）。^{226}Ra 的半衰期远远超过 ^{210}Pb 的半衰期，因此 ^{226}Ra 的放射性可视为恒定的常数。随着时间推移，^{210}Pb 的放射性逐步接近 ^{226}Ra 的放射性（图 4-10），^{226}Ra 和 ^{210}Pb 处于放射平衡状态中。通过测定处于耳石中不平衡状态下的 ^{226}Ra 和 ^{210}Pb，就可以算出鱼类的年龄。因此，该方法基本的要求就是在 ^{226}Ra、^{210}Pb 含量极低的情况下精确地测定它们的放射性比。

放射性元素年龄鉴定法还需满足三点假设：第一，耳石的钙化过程对镭元素及其衰变产物应是一个封闭系统；第二，钙化结构中 ^{226}Ra 和 ^{210}Pb 的放射性比在初始阶段应比 1 小得多，理论上接近于 0，且放射比已知或能够被测定；第三，在鱼类个体的一生中，^{226}Ra 的增长率与钙化结构的物质生长成正比（Bennett et al.，1982；Campana et al.，1990）。

放射性元素年龄鉴定法对年龄很难鉴定及很难采样的鱼类非常适用，但使用该方法的研究成本过高，只有少数实验室才具备相关的专业设备，因此限制了它的应用。此外，该方法只有在鱼类硬组织满足上述三个假设条件下才适用，不适用于软骨鱼类（鲨鱼）及软骨硬鳞类（如中华鲟）的年龄鉴定。

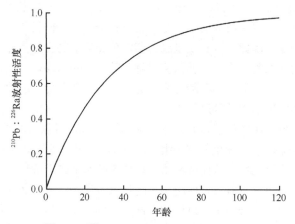

图 4-10　^{226}**Ra** 和 ^{210}**Pb** **的内生长曲线**（Cailliet et al.，2001）

◆ 第五节　甲壳类的年龄鉴定

甲壳类特有的蜕壳现象，使其能够记录年龄信息的外骨骼周期性消失，因此甲壳类的年龄鉴定一直未得到较好的解决。年龄鉴定是评估甲壳类渔业资源的基础，鉴定甲壳类年龄的方法主要有饲养法、标记重捕法、体长频度法、脂褐素分析法、放射性同位素分析法和硬组织生长纹分析法。饲养法、标记重捕法和放射性同位素分析法较准确，然而由饲养法得到的数据不适用于实际野生环境，放射性同位素分析法花费较高，因此这两种方法都存在较大的局限性。应用最广泛的标记重捕法和体长频度法也存在不足之处。相对于体长频度法而言，脂褐素分析法优势明显，但是对劳动强度和技术的要求高。硬组织生长纹分析法是最近几年才出现的鉴龄技术，也存在人为主观性较强等不足。

一、饲养法

饲养法是甲壳类年龄鉴定最精确可靠的方法。Wickins 和 Lee（2007）采用此方法对甲壳类的年龄进行了研究，并将结果记录于书中。Lukhaup（2008）和 New 等（2009）也运用此方法分别对养殖的克氏原螯虾（*Procambarus clarkii*）和淡水虾类的年龄进行了鉴定（表 4-1）。

表 4-1　甲壳类年龄鉴定方法

方法	甲壳类种类	来源
	所有商业甲壳类	Wickins and Lee，2007
饲养法	克氏原螯虾	Lukhaup，2008
	淡水虾类	New et al.，2009

续表

方法	甲壳类种类	来源
标记重捕法	克氏原螯虾	Weingartner，1981
	利莫斯螯虾	Buřič et al.，2008
	克氏原螯虾	Bubb et al.，2002
	挪威海螯虾	Chapman et al.，2000
	蓝蟹	Davis et al.，2004
	蜘蛛蟹	Freire et al.，1998
	克氏原螯虾	Gherardi et al.，2000
	克氏原螯虾	Huryn et al.，2008
	欧洲螯龙虾	Linnane and Mercer，1998
	远海梭子蟹	Mcpherson，2002
	白圆钳螯虾	Robinson et al.，2000
	欧洲螯龙虾	Schmalenbach et al.，2011
	眼斑龙虾	Sharp et al.，2009
	巴尔曼螯虾	Stewart，2003
	圣塔菲红色原螯虾	Streever，1996
	伊拉克薄板蟹	Malik et al.，1995
体长频度法	加莱螯虾	Boos et al.，2006
	小长臂虾	Cházaro-Olvera，2009
	突尼斯淡水虾类	Dhaouadi-Hassen and Boumaïza，2009
	土耳其螯虾	Deval and Tosunoğlu，2007
	长须虾	Relini and Reling，1998
	褐虾	Oh et al.，1999
	欧洲螯龙虾	Sheehy et al.，1999
	日本囊对虾	Medina et al.，2009
脂褐素分析法	南极背褐虾、威德尔海底栖甲壳类动物	Bluhm and Brey，2001
	淡水螯虾	Belchier et al.，1998
	蓝蟹	Pereira et al.，2010
	眼斑龙虾	Maxwell et al.，2004
	红螯螯虾	Sheehy et al.，2011
放射性同位素分析法	雪蟹	Ernst et al.，2005
	巨大拟滨蟹（*Pseudocarcinus gigas*）	Gardner et al.，2002
硬组织生长纹分析法	美国螯龙虾、雪蟹、粗糙硬褐虾、北极虾	Kilada et al.，2012
	蹲龙虾、东方黄扁虾、里德异腕虾	Kilada and Acuña，2015

二、标记重捕法

标记重捕法是甲壳类另一个直接有效的鉴龄方法，作为研究动物生活史（如栖息地、死亡率、生长率、年龄等）和评价渔业资源并对其进行管理的重要工作内容，已经被广泛地应用在渔业资源研究中。采用标记重捕法，可以通过对标记生物个体或种群放流和重捕的时间、空间来分析与推测该生物移动的方向、速度、路线及范围，并可以依据标记生物体长、质量和年龄的变化推测其在放流场所的生长率，进而为评估渔业资源现状提供资料和依据。为了确保标记的保留时间，标记通常被放置在甲壳类甲壳之下。常用的标记有被动整合雷达标记（passive integrated transponder，PIT）、编码标记（code wire tag，CWT）、可视植入字母数字标记和可视植入弹性体等。

可视植入字母数字标记和可视植入弹性体要求从外部可以直接读取信息，所以通常需要放置在透明的甲壳类甲壳之下。然而，当甲壳类的外壳钙化加厚之后，可读性通常会变差（Davis et al.，2004），所以相比之下，CWT 和 PIT 更适合用于标记重捕法的甲壳类年龄鉴定中。

Weingartner 于 1981 年第一次将标记重捕法运用于克氏原螯虾的年龄鉴定中，随后 Bubb 等、Gherardi 等、Huryn 等在研究克氏原螯虾时同样用了该方法。众多实验结果表明，标记重捕法同样适用于利莫斯螯虾（*Orconectes limosus*）、挪威海螯虾（*Nephrops norvegicus*）、蓝蟹（*Callinectes sapidus*）、欧洲螯龙虾（*Homarus gammarus*）、远海梭子蟹（*Portunus pelagicus*）、白圆钳螯虾（*Austropotamobius pallipes*）、眼斑龙虾（*Panulirus argus*）、巴尔曼螯虾（*Ibacus peronii*）和红色原螯虾（*Procambarus erythrops*）的年龄鉴定。

三、体长频度法

体长频度法是早期学者鉴定甲壳类年龄最常采用的方法。对于那些不能通过硬组织生长纹鉴定年龄的水生生物，该方法是一个最佳选择。体长频度法首先将体长数据分成不同的体长组，然后用 von Bertalanffy 生长方程或其他模型将其转换成年龄组。Andrade 等已经开发了一些软件包（Elephant、Multifan）用于从长度频率数据估算生长参数和年龄组成。

早前，Ali 等于 1995 年使用体长频度法对伊拉克巴士拉河流中伊拉克薄板蟹（*Elamenopsis kempi*）的种群动力学进行研究，随后，Relini 等发现成年雌性长须虾（*Aristeus antennatus*）的年龄能达到 17 岁。1999 年，Oh 等同样使用体长频度法研究褐虾（*Crangon crangon*）的种群动力学，Sheehy 等认为在鉴定欧洲螯龙虾寿命和生长时使用体长频度法是一种新的趋势。体长频度法在研究加莱螯虾（*Aegla jarai*）、小长臂虾（*Palaemonetes pugio*），以及突尼斯境内的淡水虾类和土耳其螯虾（*Astacus leptodactylus*）时都取得了较好的结果。

四、脂褐素分析法

脂褐素是细胞内与衰老相关的色素颗粒，最初由 Hannover 于 1842 年发现并报道，如今已被认为是细胞中最明显的年龄标记。现在已有的研究证明，部分甲壳类生物的脂褐素浓度会随着年龄的增长而增加（表 4-1），如日本囊对虾（*Marsupenaeus japonicus*）、南极背褐虾（*Notocrangon antarcticus*）、淡水螯虾（*Pacifastacus leniusculus*）、欧洲螯龙虾、蓝蟹、眼斑龙虾。在无法建立形态特征与年龄之间的关系时，脂褐素可以作为许多无脊椎动物鉴龄研究中的年龄生长标记。相对于体长频度法或体重法鉴龄技术而言，该方法优势明显。

五、放射性同位素分析法

放射性同位素分析法适用于确定甲壳类外壳年龄，进而反映自上一次蜕壳后经过的时间。在蜕壳后，同位素 ^{228}Ra 进入外壳，经过一定的时间衰变成为 ^{228}Th。每个元素的半衰期是已知的，因此可以通过这两种元素的比率来确定所经历的时间。

六、硬组织生长纹分析法

硬组织生长纹分析法是近几年兴起的甲壳类鉴定年龄的新方法，2012 年 Kilada 等首次对美洲螯龙虾（*Homarus americanus*）、雪蟹（*Chionoecetes opilio*）、粗糙硬褐虾（*Sclerocrangon boreas*）和北极虾（*Pandalus borealis*）眼柄或胃磨中的生长纹进行研究，首先将眼柄或胃磨制成切片，然后在显微镜下计数生长纹的数目，并与实际年龄作比较，结果发现生长纹个数与样品实际寿命基本相符，因此该方法为甲壳类提供了一种直接准确的年龄鉴定方法。在此基础上对中华绒螯蟹（*Eriocheir sinensis*）、三疣梭子蟹（*Portunus trituberculatus*）和中国明对虾（*Fenneropenaeus chinensis*）眼柄的生长纹也进行了观察与分析（图 4-11）。在显微镜下观察眼柄结构分别由 4 部分组成（图 4-12）：上角质层（epicuticle）、外角质层（exocuticle）、内角质层（endocuticle）和膜层（membranous layer）。

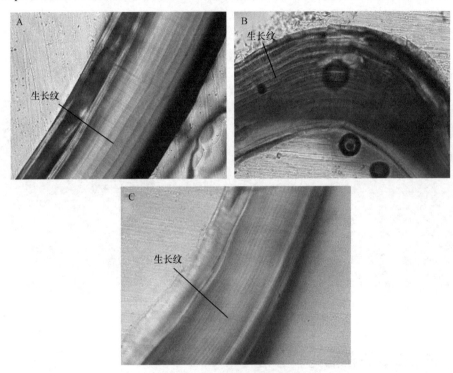

图 4-11　三种甲壳类眼柄微结构

A. 三疣梭子蟹眼柄中的生长纹；B. 中华绒螯蟹眼柄中的生长纹；C. 中国明对虾眼柄中的生长纹

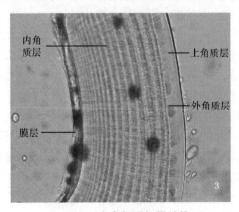

图 4-12　小龙虾眼柄微结构

上角质层是眼柄的最外层，很薄，质地比较均匀；外角质层位于上角质层下方，是钙化的几丁质层，内有许多类似黑色素的沉淀物，在切片磨得很薄的情况下，可以看到层内有一个个柱状体，柱状体之间有一定的间隙；内角质层占整个眼柄厚度的大部分，是钙化程度最高的一层，色素较少，在显微镜的透射光下观察，有明显的周期性生长纹，平行于眼柄上角质层排列，同时存在垂直于眼柄上角质层的细纹；膜层比较薄，与上两层不同，不含有钙质，透明度最高，是眼柄的生长边缘。

2015 年，Kilada 等使用胃磨对智利的蹲龙虾（*Pleuroncodes monodon*）、东方黄扁虾（*Cervimunida johni*）和里德异腕虾（*Heterocarpus reedi*）三种具有重要商业价值的甲壳类进行鉴龄。通过显微镜下观察三疣梭子蟹胃磨微结构后发现，胃磨微结构由 4 部分组成：蜡质层、外角质层、内角质层和膜层（图 4-13）。蜡质层紧邻外角质层，外角质层位于胃磨靠向外一侧，边缘规则且光滑，但因内部含有少量色素，透光度低，但随着切片厚度减小，透光度有所提升，主要由几丁质构成，在显微镜下观察不到任何的周期性生长纹结构（王陈星等，2020）。膜层在胃磨内侧与肌肉或其他组织接触部分，在显微镜下可以观察到黑色部分，透光度较高，内角质层是胃磨微结构中占比最大的一部分，钙化程度较高，在显微镜下能观察到明暗相间的生长纹结构，与膜层为平移关系，同时内角质层中还存在垂直生长纹。

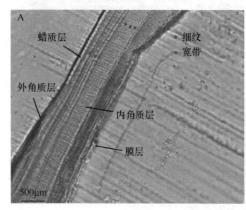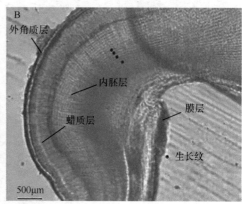

图 4-13　三疣梭子蟹
A. 外幽门胃；B. 尾贲门胃

七、年龄鉴定方法的比较分析

与野外环境不同，饲养法只是在适宜物种生存的环境中得到数据，因此，饲养法得到的数据只能用于水产养殖或者构建实验室模型，不能用于野生环境中生存物种的年龄鉴定。相比于饲养法，标记重捕法将样品标记后放流，更贴合实际情况，但是该方法的实验周期长，耗费的时间、精力和金钱较多，且对于定期蜕壳的甲壳类物种来说，标记容易破损、丢失，且个体重捕率低。所以，饲养法和标记重捕法虽然得到的结果比较直接，但在甲壳类鉴龄中不常用。

体长频度法是甲壳类年龄鉴定中最常见的方法，其数据收集起来较简单迅速。然而，当研究的物种年龄越大时，体长频度法得到的结果偏差越大，年龄逐渐增大，体长增长率变小，年龄大的、生长缓慢的样品可能会与年龄小的、生长迅速的样品分为一组，导致最后得到的结果不准确。因此，体长频度法不适宜于寿命长的甲壳类。此外，基于长度-频度模型要求附加的数据或假设的输入，可能会出现不同的输出结果。体长频度法依赖于确定样本的体长模态，理想情况下，模态可以清楚地予以定义，体长频度分布也呈正态分布，分析相对简单直接。然而，实际情况并非如此，体长分布数据的解释通常易受人为错误干扰。

脂褐素分析法不易受到人为因素的影响，但是脂褐素每年的平均累积速率不同，这取决于该物种的代谢速率。例如，红螯螯虾、淡水螯虾、欧洲螯龙虾和南极背褐虾每年的脂褐素含量百分比分别为 2.0%、0.20%、0.07%和 0.02%。脂褐素含量是物种生理年龄的标记而不是实际年龄的标记，这需要利用已知年龄的样品对物种和环境进行校准。脂褐素分析法的缺点是对劳动强度和技术的要求高，在应用于野生种群之前需要构建物种特异性数据库。脂褐素鉴龄研究因量化和校准技术存在的困难和不确定性而发展缓慢。因此，这种方法不适合在渔业管理中使用。

放射性同位素分析法得到的结果也比较准确，由于元素的半衰期一般较长，该方法一般适用于寿命较长的物种，花费较高，且测量元素半衰期时需要特殊的实验设备。所以，该方法在甲壳类年龄鉴定中的应用相对较少。

硬组织生长纹分析法利用甲壳类眼柄或胃磨等硬组织在生长过程中产生的生长纹来鉴定年龄，利用生长纹鉴定甲壳类年龄是最为精确的方法，硬组织也易于提取。硬组织生长纹分析法是直接鉴定甲壳类年龄的一种新方法，应用前景广阔。

◆ 第六节　头足类硬组织和日龄鉴定

年龄与生长是头足类渔业生物学和生态学的重要研究内容。头足类的年龄与生长的研究方法可分为间接和直接两种。由于头足类生长快、产卵期长、种群结构复杂等特性，利用其胴长或体重间接估算年龄不够准确。在所有的直接法中，利用硬组织中的生长纹来鉴定头足类的年龄被认为是最有效的方法。过去几十年，耳石被广泛用于头足类尤其是鱿鱼和墨鱼的年龄鉴定。近年来，角质颚、内壳、眼睛晶状体等也逐渐被用于头足类的日龄鉴定。

一、耳石

Young 最先在对真蛸的研究中发现了耳石的轮纹结构，Clarke 对鱿鱼类的耳石结构进行了分析与描述，Lipinski 则提出了"一轮纹等于一天的假说"。最先利用头足类耳石研究其年龄和生长的种类有滑柔鱼和乳光枪乌贼（*Loligo opalescens*）等。利用耳石的生长纹估算的科氏滑柔鱼、阿根廷滑柔鱼、安哥拉褶柔鱼（*Todarodes angolensis*）等种类的生命周期为 1 年。研究人员在研究印度洋西北海域鸢乌贼（*Symplectoteuthis oualaniensis*）时发现，其生命周期也约为 1 年，同时根据估算年龄和捕获日期推算出了孵化日期。根据孵化日期分布可看出鸢乌贼属于全年产卵的种类，但主要分布在春、夏、秋三个时段。

由于头足类的年龄和生长受到生物因素（饵料、敌害、空间竞争等）、非生物因素（温度、光照、盐度等）等多方面的影响，因此，基于耳石的年龄鉴定所得的生长模型有多种，如符合线性生长模型的种类有滑柔鱼、褶柔鱼、阿根廷滑柔鱼，符合指数生长模型的有安哥拉褶柔鱼，符合幂函数生长模型的有福氏枪乌贼（*Loligo forbesi*），符合逻辑斯谛模型的有夜光尾枪乌贼（*Loliolus noctiluca*）和芽翼乌贼（*Pterygioteuthis gemmata*），符合对数生长模型的有大西洋小钩腕乌贼（*Abraliopsis atlantica*）等。线性生长模型通常适合生长初期的个体，曲线生长模型则适合年龄覆盖范围广的个体。在利用耳石研究头足类生长时，往往采用多个生长模型相结合的方法。

二、角质颚

头足类的角质颚存在明显的生长纹结构，角质颚头盖、脊突、侧壁、翼部等各部位表面的生长纹明显，肉眼可见，呈波动的条带状，而喙部的生长纹需要切割研磨后才可见。因此，角质颚的生长纹观察分为表面生长纹直接观察法和内部生长纹观察法两种：①表面生长纹直接观察法，是将角质颚沿头盖部后缘向喙部顶端纵向剪开后，选取纹路清晰的侧壁内表面的生长纹直接在解剖镜下观察（图4-14A）；②内部生长纹观察法，是将角质颚沿头盖部后缘向喙部顶端纵向剪开后，再经过包埋、研磨、抛光后在显微镜下观察（图4-14B）。Raya 和 Hernández-González（1998）在真蛸角质颚喙内部发现了规则的生长纹，Hernández-lópez（2001）观察了真蛸角质颚上颚侧壁表面的生长纹结构。Cuccu 等（2013）根据角质颚上颚侧壁中的生长纹估算了地中海撒丁岛海域野生真蛸的年龄结构。Perales-Raya 等（2010）的研究显示，真蛸角质颚上下颚喙部生长纹数目相等，而利用下颚喙部生长纹数据估算其年龄更精确；喙部和侧壁生长纹对比结果显示，利用喙部生长纹鉴定年龄更准确，而利用侧壁生长纹鉴定年龄则更简单、方便、快捷。

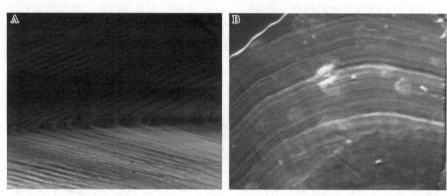

图 4-14　角质颚上颚喙部截面生长纹（A）（刘必林等，2014）及乍波蛸侧壁内侧（B）（Schwarz，2019）

　　Clarke 在 1962 年首次报道了头足类角质颚中的生长纹结构；1965 年又对强壮桑椹乌贼（*Moroteuthis ingens*）的角质颚生长纹进行了专门的研究；Nixon（1973）和 Smale 等（1993）也分别在头足类角质颚中发现了相似的结构；1998 年，Raya 和 Hernández-González 第一次推断真蛸角质颚喙内部沉积的规律性生长纹可能与其年龄相关；直到 2001 年，Hernández-lópez 才从实验角度证实了真蛸角质颚生长纹的日周期性。经研究对比实验室饲养的幼体真蛸的实际日龄与角质颚上颚侧壁表面的生长纹数目发现，有 48.1% 的个体角质颚的生长纹数目与实际生长天数相等，有 22.2% 的个体角质颚的生长纹数目比实际生长天数少一天，有 29.6% 的个体角质颚的生长纹数目比实际生长天数多一天。因此，真蛸（至少处于幼体时期的真蛸）的角质颚生长纹基本符合"一日一轮"的生长特性。Canali 等（2011）根据水温突然波动产生的热标记轮对实验室饲养的 39 尾成体真蛸进行研究，结果发现成体真蛸的角质颚生长纹也具有明显的日周期性，热标记轮形成的时间为 30d，而计数的生长纹数目为（32±1.5）轮，两者基本相当。Oosthuizen（2003）利用四环素标记法对实验室饲养真蛸的角质颚生长纹周期性进行了研究，结果发现两次标记之间的生长纹数目与实际饲养天数相等。

　　Bárcenas 等（2013）经分析实际日龄为 64d、87d、105d 和 122d 的 4 个年龄组的 40 尾玛雅蛸的上颚或下颚喙内部生长纹发现，实际日龄与角质颚生长纹数目呈显著的线性关系（$P<0.0001$），斜率与相关系数 R 分别为 0.9967 和 0.9945，几乎都接近 1。此外，他们还比较分析了根据角质颚生长纹估算的日龄与真蛸体重的关系曲线和实际日龄与体重的关系曲线，结果发现两者无明显的差异。因此，根据两方面的结果分析认为，玛雅蛸的角质颚生长纹同样具有明显的日周期性。酒井光夫（2007）分析了人工孵化的阿根廷滑柔鱼、太平洋褶柔鱼、茎柔鱼、柔鱼和鸢乌贼 5 种柔鱼科头

足类仔鱼的角质额发现，除鸢乌贼外，其余4种头足类的角质额沉积均符合"一日一轮"的生长规律。此外，通过比较野外采集的仔鱼角质额生长纹与耳石轮纹的数目发现，阿根廷滑柔鱼孵化后50d内的角质颚生长纹与耳石轮纹数目基本一致，而柔鱼孵化后15d内的角质颚生长纹与耳石轮纹数目基本一致。尽管如此，但是大多数头足类角质颚的生长纹日周期性还没有得到证实，然而实际上对于头足类，学者似乎存在一个共识——角质颚的生长纹符合"一日一轮"的生长规律。

　　Hernández-López 等（2001）根据角质额上颚侧壁生长纹推算中东大西洋大加那利岛真蛸最大年龄约为 13 个月，雌性寿命大于雄性，幼体腹胴长和体重与日龄均呈指数关系，成体腹胴长和体重与日龄均呈对数关系（生长关系方程）。Oosthuizen（2003）根据角质颚上颚喙部生长纹推算南非东南沿海真蛸最大年龄约为 1 年，雌性寿命大于雄性，雌、雄个体体重与日龄均呈指数关系，与此同时，通过对育卵和产卵个体日龄分析推断其生命周期为 10～13 个月。Canali 等（2011）根据角质颚上颚侧壁的生长纹研究发现，那不勒斯海湾的真蛸最大年龄也约为 1 年，结合捕捞日期推断存在两个明显的孵化高峰期，雌、雄个体日龄与体重的关系适合用 3 次方程来描述，夏季个体间的生长差异比冬季的明显。Castanhari 和 Tomás（2012）根据角质额上颚侧壁生长纹推算，巴西沿海真蛸最大年龄约为 1 年，背胴长和体重与日龄均呈幂函数关系（表 4-2）。Cuccu 等（2013）根据角质额上颚侧壁生长纹推算，地中海撒丁岛中西部海域雌性真蛸最大日龄为 390d，雄性最大日龄为 465d，寿命略超过 1 年，背胴长、腹胴长和体重与日龄均呈指数关系。Perales-Raya 等（2014）通过分析 20 尾中东大西洋毛里塔尼亚海域繁殖后的真蛸认为，其生命周期为 1 年，结合捕捞日期推断存在冬春生和夏秋生两个产卵群体。

表 4-2　利用角质颚生长纹研究真蛸年龄与生长一览表

研究海域	角质颚部位	生长纹数/个	周期性研究方法	生长方程
大加那利岛	上颚侧壁	53～398	实验室饲养	幼体指数；成体对数
南非东南沿海	上颚喙部	57～352	四环素标记	指数
那不勒斯海湾	上颚侧壁	72～371	热标记法	3 次方程
巴西沿海	上颚侧壁	118～356	假定一日一轮	幂函数
撒丁岛中西部海域	上颚侧壁	61～465	假定一日一轮	指数
毛里塔尼亚海域	上颚侧壁	194～322	假定一日一轮	-

三、内壳

　　柔鱼类角质内壳由外到内可分为角质层（periostracum）、壳层（ostracum）和壳底层（hypostracum）三层，各层的生长纹样式不同。角质层通常退化成尾锥喙，生长纹为同心的圆纹，其生长是新生长纹包裹旧生长纹的过程，生长纹宽度沿直径方向有所不同，靠近背部的生长纹最宽，靠近腹部的生长纹最窄；壳底层的生长纹为片状结构，其生长是软骨质材料在内壳后端腹部不断沉积的过程，生长纹最厚处位于内壳最宽处之后；壳层的生长纹为倒"V"字形，其生长是角质在内壳前端腹部不断瓦片式叠加的过程（图 4-15A）。

　　乌贼类内壳由背盾和腹闭锥两部分组成，闭锥由外到内可分成角质层、壳层和壳底层，它是由一系列生长薄片叠加而成的（图 4-15B）。

　　章鱼类内壳表面无生长纹，其内部生长纹为同心的圆纹，由中心向外围按照生长纹特征可分成不同的生长区（图 4-15C）。Reis 和 Fernandes（2002）根据生长纹的可读性将真蛸内壳分成分别代表胚胎期、浮游生活期、稚鱼期和成鱼期的 4 个区域。然而，Barratt 和 Allcock（2010）将真蛸内壳分成分别代表胚胎期、浮游生活期和底栖生活期的三个区域。Doubleday 等（2006）根据生长纹宽度将苍白蛸内壳分成无生长纹的核心区、窄纹的内部区、宽纹的中部区和透明的宽纹外鞘区 4 个区。

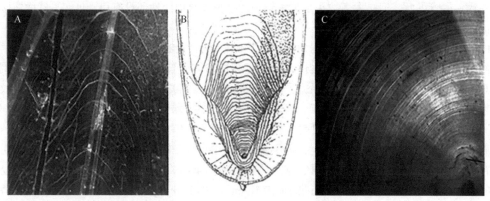

图 4-15 内壳的生长纹（Perez et al., 1996；Goff et al., 1998；Leporati et al., 2008）

A. 角质内壳；B. 石灰质内壳；C. 软骨质内壳

Naef 在 1921 年首次描述了柔鱼类内壳壳层中的生长纹结构，随后 La Roe（1971）和 Spratt（1978）先后简单报道了拟乌贼（*Sepioteuthis sepioidea*）和乳光枪乌贼（*Loligo opalescens*）内壳中的类似结构，Hunt 和 Sherief 在 1990 年首次提出了枪乌贼（*L. vulgaris*）生长纹的周期性。Arkhipkin 和 Bizikov（1991）通过与耳石计算的日龄对比研究推断，贝乌贼（*Berryteuthis magister*）内壳壳层的生长纹具有日周期性。Bizikov（1991）根据内壳角质层生长率的季节性变化与科达乌贼（*Kondakovia longimana*）胴体的完全相同，推断角质层的生长纹为一日一纹。与贝乌贼和科达乌贼不同，柔鱼科和枪乌贼科柔鱼类内壳的壳底层和角质层退化，而发达的壳层的生长纹基本符合"一日一纹"的生长规律。Arkhipkin 和 Bizikov（1991）根据壳层生长纹估算出的阿拉伯海鸢乌贼（*Sthenoeuthis oualaniensis*）的生长率与耳石轮纹估算的生长率相似度极高，推断其生长纹具有日周期性。与此同时，壳层生长纹日周期性在阿根廷滑柔鱼（*Illex argentinus*）、滑柔鱼（*I. illecebrosus*）和莱氏拟乌贼（*S. lessoniana*）中也得到了证实。Perez 等（1996）通过与耳石轮纹数据对比分析认为，普氏枪乌贼（*L. plei*）内壳壳层的生长纹基本符合"一日一纹"的生长规律。刘必林等（2018）观察了鸢乌贼内壳叶轴茎部横截面微结构（图 4-16），结果发现其生长纹数量与耳石生长纹数量相当，表明鸢乌贼内壳的壳底层生长纹具有日周期性。

图 4-16 鸢乌贼内壳叶轴茎部横截面微结构

Gonçalves（1993）首次在其研究中提到了真蛸内壳中的同心生长纹结构。Reis 和 Fernandes

（2002）与 Napoleão 等（2005）认为真蛸内壳中的生长纹的沉积具有周期性，推断其可用作年龄鉴定的潜在材料。在此基础上，Doubleday 等（2006）首次从实验室角度证实了章鱼类内壳生长纹的日周期性，实验结果显示实验室饲养苍白蛸的日龄与内壳生长天数相等。Hermosilla 等（2010）利用土霉素和四环素标记实验室的野生真蛸发现，标记的逝去天数（即饲养期间的日龄）与内壳生长纹数目极其接近（平均每天生成 1.02 个生长纹）。除此之外，有研究及一些未发表的资料表明，深海多足蛸（*Bathypolypus sponsalis*）、尖盘爱尔斗蛸（*Eledone cirrhosa*）、赛特巨爱尔斗蛸（*Megaleledone setebos*）、毛利蛸（*Macroctopus maorum*）、蓝蛸（*Otopus cyanea*）、玛雅蛸（*O. maya*）、澳洲蛸（*O. australis*）和郁蛸（*O. tetricus*）等章鱼的内壳生长纹可能同样具有日周期性。

乌贼类内壳生长纹的日周期性存在着争议。一些学者认为生长纹的沉积具有日周期性，一些学者认为生长纹数目与乌贼类的生长相关，但是其沉积不具有周期性，还有一些学者认为生长纹的沉积周期性与其生活环境的温度息息相关。Choe（1963）经研究认为，在 19～30℃条件下，金乌贼（*Sepia esculenta*）、拟目乌贼（*S. lycidas*）和曼氏无针乌贼（*Sepiella maindroni*）内壳生长纹的沉积节律稳定不变。Goff 等（1998）经研究分布在比斯开湾的乌贼发现，夏季每个月内壳生长纹数目增长 18.75 个，而冬季每个月增长 1.6 个。Bettencourt 和 Guerra（2001）通过对比试验发现，乌贼在饲养水温为 13～15℃和 18～20℃的条件下，一个生长纹形成分别需要约 8 日龄和 3 日龄的时间。Chung 和 Wang（2013）经研究认为，虎斑乌贼（*Sepia pharaonis*）内壳生长纹不符合"一日一轮"，不同生长阶段生长纹的形成速率不同，其生长受生理和环境的双重影响。

四、眼睛晶状体

头足类眼睛晶状体是除了耳石、角质颚和内壳以外的少数硬组织之一，它由许多同心的纤维层组成（West et al.，1995），其沉积可能具有日周期性。Willekens 等（1984）和 Clarke（1993）最先在几种头足类眼睛晶状体中发现了这种同心的生长纹结构。O'Shea（1998）观察了一尾大王乌贼（*Architeuthis dux*）眼睛晶状体的生长纹结构，根据计数的生长纹推算该尾大王乌贼年龄约为 6 岁，这与耳石估算的结果基本相近。Bettencourt（2000）检查了乌贼（*Sepia officinalis*）眼睛晶状体的微结构，却未发现生长纹与乌贼的年龄和生长有关。Hall（2002）经观察发现，幼体乌贼的眼睛晶状体生长纹超过 1500 个，因此认为乌贼眼睛晶状体的生长纹不具有日周期性。Baqueiro-Cárdenas 等（2011）推测红色肠腕蛸（*Enteroctopus megalocyathus*）的眼睛晶状体可能具有日周期性，并尝试用作生长研究。Rodríguez-Domínguez 等（2013）从实验角度证实了玛雅蛸（*Octopus maya*）眼睛晶状体的沉积虽然具有周期性，但不是每日一纹。金岳（2018）、许巍（2019）分别观察了中国枪乌贼和茎柔鱼眼睛晶状体的微结构，结果认为生长纹不具有日周期性（图 4-17）。因此头足类眼睛晶状体生长纹的沉积规律可能依种类和生活环境的不同存在变化。

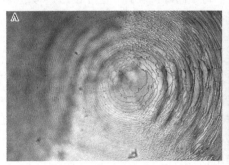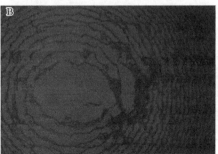

图 4-17　中国枪乌贼（A）和茎柔鱼（B）眼睛晶状体的生长纹

◆ 第七节　鱼类年龄的其他鉴定方法

一、饲养法

饲养法是最原始、最直接的鱼类年龄校验方法，即将已知年龄的鱼饲养在人工环境中，定期检查生长状况，研究年轮的结构和年轮的形成时期，而且进一步探索年轮形成的原因和环境因素对鱼类生长的影响。但也有学者指出，利用饲养法进行年龄校正的准确性不高，因为人工饲养环境中鱼类的生长速率一般较慢。同时，养殖环境很难达到真实的自然环境水平，而纹轮的形成受到环境的影响较大，人工的环境容易导致人工轮纹的产生，从而造成校正过程中的偏差。但由于日轮受到环境的影响较小，有研究表明海上饲养获得的日轮近似于自然条件下的结果，因此，饲养法在日轮校正方面更加具有应用价值。

二、标志放流法

标志放流法是一种最行之有效的年龄校正法。其通过对已知年龄的鱼类个体进行标识放流，随后通过对重捕个体骨质结构进行年龄结构分析，并用其结果与真实年龄进行对比，进而确定基于骨质结构鉴定年龄的可靠性。不过此方法不适用于长寿命的鱼类，因为随着时间的增长，标志鱼的重捕率会逐渐降低。此外，这种方法适用于能被饲养的鱼种，因为在放流之前通常需要一个饲养过程。

三、基于体长频率分布的鱼类年龄鉴定方法

利用年轮鉴定鱼类年龄是最为精确的方法，但它同时也存在一些缺点：一方面，年轮的读取需要一定的技巧，这主要取决于鉴定者的经验，不同的鉴定者对同一材料得出相同结果的概率很少超过90%；另一方面，年轮鉴定方法耗时耗力，分析成本较高。因此，依据鱼类体长频率分布估算鱼类群体年龄同样受到关注。

1. 自然长度分布曲线法　　该方法是 Peterson 于 1895 年首次提出的。其基本原理是：鱼类个体在其生活史中不断生长，每相隔一年，其平均长度和体重相差一级。在同一种群中，通常包含不同年龄组，致使所有个体可分为若干体长组，在测得所取样品的体长数据后，将各个长度组的数量绘制在坐标纸上，可以看出某些连续长度组的数量特别多，而某些长度组的数量特别少，或者没有，形成一系列的高峰与低谷（图 4-18）。每个高峰代表着一个年龄组，每个高峰的长度组即代表该年龄组的体长范围。在渔具不具备选择性的条件下，长度组分布曲线的高峰一般是依次降低的，如冰岛东部鳕的长度分布曲线（图 4-19）。

然而，这种方法也存在一定的局限性。首先，每种渔具对渔获物都有着一定程度的选择性，在所捕捞渔获物中很难同时包括所有年龄组的个体。其次，鱼群在各个渔场，所处的季节时期并不是按体长或年龄的自然数目成比例地混合着。高龄鱼进入衰老期，生长缓慢，甚至停止生长，不免出现长度分布的重叠现象，所以不容易根据长度分布曲线来确定高龄鱼的年龄。最后，鱼类在生长发育过程中，饵料是否丰富，水温状况是否适宜，都直接影响鱼体的大小。因此，建议自然长度分布曲线法最好结合其他鉴定方法同时使用。

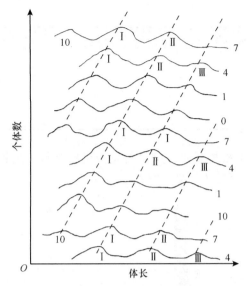

图 4-18 连续标本模式分布（陈新军，2014）

0 表示当龄鱼；Ⅰ表示 1 岁鱼，Ⅱ表示 2 岁鱼，Ⅲ表示 3 岁鱼；实曲线对应阿拉伯数字代表体长组

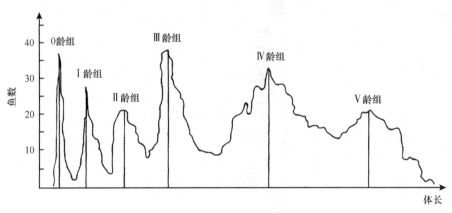

图 4-19 冰岛东部鳕的长度分布曲线（丘古诺娃，1956）

2. 格雷姆（Graham）法——基于渔获物优势体长组的年龄鉴定方法 通过常年分析渔获物组成状况，利用优势长度组的生长，断定鳞片上（或骨片上）的轮纹是否每年生长一次，如某种鱼在上一年 20cm 的体长组特别多，而今年 30cm 体长的鱼体鳞片上的年轮数比去年多一圈，这样鳞片上的轮圈应属真的年轮。所以鱼类年复一年的生长周期，在骨骼、鳞片等质上形成重复出现的轮圈。根据这些轮圈的出现，可鉴定鱼类的年龄。运用这种方法的先决条件，是必须有一个鱼类群体的优势年龄组（优势体长组）的出现，也就是这种鱼类资源的每个世代的波动数量在不太悬殊的情况下才可采用。按照 T. H. 蒙纳斯蒂尔斯基划分的产卵群体类型，即属于第二类型——补充群体经常比剩余群体占优势的种类。例如，我国烟台外海的鲙就属于这种类型（表 4-3）。

表 4-3 烟台外海鲙的优势年龄组

年份	优势年龄组
1953	Ⅳ
1954	Ⅴ

续表

年份	优势年龄组
1955	Ⅵ
1956	Ⅵ～Ⅶ
1957	Ⅷ
1958	Ⅹ

同样，Hlekling（1933）根据爱尔兰鳕耳石轮群组成资料，用连续数年占优势的轮群组（图 4-20）来确定年龄（黑色条柱为优势年龄组）。

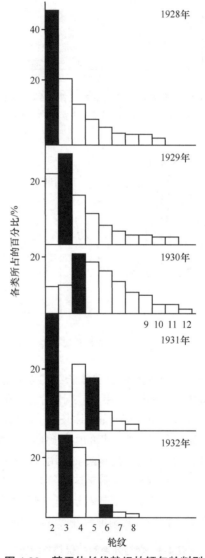

图 4-20　基于体长优势组的鳕年龄判别

3. 年龄-体长换算表法　年龄-体长换算表法是应用比较广泛的年龄鉴定方法。早在 1934 年，Fridrikson 就提出利用体长频率数据来获取年龄频率。经过几十年的不断发展和校正，其已经成为相对完善的鉴定方法。其主要实现方法为：首先，从一个大的鱼类样本中进行二次取样，利用耳石或其他相对可靠的方法对其进行年龄鉴定，记录每条鱼的年龄和体长数据，并进行分组汇总。以体长组为行，年龄组为列，列出每组中鱼的数目：

	A1	A2
I1	6	2
I2	3	3
I3	1	4

经过转换，可得出每个长度组分属于不同年龄组的频率：

	A1	A2
I1	0.75	0.25
I2	0.50	0.50
I3	0.20	0.80

由此，即可由以上的年龄-体长换算表来确定样本中每一个长度组内各龄鱼所占的百分数，所有长度组的年龄百分数计算完毕，按年龄组对各长度组的百分数累加，即可得到年龄频率分布。

然而，这种以体长频率来判定年龄的方法，只能获得样本的年龄结构，而不能对每一尾具体的鱼赋予年龄值，从而给进一步的分析造成困难。为此，Isermann 等（2005）开发了一种称为 AGEKEY 的计算机程序来对每尾鱼的年龄予以赋值，随后 Ogle（2008）对此进行了进一步的完善。

四、相对边缘测定法

相对边缘测定法，也称为边际增量分析法，是应用最广泛的年龄校正技术。它是基于以下前提：如果一个轮纹是在一年或者一日的时间周期内形成的，那么在这个时间周期内，轮纹最外围部位将不断增长，直至形成一个新的轮纹。通过在一定时间周期内对鱼种进行连续取样，观察其硬组织上的轮纹结构，即可掌握轮纹的形成规律，从而对通过轮纹进行年龄鉴定的技术进行校验。但此技术操作过程存在一定的难度，主要是所要观察材料的边缘通常十分薄，使得观察受到折射光的干扰。此外，一些研究表明，边际增量分析法对幼鱼及生长较快的鱼的分析结果比较可靠，当它应用到高龄鱼时，则会产生较大的误差。同时，温度等环境因素对边际增量分析法的影响较大，因此，Fey（2005）认为在剧烈的温度变化条件下生长的大西洋鲱（*Clupea harengus*）不能采用边际增量分析法。Rosangela 等（2006）对三种鱼进行耳石边际增量分析之后，认为此方法的误差主要来源于三个方面：①样本大小的不足；②数据采集周期过长；③鱼的出生时间范围过大。

其计算方法为：在一周年内逐月从渔获物中采集一定数量的标本，并观察鳞片上轮纹在鳞片边缘成长的变化情况，即可证明鱼类年龄的形成周期和时间，测量鳞片边缘增长的方法有以下两种。

第一种是计算鳞片边缘增长幅度与鳞片长度的比值。

$$K = \frac{R - r_n}{R}$$

式中，r_n 为各轮距长度；R 为中心到边缘的距离；K 为边缘增长值。

这个计算公式的缺点在于分母值 R 随年龄的增加而变大，以至于在越高的年龄组中该比值也越小。

　　第二种计算方法是根据鳞片边缘增长幅度（$R–r_n$）与鳞片最后两轮之间的距离（$r_n–r_{n-1}$）的比值 K 的变化，作为确定年轮形成周期和时间的指标。其计算公式为

$$K = \frac{R - r_n}{r_n - r_{n-1}}$$

式中，K 为边缘增长值；R 为中心到边缘的距离；$R–r_n$ 为边缘到倒数第一轮的距离；$r_n–r_{n-1}$ 为倒数第一和第二轮之间的距离。

　　边缘越宽，K 值越大；反之，K 值就越小。在新轮形成之初，K 值极小，接近于 0。当 K 值逐渐增大，边缘幅度接近两个轮间的宽度时，则表明此时新轮即将出现（图 4-21）。

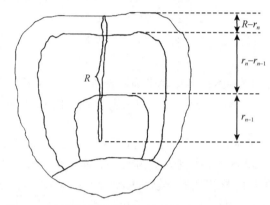

图 4-21　测量鳞片边缘增长的幅度（陈新军，2014）

　　以东海白姑鱼为例进行分析，白姑鱼的第一个年轮在鳞片边缘恰好形成，绘制的频率曲线如图 4-22 所示。曲线下部表示第一个年轮在鳞片边缘形成的百分比，曲线上部表示未形成的百分比，中间疏密线部分表示年轮构成上有怀疑部分的百分比。从图 4-22 中可以看出，构成年轮的时期为 6～8 月。这样表示一年中只有一次最高峰，因此只能形成一个年轮，于是即可确认为第一个年轮。

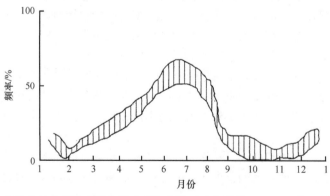

图 4-22　东海白姑鱼鳞片上的年轮出现频率图（木部崎修，1960；真子渺，1957）

五、同位素校验法

　　Bennett 等（2000）于 1982 年首次提出利用鱼耳石中同位素 $^{210}Pb/^{226}Ra$ 的值来校验基于耳石的年龄鉴定结果。这种方法的原理为：同位素进入耳石后，经过一定的时间衰变为其他元素，而每个元素的半衰期是已知的，因此可以通过这两种元素的比率来确定鱼体所经历的时间。由于元素的半

衰期一般较长，因此这种方法适用于寿命较长的鱼类。Campana 等（1993）提出了 $^{210}Pb/^{226}Ra$ 同位素校验法需要满足的三个假设条件：①耳石是一个封闭的环境，在衰变过程中，它不受外界放射性同位素的影响；②初始的 $^{210}Pb/^{226}Ra$ 值应该低于 1，接近于 0；③在鱼的整个生活史中，耳石所吸收的放射性同位素的放射性保持恒定。其中，第一个假设条件最难以保证。

鱼类等年龄鉴定技术经过数百年的发展，已形成相对完善的体系。但各种年龄鉴定技术均存在一定的不足，主要表现为：①鉴定方法的精密度不高，受鉴定者主观性因素的影响较大。尤其是通过硬组织轮纹鉴定年龄时，对鉴定者的经验和技巧要求较高。以 Eklund 等（2000）对鲱耳石鉴定为例，在 196 份耳石中，三个鉴定者对 196 份耳石鉴定结果中仅有 70% 的鉴定结果一致，因此鉴定结果受主观性因素的影响很大。②鉴定方法多数较冗繁，耗时耗力。由于年龄鉴定工作的自动化程度较低，绝大多数工作需要人工进行，所以往往需要耗费较长的时间。虽然计算机自动化技术正在逐步运用到年龄鉴定工作中，但仍存在许多不足，要成为主流的鉴定技术尚需时日。③鱼类年龄鉴定未经标准化。不同的鉴定者往往采用不同的鱼体组织对一个鱼种进行年龄鉴定，即使采取同一组织结构，对它的处理技术和观察手段也有很大不同。

◆ 第八节　鱼类生长及其测定方法

一、鱼类生长的规律及其一般特性

1. 鱼类生长阶段的划分　　鱼类的生长阶段可分三个时期：第一阶段，未达到性成熟的鱼，生长波动十分剧烈，饵料充足，生长迅速，饥饿是影响生长的主要因素；第二阶段，鱼类处于性成熟时期，所有的体内贮藏物质大多转化成生殖产物，每年在繁殖季节进行产卵或排精活动，各年间的生长是稳定的，增长率变化不显著；第三阶段，进入衰老期，新陈代谢减弱，生长缓慢，随着年龄的增加，体长和体重增加极慢直到死亡。

2. 未成熟鱼体的生长调节　　鱼类各发育阶段不同，其生长特点有异。鱼类的体长增长最迅速的时期，通常是在结束稚鱼阶段之后到性腺完全成熟之前，也就是幼鱼期间。这时觅食的饵料，大部分的营养物质可转化成体内的物质，使鱼体不间断地增长着，这时鱼体内不过多积累和贮存物质，特别是脂肪。淡水鲑鳟的稚、幼鱼，一年三个季节都处于觅食的旺盛阶段，只在冬季才减缓下来。进入春季之后，水温略回升，又强烈地觅食，使体长和体重保持快速增长。经过多年的洄游、觅食，性腺才逐渐成熟起来；性腺一旦成熟，体长的增长就减慢下来。

鱼类有如此生长特点是因为鱼类在性成熟之前，体长迅速增加可保障免遭敌害生物的袭击，以降低死亡系数。鱼类的生长特性还与繁殖有关，当鱼类达到一定长度时，性腺就会迅速成熟起来。在饵料丰富的水域，鱼类生长十分迅速，仅几个月或 1 年内性腺就能达到成熟度，若在饵料贫乏的水域，即使性成熟也将推迟较长的时间。例如，大黄鱼在生长良好的情况下，第三年就达到性成熟，但有些个体要推迟 5~6 年的时间才能性成熟。因此，鱼类的性成熟与体长生长密切相关，而与年龄无直接关系。

3. 性成熟期的生长调节　　鱼类性腺成熟期间，饵料的营养大部分用于性腺的发育和成熟过程，以满足生殖产物代谢活动的需要，提高种群的繁殖能力和子代成活率。在性成熟期间，繁殖力的高低与鱼体体长和体重密切相关。通常，体长大、体重高的个体，怀卵量一般较高，繁殖后代的能力就大；反之，体长小、体重低的鱼，怀卵量也少，繁殖下一代的能力就低。鱼类的生长多数有不可逆的特性。体长和体重的增加还与季节的节律有关。大多数栖息于温带水域的鱼类具有越冬习性，无论个体的大小或鱼群的密度，最大的增长量均处于秋季，而最小的增长量均处于产卵时期。热带区的鱼类在一年之中不同季节里，其生长量的变化较小，不如温带区的鱼类那么显著。

4. 衰老期的生长调节　　鱼类的衰老期是指鱼类正常代谢过程的减缓或停滞，此期的饵料只用于维持生命活动，体长和体重的增加较缓慢。衰老期鱼类的繁殖力下降，特别是性腺发育不健全、萎缩或受精率低。

进入衰老期的鱼类，随种类的不同而有差别，同一种鱼栖息于不同水域也有差别。同一种鱼类的个体，其衰老期也不同。性成熟提早的鱼通常寿命会缩短；而性成熟较晚的鱼生殖排卵的次数可能增加，衰老期就减缓。例如，拟鲤是一种生长迅速的鱼类，在 3^+ 龄时性成熟，其最后一次生殖产卵活动在 7 龄；而在 5^+ 龄时才性成熟的个体，年龄在 12 龄时还参加生殖活动。

二、影响鱼类生长的主要因素

鱼类的生长受到多方面因素的影响，一般可分为内部因素和外部因素。内部因素主要是指生理和遗传方面，这是生物学研究的主要内容。例如在鱼类中，一般来说，雌性个体要大于雄性个体，雄性个体一般比雌性个体先成熟，生长速率也提前减慢。而外部因素是指外界环境因子对生长的影响。

鱼类生活的外界环境又可分为生物学和非生物学两个方面。生物学方面主要体现在捕食与被捕食的关系，即凶猛动物的捕食。鱼类在性成熟之前生长较快以防御凶猛动物的捕食。而饵料生物是鱼类生长的能量来源，它的多少直接影响到鱼类的生长和发育。在最适水温的条件下，充足的饵料供应是促进鱼类生长的关键因素，即饵料的质量和数量。若饵料生物稀少，质量低，就严重影响鱼类的生长和性腺的发育。在自然海区，食饵的丰歉由于季节、地区而有差异，在人工饲养的池塘里，投喂的饵料十分重要，是养鱼成败最关键的因素。

在非生物学方面，包括温度、盐度、溶解氧、光照等因子。鱼类对温度有一定的要求，不管生活在哪一阶段，都将直接或间接地影响到鱼类的生长。一般来说，在适宜的水温范围内，温度越高，鱼类的生长代谢也越快。每种鱼都具有最适的水温变化范围，在此温度条件下鱼类的新陈代谢最活跃、最旺盛，生理反应能力最强，鱼体迅速生长和发育。若水温过高或过低，都能影响性腺的发育及卵子或精子的成活率，甚至死亡。例如，鲑的受精卵在水温 0～12℃时孵化，亲鱼能忍受 0～20℃的水温变化。

鱼类的生长速率有季节性变化，不同纬度地区的鱼类生长状态也不相同。不同世代出生的鱼，其生长速率有显著的差异。鱼类的生长受环境因素所限制，对于不同世代出生的鱼，其生长速率有明显的差别，所以有丰歉年的现象出现。

三、测定鱼类生长的方法

1. 直接测定法　　根据每批渔获物各样品所测定的年轮和生长资料，按年龄组归并计算出各年龄组的平均长度，即直接观测鱼类的生长数值，进而算出每年实际增长的长度。只要年龄的生长率在各个世代间没有显著差别，各个年龄组由随机样品组成，这些年龄的平均长度就可用来直接估计鱼类逐年的增长率。

有研究表明，在生命的最初阶段，鱼类长度的绝对值迅速增加，体重的绝对值也呈正相关增加。随后随着年龄的增加，体长和体重的增加就减缓下来。有的种类最初阶段可维持 3～5 年，有的为 8～9 年，甚至更长一些。也就是说与鱼类寿命相联系，短寿命的鱼类的最初增长阶段在 1～2 年完成，长寿命的鱼类的最初增长阶段可适当延长若干年，大多数经济鱼类的体长增长或体重增加均在最初 2～3 年完成。

运用直接测定法时采集样品的时间，最好是鱼类处于繁殖期或者在冬季，或者在新年轮形成的季节（便于与逆算法得出的数据相对照）。直接测定法的优点是最接近实际状况，反映事物的真实性。其缺点是一次的数据不能包含全部所需要的年龄标本。不同渔场获得的标本，可能生长速率有差异，不能很好地反映同一世代鱼的生长情况，得到的数据只能反映不同世代鱼群以同样速率生长的状况。

2. 长度的逆算　　鱼类体长逆算的原理是鱼类的生长与饵料（种类、数量、大小）的关系极为密切，并与栖息环境的水温、水质及栖息密度有关。饵料极丰富，栖息水域条件适宜，则生长迅速。

1901 年，Walter 研究了鲤的生长，首先发现鳞片的轮纹与鱼体长度呈正比关系（图 4-23）。同年挪威学者 Lea 和 Dahl 发展了这一发现，认为鱼类鳞片的增长随年龄而增加，鳞片长度与鱼类体长呈正比关系。其公式为

$$L_t = \frac{R_t}{R} \times L$$

式中，L_t 为鱼类在以往年份的长度；L 为捕获时实测的长度；R_t 为 L_t 相应年份鳞片的长度；R 为捕获时鳞片的长度。

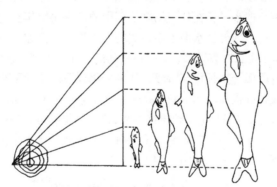

图 4-23　鱼体生长与鳞片生长的相互关系（丘古诺娃，1956）

此后，许多学者经过不断地研究，又引申出一系列公式。同时发现上述公式在推算鱼类生长时，与实测存在一定的误差，即推算的鱼类长度要小于直接测定的数值。这种误差在老龄鱼体上表现得较显著，这种现象称为李氏现象（Lee's phenomenon）。该方法的不足之处在于没有考虑鱼体长度和鳞片长度的生长特征，因为鱼类是在生长到一定长度后才出现鳞片，并非刚一孵化就出现鳞片。为此，1920 年，Rosa Lee 将公式修正为

$$L_t = \frac{R_t}{R} \times (L-a) + a$$

式中，a 为开始出现鳞片时的鱼体长度。

上式表示鳞片的生长与鱼的生长呈直线相关，即

$$L = a + bR$$

式中，a，b 为常数；a 具生物学意义，是出现鳞片时的体长；b 相当于每单位鳞片的体长。

后来经过进一步研究，许多学者认为，有的鱼类鳞片与体长的增长并非呈直线关系，而是采用了其他模型进行分析研究，如幂指数、抛物线、双曲线等。邓中麟等（1981）在研究汉江主要经济鱼类的生长时，利用了下述几个模型进行逆算，并进行了比较。

$$L = as^b$$
$$L = a + bs + cs^2$$
$$L = \frac{1}{b + a/s}$$

式中，L 为体长；s 为鳞片的年龄；a、b 和 c 为常数。

3. 鱼类生长率类型和生长指数的计算　　鱼类的生长率计算通常包括以下几种。

1）在某一年份的绝对增长率（或增重率）：$L_2 - L_1$ 或 $W_2 - W_1$。

2）相对增长率：$(L_2 - L_1)/L_1$ 或 $(W_2 - W_1)/W_1$（通常用百分比计算）。

3）瞬时增长率：$\ln L_2 - \ln L_1$ 或 $\ln W_2 - \ln W_1$，代表各种形式的典型种群生长曲线。

4）相对生长速率（C_e）：可用生长对数表示为

$$C_e = \frac{\lg L_2 - \lg L_1}{0.4343(t_2 - t_1)}$$

式中，0.4343 为自然对数转换为以 10 为底数的对数的系数；L_1 和 L_2 分别为计算生长比速的那一段时间开始和结束时的鱼体长度或质量；t_1 和 t_2 分别为从鱼生长开始时（孵化时）起，即需要计算生长比速的那一段时期开始和结束的时间。生长速率的变动范围很大，如不同水域的鲷，成熟前的生长系数在 0.97～7.22 变动，比值为 8，但成熟的鲷则在 0.90～4.0 变动，比值为 4。

计算生长率或相对生长速率时，在任何场合下所用的都是每个年龄的平均长度，而不是各个个体的长度。生长指标能用来划分某水域中该鱼类的生长阶段。例如，小黄鱼的周期可分为三个生长阶段：第一个阶段属于生长旺盛阶段，为生命最初的一年或两年，鱼体此时尚未达到性成熟，体长的增长迅速。第二阶段属于生长稳定阶段，从第二年到第六年性腺渐渐成熟，在第二年还有部分鱼类的性腺未完全成熟或正在趋向成熟，故这一阶段生长稳定，第二年的增长量高达 53mm。第三阶段为生长衰老期，从第六年开始生长缓慢下来，进入衰老阶段，年增长率变得很低（表 4-4）。此外，生长速率受到一系列内外因子的影响。王尧耕等（1965）认为小黄鱼各月的生长与水温、成熟系数和饱满指数等有一定的关系（图 4-24）。

表 4-4　东海北部小黄鱼的生长状况

年龄	体长/mm	年增长量 $(L_2 - L_1)$ /mm	生长比率 $[(L_2 - L_1)/L_1]$/%	生长指标 $(\lg L_2 - \lg L_1)/0.4343$
1	139			
2	192	53	0.323	4.54
3	214	22	0.108	2.08
4	233	19	0.085	1.82
5	249	16	0.066	1.55
6	259	10	0.039	0.98
7	260	1	0.004	0.09
8	261	1		

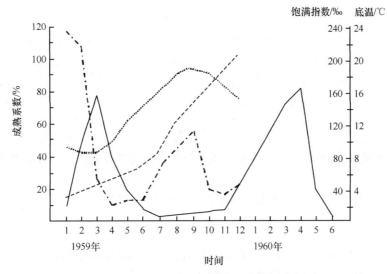

图 4-24 黄海南部小黄鱼生长速率变化因子

——成熟系数 ----二龄组生长量 -·-底层水温 ……饱满指数

4. 鱼类体长与体重的关系 鱼类的生长是指个体的线性大小，如体长、肛长、胴长、壳长和头胸甲长等及体重随时间增加的过程。生长是种群动态变化的主要影响因素，对于种群的生长规律及其相关的影响因子的研究可为资源量评估和渔业管理提供有关的参数。

鱼类的体长、肛长，虾、蟹类的体长、头胸甲长，头足类的胴长，贝类的壳长与其体重之间存在显著的相关关系（图 4-25，图 4-26）。通常用下式来表示：

$$W = a \times L^b$$
$$\ln W = \ln a + b \ln L$$

式中，W 为体重；L 为体长、肛长、胴长、壳长、头胸甲长；a、b 为两个待定的参数。当 $b=3$ 时为均匀生长，个体具有体形不变和体重不变的特点；当 $b \neq 3$ 时，为异速生长。b 值的变化与鱼类的生长和营养有关，b 值在不同种群之间或同一种群不同年份之间有所差异。

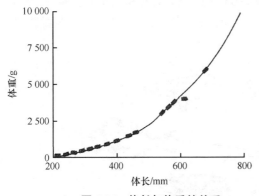

图 4-25 体长与体重的关系

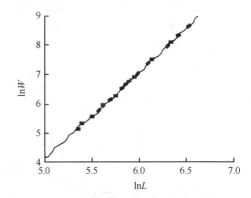

图 4-26 经过取对数之后的体长与体重的关系

同一种群在不同生活水域、不同生活阶段及雌雄之间存在一定的差异，我国近海海洋鱼类和无脊椎动物的 b 值均为 2.4～3.2。淡水鱼类稍大一些，Brawn（1957）认为其 b 值为 2.5～4.0。华元渝等（1981）用数学的观点阐述了上式的生物学意义，认为其 b 值发生微小的变化时，a 值的变化比较明显，b 值的大小反映了不同种群或同一种群在不同生活阶段或性别和环境等中的变化。

5. 鱼类生长方程

（1）生长的基本原理　　von Bertalanffy 把生物体看作类似于作用着的化学反应系统，根据质量作用定律，他把决定生物体体重的生理过程，在任何时候都归结于分解和合成。根据一般生理学概念，von Bertalanffy 指出合成代谢率与营养物质的吸收率呈比例关系，也就是说与吸收表面的大小成比例，而分解率可以取为与生物总量成比例。从这一设想出发，提出 von Bertalanffy 公式：

$$\frac{\mathrm{d}W}{\mathrm{d}t} = HS - \beta W$$

式中，S 为生物体有效生理表面；H 为每生理表面单位的物质合成率；β 为单位质量的物质分解率。

如果生物体为匀称生长，密度不变，通过换算，上式可换成

$$\frac{\mathrm{d}W}{\mathrm{d}t} = \alpha W^{2/3} - \beta W$$

式中，α 为同化率；β 为异化率。上式从代谢角度看，生长是瞬时体重的增加量，与体重成比例，同化作用（即物质合成）与异化作用之差导致生长。

（2）Bertalanffy 体长与体重生长方程　　von Bertalanffy（1938）在假定有机体的质量与长度的立方成比例的条件下，从理论上导出一个表示生长率的方程：

$$\frac{\mathrm{d}L}{\mathrm{d}t} = K(L_\infty - L)$$

解方程：

$$L = L_\infty - C_\mathrm{e} \times \mathrm{e}^{-Kt}$$

假定 $t=t_0$，$L=0$，则有 $L_\infty - C_\mathrm{e} \times \mathrm{e}^{-Kt_0} = 0$，$C_\mathrm{e} = L_\infty \mathrm{e}^{Kt_0}$

则

$$L_t = L_\infty \times [1 - \mathrm{e}^{-K(t-t_0)}]$$
$$W_t = W_\infty \times [1 - \mathrm{e}^{-K(t-t_0)}]^3$$

式中，L_t 和 W_t 分别为 t 时的个体长度和质量；L_∞ 和 W_∞ 分别为渐近长度和质量；K 为生长参数，与鱼类的代谢和生长有关；t_0 为一假定常数，即 $W=0$ 时的年龄，在理论上应小于零。

水产经济动物的整个生长过程可用图 4-27 表示。其整个生长过程呈现出一渐近的抛物线，其体长达到一个渐近的最大值。

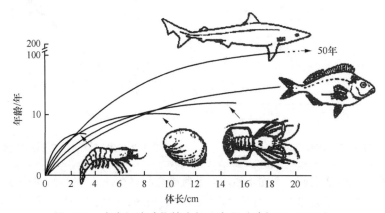

图 4-27　水产经济动物的生长示意图（陈新军，2014）

◆ 第九节 案例分析——基于耳石微结构的

头足类年龄与生长研究

阿根廷滑柔鱼（*Illex argentinus*）广泛分布于西南大西洋巴塔哥尼亚大陆架海域，资源丰富，是乌拉圭、阿根廷、巴西等沿岸国家重要的渔业资源，同时在海洋生态系统中扮演着重要的角色。头足类耳石由于其储存信息丰富、耐腐蚀、结构稳定等优点，被广泛用于研究头足类的年龄（头足类一般以日龄表示）与生长及生活史等。根据 2007 年、2008 年和 2010 年中国大陆鱿钓船在西南大西洋海域生产期间采集的阿根廷滑柔鱼样本，利用耳石微结构方法对公海海域我国鱿钓船所捕获的阿根廷滑柔鱼日龄、生长和种群结构进行了研究。

一、材料和方法

1. 样本采集海域和时间 样品来自"新世纪 52 号"和"浙远渔 807 号"专业鱿钓船。时间为 2007 年 2～5 月、2008 年 3～5 月和 2010 年 1～3 月，采集海域分别为 40°02′S～46°53′S、57°55′W～60°43′W，45°03′S～46°57′S、60°02′W～60°47′W 和 45°17′S～47°14′S、60°0′5W～60°47′W。从每个站点的渔获物中随机抽取柔鱼 10～15 尾，获得的样本经冷冻保藏运回实验室，共采集样本 3462 尾（其中 2007 年 308 尾，2008 年 262 尾，2010 年 2892 尾）。

2. 生物学测量及耳石提取 实验室解冻后对阿根廷滑柔鱼进行生物学测定，包括胴长（mantle length，ML）、体重（body weight，BW）、性别、性腺成熟度等。胴长测定精确至 0.1cm，体重精确至 0.1g。

从头部平衡囊提取耳石，最后得到完整耳石样本 3450 对（雌 2019 对、雄 1431 对），雌、雄阿根廷滑柔鱼的胴长分别为 267～350mm、122～266mm。对取出的耳石进行编号并将其存放于盛有 95%乙醇溶液的 1.5ml 离心管中，以便清除包裹耳石的软膜和表面的有机物质。

3. 耳石制备和日龄读取 取出保存于乙醇中的耳石，凸面（外侧）放入准备好的塑料模具中，倒入调配好的树脂包埋，待其硬化后选择平行于耳石长轴的面作为阿根廷滑柔鱼耳石的研磨平面（图 4-28），研磨过程中，先以 200grits 防水耐磨砂纸研磨至接近耳石表面处，再先后以 1200grits、2400grits 防水耐磨砂纸从耳石的翼区向侧区研磨，即沿纵切面研磨至核心。如此

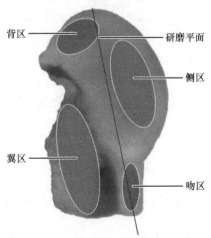

图 4-28 耳石各区分布及研磨平面示意图

完成一面研磨，然后重复以上过程完成另一面的研磨。待两面都研磨至核心，再用 0.05μm 氧化铝水绒布抛光研磨好的耳石切片。最后将制备好的耳石切片放入鳞片袋中保存，并做好标记。

取出制备好的耳石切片置于 400 倍（物镜×4、×10、×40，目镜×10）Olympus 光学显微镜下，采用 CCD 拍照，并通过数据线将照片传入电脑，然后利用 PhotoShop8.0 图像处理软件处理，并计数轮纹数目。在计数过程中，每个耳石的轮纹计数两次，每次计数的轮纹数目与均值的差值低于 5%，则认为计数准确，否则再计数两次取四次平均值。经对不同胴长组的样本进行随机抽样和研磨，最后得到有效耳石 531 枚。

4. 生长模型选取

1）利用协方差分析不同年份、不同性别间的日龄与胴长、日龄与体重是否存在显著性差异。

2）采用线性生长模型、指数生长模型、幂函数生长模型、对数函数模型、逻辑斯谛模型、von Bertalanffy 生长模型、Gompertz 生长模型分别拟合阿根廷滑柔鱼的生长方程。

线性方程：$L = a + bt$

指数方程：$L = a\mathrm{e}^{bt}$

幂函数方程：$L = at^b$

对数函数方程：$L = a\ln(t) + b$

逻辑斯谛生长方程：$L_t = \dfrac{L_\infty}{1 + \exp[-K(t_i - t_0)]}$

von Bertalanffy 生长方程：$L_t = L_\infty \times \{1 - \exp[-K(t_i - t_0)]\}$

Gompertz 生长方程：$L_t = L_\infty \times \exp\{1 - \exp[-K(t_i - t_0)]\}$

式中，L 为胴长或体重（mm 或 g）；L_t 为 t 时刻的胴长或体重（mm 或 g）；t 为日龄（d）；t_i 为第 i 个个体的日龄；a、b、G、g、K 为常数；t_0 为 $L=0$ 时的理论日龄；L_∞ 为渐近体长。

3）采用最大似然法估计模型生长参数，其公式为

$$L(\tilde{L}|L_\infty, K, t_0, \sigma^2) = \prod_{i=1}^{N} \frac{1}{\sigma\sqrt{2\pi}} \exp\left\{ \frac{-[L_i - f(L_\infty, K, t_0, t_i)]^2}{2\sigma^2} \right\}$$

式中，L_i 为第 i 个个体的体长；$\tilde{L}$ 为体长的测量值；σ^2 为误差项方差，其初始值设定为总体样本平均体长的 15%。其可用最大似然法取自然对数后估算求得，生长参数在 Excel 中利用规划求解拟合求得。

4）应用赤池信息量准则（Akaike information criterion，AIC）进行生长模型比较。其计算公式为

$$\mathrm{AIC} = -2\ln L(p_1, \cdots, p_m, \sigma^2) + 2m$$

式中，$L(p_1, \cdots, p_m)$ 为日龄体长数据的最大似然值，为模型参数的最大似然估计值，m 为模型中待估参数的个数。7 个生长模型中，取得最小 AIC 值的模型为最适生长模型。

5. 生长率估算 采用瞬时相对生长率（instantaneous relative growth rate，G）和绝对生长率（absolute growth rate，AGR）来分析阿根廷滑柔鱼的生长，其计算方程分别为

$$G = \frac{\ln R_2 - \ln R_1}{t_2 - t_1} \times 100$$

$$\mathrm{AGR} = \frac{R_2 - R_1}{t_2 - t_1}$$

式中，R_2 为 t_2 龄时的体重或胴长（g 或 mm）；R_1 为 t_1 龄时的体重或胴长（g 或 mm）；AGR 的单位为 mm/d 或 g/d。

本研究采用的时间间隔为 30d。当在研究过程中某一日龄段只有一个样本时，为了减小误差，

该日龄段生长率不做分析。

二、结果

1. 胴长和体重组成　　通过分析，2007年样本胴长为178~346mm，平均胴长为231.72mm，优势胴长组为180~270mm，占总数的87.95%，其次为270~300mm，占总数的9.45%；2008年样本胴长为193~364mm，平均胴长为266.88mm，优势胴长组为210~330mm，占总数的89.35%，其次为150~180mm，占总数的7.06%，小于150mm的个体很少；2010年样本胴长为93~335mm，平均胴长为207mm，优势胴长组为180~240mm，占总数的84.33%，其次为150~180mm，占总数的10.14%（图4-29A）。

2007年样本体重为102~802g，平均体重为275.25g，优势体重组为100~350g，占总数的82.84%，其次为350~500g，占总数的11.08%；2008年样本体重为145~900g，平均体重为440.86g，优势体重组为150~300g和450~700g，分别占总数的30.74%和51.75%，其次为350~500g，占总数的11.08%；2010年体重为70~425g，平均体重为187.11g，优势体重组为100~300g，占总数的91.51%，其次为50~100g和300~350g，分别占总数的4.74%和4.54%（图4-29B）。

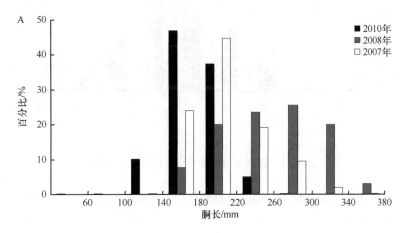

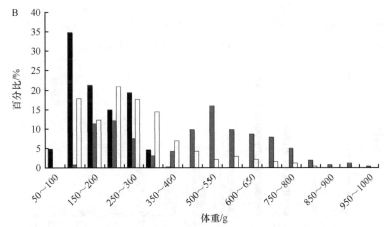

图4-29　阿根廷滑柔鱼不同年份的渔获物胴长（A）与体重（B）分布

数值范围一般是连续的，若为边界数值，可在实际操作时统一规定向上或向下选择。下同

2. 日龄组成　　耳石微结构（图4-30）判读表明，2007年样本日龄为207~370d，平均日龄

为 286.5d, 优势日龄组为 240～330d, 占总数的 83.19%, 其次分别为 210～240d 和 330～360d, 分别占总数的 7.96%和 7.07%; 2008 年样本日龄为 208～359d, 平均日龄为 293.8d, 优势日龄组为 240～330d, 占总数的 91.72%, 其次为 210～240d, 占总数的 6.91%; 2010 年样本日龄为 173～400d, 平均日龄为 300d, 优势日龄组为 240～360d, 占总数的 88.68%, 其次分别为 210～240d 和 360～390d, 均占总数的 4.53%（图 4-31）。

图 4-30　研磨后阿根廷滑柔鱼耳石微结构叠加示意图（雌性，胴长 255mm，体重 255g，日龄 315d）

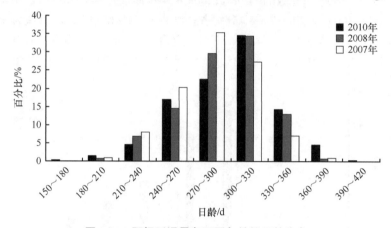

图 4-31　阿根廷滑柔鱼不同年份间日龄分布

3. 孵化日期推断及群体划分　　根据日龄和捕捞日期推算的结果显示, 2007 年阿根廷滑柔鱼孵化日期分布于 2006 年的 3～12 月, 几乎遍布全年, 但主要集中在 4～7 月, 占总数的 84.91%; 2008 年阿根廷滑柔鱼孵化日期分布于 2007 年的 5～12 月, 主要集中在 6～8 月, 占总数的 90.94%; 2010 年阿根廷滑柔鱼孵化日期分布于 2009 年 1～12 月, 遍布全年, 但是孵化高峰期出现在 3～5 月, 占总数的 74.77%, 其次为 6～8 月, 占总数的 13.59%（图 4-32）。

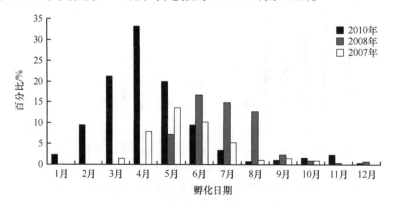

图 4-32　阿根廷滑柔鱼孵化日期分布

根据阿根廷滑柔鱼孵化日期推算, 可以认为样本有秋季和冬季两个产卵群, 其中 2007 年、

2008 年阿根廷滑柔鱼属于冬季产卵群（6～7 月），即布宜诺斯艾利斯-巴塔哥尼亚北部种群（BNS），而 2010 年样本则主要为秋季产卵群（3～5 月），即南部巴塔哥尼亚种群（SPS）。

4. 日龄和胴长的关系　协方差分析表明，2007 年、2008 年间阿根廷滑柔鱼日龄与胴长之间的关系不存在显著性差异（$F=0.597$，$P=0.082>0.05$），而 2007 年与 2010 年（$F=227.33$，$P=0.001<0.05$）、2008 年与 2010 年（$F=264.44$，$P=0.001<0.05$）间则都存在显著性差异，由于 2007 年、2008 年阿根廷滑柔鱼样本属于冬季产卵群，而 2010 年阿根廷滑柔鱼则属于秋季产卵群，不同年间存在的胴长生长的差异性，也可以解释为不同群体间胴长生长存在的差异性。通过协方差分析，冬季群体（$F=161.36$，$P=0.003<0.05$）和秋季群体间（$F=65.56$，$P=0.001<0.05$）阿根廷滑柔鱼胴长的生长都存在性别间差异，因此，将 2007 年、2008 年样本合并，而将 2010 年样本独立并分不同性别研究阿根廷滑柔鱼日龄与胴长之间的关系。通过方程的拟合、最大似然法则的优化及 AIC 的比较（表 4-5），得到阿根廷滑柔鱼胴长最佳生长方程分别如下。

冬季产卵群：

雌性：ML=106.9955×e^{0.0032×日龄}　　　　　　（$R^2=0.7082$，$n=152$，图 4-33）

雄性：ML=0.6705×日龄 + 43.101　　　　　　（$R^2=0.5756$，$n=109$，图 4-33）

秋季产卵群：

雌性：ML=116.65×e^{0.0021×日龄}　　　　　　（$R^2=0.5582$，$n=141$，图 4-33）

雄性：ML=129.6903×ln（日龄）−531.0295　　　（$R^2=0.6478$，$n=127$，图 4-33）

表 4-5　阿根廷滑柔鱼不同胴长生长模型的生长参数与 AIC 比较

性别	群体	模型	L_∞	a/K	b/t_0	AIC	R^2
雌性	冬季产卵群	线性	–	0.7984	38.0984	1069.417	0.6933
		幂函数	–	2.7573	0.8085	1072.141	0.6877
		指数函数	–	106.9955	0.0032	1061.974	0.7082
		对数	–	209.6274	−917.06	1082.336	0.6658
		逻辑斯谛	7655.34	0.0032	1313.214	1914.474	0.7077
		von-Bertalanffy	1853.044	$3.28×10^{-5}$	5000	3688.663	0.6374
		Gompertz	1245.986	$8.25×10^{-5}$	5555	3713.846	0.5913
	秋季产卵群	线性	–	0.4539	86.351	1006.7389	0.5561
		幂函数	–	7.6727	0.5902	1006.8778	0.5541
		指数函数	–	116.65	0.0021	1003.9221	0.5582
		对数	–	124.94	−489.1806	1007.2813	0.5487
		逻辑斯谛	7626.2827	$2.13×10^{-3}$	1941.5326	1634.3925	0.5538
		von-Bertalanffy	1853.1888	$-2.7×10^{-6}$	5000.0547	1888.1412	0.4964
		Gompertz	1295.3443	$1.09×10^{-4}$	5572.0934	1834.7549	0.4674
雄性	冬季产卵群	线性	–	0.6705	43.101	716.3168	0.5756
		幂函数	–	2.481	0.8039	735.5294	0.5759
		指数函数	–	107.5223	0.0027	733.5573	0.5836
		对数	–	183.4409	−802.4072	738.1656	0.5653
		逻辑斯谛	7645.7164	$2.78×10^{-3}$	1527.7188	1316.8444	0.5835
		von-Bertalanffy	1850.5229	$-2.9×10^{-5}$	5000.5236	1522.1719	0.5123
		Gompertz	1246.3162	$9.7×10^{-4}$	5556.5818	1501.3753	0.5135

续表

性别	群体	模型	L_∞	a/K	b/t_0	AIC	R^2
雄性	秋季产卵群	线性	–	0.4236	80.5100	894.0167	0.6323
		幂函数	–	5.4788	0.6375	764.5954	0.6381
		指数函数	–	110.79	0.002100	895.0053	0.6139
		对数	–	129.6903	−531.0295	761.1139	0.6478
		逻辑斯谛	7619.7936	2×10^{-3}	2080.7322	1364.3893	0.6205
		von-Bertalanffy	1853.0447	-2.6×10^{-4}	5000	3098.7804	0.5734
		Gompertz	1245.9851	1.09×10^{-4}	5554.9994	3120.0201	0.5414

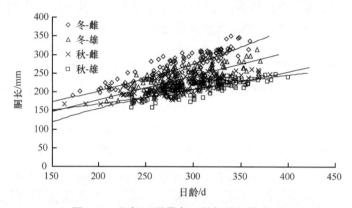

图 4-33　阿根廷滑柔鱼日龄与胴长的关系

5. 日龄和体重的关系　　协方差分析表明，2007 年、2008 年间阿根廷滑柔鱼日龄与体重之间的关系不存在显著性差异（$F=13.3274$，$P=0.08>0.05$），而 2007 年与 2010 年（$F=220.64$，$P=0.001<0.05$）、2008 年与 2010 年（$F=515.26$，$P=0.001<0.05$）间则都存在显著性差异。通过协方差分析，冬季产卵群（$F=70.54$，$P=0.003<0.05$）和秋季产卵群（$F=1.748$，$P=0.001<0.05$）间阿根廷滑柔鱼存在性别间差异，因此，将 2007 年、2008 年样本合并，而将 2010 年样本独立并分不同性别研究阿根廷滑柔鱼日龄与体重之间的关系。通过方程的拟合、最大似然法则的优化及 AIC 的比较（表 4-6），得到阿根廷滑柔鱼体重最适生长方程如下。

冬季产卵群：

雌性：$BW=9.09\times10^{-5}\times$日龄$^{2.7062}$　　　　　　　（$R^2=0.6959$，$n=152$，图 4-34）

雄性：$BW=15.5689\times e^{0.0101\times日龄}$　　　　　　（$R^2=0.6319$，$n=109$，图 4-34）

秋季产卵群：

雌性：$BW=34.3861\times e^{0.0061\times日龄}$　　　　　　（$R^2=0.5413$，$n=141$，图 4-34）

雄性：$BW=404.3661\times\ln(日龄)-2101.6$　　　　　　（$R^2=0.5407$，$n=127$，图 4-34）

表 4-6　阿根廷滑柔鱼不同体重生长模型的生长参数与 AIC 比较

性别	群体	模型	L_∞	a/K	b/t_0	AIC	R^2
雌性	冬季产卵群	线性	–	0.7983	38.100	1569.417	0.6933
		幂函数	–	9.09×10^{-5}	2.706	1525.834	0.6959
		指数函数	–	17.3551	0.011	1535.261	0.7166
		对数	–	992.5669	−5186.5	1580.166	0.6177

续表

性别	群体	模型	L_∞	a/K	b/t_0	AIC	R^2
雌性	冬季产卵群	逻辑斯谛	7697.522	0.0115	542.5548	2861.776	0.7155
		von-Bertalanffy	1853.043	5.35×10^{-5}	5000.000	3712.944	0.6487
		Gompertz	1245.991	1.85×10^{-5}	5555.001	3735.632	0.5713
	秋季产卵群	线性	–	1.2652	−158.682	1208.037	0.5396
		幂函数	–	0.0074	1.803	1206.302	0.5453
		指数函数	–	34.3861	0.006	1203.495	0.5413
		对数	–	344.1153	−1739.500	1213.815	0.5201
		逻辑斯谛	7626.283	0.0021	1941.533	1634.345	0.5539
		von-Bertalanffy	1853.189	2.65×10^{-5}	5000.055	1888.141	0.5134
		Gompertz	1295.344	0.0001	5572.093	1834.755	0.0827
雄性	冬季产卵群	线性	–	3.3081	−638.294	1075.649	0.6009
		幂函数	–	2.76×10^{-5}	2.864	1068.769	0.6257
		指数函数	–	16.5698	0.010	1066.987	0.6319
		对数	–	919.0982	−4884.840	1082.268	0.5754
		逻辑斯谛	7687.766	0.0056	847.266	2088.6	0.4854
		von-Bertalanffy	1718.038	4.33×10^{-5}	4981.685	2202.277	0.4978
		Gompertz	1152.962	4.89×10^{-5}	5523.645	2197.159	0.4763
	秋季产卵群	线性	–	1.3272	−185.165	1108.686	0.5278
		幂函数	–	0.00112	2.144	1117.937	0.4918
		指数函数	–	40.2317	0.005	1117.695	0.4928
		对数	–	406.3661	−2101.060	1105.178	0.5407
		逻辑斯谛	7619.745	0.0021	2081.428	1364.365	0.62006
		von-Bertalanffy	1853.045	2.57×10^{-5}	5000	3098.78	0.4713
		Gompertz	1245.985	0.0001	5554.999	3120.02	0.4972

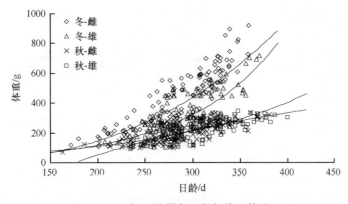

图 4-34　阿根廷滑柔鱼日龄与体重的关系

6. 生长率分析　　研究表明，阿根廷滑柔鱼生长比较迅速。按胴长计算，对于冬季产卵群，雌性胴长平均相对和绝对生长率分别为 0.29%/d 和 0.73mm/d，最大相对生长率（0.340%/d）和绝对生长率（1.094mm/d）均出现在 301～330d；最小相对生长率（0.147%/d）和绝对生长率

（0.370mm/d）均出现在 271～300d（表 4-7）；雄性胴长平均相对和绝对生长率分别为 0.20%/d 和 0.50mm/d，最大相对生长率（0.350%/d）和绝对生长率（0.846mm/d）均出现在 301～330d；最小相对生长率（0.045%/d）和绝对生长率（0.094mm/d）均出现在 211～240d（表 4-7）。秋季产卵群雌性胴长平均相对和绝对生长率分别为 0.19%/d 和 0.41mm/d，最大相对生长率（0.632%/d）和绝对生长率（1.167mm/d）均出现在 211～240d；最小相对生长率（0.010%/d）和绝对生长率（0.017mm/d）出现在 181～210d（表 4-7）；雄性胴长平均相对和绝对生长率分别为 0.19%/d 和 0.38mm/d，最大相对生长率（0.385%/d）和绝对生长率（0.702mm/d）均出现在 241～270d；最小相对生长率（0.115%/d）和绝对生长率（0.255mm/d）均出现在 331～360d（表 4-7）。总体而言无论是冬季产卵群还是秋季产卵群，无论是相对生长率还是绝对生长率，同一日龄段内雌性样本都比雄性样本大，并且总体而言随着日龄的增加，两个群体胴长的相对生长率总体上呈现下降趋势，而绝对生长率总体上则呈现上升趋势（图 4-35）。

表 4-7 阿根廷滑柔鱼胴长生长率

性别	群体	日龄/d	数量（N）	平均值	标准差/mm	绝对生长率/（mm/d）	相对生长率/（%/d）
雌性	冬季产卵群	151～180	1	191.0	—	—	—
		181～210	7	209.0	9.27	0.600	0.300
		211～240	19	222.7	14.30	0.456	0.211
		241～270	22	246.3	24.33	0.788	0.336
		271～300	40	257.4	25.98	0.370	0.147
		301～330	47	290.2	22.87	1.094	0.340
		331～360	15	—	—	—	—
		361～390	0	—	—	—	—
	秋季产卵群	151～180	1	167.0	0	—	—
		181～210	2	167.5	0.71	0.017	0.010
		211～240	14	203.0	12.49	1.167	0.632
		241～270	26	207.1	19.11	0.152	0.074
		271～300	38	213.3	21.63	0.209	0.099
		301～330	41	232.7	13.47	0.645	0.289
		331～360	11	239.3	9.47	0.219	0.093
		361～390	6	252.8	7.96	0.452	0.184
雄性	冬季产卵群	151～180	0	—	—	—	—
		181～210	1	208.0	—	—	—
		211～240	6	211.0	24.94	0.094	0.045
		241～270	23	217.5	14.23	0.221	0.103
		271～300	44	228.8	21.48	0.379	0.169
		301～330	19	254.2	16.17	0.846	0.350
		331～360	12	275.0	15.18	0.693	0.262
		361～390	2	298.5	21.92	0.783	0.273
	秋季产卵群	151～180	0	—	—	—	—
		181～210	0	—	—	—	—
		211～240	8	172.0	6.10	—	—

续表

性别	群体	日龄/d	数量（N）	平均值	标准差/mm	绝对生长率/（mm/d）	相对生长率/（%/d）
雄性	秋季产卵群	241～270	18	192.9	17.89	0.702	0.385
		271～300	24	201.4	15.12	0.284	0.144
		301～330	43	216.9	13.38	0.516	0.247
		331～360	22	224.6	8.54	0.255	0.115
		361～390	10	236.3	6.99	0.390	0.169

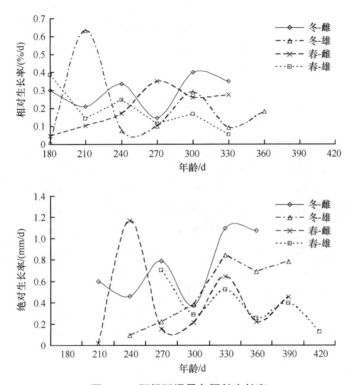

图 4-35　阿根廷滑柔鱼胴长生长率

　　按体重计算，冬季产卵群雌性体重平均相对和绝对生长率分别为 0.91%/d 和 3.25g/d，最大相对生长率（1.280%/d）和绝对生长率（7.00g/d）分别出现在 301～330d 和 331～360d；最小相对生长率（0.500%/d）和绝对生长率（1.00g/d）分别出现在 271～300d 和 181～240d（表 4-8）；冬季产卵群雄性体重平均相对和绝对生长率分别为 0.89%/d 和 3.35g/d，最大相对生长率（1.182%/d）和绝对生长率（5.95g/d）分别出现在 301～330d 和 361～390d；最小相对生长率（0.693%/d）和绝对生长率（1.08g/d）均出现在 211～240d（表 4-8）。秋季产卵群雌性体重平均相对和绝对生长率分别为 0.50%/d 和 1.04g/d，最大相对生长率（1.915%/d）和绝对生长率（2.15g/d）分别出现在 181～210d 和 301～330d；最小相对生长率（0.182%/d）和绝对生长率（0.46g/d）分别出现在 331～360d 和 211～240d（表 4-8）；雄性体重平均相对和绝对生长率分别为 0.59%/d 和 1.45g/d，最大相对生长率（1.589%/d）和绝对生长率（2.15g/d）均出现在 211～240d；最小相对生长率（0.062%/d）和绝对生长率（0.19g/d）均出现在 361～390d（表 4-8）。总体而言，无论是冬季产卵群还是秋季产卵群，无论是相对生长率还是绝对生长率，同一日龄段内雌性样本基本都比雄性样本大，并且总体而言随着日龄的增加，两个群体体重的相对生长率呈现下降趋势，而绝对生长率总体上呈现上升趋势（图 4-36）。

表 4-8　阿根廷滑柔鱼体重生长率

性别	群体	日龄/d	数量（N）	平均值	标准差/mm	绝对生长率/（g/d）	相对生长率/（%/d）
雌性	冬季产卵群	151～180	2	139	29.7	—	—
		181～210	5	179.4	47.6	1.00	0.850
		211～240	17	211.9	56.2	1.00	0.555
		241～270	24	308.5	94.9	3.00	1.251
		271～300	40	358.5	123.6	1.66	0.500
		301～330	47	526.4	122.7	5.59	1.280
		331～360	15	724.3	112.7	7.00	1.064
		361～390	—	—	—	—	—
	秋季产卵群	151～180	1	72	—	—	—
		181～210	2	127.9	6.9	1.86	1.915
		211～240	14	142	25.8	0.46	0.340
		241～270	26	164.3	52.2	0.76	0.496
		271～300	38	188.2	60.0	0.79	0.452
		301～330	41	252.7	43.9	2.15	0.982
		331～360	11	266.8	26.3	0.48	0.182
		361～390	6	315.7	13.1	1.63	0.560
雄性	冬季产卵群	151～180	0	—	—	—	—
		181～210	1	140	—	—	—
		211～240	6	172	40.9	1.08	0.693
		241～270	23	219	57.3	1.56	0.799
		271～300	44	280.9	106.6	2.06	0.829
		301～330	19	400.4	94.6	3.98	1.182
		331～360	12	526.6	85.5	4.20	0.913
		361～390	2	705.0	14.1	5.95	0.973
	秋季产卵群	151～180	0	—	—	—	—
		181～210	0	—	—	—	—
		211～240	8	105.8	8.2	2.15	1.589
		241～270	18	170.0	58.9	0.56	0.316
		271～300	24	186.8	63.9	1.92	0.894
		301～330	43	244.3	54.9	0.74	0.289
		331～360	22	266.4	34.7	1.07	0.380
		361～390	10	298.6	28.8	0.19	0.062

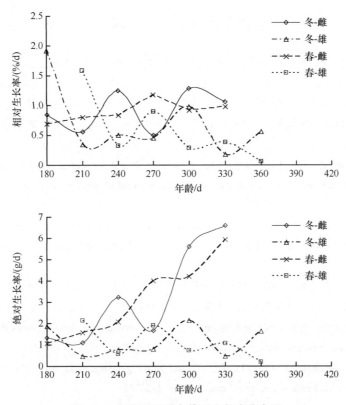

图 4-36　阿根廷滑柔鱼体重生长率分布图

◆ 课 后 作 业

一、建议阅读的相关文献

1. 陈大刚. 1997. 渔业资源生物学. 北京：中国农业出版社.

2. 陈新军. 2014. 渔业资源与渔场学. 北京：海洋出版社.

3. 邓景耀，赵传姻. 1991. 海洋渔业生物学. 北京：农业出版社.

4. 刘必林，陈新军，方舟，等. 2014. 利用角质颚研究头足类的年龄与生长. 上海海洋大学学报，6：930-936.

5. 刘必林，陈新军，李建华. 2015. 内壳在头足类年龄与生长研究中的应用进展. 海洋渔业，1：68-76.

6. 胡贯宇，陈新军，刘必林，等. 2015. 茎柔鱼耳石和角质颚微结构及轮纹判读. 水产学报，3：361-370.

7. 蒋瑞，刘必林，张虎，等. 2019. 中国对虾眼柄微结构与其生长关系的研究. 水产学报，43（4）：928-934.

8. 蒋瑞，刘必林，刘华雪，等. 2018. 三种常见经济虾蟹类眼柄微结构分析. 海洋与湖沼，49（1）：99-105.

9. 蒋瑞，刘必林，张健，等. 2017. 甲壳类年龄鉴定方法研究进展. 海洋渔业，39（4）：471-480.

10. 倪震宇，刘必林，蒋瑞，等. 2019. 利用眼柄微结构研究虾蟹类的年龄和生长的进展. 大连海洋大学学报，34（1）：139-144.

11. 宋昭彬，曹文宣. 2001. 鱼类耳石微结构特征的研究与应用. 水生生物学报，6：613-619.

12. 许巍，刘必林，陈新军. 2018. 眼睛晶体在头足类生活史分析中的研究进展. 大连海洋大学学报，23（3）：408-412.

13. 朱国平. 2011. 金枪鱼类耳石微化学研究进展. 应用生态学报，8：2211-2218.

14. 刘必林，陈新军，马金，等. 2010. 头足类耳石的微化学研究进展. 水产学报，34（2）：315-321.

15. 窦硕增. 2007. 鱼类的耳石信息分析及生活史重建——理论、方法与应用. 海洋科学集刊，48：93-113.

16. 李胜荣，申俊峰，罗军燕，等. 2007. 鱼耳石的成因矿物学属性：环境标型及其研究新方法. 矿物学报，Z1：241-248.

17. Hu G Y, Fang Z, Liu B L, et al. 2016. Age, growth and population structure of jumbo flying squid（*Dosidicus gigas*）off the Peruvian Exclusive Economic Zone based on beak microstructure. Fish Sci，82（3）：597-604.

18. Liu B L, Chen X J, Chen Y, et al. 2013. Age, maturation and population structure of the Humboldt squid, *Dosidicus gigas* off Peruvian Exclusive Economic Zones. Chinese Journal of Oceanology and Limnology，31（1）：81-91.

19. 张学健，程家骅. 2009. 鱼类年龄鉴定研究概况. 海洋渔业，31（1）：92-98.

20. 朱国平，宋旗. 2016. 运用脂褐素鉴定甲壳类年龄的研究进展. 生态学杂志，8：2225-2233.

21. Jackson G D. 1994. Application and future potential of statolith increments analysis in squids and sepioids. Canadian Journal of Fisheries Aquatic and Sciences，51：2612-2625.

22. Leporati S C, Semmens J M, Peel G T. 2008. Determining the age and growth of wild octopus using stylet increment analysis. Marine Ecology Progress Series，367：213-222.

23. Goff R L, Gauvrit E, Pinczon D S, et al. 1998. Age group determination by analysis of the cuttlebone of the cuttlefish sepia officinalis in reproduction in the bay of Biscay. Journal of Molluscan Studies，64：183-193.

二、思考题

1. 简述鱼类年龄与生长研究在渔业上的意义。
2. 简述鱼类年龄形成的一般原理及其鉴定材料。
3. 硬骨鱼类中鳞片上的年轮标志有哪些？
4. 简述鳞片类型及其鳞片的年轮特征。
5. 简述鳞片和耳石两种硬组织的年龄鉴定方法。
6. 鉴定年龄的方法有哪些？
7. 影响鱼类生长的主要因素是什么？

第五章

性成熟、繁殖习性与繁殖力

提要： 建设海洋强国，必须进一步关心海洋、认识海洋、经略海洋，加快海洋科技创新步伐。了解鱼类的性成熟、繁殖习性与繁殖力，针对性地进行渔业管理，解决人工繁殖等重要问题，为我国海洋经济特别是渔业经济的发展蓄力。在本章中，重点了解鱼类性成熟过程，学会划分性腺成熟度的方法，掌握繁殖习性、繁殖力测定的基本方法，了解鱼类生殖对策及其与环境的关系。研究渔业资源群体的繁殖，包含着很广泛的内容，涉及发育生物学、生理学、生态学、遗传学等生物学的诸门学科，其中对渔业资源种类，特别是鱼类的性成熟特征、产卵群体的结构、繁殖力及其与环境因子的关系，以及生殖对策等的研究，已成为渔业资源调查和研究的常规性工作。开展鱼类繁殖机制和生殖对策的研究，不仅可以为合理捕捞、科学制定渔业管理措施提供重要的科学依据，同时对正确解决人工繁殖，进行人工放流等都具有很重要的实际意义。

鱼类作为水生生物的重要组成部分，其性成熟、繁殖习性与繁殖力不仅影响着鱼类的种群数量，也与生态系统的稳定和渔业资源的可持续利用息息相关。鱼类性成熟的过程涉及多个生物学方面，包括性腺发育、生殖细胞成熟等。不同种类的鱼类性成熟的时间和条件各异，有的鱼类在幼年期即可达到性成熟，而有的则需要数年甚至更长时间。此外，环境因素如温度、食物供应等也会影响鱼类的性成熟时间。

鱼类的繁殖习性多样，包括单性繁殖、两性繁殖、卵胎生等。大部分鱼类为两性繁殖，需要雄性和雌性交配以产生后代。鱼类在繁殖时通常会选择特定的繁殖场所。此外，一些鱼类还会表现出复杂的求偶行为，以确保繁殖的成功。不同种类的鱼类产卵数量差异极大，直接影响鱼类的种群数量。

了解鱼类的性成熟、繁殖习性与繁殖力对于保护和利用鱼类资源具有重要意义。首先，这些信息有助于评估鱼类种群的数量动态，预测其未来的发展趋势。其次，对于水生生物多样性的保护而言，了解这些生物学特征有助于制订更为有效的保护策略。最后，对于渔业管理而言，了解鱼类的繁殖习性和繁殖力有助于制订合理的捕捞计划，确保渔业资源的可持续利用。通过研究鱼类的性成熟、繁殖习性与繁殖力，人们能更深入地理解其种群动态和生态行为，为保护和利用这些宝贵的自然资源提供科学依据。

◆ 第一节　鱼类性别特征及其性成熟

一、雌雄的区别

许多渔业资源种类并不都像哺乳动物那样，可以从外生殖器上区分雌雄。许多鱼类的雌雄往往只能依据鱼体的其他部位来区别，如身体大小、体色和生殖孔向外开口的情况等。有些鱼类的两性差别只在繁殖季节方能显现出来，并常在雌性个体中表现得尤其明显，如珠星、婚姻色等。这类特征通常被称为第二性征或副性征。但也有不少鱼类从外形上不易区分雌雄。

鱼类的性别特征分为三种类型：①雌雄异体；②正常的雌雄同体；③在同一种内一部分是雌雄异体，另一部分是雌雄同体或性逆转现象的个体。因此，鱼类的两性区别并不像人们想象的那样简单。科学地区分鱼类的两性，有时甚至需要用组织学观察的方法。

一般用于区分两性的都是鱼体的外部特征，如体形、鳍、生殖孔和嗅球等。形态特征的雌雄差异是判断鱼类雌雄的常用方法。两性形态特征的差别，一般来说是比较稳定的，但有些鱼类在繁殖季节时，雄鱼在体形上也发生很大变化。例如，大麻哈鱼在进行溯河产卵洄游期间，雄鱼两颌皆弯曲成钩状，并长出巨齿；细鳞大麻哈鱼的雄鱼背还有明显隆起，故又被叫作驼背大麻哈鱼。

根据鱼类的外部生殖器官可辨别鱼类的两性。有些鱼类的雌雄生殖孔的结构不同。例如，罗非鱼雌鱼在肛门之后有较短的生殖乳突和生殖孔，其后还有一泌尿孔；而雄鱼在肛门之后只有一个较长的泄殖乳突，生殖、泌尿共开一个孔，即尿殖孔。真鲷也是如此。根据嗅球的大小及嗅板的多少可区分出拟鲹鲦的雌雄个体。雄性拟鲹鲦的嗅球比相同体长的雌鱼大2～3倍，嗅板也多1倍。但需要注意的是，有的鱼类的外部生殖器官并不存在。

许多鱼类在繁殖时期出现鲜艳的色彩，或者原有的色彩变得更为鲜艳，这一点一般在雄鱼中表现得比较突出，并且在生殖季节之后即消失，这种色彩称为婚姻色。例如，大麻哈鱼在海中生活时身体呈银色，繁殖季节进行溯河洄游时，体色变成暗棕色，而雄性个体的两侧还出现鲜红的斑点。

在繁殖季节，一些鱼类身上的个别部位（如鳃盖、鳍条、吻部、头背部等处）出现白色坚硬的椎状突起，称为珠星（或追星），其是表皮细胞特别肥厚和角质化的结果。珠星大多只在雄鱼中出现，但有些种类雌雄鱼在生殖时皆有出现，只不过雄体的较多。这一特征在鲤科鱼类中较常见，如青、草、鲢、鳙四大家鱼都在胸鳍鳍条上出现珠星。一般认为珠星可使雌雄亲鱼在产卵排精时起兴奋和刺激作用，发生产卵行为时，可以看到雌雄身体接触的部分多是珠星密集的地方。

绝大部分的鱼类种类都是雌雄异体的，但是有些种类，如鲷科的少数鱼类，有时出现性腺中同时存在着卵巢组织和精巢组织的雌雄同体现象。性逆转即性腺转变现象的典型例子是黄鳝。该种鱼虽有雌雄之分，但从胚胎期一直到性成熟期全是雌性，待成熟产卵后，才有部分个体转变为雄性。

总之，一般根据外部特征区分两性，但要达到准确的结果，往往还需解剖，以了解鱼体内部的生殖系统，并区别出雌雄鱼体。

二、性成熟特性及性比

1. 性成熟过程　鱼类开始性成熟的时间是种的属性，是鱼类在不同环境条件下长期形成的一种适应性。通常性成熟时间有一个较大的变化幅度，在一个种群范围内也有变化。研究鱼类性成熟的过程，对群体数量变动趋势的估计及渔业资源的合理开发和利用都有重要的意义。

同一种群内，鱼类性腺成熟的迟早首先同个体大小（通常是体长）有关。已有的研究表明，鱼类的性成熟大约为鱼体达到最大长度的一半时才开始，因此鱼类生长得越快，其性成熟的时间就越早。

在同龄鱼的成熟过程中，达到或将要达到性成熟的鱼体长度，均较性未成熟者大，不论年龄大小，各年龄鱼的成熟比率均随鱼体的增长而逐月增加。带鱼的出生时间虽不同，但初次达到性成熟的鱼体肛长却基本一致（约为 180mm）（图 5-1）。可见，带鱼性成熟与长度的关系较年龄更为密切。

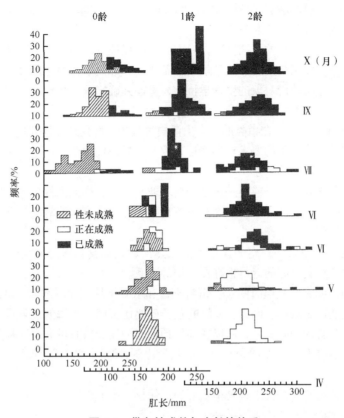

图 5-1　带鱼性成熟与生长的关系

　　一般来说，多年生的种类，其首次性成熟产卵的年龄种间差异很大。一般来说，性成熟早的种群生命周期短，世代更新快；性成熟晚的种群生命周期长，世代更新慢。生活在热带、亚热带的鳉，仅几周龄便可达性成熟；鲟科鱼类如黑龙江鳇要到 17 龄才开始性成熟；鲽形目鱼类性成熟年龄为 1～15 龄。我国海洋鱼类中性成熟的年龄多为 1～2 龄。同一种群成熟年龄提前是捕捞过度导致资源衰退的标志，这也是种群为繁衍延续后代的一种适应特性。不同种群的个体首次性成熟时要达到一定的长度，这一长度称为性成熟的最小体长，这个体长通常处于 von Bertalanffy 质量生长方程的拐点处。

　　2. 鱼类生物学最小型　　卵子从受精到孵出仔鱼之后逐渐生长，生长到一定体型大小之后，体内的性腺开始发育成熟。各种鱼类开始性成熟的时间不同，就是同一种鱼类，由于生活的地点不同，其开始性成熟的时间也不同。这种从幼鱼生长到一定程度之后，性腺开始发育成熟的时间，一般称为初次性成熟时间。鱼类达到初次性成熟时间的最小长度即称为生物学最小型。

　　初次性成熟时间与鱼体达到一定体型有关，同其经历过的时间关系较小。生长越快，达到性成熟的时间就越短，反之则越长。大多数分布广泛的鱼类，生活在高纬度水域的鱼群通常比生活在低纬度水域的鱼群性成熟期开始得晚，而且雌雄性成熟的时间也不同。例如，同是大黄鱼，生活在浙江沿海的鱼群，2 龄开始性成熟，大量性成熟期，雄鱼为 3 龄，雌鱼分别为 3 龄和 4 龄，到达 5 龄时不论雌雄鱼都已性成熟。生活在海南岛东部硇洲近海的鱼群，1 龄时便有少数个体开始性成熟，2 龄和 3 龄时期大量成熟。由此可见，在北半球，大黄鱼初次性成熟时间由北而南逐渐提早，雄性个体性成熟时间早于雌性。例如，浙江近海的大黄鱼，其雄鱼体长为 250mm，体重达 200g 左右时大量开始性成熟，而雌鱼体长 280mm，体重达 300g 左右时才大量开始性成熟。其性成熟的体长和体重，雄鱼均比雌鱼小。

在渔业捕捞中，规定最小的可捕标准，一方面可以保证有一定的亲体数量，使得捕捞种群有足够的补充量；另一方面则是使资源达到最大的利用率，即能取得最大的生物量。因此，在制定可捕标准时，有必要考虑捕捞对象的生物学特性，掌握并确定其生物学最小型，对渔业资源的养护有着重要意义。

3. 性成熟与外界环境 在鱼类的整个生活史过程中，均受到外界环境因子的影响。鱼类的性成熟和产卵时期对环境因子的要求更加严格，因此外界环境因子（包括生物学因子和非生物学因子）与鱼类存在更为显著的关系。

有些鱼类对产卵的环境因子或某一因子的要求非常严格，如溯河性鱼类，每年一定要历尽艰辛洄游到一个特定的河川去产卵；对于大黄鱼等鱼类，即使温度、溶解氧等合适，但如果没有一定的水流冲击，它们就无法产卵。

由于大多数的鱼类须长到一定的大小才能成熟产卵，而食物保障又是促进生长的最重要条件，因此饵料条件与鱼类产卵的迟早也存在密切的关系。

通常，在平均温度高、光照时间长、饵料丰富和水质条件（如溶解氧、pH 等）优良的水体中，渔业资源性成熟得比较早。例如，南海的鱼类就要比黄海、东海的鱼类早成熟。正因为鱼类的产卵与环境因子有着密切的关系，所以在渔情预报与渔场分析时可利用这种关系。

4. 性比 性比是指鱼群中雌鱼与雄鱼的数量比例，通常可以以渔获物中的雌雄鱼数量之比来表示。

适当的性比对繁殖的有效性来说是很重要的。保持一定的性比，会使后代得到不断地繁衍。因此，性比是生物学特性的具体表现之一。

生活栖息地区和季节不同，鱼类的性比也会发生变化。例如，栖息于东海的海鳗，冬季雌鱼多于雄鱼，春季则雄鱼多于雌鱼，夏秋期间两者相近；而栖息在日本九州地区的海鳗，冬春季节性比的变化也很大，但是恰与东海的海鳗相反。

性比也会随鱼群中个体大小的不同而变化。例如，东海的黄鲷在个体较小的阶段，雌鱼占70%；体长为 210～220mm 时，雌鱼占 50%；高龄阶段，雌鱼只占 10%～20%。又如，大黄鱼平均体长小于 280mm 的鱼体中，雄鱼占多数；体长 280～360mm 的鱼体中，性比为 1∶1；大于 360mm 的鱼中则雌鱼居多。

鱼类的性比也随着生活阶段的不同而有变化。例如，东海的小黄鱼在 2～3 月、5～8 月，雌鱼比雄鱼为多；10 月至翌年 1 月性比接近于 1∶1。在产卵场中一般性比为 1∶1。

生殖期间，鱼类的总性比一般接近 1∶1，在生殖过程中的各个阶段却稍有变化。生殖初期，一般是雄鱼占多数，生殖盛期性比基本为 1∶1，生殖后期雄鱼的比例又逐渐增加。在产卵群体中，往往是在小个体中，雄鱼占多数；大个体中，以雌鱼居多。这是由于雄鱼性成熟早，因此参加到产卵群体中也较雌鱼为早，但寿命一般较短，因此在大个体鱼（高龄鱼）中，雄的数量较少，这对于种群繁荣来说有着重要的意义，因为雄鱼死亡早，能保证后代和雌鱼得到大量的饵料。

但是，在生殖季节中，聚集在产卵场所的产卵群体，性比也常出现相差悬殊的情况，有时是雄鱼多得多。例如，对我国沿海大黄鱼的 5 个主要生殖群体的性比分析表明（表 5-1），全部是雄多于雌，大约呈 2∶1 的关系。据说大黄鱼在流速甚急的水域中进行产卵，这样的性比对保证卵子受精率，提高后代数量有一定的作用，是对繁殖条件具有适应性的一种属性。

表 5-1　大黄鱼 5 个主要生殖群体的性比

生殖群体	吕泗洋	岱衢洋	猫头洋	官井洋	硇洲
♂/%	66.0	72.82	81.86	69.11	69.96
♀/%	34.0	27.18	18.14	30.89	30.04
群体总数	2370	5814	1803	2289	4434

总之，鱼类性比的形式多种多样，是不同鱼类对其生活环境多样性的适应结果。这在渔业资源生物学研究中具有重要的意义。

三、性腺成熟度的研究方法

1. 目测等级法　　判断鱼类的性腺成熟度是渔业资源调查研究的常规项目之一，常用和实用的方法是目测等级法，此外还有组织学方法等。在实际工作中，用目测等级法所观察的结果基本上能够满足需要。用目测等级法划分成熟度等级，主要是根据性腺外形、血管分布、卵与精液的情况等特征进行判断。欧美国家、俄罗斯和日本等所采用的标准并不完全相同，如欧美学者通常将 Hjort（1910）提出的方法稍加改进作为判断大西洋鲱性腺成熟度的标准，这一标准被国际海洋考察理事会（ICES）采用，并被称为国际标准或 Hjort 标准。此标准将鱼类性成熟分为 7 个等级。而俄罗斯学者则常采用六期划分法，日本学者将鱼类的性腺成熟度划分为 5 期，即休止期、未成熟期、成熟期、完全成熟期和产卵后期。

我国所采用的标准则基本上是 K. A. 基谢列维奇（1922）提出的鲤科鱼类的性腺成熟度划分标准。这一标准经过实际应用显示效果不错，并稍加修改编入《海洋渔业资源调查手册》（黄海水产研究所，1981）。不过无论用什么标准来划分鱼类成熟度，都应该考虑以下几点要求：①成熟度等级必须正确地反映鱼类性腺发育过程中的变异；②成熟度等级应该按照鱼类的生物学特性来制订；③为了确定阶段的划分，在等级中必须估计到肉眼能看见的外部特征及肉眼看不到的内部特征的变异；④划分等级不应过多，以适应野外工作。

现将我国常用的划分鱼类性腺成熟度的 6 期标准说明如下（黄海水产研究所，1981）。

Ⅰ期：性未成熟的个体。性腺不发达，紧附于体壁内侧，呈细线或细带状。肉眼不能识别雌雄。

Ⅱ期：性腺开始发育或产卵后重新发育的个体。细带状的性腺已增粗，能辨认出雌雄。卵巢呈细管状（或扁带状），半透明，分支血管不明显，呈浅肉红色，但肉眼看不出卵粒。精巢扁平稍透明，呈灰白色或灰褐色。

Ⅲ期：性腺正在成熟的个体。性腺已较发达，卵巢体积占整个腹腔的 1/3～1/2，卵巢大血管明显增粗，卵粒互相粘成团块状。肉眼可明显看出不透明的稍具白色或浅黄色的卵粒，但切开卵巢挑取卵粒时，卵粒很难从卵巢膜上脱落下来。精巢表面呈灰白色或稍具浅红色，挤压精巢无精液流出。

Ⅳ期：性腺将成熟的个体。卵巢体积占腹腔的 2/3 左右，分支血管可明显看出。卵粒明显，呈圆形。很容易彼此分离，有时能看到半透明卵。卵巢呈橘黄色或橘红色。轻压鱼腹无成熟卵流出。精巢明显增大，呈白色。挑破精巢膜或轻压鱼腹有少量精液流出，精巢横断面的边缘略呈圆形。

Ⅴ期：性腺完全成熟，即将或正在产卵的个体。性腺饱满，充满体腔。卵巢柔软而膨大，卵大而透明，挤压卵巢或手提鱼头，对腹部稍加压力，卵粒即行流出。切开卵膜，卵粒各个分离。

精巢发育达最大，呈乳白色，充满精液。挤压精巢或对鱼腹稍加压力，精液即行流出。

Ⅵ期：产卵、排精后的个体。性腺萎缩、松弛、充血；卵巢呈暗红色，体积显著缩小，只占体腔一小部分。卵巢套膜增厚。卵巢和精巢内部残留少数成熟或小型未成熟的卵粒或精液，末端有时出现淤血。

根据不同鱼类的情况和需要，还可对某一期再划分 A、B 期，如 V_A 期和 V_B 期。如果性腺成熟度处于相邻的两期之间，就可写出两期的数字。比较接近于哪一期，就把这一期的数字写在前面，如Ⅲ～Ⅳ、Ⅳ～Ⅲ期。对于性腺中性细胞分批成熟，多次产出的鱼类，性腺成熟度可根据已产过和余下的性细胞发育情况来计，如Ⅵ～Ⅲ期，表明产卵后卵巢内还有一部分卵粒处于Ⅲ期，但在卵巢外观上具有部分Ⅵ期的特征。

2. 成熟系数　测定卵巢的成熟度，除了上述的目测分级法，成熟系数也是衡量性腺发育的一个标志，它以性腺重和鱼纯体重相除而求出的百分比表示，其计算公式为

$$成熟系数 = \frac{性腺重}{鱼纯体重（去内脏）} \times 100$$

成熟系数的周年变化能反映出性腺发育的程度，一般来讲，成熟系数越高，性腺发育越好。比如蓝圆鲹的繁殖习性是：在每年的 10 月至翌年 7 月均有性成熟个体出现，产卵时间相当长，2～5 月为产卵盛期。

成熟系数的分布频率可作为区别鱼类性成熟与性未成熟的指标之一，但因成熟状况不同而有显著的差异，波动幅度也很大，所以如果将它作为主要依据是不够恰当的。一般认为，鱼类的初次性成熟迟早与其体长大小存在着最密切的关系。这是由于捕捞作用能够改变鱼类群体的结构。此外，还有资源密度、营养条件恶化、凶猛鱼类等方面的因素。由于鱼类在性成熟之前的营养主要用于体长方面的生长等原因，鱼类性成熟年龄有所变动。例如，东海带鱼由于受到不断加大的捕捞力量的作用等原因，出现性早成熟现象。从 20 世纪 60 年代初期性成熟（当时性成熟Ⅳ期）的最小肛长为 238mm，至 20 世纪 70 年代末期性成熟最小肛长为 180mm，两个时期相比，减小了 58mm。

鱼类性腺成熟系数变化的一般规律大致如下。

1）每种鱼类都有自己的成熟系数；不同种类的成熟系数都是不相同的。

2）成熟系数在个体间变异甚大，且随着年龄及体长的增加而稍有增加；大个体和小个体同阶段的性腺成熟系数可以相差一倍。

3）分批产卵鱼的最大成熟系数一般都比一次产卵鱼类的最大成熟系数稍小一些。如果成熟系数的变化用曲线表示，分批产卵鱼类保持在高水平的时间比一次产卵的鱼类为长，一次产卵的鱼类在产卵后成熟系数剧烈下降，致使产卵后的曲线出现陡峭的下降坡度。

4）鱼类由性未成熟过渡到性成熟的转折阶段，由于卵巢的质量比鱼类体重增长得更迅速，因此，成熟系数逐步上升。当卵巢长期处在Ⅱ期时，即使鱼类的体长与体重增加，成熟系数也不会发生多大变化（一般小于 0）。

5）大多数北半球的鱼类，在春季成熟系数达到最大，夏季最小，秋天又开始升高，秋冬季产卵的鱼类（鲑科和江鳕）最大成熟系数是在秋季。

3. 性腺指数　在鱼类繁殖习性的研究中，性腺指数也是一个重要的研究内容。通过性腺指数的分析，可以掌握鱼类性腺发育的程度，以及性腺发育与鱼类体长、体重等之间的关系。一般性腺指数包括以下研究内容：

$$精巢体指数（J_{T,s}）= \frac{精巢重}{体重} \times 100$$

$$精巢长指数（J_{T,L}）=\frac{精巢长}{体长}\times100$$

$$缠卵腺体指数（J_{NL,s}）=\frac{缠卵腺重}{体重}\times100$$

$$缠卵腺长指数（J_{NG,L}）=\frac{缠卵腺长}{体长}\times100$$

陈新军（1999）采用上述指数，对新西兰海域双柔鱼的性腺指数进行了分析和研究。各性腺指数与体重、胴长的关系见图5-2，雄性个体精巢体指数（$J_{T,s}$）与体重（W）的关系式为

$$J_{T,s}=1.18+0.0011W（R=0.7891）$$

由图5-2可见，一般精巢体指数小于1.40的个体，其性腺成熟度为Ⅰ期；在1.4～1.7的个体性腺成熟度为Ⅱ期；1.7以上的个体性腺成熟度为Ⅲ期；精巢体指数为1.9时，已有部分个体达到Ⅳ期。

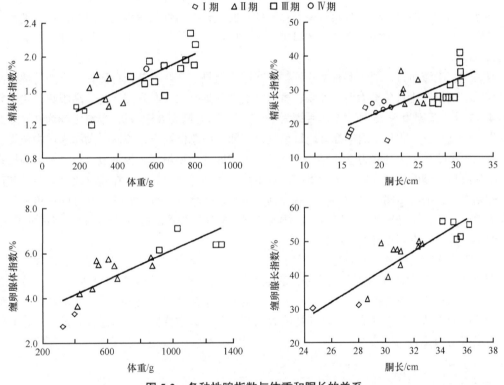

图5-2　各种性腺指数与体重和胴长的关系

雄性个体精巢长指数（$J_{T,L}$）与胴长（L）的关系式为

$$J_{T,L}=4.740+0.9321L（R=0.7707）$$

由图5-2可见，一般精巢长指数小于26的个体，其性腺成熟度为Ⅰ期；在26～30的个体性成熟度为Ⅱ期；30以上的个体基本上达到Ⅲ期，极个别可能达到Ⅳ期。

雌性个体缠卵腺体指数（$J_{NL,s}$）与体重（W）的关系式为

$$J_{NL,s}=2.942+0.0030W（R=0.8084）$$

由图5-2可见，一般缠卵腺体指数小于3.5的个体，其性腺成熟度为Ⅰ期；在3.5～6.0的个体性腺成熟度为Ⅱ期；大于6.0的个体达到Ⅲ期。

雌性个体缠卵腺长指数（$J_{NG, L}$）与胴长（L）的关系式为

$$J_{NG, L}=31.894+2.430L（R=0.8986）$$

由图 5-2 可见，一般缠卵腺长指数小于 30 的个体，其性腺成熟度为 I 期；在 30～50 的个体性腺成熟度为 II 期；50 以上的个体为 III 期，性腺成熟度达到 IV 期的雌性个体没有被捕获。

◆ 第二节　繁 殖 习 性

一、鱼类繁殖期

种群的繁殖时间和繁殖期长短，是种的重要属性。繁殖时间和产卵场具有相对的稳定性和规律性。鱼类的繁殖期依种及种内的不同种群而异，它们各自选择在一定季节中从事产卵活动，以保证种族的延续。同时，产卵时间早晚有较大的年间变化，与性腺发育的状况和产卵场的环境因素（特别是水温）密切相关。例如，在温带水域，中国明对虾 5 月上中旬开始产卵，产卵的最低水温为 13℃。

就黄海、渤海而言，周年都有某些种类在产卵。但是，产卵季节依种而异，产卵持续时间也不尽相同。现仅以比目鱼类为例，油鲽、黄盖鲽的产卵期在 2～4 月，牙鲆、高眼鲽、尖吻黄盖鲽为 4～5 月，条鳎为 5～6 月，宽体舌鳎为 6～7 月，木叶鲽为 8～9 月，半滑舌鳎为 9～10 月，石鲽为 11～12 月，故几乎周年都有比目鱼类在产卵。但总体而言，黄海、渤海水域中鱼类的产卵期有两个高峰，一个高峰为春、夏季，即升温型产卵的鱼种最多，数量最丰；另一个高峰在秋季，属降温型产卵的鱼种，但无论种类或是数量均不及春、夏季。余下在盛夏或是隆冬季节产卵的鱼种则更少，前者多属暖水性种类，后者则为冷水性地域分布种。此外，就是同一鱼种的产卵期也因地而异，如同是斑鰶，中国黄海、渤海为 5～6 月，福建沿海在 2～4 月，南海北部为 11 月至翌年 1 月；日本列岛在 5～6 月。

分布纬度比较高的种类一般每年产卵 1 次。不同生态类型的种类产卵时间变异较大，黄盖鳞在 3 月上中旬，鲈则在 9 月底开始产卵，暖水性的鹰爪虾的产卵期为高温的 8～9 月。分布在寒带和寒温带的鲑科鱼类为秋季（9～11 月）产卵型。分布在热带、亚热带低纬度水域的一些种群全年均可产卵繁殖。至于繁殖季节产卵持续时间则与种群繁殖特性、产卵是否分批及产卵群体的年龄组成密切相关。

二、生殖方式

鱼类的生殖方式极其多样，可以归纳成下列三种基本类型。

（1）卵生（oviparity）　　鱼类把成熟的卵直接产在水中，在体外进行受精和全部发育过程。有的种类，其亲体对产下的卵并不进行保护。由于卵未受到亲鱼保护，就有大量被敌害吞食殆尽的可能性，因此这些鱼类具有较高的繁殖力，确保后代昌盛，大多数海洋鱼类属于这一类。例如，翻车鲀产的卵最多，达 3 亿粒。还有些鱼类对卵进行保护，能使鱼卵不遭敌害吞食。进行护卵的方式颇不相同。有些种类如刺鱼、斗鱼、乌鳢等在植物中、石头间、砂土中挖巢产卵，而后由雄鱼（偶尔也由雌鱼）进行护巢，直到小鱼孵出为止；有些种类如天竺鲷在口中育卵，直到小鱼孵出；有些种类在腹部进行孕卵。另外，某些板鳃鱼类（如虎鲨、猫鲨、真鲨、鳐等）也是卵生的，但是卵是在雌鱼生殖道内进行体内受精，而后排卵至水中，无须再行第二

次受精即可完成发育。

（2）卵胎生（ovoviviparity）　这种生殖方式的特点在于卵不仅是在体内受精，还是在雌鱼生殖道内进行发育的，不过正在发育的胚体营养依靠自身的卵黄提供，母体不供应胚体营养。胚体的呼吸是依靠母体进行的。例如，白斑星鲨、鼠鲨、魟、鳐等和硬骨鱼类中鳉形目的食蚊鱼、海鲫、剑尾鱼等都进行这种生殖方式。

（3）胎生（viviparity）　在鱼类中也有类似哺乳动物的胎生繁殖方式。胎体与母体发生循环上的关系，其营养不仅依靠本身卵黄，也靠母体来供应，如灰星鲨等。

三、产卵类型

不同种类的卵巢内卵子发育状况差异很大，有的表现为同步性，有的为非同步性，反映出不同的产卵节律，因此形成了不同的产卵类型。鱼类的产卵类型决定着资源补充的性质，因此与鱼类种群的数量波动形式有密切关系。按卵径组成和产卵次数可把产卵类型分为：①单峰一次产卵型；②单峰数次产卵型；③双峰分批产卵型；④多峰一次产卵型、多峰数次产卵型和多峰连续产卵型。通常是根据Ⅲ～Ⅵ期卵巢内卵径组成的频数分布及其变化来确定产卵类型。由于卵巢内发育到一定大小的卵（如有卵黄的第4时相的卵母细胞）仍有被吸收的可能，仅采用卵径频数法来确认产卵类型有时难以奏效，因此还需要用组织学切片观察的办法加以证实。

我国沿海的主要经济鱼类带鱼的排卵类型，有些研究表明带鱼卵巢是一次成熟；也有的根据生殖季节对卵巢组织学的观察，认为带鱼属多次排卵类型。一些研究者通过对带鱼卵母细胞发育的变化和细胞学观察，认为带鱼属多次排卵类型（双峰分批产卵型）；黄海鲱和中国明对虾属单峰一次产卵型；渤海的三疣梭子蟹属于双峰两次产卵型；东海的带鱼和南海的条尾绯鲤等属于双峰分批产卵型；南海北部的多齿蛇鲻属于多峰数次产卵型，真鲷属于多峰连续产卵型。

四、产卵群体的类型

对于不同的渔业资源群体来说，其体长和年龄组成、性比等是不同的，即使是同一群体，在不同的发育阶段也存在差异。对于产卵群体，即性腺已经成熟，在将要到来的生殖季节中参加繁殖活动的个体群，包括两大部分：过去已产过卵的群体，称为剩余群体；初次性成熟的群体，称为补充产卵群体。因此，研究产卵群体的组成，除了研究体长、年龄、性比，还需要阐明产卵群体中剩余群体与补充产卵群体的比例。

蒙纳斯蒂尔斯基（1955）将鱼类的生殖群体分为三种类型：第一种类型，$D=0$，$K=P$；第二种类型，$D>0$，$K>D$，$K+D=P$；第三种类型，$D>0$，$K<D$，$K+D=P$。其中，D 表示剩余群体数量；K 表示补充产卵群体数量；P 表示产卵群体或生殖群体数量。属于第一种类型的渔业资源群体是短寿命的鱼类和甲壳类等，如中国明对虾、毛虾、香鱼、银鱼、大麻哈鱼等，它们首次产完卵后一般就会死亡。属于第二种类型的渔业资源群体是那些中等寿命的鱼类、软体动物等，如带鱼等。属于第三种类型的渔业资源群体是长寿命鱼类和鲸类等，如大黄鱼和长须鲸等。

不过，渔业资源生殖群体属于哪种类型是相对的。过度捕捞对第二、三种类型的渔业资源影响很大，这是因为捕捞活动往往针对剩余群体，并随着捕捞强度的不断增加，群体中的剩余部分不断减少。当捕捞过度时，生殖群体的类型往往也发生变化，如大黄鱼群体受到过度捕捞，其群体中的剩余部分不断减少，而补充部分逐渐增多，使原属于第三类型的生殖群体逐渐向第二类型转化。认识鱼类产卵群体的特征，还可进一步分析它的体长、年龄组成和性比。

◆ 第三节　繁殖力概念及测定方法

一、个体繁殖力的概念

繁殖力又称生殖力，是指一尾雌鱼在一个生殖季节中可能排出卵子的绝对数量或相对数量。但因在调查研究中往往难以实测，故多采用相当于Ⅲ期以上的卵巢（即卵子已经累积卵黄颗粒）的怀卵总数或其相对数量来代替。

鱼类的繁殖力可以分为个体绝对繁殖力和相对繁殖力。个体绝对繁殖力是指一个雌性个体在一个生殖季节可能排出的卵子数量。实际工作中常碰到两个有关的术语——怀卵量与产卵量，前者是指产卵前夕卵巢中可看到的成熟过程中的卵粒数，后者是指即将产生或已产出的卵数。两者实际数量值有所差别。例如，邱望春（1965）等认为，小黄鱼产卵量约为怀卵量的90%。从定义的角度看，产卵量更接近于绝对繁殖力。但是在实际工作中，卵计数多采用质量取样法，计算标准一般由Ⅳ～Ⅴ期卵巢中成熟过程中的卵径来确定，如大黄鱼卵的卵径为0.16～0.99mm，黄海鲥为1.10mm以上，绿鳍马面鲀为0.35mm以上，这样计算出的绝对繁殖力又接近于怀卵量。可见，绝对繁殖力实际上是一个相对数值。这个相对数值接近实际个体绝对繁殖力的程度，取决于对产卵类型的研究程度，即对将要产出卵的划分标准、产卵批次及可能被吸收掉的卵的百分比等问题的研究程度。

个体相对繁殖力是指一个雌性个体在一个生殖季节里，绝对繁殖力与体重或体长的比值，即单位质量（g）或单位长度（mm）所含有的可能排出的卵数。相对繁殖力并非是恒定的，在一定程度上会因生活环境或生长状况的变化而发生相应的变动。因此，它是种群个体增殖能力的重要指标，不仅可用于种内不同种群的比较，也可用于种间的比较，比较单位质量或体长增殖水平的差异。如表5-2所述，黄海、东海一些重要渔业种类单位质量的繁殖力有明显差别。

具体计算公式如下：

$$绝对繁殖力 = n\text{g样品的卵粒数} \times \frac{卵巢总重(g)}{n}$$

$$相对繁殖力 = \frac{绝对繁殖力}{鱼体长(或纯体重)}$$

表5-2　个体相对繁殖力的比较

种类	单位质量卵数/（粒/g）
辽东湾小黄鱼	171～841
东海大黄鱼	268～1006
黄海鲥	210～379
东海带鱼	108～467
东海马面鲀	674～2490

二、鱼类个体繁殖力的变化规律

已有的研究表明，鱼类的繁殖力是随着体重、体长和年龄的增长而变动的。研究结果表明，带鱼个体绝对繁殖力随鱼体长度和体重的增长而提高，并随着体长和体重的增长，绝对繁殖力增加的幅度逐渐增大，即绝对繁殖力与肛长和体重呈幂函数增长关系。从图 5-3 可看出，带鱼绝对繁殖力随体重的增长而提高，比随长度增长而提高的幅度要显著得多，如在长度 190～210mm 和体重 50～150g 的繁殖力基本一致，但在此以后繁殖力依体重的增幅逐渐大于依体长的增幅。同时，从图 5-3 中还可看出，同一年龄的带鱼绝对繁殖力随体长与体重的增长均比不同年龄的同一体长和同一体重组的增长明显。也就是说，带鱼个体绝对繁殖力与体重的关系最为密切，其次是鱼体长，再次为年龄。

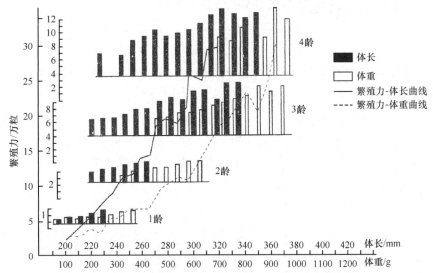

图 5-3 东海带鱼个体繁殖力与鱼体长、体重和年龄的关系（邓景耀和赵传纲，1991）

纵轴外侧为相对体重的繁殖力，内侧为相对体长的繁殖力

带鱼个体相对繁殖力 r/L 的变化规律与个体绝对繁殖力（r）一样，均依肛长、体重和年龄的增加而增加。而 r/W 与肛长和体重的关系显然不同于 r/L 与肛长和体重的关系，后者呈不规则波状曲线。这说明 r/W 并不随肛长或体重的增加而有明显变化，因此较稳定。带鱼是多次排卵类型，第一次绝对繁殖力也依肛长、体重或年龄增加，但排卵量均少于第二次（图 5-4）。例如，台湾海峡西部海域带鱼的第一次排卵绝对繁殖力为 1.53 万～11.76 万粒，平均为 3.74 万粒；第二次排卵绝对繁殖力为 1.84 万～15.66 万粒，平均为 5.71 万粒。

水柏年（2000）根据 1993～1995 年从吕泗渔场和舟山渔场采集的样品，对小黄鱼繁殖力与体重、体长及年龄的关系进行研究（图 5-5），并对小黄鱼的繁殖力作了对比分析，揭示了变化规

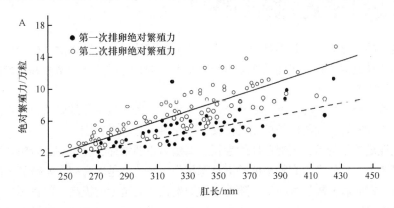

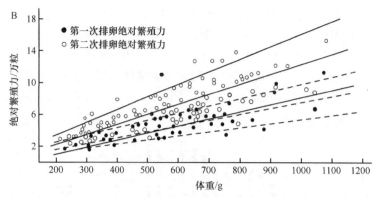

图 5-4　台湾海峡西部海域带鱼个体分次绝对繁殖力与肛长、体重的关系（杜金瑞等，1983）

A. 与肛长的关系；B. 与体重的关系

律。研究结论为，小黄鱼的绝对繁殖力与体重、体长和年龄有关，且个体绝对繁殖力与体长及体重的关系比与年龄的关系更为密切。分析表明，同一地理种群个体绝对繁殖力和个体相对繁殖力均随体长及体重的增大而增大，而个体相对繁殖力与体长及体重的关系则不甚密切。

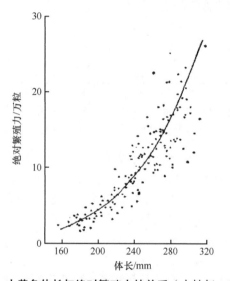

图 5-5　小黄鱼体长与绝对繁殖力的关系（水柏年，2000）

三、鱼类个体繁殖力的调节机制

鱼类繁殖力的变化规律是鱼类种群变动中最重要的规律。在食物保障发生变化的同时，种和种群繁殖力的变动是通过物质代谢的变化进行自动调节的，通过调节增殖度和控制种群数量，以适应其食物保障机制。

（1）由不同年龄和鱼体大小而引起的繁殖力变化　　大多数鱼类的繁殖力同鱼体重的相关性比同体长的相关性密切，而与体长的相关性又比与年龄的相关性密切。

鱼类达到性成熟年龄后，随着鱼体的生长，繁殖力不断增加，直至高龄阶段才开始降低。低龄群的相对繁殖力一般最大，高龄个体并不是每年都生殖。这是因为初次生殖的个体卵最小，相对繁殖力较高，在而后的较长时间里，随着鱼体的生长，繁殖力的提高一般较缓慢。高龄鱼的衰老，是因为其相对繁殖力（包括绝对繁殖力）和卵粒被吸收的数量增加，以及与种群所处的环境有关，所以往往出现生殖季节不产卵的现象。

（2）鱼类繁殖力由于饵料供给率的不同而有变化　　鱼类繁殖力的形成过程较明显分成两个时期，第一个时期是生殖上皮生长时期，该种群所具有的总的个体繁殖力就在这时期形成。形成繁殖力的第二个时期，是由食物保障变化所引起的繁殖力和卵子内卵黄积累的显著变化。因此，鱼类繁殖力年间的变动，与生殖前索饵季节的索饵条件有关。

同一群体的繁殖力，在饵料保障富裕的条件下，调节繁殖力的主要方式是加快生长，鱼体越肥满，卵细胞发育就越好，卵数就越多，其繁殖力就相对地提高。相反，在饵料贫乏的年景，部分卵细胞就萎缩而被吸收，其繁殖力就降低。

（3）个体繁殖力随着鱼体的生长而变化　　个体繁殖力根据鱼类生命期的转变，一般可分为三个阶段，即繁殖力增长期、繁殖力旺盛期和繁殖力衰退期。在繁殖力增长期，繁殖力迅速增加；旺盛期的繁殖力增长节律一般较稳定，但繁殖力达到最大值；在衰老期，繁殖力增长率下降。例如，浙江岱衢洋 2～4 龄和部分 5 龄的大黄鱼的繁殖力较低，属于开始生殖活动的繁殖力增长期。5～14 龄鱼的繁殖力随着年龄的增加而加大，是繁殖力显著提高的旺盛期。约在 15 龄以后，繁殖力逐渐下降，是繁殖力衰退期，是机体开始衰退在性腺功能上的一种反映。

（4）同种、不同种群繁殖力的差异　　同一种类生活在不同环境中的种群、繁殖力是不同的，不同种群生活环境的差异越大，其繁殖力的差别就越大。例如，鲱栖息于北太平洋水域的种群和栖息于北大西洋的种群繁殖力完全不同。

生活于同一海域，个体同样大小，或年龄同样的鱼，若生殖时间不同，其繁殖力也会变异。例如，浙江近海的大黄鱼，春季生殖鱼群的繁殖力就比秋季生殖的鱼群高。

对海水鱼类相近种类来说，分布在偏南方的类型具有高繁殖力的特点。其种类繁殖力的增长，是通过提高每批排卵数量来实现的。因此，相近种类繁殖力表现出从高纬度至低纬度方向而增加，这一情况在非分批生殖的种类研究中很明显。

四、鱼类个体繁殖力的测算方法

各种鱼类的繁殖力变化很大。例如，软骨鱼类的宽纹虎鲨、锯尾鲨只产 2～3 粒卵，而鲀形目的翻车鱼可产 3 亿粒卵。那些产卵后不进行护卵、受敌害和环境影响较大的鱼类一般怀卵量都比较大，如真鲷一般 100 万粒左右，福建沿海的真鲷最高达 234 万粒，鲥鱼 290 万～720 万粒，鳗鲡 700 万～1500 万粒。通常海洋鱼类的繁殖力比淡水鱼类和溯河性鱼类为多，产浮性卵的繁殖力最多，其次是产沉性卵的鱼类，生殖后进行保护或卵胎生的鱼类，其繁殖力最小。

计算卵的方法也有多种，有计数法、质量比例法、体积比例法、利比士（Reibish）法等，卵粒计数法多用于数量少的大型卵粒，而鲑鳟、鲶类等卵数大，通常采用质量比例法。

（1）质量比例法　　在进行生物学测定以后，取出卵巢，称其质量，然后根据卵粒的大小，从整个卵巢中取出 1g 或少于 1g 的样品，计算卵粒数目，如果卵巢各部位的大小不一，则应从卵巢不同部位取出部分样品，并算出其平均值（如前、中、后的三部位各取 0.2～0.5g），然后用比例法推算出全卵巢中所含的卵粒数。其计算公式为

$$E = \frac{W}{w} \times e$$

式中，E 为绝对繁殖力（粒）；e 为样品卵数（粒）；W 为全卵巢质量（g）；w 为取样质量（g）。

鱼类相对繁殖力是指单位体长或体重的怀卵量。计算个体繁殖力时，应注意必须用第Ⅳ期成熟度的卵巢，而不应用第Ⅴ期的，因为它可能已有一部分卵被挤出体外。选取的一部分作为计算

用的卵，切须注意其代表性。另外，计算繁殖力时最好采用新鲜的标样，有困难时，也可以用浸制在 5%甲醛溶液中的标样。

（2）体积比例法　　利用局部卵巢体积与整个卵巢体积之比，乘以局部体积中的含卵量，即可求出总怀卵量。求卵巢和局部卵巢的体积时用排水法。其计算公式为

$$E_i = \frac{V}{U} \times e$$

式中，E_i 为卵巢总怀卵量；V 为卵巢的体积；U 为卵巢局部质量（g）；e 为卵巢局部（U）中的含卵量。

选取的局部卵巢使用辛氏（Simpson）溶液浸渍，将卵全部分离吸出，计其数量。不过 e 常常因所取卵巢部位的不同而不同，因此应在卵巢的不同部位采取几部分卵块，求 e 的平均值。

五、鱼类种群繁殖力及其概算方法

由于生长状况、性成熟年龄、群体组成、亲体数量等因素的变化，个体繁殖力有时还不能准确地反映出种群的实际增殖能力，需研究种群的繁殖力。种群繁殖力是指在一个生殖季节里，某一种群中所有成熟雌鱼可能产出的总卵数。目前仍缺乏一个完善的估计方法，通常种群繁殖力估算的近似公式为

$$E_p = \sum N_x \times F_x$$

式中，E_p 为种群繁殖力；N_x 为某年龄组 x 中可能产卵的雌鱼数量（尾数）；F_x 为同年龄组的平均个体繁殖力（卵粒数）。

在单位质量繁殖力比较稳定的情况下，种群繁殖力也可用个体相对繁殖力与产卵雌鱼的生物量乘积来表示。

从黄海鲱的研究实例来看，黄海鲱 2 龄鱼基本达到全面性成熟（即 1、3 龄第一次性成熟所占比例甚少，可忽略不计），产卵群体的性比较接近 1∶1，其个体繁殖力随年龄而变化，结合逐年世代分析，列表计算如下（表 5-3）。

表 5-3　黄海鲱的种群繁殖力（陈大刚，1997）

年龄	平均杯卵量/万粒	1969 年		1970 年		1972 年	
		产卵雌鱼数*/万尾	种群繁殖力/万粒	产卵雌鱼数*/万尾	种群繁殖力/万粒	产卵雌鱼数*/万尾	种群繁殖力/万粒
2	3.07	3 337.50	10 246.13	6 487.15	19 915.55	70 598	216 735.86
3	4.90	5 724.55	28 050.30	1 996.60	19 783.34	493.80	2 419.62
4	5.45	302.45	1 648.35	3 215.05	17 522.02	585.25	3 189.61
4 以上	5.43			246.90	1 340.67	831.80	4 516.67
合计		9 364.50	39 944.78	11 945.70	58 561.58	72 508.85	226 861.76

* 各年产卵雌鱼数=（当年产卵群体资源量 N_x-产卵群体渔获量 C_x）/2

从表 5-3 可见，黄海鲱的种群繁殖力依年份有很大波动，变动于 4 亿～22.7 亿粒，这是受产卵群体的优势世代强弱的影响，如 1972 年的 2 龄鱼在 1970 年非常强盛，致使该年种群繁殖力猛增。其他鱼种也均有波动，其变动范围则视鱼种而异。

种群繁殖力的计算方法和表示形式可以多种多样（表 5-4），其基本结构与个体繁殖力计算方法的区别在于：个体繁殖力的平均值仅仅是依年龄、体长、体重分组统计数值或全部样本测定值

的简单算术平均数；而种群繁殖力则是在个体生殖力测定基数上，依种群结构、生殖鱼群的平均年龄、雌鱼一生中的产卵次数等予以加权平均计算所得的几何平均数。对于在随机取样中获得较好代表性的生物学测定样本来说，两者的计算结果理应相同，但往往限于随机采集繁殖力群体样本相当困难，因而依种群结构和繁殖特征加权计算的种群繁殖力数值，较之个体繁殖力的算术平均数，更能了解种群的繁殖力特性。从表 5-4 所示两个繁殖群体的对比数值可以明显地看出，不论是种群绝对繁殖力或相对繁殖力，都是岱衢洋繁殖群体高于官井洋繁殖群体，种群繁殖力指数或繁殖系数则与之相反。此种差异的基本原因是两者的种群结构、性成熟特性、生长速率及寿命等种群补充特性存在地域差异。

表 5-4　不同大黄鱼种群繁殖力特性

指标	计算公式	繁殖种群	
		浙江岱衢洋	福建官井洋
种群绝对繁殖力	$\sum r$（$\times 1000$）	10 357	5 444
	$\sum p \times r$（$\times 1000$）	39 814	24 160
种群相对繁殖力	$\sum r / \sum q$（粒/g）	168	134
	$\sum r / \sum L$（粒/cm）	3 227	1 663
种群繁殖系数	$\sum L \times \sum q / \sum r$（cm·g/粒）	19.1	24.4
	$\sum r / \hat{r} \times x$	1.12	2.50
种群繁殖力指数	$\sum p \times r / \sum p \times t$	46.1	68.6
	$\hat{r} \times s_1 / t_1$	12.3	16.5

注：r 为个体绝对繁殖力（粒）；$\hat{r}$ 为个体平均绝对繁殖力（粒）；p 为生殖鱼群中雌鱼数量；L 为体长（cm）；q 为体重（g）；s_1 为雌鱼在生殖鱼群组成中所占比例；t_1 为生殖鱼群的平均年龄；t 为年龄；x 为雌鱼一生的产卵次数

不同种类和种群繁殖力的大小差异甚大，这种差异反映出物种和种群对产卵场环境变化的适应特性。一般来说，海水鱼比淡水鱼和溯河性鱼类的繁殖力大；洄游性和溯河性鱼类比定居性种类大。浮性卵鱼类的繁殖力最大，沉性卵鱼类次之，卵胎生鱼类最小。同一物种不同种群之间的繁殖力，若环境条件差异越大，其差别就越大。系统了解种群繁殖力的年间变化资料，对探讨其补充量动态规律是十分重要的。

◆ 第四节　鱼类的生殖对策

一、生殖对策的概念

生殖对策（reproductive strategy）是指物种个体为获得较高的繁殖适合度（reproductive fitness）所采取的不同生殖方式，是繁殖行为变异性的进化稳定策略。

生殖对策是一种相对稳定的规则，而不同规则的繁殖适合度是在演化过程中受自然选择和性选择共同作用的结果，反映生物个体不同的资源利用方式和对环境波动的耐受能力，以及对生活环境的适合度，以此实现繁衍生殖的最大化。在一个相对狭窄的生境范围内，生物个体必须通过资源的获取与繁衍的延续之间的博弈过程，以实现生殖价（reproductive value）最大化和生殖努力（reproductive effort）最优化（图 5-6）。这里的资源包括生物资源（如饵料、可获得配偶数等）和非生物资源（如栖息领域、温度、光照等）。

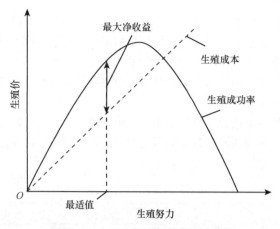

图 5-6　生殖价与生殖努力示意图

二、鱼类生殖对策的类型

鱼类的生殖对策具有生活史特殊性，不同鱼类根据其生命周期合理地调节并安排每次的资源分配及其生殖行为，而适宜的资源分配取决于所采取的生殖对策及其相伴随的环境状态，如生物环境（竞争者、捕食者、被捕食者、寄生者等）和物理环境（温度、湿度、有效氧、盐度等）。这样，每个鱼类个体可以简单地理解为一个简单的投入-产出系统（input-output system）（图 5-7）：通过适宜的摄食活动获得物质资源并将其有效地转化为机体能量，在每次繁殖行为中适宜地考量并抉择个体生长与生殖之间的资源分配、每次资源分配量在每个卵子（或幼崽）中的投入量等，然后选择最适合的生殖对策以成功地繁衍后代。

图 5-7　生物体的投入-产出系统示意图（Pianka，1976）

因此，鱼类的生殖对策可以从两个方面来定义：一是从产卵模式的分类角度来定义，可以划分为单次生殖（semelparity）和多次生殖（iteroparity）；二是从生态对策的设计角度来定义，可以划分为 r 策略（r-strategy）和 K 策略（K-strategy）。

在产卵模式方面，单次生殖表现为个体性腺发育成熟后，机体能量一次性地用于繁殖产卵，繁殖后便死去，没有产后剩余群体。在繁殖季节，鱼类个体产出所有的卵，然后死去（图 5-8A）。多次生殖表现为个体性腺发育成熟后，仅部分机体能量用于繁殖产卵或生殖投入全部来源于饵料摄食，繁殖后仍存活，并在来年或在后续适宜的季节里继续繁殖产卵。在繁殖季节，鱼类个体的产卵行为可能为一次性排卵，或批次排卵。前者为排出卵巢发育成熟时所形成的所有卵，然后卵巢处于休眠状态以等待下一个产卵季节的到来（图 5-8B）。后者为繁殖期间分批次地排出卵，批次时间间隔可能为一到数天，而且这种排卵方式与繁殖力密切相关：若繁殖力是确定的，个体分批次排出所应排出的卵后，产卵行为结束，没有新的卵补充（图 5-8C）；若繁殖力是不确定的，个体卵巢中不断产生新的卵，在繁殖季节里连续批次排卵（图5-8D）。

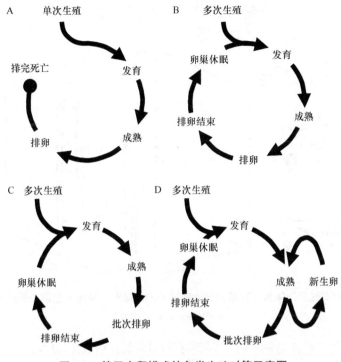

图5-8　基于产卵模式的鱼类生殖对策示意图

在生态对策设计方面，r 策略种群内的个体常把较多的能量用于生殖，而把较少的能量用于生长、代谢和增强自身的竞争能力，即内禀自然增长率（r）高，其生活史在不确定或出现时间短暂的生境中体现出较大的适合度，表现出显著的环境和种群波动，资源补充恢复能力较高。此类水生生物的属性是：性成熟早、生长率快、体型小、死亡率高、寿命短。很多单次生殖的鱼类均偏向于这种策略，如大麻哈鱼、大洋性柔鱼类等。

与之相反，K 策略种群内的个体常把更多的能量用于除生殖以外的生长、代谢和增强自身的竞争能力等其他各种活动，即环境容纳量（K）具有优越性，其生活史在稳定的生境中具有较高的适合度，表现出较低的种群波动和较强的环境抵抗力，资源补充恢复能力缓慢。此类水生生物的属性是：性成熟迟、生长率慢、体型大、死亡率低、寿命长。多次生殖的物种均偏向于该策略，如大多数的硬骨鱼类等。

然而，r 策略和 K 策略是相对的和理想的。实际上，在很多情况下，r 策略者和 K 策略者都共存于同一种生境中，它们的生活史格局更多地处于 r-K 谱带的某一生态位置上，特别典型的 r 策略者和 K 策略者比较少，很多物种都是处于中间水平，表现出相对的生态位置（图5-9）。此外，同一物种也会因其生境不同而表现出多种生活史特性。例如，北美洲的瓜子日鲈（*Lepomis gibbosus*）生活在小圆湖和沃伦湖的群体更多地表现为 r 策略，而生活在 Beloporine 湖的群体则偏向于 K 策略。

三、生殖对策与环境的关系

在自然选择背景下，所有生物个体后代中能够存活到繁殖期的数量要比后代的总个体数量更

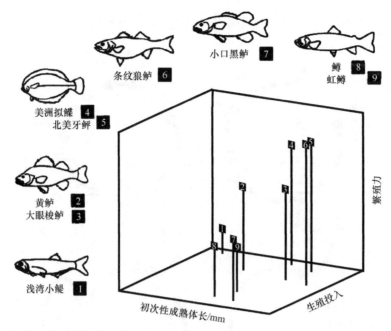

图 5-9 基于初次性成熟体长、繁殖力和生殖投入的北美洲 9 种鱼类生活史的相对生态位布局

（van Winkle et al., 1993）

加重要。然而，自然选择首先要求下一代能够获得最多的存活数量，后者往往与个体寿命及其繁殖数量密切相关。通常，生物个体可成功繁殖后代数量多少的生活史取决于生殖成本和环境资源。当生殖成本很低、环境资源丰富时，繁殖后代不会对个体的生存及来年的繁殖造成威胁，它们也将会尽可能多地繁殖。固然，那些一次性繁殖的生物个体，因其整体死亡率高，不存在未来繁殖的期望，充分利用当前环境资源实现繁殖最大化不会对未来造成太多的影响。另外，当生殖成本较高、环境资源有限时，生物个体将会权衡个体存活、当前繁殖和未来繁殖，通过减少生殖、加快生长以提高生存率，达到一生繁殖成功概率的最大化。为此，自然物种生殖对策的选择受制于栖息环境，并且涉及资源分配在当前繁殖和未来繁殖之间的权衡。

已有研究表明，大西洋蓝鳍金枪鱼广泛分布在大西洋北半球海域，可以适应较大的冷暖水温波动变化。该种类卵巢卵母细胞发生为非同步发育，产卵类型介于间歇性产卵和多次产卵之间，即在繁殖季节可持续产生多批次卵。然而，大西洋蓝鳍金枪鱼的繁殖成功率容易受到诸多环境因素的影响，如食物资源丰富度、产卵场适合度、洄游类型，以及受精卵/仔鱼扩散分布等，而这些因素均与栖息海域的环境波动变化密切相关。为此，在进行北方蓝鳍金枪鱼资源评估时，需要综合考虑那些主要的繁殖参数，包括性成熟个体数量、产卵频率、产卵周期、繁殖力及其与年龄的关系、不同年龄段的性比、受精卵质量、亲鱼效应等。通常，大西洋蓝鳍金枪鱼的生命周期约为 40 年，初次性成熟年龄因种群不同存在较大的不同。例如，东侧种群的初次性成熟年龄为 3 年，而西侧种群的初次繁殖产卵年龄为 7.6 年左右。这种差异产生的原因主要是栖息海域环境不同。经近海饲养试验观察发现，在环境适宜、食物资源丰富的条件下，北方蓝鳍金枪鱼的性成熟年龄明显提前。

目前，根据海域调查、电子标志放流和海洋学数据模拟等，人们已经基本确定了大西洋蓝鳍金枪鱼的主要产卵场所，一个位于墨西哥湾及附近海域，另一个则位于地中海。墨西哥湾是体型较大的大西洋蓝鳍金枪鱼（叉长＞180cm）在大西洋西侧的主要产卵场所，体型较小的群体则较多地聚集在湾流北侧、美国东北部大陆架南部的斜坡海（Slope Sea）。类似于墨西哥湾，斜坡海受到西北大西洋边界流影响，拥有大量反气旋暖窝、中尺度海洋学特征，为北方蓝鳍金枪鱼繁殖产卵、胚胎孵化、仔鱼存活提供了较好的海域环境，其中适宜的繁殖产卵水温为 23～28℃，决定着具体的繁殖产卵时间。地中海则是大西洋蓝鳍金枪鱼在大西洋东侧的产卵场所（水温＞20℃），自 2002 年开始，地中海的西部、中部及东部均陆续收集到北方蓝鳍金枪鱼的受精卵及孵化仔鱼。

◆ 第五节　案例分析——头足类的性成熟及繁殖习性

头足类是古老而高等的海生软体动物，广泛分布于世界各大洋和各海域。现生头足类的生命周期短，大多数中型和小型头足类的寿命为 1～2 年，部分大型头足类的寿命可以达到 8～10 年，鹦鹉螺则一般为 5～10 年，甚至在 20 年以上。除了鹦鹉螺类，其他属种生殖系统均单次发育成熟，性腺成熟后精/卵巢中将不再出现生发细胞，这是该物种对其终生繁殖一次的一种生殖性适应，环境适应性敏感。

头足类属种为雌雄二态性，枪乌贼类、乌贼类和少数章鱼类（如真蛸）表现为雄性个体较雌性个体为大；而柔鱼类及其他章鱼类等，则表现为雌性较雄性个体大，如船蛸属种类尤甚，雄性个体胴长仅为雌性的 1/5 左右。雌雄异体，雄性个体有 1～2 根茎化的足腕，生殖系统包含精巢、精荚腺、输精管、尼氏囊和终端器等；雌性个体生殖系统由卵巢、缠卵腺（和副缠卵腺）、输卵管、卵管腺等组成，有些属种的雌性个体也有特殊的腕端发光器。目前仅发现红色肠腕蛸（*Enteroctopus megalocyathus*）部分雌性个体因环境原因出现了假性雌雄同体现象。雌雄性个体的比例一般接近 1：1。例如，底栖性的章鱼类和乌贼类等属种的雌雄个体数相当；而浮游性枪乌贼属种的雌雄比例以雌性个体略多，但总体比例接近 1：1，并在整个繁殖过程中性比没有大的变化。

一、生长与性成熟

头足类生长速率快，是无脊椎动物中体型最大的属种。与哺乳类、爬行类、鱼类等相比较，某些头足类属种的体重绝对生长率最高（图 5-10A），并且其体重 von Bertalanffy 生长方程拟合回归中生长参数与马鲛鱼、金枪鱼等鲭科鱼类的生长参数相当（图 5-10B）。例如，水蛸（*Enteroctopus dofleini*）成体体重＞50kg，最大体重可达 272kg，在人工养殖环境中的生长率为 1.1%体重/d，野外的生长率则可达 1.8%体重/d；大王乌贼（*Architeuthis dux*）胴长可达 2m，体重则达 450kg。

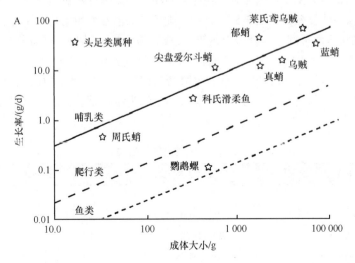

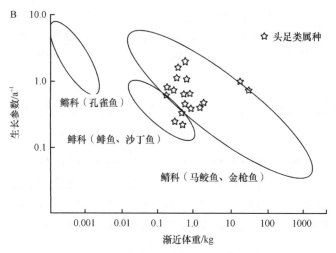

图5-10 头足类的生长（Boyle and Rodhouse，2005）

A. 头足类、哺乳类、爬行类、鱼类等生长率与成体大小的关系；B. 头足类、鱼类等 von Bertalanffy 生长方程拟合回归中生长参数与渐近体重的关系

头足类属种的生长及其性腺发育与日照时长、水温、饵料营养等密切相关。例如，乌贼在日照时间较短的冬季里性腺提前成熟并产卵繁殖，日本无针乌贼（*Sepiella japonica*）因较高的水温而促进个体生长并诱导成熟排卵（Natsukari and Tashiro，1991），尖盘爱尔斗蛸（*Eledone cirrhosa*）的性腺在饵料贫乏的年份推迟发育成熟，而在饵料丰富的年份提前发育成熟。一般，头足类属种是雄性性腺提前发育并成熟。例如，真蛸（*Octopus vulgaris*）的雄性个体精巢扩张比雌性卵巢扩张提早2~3个月；嘉庚蛸（*Octopus tankahkeei*）的雌性性腺处于发育中而未成熟时，其输卵管腺的中央腔可见大量精子。然而，有些属种雄性性腺发育时间比雌性的早，但是两者性腺发育成熟却是同时的，如阿根廷滑柔鱼。雄性先熟是该物种对雌雄间存在交配和生殖季节精荚整体外排的一种适应，而雌雄亲体同时发育成熟则是对生殖系统中没有纳精囊或类似结构的一种生殖性适应。

二、繁殖力特性

一般头足类的繁殖力主要根据卵巢和输卵管中卵母细胞的计数进行估算。不同属种之间，它们的最大繁殖力存在明显差异（表5-5）。其中，柔鱼科的潜在繁殖力均以十万、百万计，成熟卵子小；乌贼科和蛸科等属种的潜在繁殖力比较小，成熟卵比较大。例如，目前发现茎柔鱼（*Dosidicus gigas*）的繁殖力是头足类中最大的一个种属，其潜在繁殖力高达3200万粒卵，实际繁殖力则占潜在繁殖力的50%~70%，每次排卵可以释放输卵管载荷卵的80%左右，成熟卵平均直径仅为0.9~1.1mm。而乌贼类的潜在繁殖力小，实际排卵量约为潜在繁殖力的50%，有些种类成熟卵大小可达30mm。

表5-5 头足类的繁殖力

属种	潜在繁殖力/粒	实际排卵量/粒	卵子大小/mm
乌贼科 Sepiidae			
乌贼 *Sepia officinalis*	150~4 000	500	1.2×3.0
粉红乌贼 *Sepia orbignyana*	201~1 532	400	6.3~8.3
粗壮耳乌贼 *Sepiola robusta*	35~54	–	3.5×4.5

续表

属种	潜在繁殖力/粒	实际排卵量/粒	卵子大小/mm
夏威夷四盘耳乌贼 *Euprymna scolopes*	300	–	4.0×4.0
小乌贼 *Sepietta oweniana*	28～236	<160	4.5×5.0
龙德莱耳乌贼 *Rondeletiola minor*	5～460	100	15～30
枪乌贼科 Loliginidae			
乳光枪乌贼 *Loligo opalescens*	10 000～12 000	<4 250	1.6×2.5
皮氏枪乌贼 *Loligo pealei*	3 500～6 000	21 000～53 000	1.0×1.6
枪乌贼 *Loligo vulgaris*	6 000～10 000	<7 000	2.2×2.7
柔鱼科 Ommastrephidae			
阿根廷滑柔鱼 *Illex argentinus*	75 000～1 200 000	<840 000	0.96～1.04
滑柔鱼 *Illex illecebrosus*	200 000～630 000	<100 000	0.8×1.0
太平洋褶柔鱼 *Todarodes pacificus*	320 000～470 000	<500 000	0.7×0.8
茎柔鱼 *Dosidicus gigas*	<32 000 000	<6 000 000	0.9～1.1
蛸科 Octopodidae			
沟蛸 *Octopus briareus*	300～500	200～500	5.0×14.0
蓝蛸 *Octopus cyanea*	<700 000	<600 000	<3.00
水蛸 *Enteroctopus dofleini*	18 000～70 000	–	<8.0
周氏蛸 *Octopus joubini*	<321	–	4.0×8.0
玛雅蛸 *Octopus maya*	3 000～5 000	1 500～20 000	3.9×11.0
郁蛸 *Octopus tetricus*	<700 000	<15 000	0.9×2.4
真蛸 *Octopus vulgaris*	13 000～634 000	100 000～500 000	1.0×2.0
尖盘爱尔斗蛸 *Eledone cirrhosa*	2 000～54 000	800～1 500	2.5×7.5
爱尔斗蛸 *Eledone moschata*	187～944	100～500	5.0×16.0
深海多足蛸 *Bathypolypus arcticus*	20～80	20～80	6.0×14.0

　　头足类属种的潜在繁殖力与其个体大小、性腺发育成熟产卵等存在很大关系。个体越大，潜在繁殖力也越大。例如，柔鱼科属种的潜在繁殖力与胴长呈幂函数关系。其中，胴长为150～160mm的科氏滑柔鱼（*Illex coindetii*），其潜在繁殖力仅为9万个卵母细胞；而胴长在230～250mm时，其潜在繁殖力高达 80 万个卵母细胞。然而，随着性腺发育成熟，个体的潜在繁殖力相对减少（图5-11）。一方面，营养供给、卵子发生过程中相互挤压、产卵卵巢退化等原因直接导致卵母细胞退化吸收，个体潜在繁殖力显著下降；另一方面则因为成熟个体批次产卵、新生卵母细胞停止增长等，个体潜在繁殖力逐步下降。例如，翼柄柔鱼（*Sthenoteuthis pteropus*）性腺发育未成熟的雌性个体，其潜在繁殖力高达1791万个卵母细胞；性腺发育成熟后，其潜在繁殖力则有所下降，为580万～1581万个卵母细胞。

三、生殖对策

　　章鱼类、乌贼类、鹦鹉螺类等属种更多地偏向于 *K* 策略，而枪乌贼类、柔鱼类等属种则倾向于 *r* 策略。这些属种具有多种形式的适应性繁殖习性，如洄游产卵、产卵季节、产卵习性、产卵策略等。

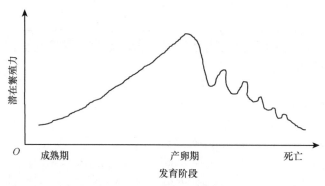

图 5-11　滑柔鱼科属种潜在繁殖力随着性腺成熟产卵的变化示意图（Laptikhovsky and Nigmatullin，1993）

1. 洄游产卵　头足类，除章鱼类外，其他属种均因栖息水域温度、性腺发育等诱导作用，在其生命后期进行索饵场向产卵场的产卵洄游活动。例如，在产卵季节，乌贼从较深的陆架海域向较浅沿岸水域洄游产卵，产卵适宜水温为 13～15℃；巴塔哥尼亚枪乌贼在每年的春季和秋季进行两次洄游产卵，从较深的陆架边缘和陆架坡水域向较浅的沿岸水域洄游并产卵。

此外，大洋性柔鱼类是洄游产卵属种的典型代表，并且洄游一般与海流密切相关。例如，太平洋褶柔鱼的冬季产卵群体，其产卵场位于我国东海中部和北部，索饵场则远至日本北海道西北部，产卵洄游与黑潮和对马海流第一分支密切相关；阿根廷滑柔鱼冬季产卵群体，从马尔维纳斯群岛（英称福克兰群岛）（阿根、英争议）附近海域和巴塔哥尼亚大陆架海域随着福克兰海流向北洄游，在福克兰海流和巴西海流交汇处附近交配产卵，幼鱼则南下洄游索饵育肥。

2. 产卵季节　与鱼类相类似，头足类属种均有一定的产卵季节。一般来看，春夏季是多数头足类的一个产卵季节，在这个季节中水温适宜、饵料生物丰富。例如，金乌贼每年春季在金海较深处越冬的个体，集群游向浅水区繁殖；西北印度洋海域的鸢乌贼、新西兰周边海域的双柔鱼、西太平洋海域的剑尖枪乌贼等均存在春季和夏季产卵的群体，并以此划分为春生群和夏生群。

同时，多数头足类存在两个产卵季节：春季和秋季，这与这些属种寿命短、终生一次繁殖的生活史特性密切相关，以延续资源生物量的繁衍生息。例如，西南大西洋的巴塔哥尼亚枪乌贼春季产卵群体的产卵期在 10～11 月，秋季产卵群体的产卵期在 4～5 月，而两个季节产卵场水温差异导致两个产卵群体受精卵的孵化时间仅相差 2～3 个月。北太平洋的柔鱼以冬春季 1～5 月产卵为主，秋季也有少量产卵个体。

此外，头足类同一属种因其栖息分布、形态大小等不同，生殖季节也会有所不同，甚至全年产卵。例如，乌贼在浅水区产卵，产卵期贯穿全年，在西地中海产卵高峰期为 4～7 月；在塞内加尔外海和撒哈拉沿岸，大个体产卵高峰期为 1～4 月，而中小个体的产卵高峰期为夏末和秋初。枪乌贼周年几乎均有繁殖活动，北海南部的产卵期在 4～8 月，地中海西北部的产卵期在 11 月至翌年 4 月。阿根廷滑柔鱼在 37°S～43°S 分布的布宜诺斯艾利斯-北巴塔哥尼亚群体，冬季在大陆坡海域产卵；在 43°S～50°S 分布的南巴塔哥尼亚群体，秋季产卵；在 42°S～48°S 大陆架海域分布的夏季产卵群体，夏季产卵；在阿根廷沿岸海域分布的群体，如圣马蒂阿斯海湾的群体因其适宜的水温和饵料生物，全年产卵。褶柔鱼在撒哈拉西部海域的产卵期贯穿全年，并且以冬季为产卵盛期。太平洋褶柔鱼分布于日本列岛太平洋沿岸的群体产卵期在 1～3 月，分布于日本海中部的群体产卵期在 9～11 月，分布于日本沿岸水域的群体产卵期在 5～8 月，并以此划分为冬生群、秋生群和夏生群。

3. 产卵习性　一般，章鱼类的成熟卵产生后储存在胴体腔内，然后排出体腔。多数属种的产卵活动发生在底层，少数种类表层产卵（图 5-12）。雌性亲体有护卵行为，待受精卵孵化后死去。

孵卵时间为 1～3 个月，最新研究表明北太平洋谷蛸（*Graneledone boreopacifica*）的孵卵时间可长达 53 个月。另外，有些属种的孵卵行为比较特殊，如单盘蛸科（Bolitaenidae）、水母蛸科（Amphitretidae），以及水孔蛸（*Tremoctopus violaceus*）受精卵产出由腕和腕间膜包裹携带直至孵化。快蛸科（Ocythoidae）和玻璃蛸科（Vitreledonellidae）等属种则为卵胎生，受精卵在输卵管内孵化。

鹦鹉螺的成熟卵单个排出，底层产卵，卵产出后黏附在硬质物体上。乌贼类的成熟卵产生后储存在胴体腔内，卵逐个排出。所有的属种均为底层产卵，受精卵黏附在底层硬物上。枪乌贼类和柔鱼类的成熟卵产生后暂存在输卵管里，排卵时缠卵腺分泌腺体包裹卵呈卵团状，排放于水体中（图 5-12）。

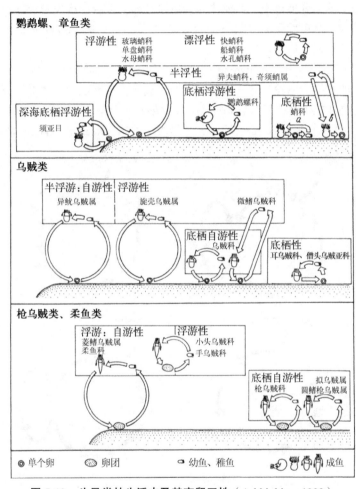

图 5-12 头足类的生活史及其产卵习性（Arkhipkin，1992）

4. 产卵策略 根据排卵类型、产卵式样及其前后两次产卵事件之间个体生长情况，可以将头足类的产卵策略划分为 5 种类型。

1）多轮产卵型（polycyclic spawning）：这种产卵策略的排卵类型为产卵期间卵母细胞分批成熟、分批排出；产卵式样为多轮产卵，性腺可以多次发育成熟；亲体产卵后继续存活和生长，随后在产卵季节开始新一轮的产卵活动。该策略类似于鱼类的多次生殖对策，鹦鹉螺是头足类中唯一采用此种策略的属种（图 5-13A）。

2）瞬时终端产卵型（simultaneous terminal spawning）：这种产卵策略的排卵类型为产卵期间

既有卵母细胞一次发育成熟，成熟卵在亲体生命结束前很短的一段时间内全部排出，排卵周期内没有新生卵母细胞产生；产卵式样为单轮产卵，性腺一次发育成熟；产卵期间个体停止摄食生长，产卵结束后死去（图 5-13B）。乳光枪乌贼、太平洋褶柔鱼、真蛸、负蛸等均属于这种策略。

3）间歇性终端产卵型（intermittent terminal spawning）：这种产卵策略的排卵类型为卵母细胞一次产生，卵母细胞分批成熟，成熟卵在一个相对较长的时间内分批产出；产卵式样为单轮产卵，产卵期间个体停止摄食生长，产卵结束后死去（图 5-13C）。阿根廷滑柔鱼、枪乌贼、福氏枪乌贼、乌贼等均属于这种策略。

4）多次产卵型（multiple spawning）：这种产卵策略的排卵类型为卵母细胞多次产生、分批次成熟，成熟卵在繁殖季节分批排出；产卵式样为单轮产卵，性腺一次发育成熟；产卵期间个体继续摄食生长，繁殖季节结束后死去（图 5-13D）。茎柔鱼、鸢乌贼（*Sthenoteuthis oualaniensis*）、柔鱼、澳洲双柔鱼等均属于这种策略。

5）持续产卵型（continuous spawning）：这种产卵策略的排卵类型为卵母细胞持续产生，随机成熟并排出；产卵式样为单轮产卵，性腺一次发育成熟；产卵期间个体继续摄食生长，繁殖季节结束后死去（图 5-13E）。须蛸（*Cirroteuthis muelleri*）、面蛸（*Opisthoteuthis agassizii*）、船蛸（*Argonauta argo*）、快蛸（*Ocythoe tuberculata*）、僧头乌贼属（*Rossia*）等的属种属于这种策略。

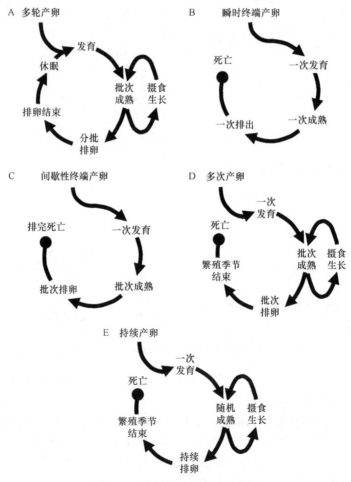

图 5-13 头足类产卵策略示意图

A. 多轮产卵型；B. 瞬时终端产卵型；C. 间歇性终端产卵型；D. 多次产卵型；E. 持续产卵型

四、卵的性质及成熟

1. 卵的性质 头足类的卵为大型卵粒，内含大量的卵黄。根据卵的密度、有无黏性、有无卵囊（鞘）等特性，可将其划分为以下几种类型。

1）浮性卵：卵的密度小于水，卵产出分离浮游，或者产出后外裹卵囊（鞘）成卵团或卵块浮游。例如，莹乌贼、幽灵蛸等产下分离的浮性卵；水孔蛸以卵附着丝缠绕在卵轴上，成卵块浮游；春氏武装乌贼、茎柔鱼、翼柄柔鱼、菱鳍乌贼等的卵产出后，雌性亲体分泌凝胶分泌物包裹卵，呈卵团状浮游于水层中（图 5-14）。

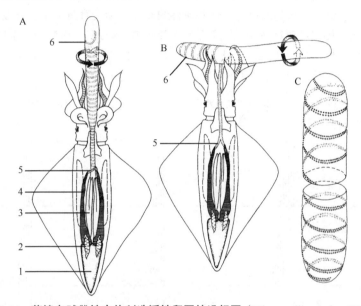

图 5-14 菱鳍乌贼雌性亲体制造浮性卵团的设想图（Nigmatullin et al.，1995）

A. 卵团形成的第一种假设；B. 卵团形成的第二种假设；C. 卵团示意图。1. 卵巢；2. 输卵管；3. 缠卵腺；4. 卵管腺；
5. 卵管腺分泌物及卵；6. 卵团

2）黏性卵：卵的密度大于水，卵有黏性或具分叉卵柄，产出后黏附在水生植物、沙粒或岩礁下。乌贼类一般产这种黏性卵，如乌贼卵粒一端具有分叉的柄，用于附着在藻类珊瑚或树枝上，聚集卵粒呈葡萄串状；虎斑乌贼产奶油色卵粒，卵膜较厚，用于附着在马尾藻柳珊瑚或海中植物的细枝上；金乌贼的卵具次级和三级卵膜，用于附着在海底或大型海藻上，卵透明略带奶油色，近椭圆形。短蛸和长蛸分别产卵附着在空贝壳或岩礁下。

3）沉性卵：卵的密度大于水，产出后沉于水底。例如，栖息于底质为砂质或泥质的耳乌贼产卵于砂粒上；玄妙微鳍乌贼的卵逐个产出，产出后以触腕安放卵于水底或其他物体表面。此外，太平洋褶柔鱼的卵也属于沉性卵，但由于雌性亲体产卵后用胶质卵囊包裹，卵团受水流影响而多悬浮在水层中，也常黏附在海底物体上。

2. 卵的成熟 头足类的卵成熟类型可以划分为以下几种。

1）单批次同步发育成熟：卵巢只发生一个批次卵母细胞，所有卵母细胞基本处于一个发育水平，一次性发育成熟并排出卵巢。这多见于瞬时终端产卵型属种，如强壮桑葚乌贼、南极黯乌贼（*Gonatus antarcticus*）和翼蛸（*Pteroctopus tetracirrhus*）等，这些属种一生仅产生一个批次卵母细胞，大小分布呈单峰型（图 5-15A～F）。

2）分组同步发育成熟：如同单批次同步发育成熟型，卵巢只发生一个批次卵母细胞，但是卵母细胞的发育分成两组或以上逐批次成熟并排出卵巢。这多见于间歇性终端产卵型属种，如菱鳍鱿（*Thysanoteuthis rhombus*）、枪乌贼（*Loligo vulgaris*）、福氏枪乌贼（*Loligo forbesi*）、乌贼（*Sepia officinalis*）、水孔蛸（*Tremoctopus violaceus*）、大西洋耳乌贼（*Sepiola atlantica*）、左蛸（*Scaeurgus unicirrhus*）等，这些属种一次仅产生一个批次卵母细胞，但是卵母细胞分组发育成熟。卵母细胞大小分布，性腺未成熟前期呈单峰型，未成熟后期以后呈双峰型（图 5-15G～L）。

3）异步发育成熟：卵巢持续产生卵母细胞，以小型卵母细胞为主，存在一个主导发育期或无主导发育期，性腺发育成熟后连续排卵。这多见于多次产卵型或持续产卵型属种，如多次产卵者鸢乌贼、侏儒微鳍乌贼（*Idiosepius pygmaeus*）、莱氏拟乌贼（*Sepioteuthis lessoniana*）、澳洲双柔鱼（*Nototodarus gouldi*）和茎柔鱼等，这些属种的卵母细胞发育有一个主导发育期，性腺发育成熟后分批次排卵（图 5-15M～R）；而持续产卵者面蛸、船蛸、快蛸、巨粒僧头乌贼（*Rossia macrosoma*）、太平洋僧头乌贼（*Rossia pacifica*）、莫氏僧头乌贼（*Rossia moelleri*）等，其卵母细胞成熟没有明显的主导发育期（图 5-15S～X）。

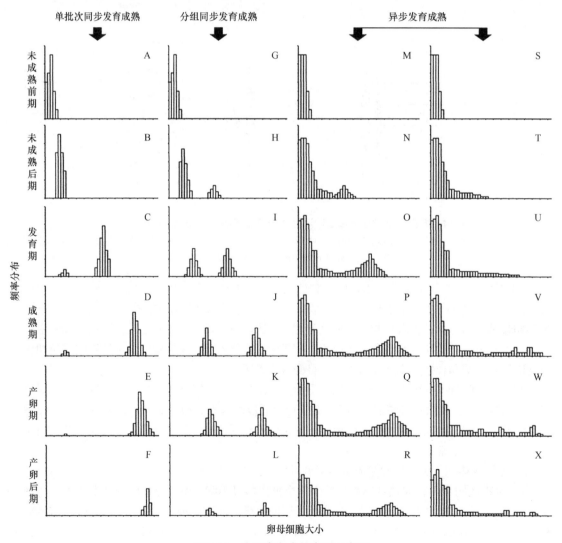

图 5-15　头足类卵成熟类型示意图

◆ 课 后 作 业

一、建议阅读的相关文献

1. 陈大刚. 1997. 渔业资源生物学. 北京：中国农业出版社.

2. 陈新军. 2014. 渔业资源与渔场学. 北京：海洋出版社.

3. 杜金瑞, 陈勃气, 张其永. 1983. 台湾海峡西部海区带鱼 *Trichiurus haumela*（Forkal）的生殖力. 台湾海峡, 1：122-132.

4. 邓景耀, 赵传絪. 1991. 海洋渔业生物学. 北京：农业出版社.

5. 金丽, 宋少东. 2004. 鱼类的繁殖类型. 生物学通报, 12：17-18.

6. 于洪贤, 马一丹, 柴方营, 等. 1997. 生态环境对鱼类繁殖的影响. 野生动物, 1：14-17.

7. 王腾, 黄丹, 孙广文, 等. 2013. 鱼类分批繁殖力和繁殖频率的研究进展. 动物学杂志, 1：143-149.

8. 林东明, 陈新军. 2013. 头足类生殖系统组织结构研究进展. 上海海洋大学学报, 3：410-418.

9. 林东明, 陈新军, 方舟. 2014. 西南大西洋阿根廷滑柔鱼夏季产卵种群繁殖生物学的初步研究. 水产学报, 6：843-852.

10. 林东明, 方学燕, 陈新军. 2015. 阿根廷滑柔鱼夏季产卵种群繁殖力及其卵母细胞的生长模式. 海洋渔业, 5：389-398.

11. 黄海水产研究所. 1981. 海洋渔业资源调查手册. 2 版. 上海：上海科学技术出版社.

12. 齐银, 王跃招. 2010. 物种生殖对策和交配对策的变异性. 四川动物, 29（6）：1002-1007.

13. 水柏年. 2000. 小黄鱼个体生殖力及其变化的研究. 浙江海洋学院学报（自然科学版）, 19（1）：58-69.

14. Arkhipkin A. 1992. Reproductive system structure, development and function in cephalopods with a new general scale for maturity stages. Journal of Northwest Atlantic Fishery Science, 12：63-74.

15. Boyle P, Rodhouse P. 2005. Cephalopods：Ecology and Fisheries. Oxford：Wiley-Blackwell.

16. Collins M A, Burnell G M, Rodhouse P G. 1995. Reproductive strategies of male and female *Loligo forbesi*（Cephalopoda：Loliginidae）. Journal of the Marine Biological Association of the United Kingdom, 75：621-634.

17. Laptikhovsky V V, Nigmatullin C M. 1993. Egg size, fecundity, and spawning in females of the genus *Illex*（Cephalopoda：Ommastrephidae）. ICES Journal of Marine Science：Journal du Conseil, 50：393-403.

18. Laptikhovsky V, Salman A, Önsoy B, et al. 2003. Fecundity of the common cuttlefish, *Sepia officinalis* L.（Cephalopoda, Sepiidae）：a new look at the old problem. Scientia Marina, 67：279-284.

19. Medina A. 2020. Reproduction of Atlantic bluefin tuna. Fish and Fisheries, 21：1109-1119.

20. Nigmatullin C M, Arkhipkin A, Sabirov R. 1995. Age, growth and reproductive biology of diamond-shaped squid *Thysanoteuthis rhombus*（Oegopsida：Thysanoteuthidae）. Marine Ecology Progress Series, 43：73-87.

21. Nigmatullin C M, Markaida U. 2009. Oocyte development, fecundity and spawning strategy of large sized jumbo squid *Dosidicus gigas*（Oegopsida：Ommastrephinae）. Journal of the Marine Biological Association of the United Kingdom, 89：789-801.

22. Pianka E R. 1976. Natural selection of optimal reproductive tactics. American Zoologist, 16：775-784.

23. Richardson D E, Marancik K E, Guyon J R, et al. 2016. Discovery of a spawning ground reveals diverse migration strategies in Atlantic bluefin tuna（*Thunnus thynnus*）. Proceedings of the National Academy of Sciences, 113：3299-3304.

24. van Winkle W, Rose K A, Winemiller K O, et al. 1993. Linking life history theory, environmental setting, and individual-based modeling to compare responses of different fish species to environmental change. Transactions of the American Fisheries Society, 122: 459-466.

二、思考题

1. 性别的鉴定方法有哪些?
2. 生殖群体有哪几种类型? 请并举例说明。
3. 简述绝对繁殖力和相对繁殖力的概念及其影响因素。
4. 简述性腺成熟系数和性腺指数的概念。
5. 简述产卵群体的概念及其类型。
6. 研究繁殖力主要有哪些方法?
7. 简述生殖对策的概念, 并对 r 策略和 K 策略进行比较。

| 第六章 |

饵料、食性与种间关系

提要: 树立大食物观,既向陆地要食物,也向海洋要食物,耕海牧渔,建设海洋牧场,打造"蓝色粮仓"。水产品的营养价值很高,要想提高国民的身体素质,把水产做好,提供更多优质蛋白质很重要。保障渔业可持续发展,守护"蓝色粮仓"安全尤为重要。在本章中,重点介绍鱼类的食饵关系与食物链,以及鱼类摄食的类型与特征及研究方法,阐述鱼类如何来保障其食物供给,同时介绍了肥满度和含脂量的概念及其研究方法,并以茎柔鱼为例分析种群摄食生态与共存关系。重点要求了解和掌握鱼类食物保障的机制,以及鱼类摄食的研究方法。

渔业资源与其他水产生物所构成的生物群落是通过食物链和食物网联结的。某一群体数量的多少不仅与它的捕食者、食物的数量存在一定的关系,同时还在很大程度上取决于鱼类的食物保障,即水域中食物的数量、质量及可获性、索饵季节的长短、进行索饵的鱼类种群的数量和质量,这些构成了渔业资源学中研究摄食习性的主要内容。

渔业资源工作者对渔业资源的摄食习性进行了大量的研究。由于渔业的发展,渔业生产和管理的实践向我们提出了更高的要求,即不仅需要静态的研究,更需要了解摄食习性的动态,即随时间和空间的变化规律,以及群体之间的捕食与被捕食的定量关系。因为这些成果将为资源评估数学模型,特别是基于生态系统的渔业资源评估与管理模型的建立和改进提供非常有价值的基础资料。

鱼类摄食生态学是鱼类生态学的重要组成部分,通过摄食生态学研究可为进一步分析和掌握种群动态提供基础资料。鱼类摄食生态学的研究以胃(肠)含物分析为基础,其研究层次可分为个体、种群和群落三个水平。近年来,随着科学技术的发展和元素分析技术的显著进步,稳定同位素法和脂肪酸标记法等新的技术手段也被不断应用于鱼类摄食生态学的研究中。

◆ 第一节 鱼类的食饵关系与食物链

一、鱼类的食饵组成

饵料作为鱼类最重要的生活条件之一,构成了鱼类种间关系的第一性联系。鱼类饵料保障状况制约着鱼类的生长、发育和繁殖,影响着种群的数量动态以至渔业的丰歉。

总体来说,鱼类的食谱是十分广泛的,也是十分复杂的。水生植物类群,从低等单细胞藻类到大型藻类及水生维管束植物;水生动物类群,几乎涉及无脊椎动物的各个门类以至脊椎动物的鱼类自身;腐殖质类,也是某些底食性鱼类的重要饵料。

不同鱼种的食饵组成千差万别,有的以水层中的浮游生物为食,有的则以水域中的虾、蟹、头足类以至自身的幼鱼为食而成为水中的凶猛肉食者,有的却偏爱水底有机腐屑,成为腐殖质消费者。鱼种不同，其食饵的广谱性也存在巨大差别。这是鱼类长期适应与演化的结果。

二、食物链、食物网及生态效率

1. 食物链和食物网 水域生态系统中各种生物种内、种间纵横交错的食物关系，主要表现为捕食与被捕食和竞争的关系，形成食物链；多条食物链组成了复杂的网状结构，统称为食物网。

食物链（food chain）是指鱼类同饵料生物及捕食的凶猛动物之间的食物关系。它们之间呈现食物-消费者-次级消费者及以上营养级的关系。多级营养关系中的几个环节同样也存在着复杂的营养级关系，如小型动物本身既要摄取更小型动物或以植物为食，而本身又要被大型动物所捕食，即低级消费者本身又为高一级的消费者提供食物。如此一个环节扣着一个环节，呈现出链状。

一种动物往往是摄食多种生物，而其他各种生物也同样存在着相互依存的营养联系。因此，整个水域中的各种生物彼此之间相互联系着，相互制约着，形成一个复杂如网格那样的网络状态，称为食物网（food web）。食物网是在生态系统长期发展过程中逐步形成的，对于维持生态系统的稳定和平衡有重要作用。食物链上的每个环节称为营养级（trophic level），营养级可指示动物在食物网中的营养位置（trophic position）。

湖泊、海洋中食物链最低级的一环是水生植物，即浮游植物和底栖藻类（包括高等维管束植物），它们是初级生产者（或称原始生产者）；其次是摄食植物的动物，是初级消费者，即植食性动物；再次是捕食这些动物的动物，为次级消费者，属二级捕食动物；依次类推。最后是异养性细菌，也称分解者（decomposer）。它能把湖泊、海洋中动植物尸体、碎屑分解还原成植物生长繁殖所需要的营养盐类。这样，从营养盐经过一系列环节，最后又还原成营养盐，形成了一个封闭环，故又称为食物环。这种食物链锁的存在不仅是湖泊、海洋生物的生存条件，也是维持整个水域物质转换和能量流动的重要结构。查明这些关系，对开发湖泊或海洋生物资源有极为重要的意义。

当食物链由一个环节转入另一个环节时，都伴随着一定的消耗。从能量角度来看，存在一定的转化率。例如，浮游植物被浮游动物所摄食，转换为浮游动物机体，其转化率经过推算为20%，浮游动物为小型鱼类所摄食，组成小型鱼类的机体，其转化率为10%，而小型鱼类被大型鱼类所摄食，其转化率为10%。这就是说，要组成食物层次上高一阶层动物一个单位机体时，约需要消耗食物层次低一级动物的10个单位机体能量。由此可见，距离食物链第一环节越近，即处于食物层次越低级的生物，其数量就越多。这种情况犹如一座金字塔，越上一级其数量越少，这就是所谓的金字塔定律（图6-1）。

图6-1 鱼类食物金字塔

由图 6-2 可知，食物网各营养级之间的相互关系中，绿色植物（生产者）为第一营养级，植食性动物（初级消费者）为第二营养级，依次类推，由低级→高级呈金字塔形，一般认为各营养级的能量转换效率均为 10%左右，即能量从营养级间传递时，仅有约 10%的能量能传递到下一级。世界渔获量组成中以中上层鱼类所占比例最大。在食物层次中，最低级的浮游植物和浮游动物及幼体类的数量是十分庞大的，它们维持着产量巨大的中上层鱼类的营养，由此才能支持其他肉食性鱼类和掠食性鱼类的生存。因此，为了提高水域的生产力，要尽可能地减少食物链的环数，也就是说，所捕捞的经济鱼类在食物链中的位置越靠近第一环，那所获得的产量就越大。但食物链的环数越少，其水域的生态系统越不稳定，易受环境条件等各种因素的影响。

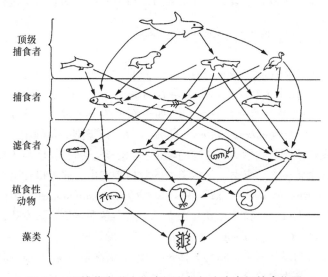

图 6-2　可捕获海洋生物资源和初级生产者间的食物网

食物链层次低的鱼类多数属于小型低质鱼类，如鲱科、鳀科、鲐鲹鱼类等，其质量不如食性级较高的鱼类，如石首鱼科、鲷科、鲆鲽鱼类。因此，合理利用不同层次营养级渔业生物的生产力很重要。

2. 生态效率　　食物链是生态系统中能量流动的路径。能量从一个营养级转换到另一个营养级，并不是保持不变的，而且食物链的后一个营养级所摄取利用的食物能量只占前一个营养级所提供的食物能量的很少一部分，即在流动的过程中，能量是逐步减少的。Lindeman（1942）提出了"十分之一"定律，用来表示生态系统中能量在各个营养级间流动的定量关系，能量通过不同营养级转换的效率，称为林德曼效率或生态效率。

许多研究资料表明：食物链中能流量在经过各营养级时急剧减少是带有普遍性的，但 10%的转换率是一个估算的平均值，在不同食物链之间变化很大，通常在生态系统中消费者最多只能把食物能量的 4.5%～20%转变为自身物质（原生质）。食物链中通常包括 5 个营养级，绿色植物作为初级生产者为第一营养级，草食性动物为第二营养级，低级、中级和高级肉食性动物分别为第三、第四和第五营养级。当携带能量的物质通过食物链的各营养级由低向高流动时，能量每经过一个营养级呈阶梯状递减，形成了一个金字塔形，称为能量锥体或生态学金字塔。可以分别用生物体数量和质量及能量和净生产力表示金字塔，其中能量金字塔最能保持和确切地表达金字塔的形状。

◆ 第二节　鱼类摄食的类型

由于鱼类食谱的广泛性，绝大多数水生生物都能被鱼类吞食，因此鱼类的食饵是十分多样和广泛的。当然，在自然界中并不存在某种鱼类能吃遍所有的动物、植物，也很难发现某种鱼类专吃一种个体。通常，某一鱼类能吃几十种甚至上百种的种类，这些摄食特性与鱼类的咀嚼器官、觅食方式有密切关系，也是鱼类长期适应和进化的结果。结合鱼类的摄食特点，通常可按食物性质、食物生态类型、饵料种数、捕食性质、摄食方式等对鱼类的摄食类型进行划分。

一、依据鱼类所摄食的食物性质划分

依据鱼类所摄食的食物性质，通常可将其分为植食性鱼类、动物食性鱼类和杂食性鱼类。

1. 植食性鱼类　以水生植物性饵料为营养的鱼类。其又可按主食性质分为 4 类。

（1）主要以摄食浮游植物为食的鱼类　如斑鰶（*Clupanodon punctatus*）、南非拟沙丁鱼（*Sardinops sagax*）、鲢（*Hypophthalmichthys molitrix*）等。该类型的鱼鳃耙十分密集，适宜过滤浮游单胞藻类，肠管发达便于吸收营养。斑鰶的鳃耙约 285 条。肠管长度为体长的 3～8 倍。

（2）主要以周丛生物为食的鱼类　该类型的鱼口吻突出，便于摄食附着于礁岩上的丝状藻类，如突吻鱼（*Varicorhinus varicostoma*）、软口鱼（*Chondrostoma nasus*）等。

（3）主要以高等水生维管束植物为食的鱼类　这类鱼咽喉齿坚强发达，肠管较长，适宜啃食水草等。例如，草鱼（*Ctenopharyngodon idellus*）咽喉齿呈栉状，与基枕骨三角骨垫进行研磨，能把植物茎叶磨碎，切割以利消化，肠管为体长的 3～8 倍甚至以上，且淀粉酶的活性高。

（4）以腐殖质、碎屑为食的鱼类　例如，鲻（*Mugil cephalus*）口端位，具有发达的肌胃，像鸟类的砂囊，可以研磨单细胞藻类。又如，梭鱼（*Mugil soiuy*）的鳃耙有 61～87 条，肠管为体长的 3 倍以上。

2. 动物食性鱼类　以动物性饵料为主的鱼类，其特征为鳃耙稀疏，肠管较短，通常又可分为以下三种。

（1）主要以浮游动物为食的鱼类　如太平洋鲱（*Clupea pallasi*）、鳀（*Engraulis japonicus*）、黄鲫（*Setipinna gilberti*）、鲐（*Scomber japonicus*）等。鲱的鳃耙有 63～73 条，消化管较长。它们以磷虾、桡足类、端足类为食。

（2）主要以底栖动物为食的鱼类　如鲆鲽类、舌鳎类、红鲦类，它们的饵料很丰富，牙齿形态多样化，有铺石状、尖锥状、犬牙形、臼齿形或喙状。鳃耙数和肠管的长度介于食浮游动物与食游泳动物之间。

（3）以游泳性鱼类为食的鱼类　如带鱼（*Trichiurus japonicus*）、蓝点马鲛（*Scomberomorus niphonius*）、大黄鱼（*Pseudosciaena crocea*）等，它们主要以食用游泳虾类、小型鱼类为生，牙齿锐利，肠管较短，消化蛋白酶活性极高。

3. 杂食性鱼类　以植物性或动物性饵料为食的鱼类。其特征为口型中等，两颌牙齿呈圆锥形、窄扁形或臼齿状。鳃耙中等，消化管长度小于植食性鱼类，消化碳水化合物的淀粉酶和蛋白酶活性均较高，有利于消化生长。

二、依据鱼类所摄食的食物生态类型划分

依据鱼类所摄食的食物生态类型，可将其分为以浮游生物为食、以游泳生物为食、以底栖动物为食三类。

（1）以浮游生物为食的鱼类 这一类型的鱼类分布广泛，产量极高，体形以纺锤形为主，游泳速度快，消化能力强，生长迅速的小型、中型鱼类占绝大多数，如鲱科、鳀科、鲹科等。

（2）以游泳生物为食的鱼类 这一类型的鱼类个体较大，游泳能力很强，口大型，消化酶十分丰富，生长快速，专门追觅稍小的鱼类、头足类和虾、蟹类为食。它们的渔业价值颇高，如带鱼、石首鱼类、鲷科鱼类等。

（3）以底栖动物为食的鱼类 这一类型的鱼类鱼群疏散，不能形成密集的群体。它们的牙齿变化较大，为适应多样性的底栖无脊椎动物类型而特化，如鲆、鲽、魟、鳐、鳎等。

三、依据鱼类所摄食的饵料种数划分

依据鱼类所摄食的饵料种数，可将其分为广食性鱼类和狭食性鱼类。

（1）广食性鱼类 广泛觅食各种饵料生物的鱼类，很多杂食性的鱼均属此类。例如，大黄鱼摄食对象近100种，带鱼的饵料有40～60种等。

（2）狭食性鱼类 少数鱼类或分布于某一特定水域的鱼类，专门猎食某些植物或动物性的饵料，其口器和消化功能较为特化，难以适应外界环境条件激烈的变化，如烟管鱼、叉尾颌针鱼属（*Tylosurus*）、海龙属（*Syngnathus*）、海马属（*Hippocampus*）等。

四、依据鱼类的捕食性质划分

依据鱼类的捕食性质，可将其分为温和性鱼类、凶猛性鱼类两类。

（1）温和性鱼类 一般以小型浮游植物、浮游动物、小型底栖无脊椎动物或有机碎屑、动物尸体等为食的鱼类，如鲻、梭鱼、鳀、沙丁鱼等。

（2）凶猛性鱼类 这类鱼牙齿锐利，游泳迅速，以追捕其他较小于自己的鱼类、无脊椎动物为生，如习见的带鱼、海鳗及噬人鲨，后者体长可达12m，性极凶残，牙齿呈尖锐三角形，边缘还有细小的小锯齿，能撕咬大型鱼类甚至哺乳动物。

五、依据鱼类的摄食方式划分

依据鱼类的摄食方式，可将其分为滤食性鱼类、刮食性鱼类、捕食性鱼类、吸食性鱼类、寄生性鱼类5类。

（1）滤食性鱼类 专门过滤细小的动植物为食的鱼类，它们以口型大、鳃耙细密、牙齿发育较弱为特点，食物直接从口咽处进入胃肠消化，如鳀、虱目鱼等。

（2）刮食性鱼类 这类鱼以独特的牙齿和口腔结构，专门刮食岩石上的生物，门牙特别发达，如鲀科、鹰嘴鱼等。

（3）捕食性鱼类 这类鱼以游泳迅速、牙齿锐利为特点，能迅速、准确地追食猎物并一口吞入胃中，如带鱼、海鳗。

（4）吸食性鱼类 它们以特化的口腔形成圆筒状，专门将食物和水一同吸入口腔中，形成

吸引流，将小型的动植物饵料吸入胃中，如海龙、海马等。

（5）寄生性鱼类　这类鱼以其寄主的营养或排泄物来养育自己，如鲫专门以吞食大型鱼类排泄物或未完全消化的食物为生。例如，角鮟鱇的雄鱼以寄生在雌鱼上吸取营养为生。

研究表明，鱼类或其他生物的食性是生物对环境适应的产物。比如，由于低纬度的环境比高纬度稳定，低纬度鱼类的饵料基础也较稳定，这就造成了高纬度动物区系中鱼种的食谱一般比低纬度鱼类广泛。又如，在鱼类长期的进化过程中形成了一定特点的消化系统，从而决定了一定的食性。当然，鱼类及其他渔业资源种类的摄食类型并不是固定不变的，它除了具有一定的稳定性，还具有可塑性，特别是那些杂食性鱼类，活动海区大，活动能力强，食饵十分复杂，因而可塑性也较强。

◆ 第三节　鱼类摄食的特征

鱼类在何时、何地摄取何种食物，不但与其本身的生命周期的各发育阶段等生物学特性有关，还受环境条件的影响，因此鱼类在其整个生命周期的各个时期不可能摄食到同样的食物，即使是凶猛的鱼类，其早期生活史阶段也只能吸取小型藻类和浮游动物等。这些都是我们需要了解的摄食习性的重要特征。

一、不同发育阶段的摄食习性

鱼类在其不同的发育阶段，摄食的对象往往是不同的。这一方面是由于其营养形式的改变，摄食器官的变化；另一方面是由于不同的发育阶段，其生活环境也往往发生变化。例如，乌鳢（*Channa argus*）在不同的发育阶段有各自的特点，在鱼苗期，摄食的是浮游甲壳动物；幼鱼期则改吃虾、水生昆虫和小型鱼类；到了成年期，除了相当数量的虾类，食物组成几乎全是鱼类。

二、不同生活周期鱼类食物组成的变化

成鱼在不同的生活周期中，其摄取的食物不仅在数量上是不同的，在种类组成上也不一样。例如，许多鱼类在生殖期、越冬期很少摄食，到摄食和索饵期则大量摄食。以鲐（*Pneumatophorus japonicus*）为例，不同生活周期的食物组成如下（铃木，1967）。

（1）北上期（从生殖期至摄食的过渡期）　在寒、暖流两系交汇区，主要为桡足类、磷虾类、端足类、纽鳃樽类、鳀幼鱼和灯笼鱼类等。

（2）南下期（摄食期）　主要为无角大磷虾。

（3）越冬期　主要为暖水性桡足类、十脚类幼体、纽鳃樽类、端足类、浮游性软体动物、夜光虫。

（4）产卵期（生殖期）　主要为桡足类、端足类、鳀幼鱼、海樽、纽鳃樽类、鳀的卵等。

三、不同水域鱼类食物组成的变化

鱼类在长期的进化过程中，以其生物特征的改变来不断适应环境的变化，其中由于不同的水域，其饵料生物组成不同，鱼类为了适应环境也不得不改变其食物组成。以鲣（*Katsuwonus pelamis*）为例，分析其在不同水域的食物组成及其变化。

1）东北、北海道东方水域，主要为鳀、鳀幼鱼、乌贼类、磷虾类。

2）伊豆诸岛周围海域，主要为鳀、鳀幼鱼、乌贼类、鲐类、磷虾类、虾类。

3）小笠原群岛周围水域，主要为飞鱼类、鲣幼鱼、乌贼类、蓝子鱼类、金鳞鱼类。

4）四国岛南岸水域，主要为竹荚鱼幼稚鱼、鲐类、乌贼类、虾类、钻光鱼类。

5）巴林塘水域，主要为乌贼类、鲹类。

6）吐噶喇-冲绳水域，主要为鲐类、鲣幼鱼、飞鱼类等。

如上所述，鲣基本上是以鱼类为食，但在不同水域，其对象的种类也大不一样，从洄游性的到定居性的，广泛地捕食浮游生物和其他无脊椎动物等。

四、摄食习性的昼夜变化

由于光线等外界环境条件的作用，许多鱼类等及饵料生物往往存在垂直移动的习性，其摄食习性也会发生昼夜变化。例如，东海绿鳍马面鲀昼夜内摄食强度在傍晚到上半夜最大（69.9%），下半夜到黎明次之（27.5%），上午最小（16.9%）；傍晚到夜里，其胃含物主要以浮游甲壳类的桡足类、等足类和介形类为主；下半夜到黎明以吞食鱼卵为主；上午捕获的标本除了主要吞食鱼卵，胃含物中还出现了不少珊瑚。

经大量的观察发现，饵料对象的行动不仅在很大程度上决定着摄食行动，而且决定着食物组成的昼夜变动。

五、鱼类食物的选择性

一般来说，鱼类对于众多的饵料生物并不具有均等的兴趣，而是有所偏好，即通常所说的，它对食物具有选择性。不过有的种类表现得明显些，有的表现得不那么明显。这可根据两方面的因素来判断：一是栖息环境中各种饵料生物的数值比例情况；二是鱼类吞食各种饵料生物的数量比例情况。

鱼类对食物的选择具有一定的可塑性。鱼类在得不到它所喜好的食物时，照样也能以其他饵料为食，特别是在仔幼鱼阶段的可塑性更强些。根据其偏好性和所得性，鱼类所摄食的食物通常可以分为以下几个类型。

（1）主要食物　构成主要部分，能全满足生活的需要。

（2）次要食物　经常在鱼肠中见到，但数量不多，不能完全满足鱼类生活的需要。

（3）偶然食物　是偶然被鱼类所摄取的饵料。

此外，有时由于环境条件的改变，鱼类缺乏主要食物而摄取一些应急食物。例如，有时在鱼的胃内能发现一般不大摄取的棘皮动物、蛇尾类动物，这显然是由于缺乏食物而被迫吞下的。

◆ 第四节　鱼类的食物保障

一、鱼类食物保障的概念

鱼群和饵料生物量及栖息水域中所有鱼类的总生物量在很大程度上取决于鱼类的食物保障。所谓食物保障，是指水域中不仅要有鱼类所能摄食的饵料生物，而且要保证鱼体有可能摄食。消化吸收这些食物用以营造其机体的条件，利用的饵料生物和适合的水文环境，从而保证鱼体新陈代谢过程的进行，促进生长发育的条件，称为食物保障。而其中作为鱼类食物的浮游生物、底栖生物和鱼类等饵料生物的数量和质量，又称为饵料基础。由此可看出，鱼类食物的保障首先取决于水域中食物的数量、质量及其可获性。

鱼类食物的保障在一定程度上受索饵季节长短的影响，但索饵季节的长短并非随时影响着鱼类食物保障。例如，咸海鲥绝大部分达到一定的丰满和含脂量之后就停止摄食，而向大海开始越冬洄游。当然，饵料基础处于低水平时，索饵季节的长短对鱼类食物保障就形成限制作用。若饵料基础高，索饵季节的长短对鱼类食物保障的影响通常仅表现在其分布区域的边缘地带。鱼类食物保障同样也依索饵期间的非生物性环境，如温度、光照、风情、波浪、饵料分布范围大小的变化，以及其他许多因素而转移，而且在很大程度上也取决于索饵期间对敌害的防卫程度。

研究表明，鱼类种群数量与生物量及该种类的食物保障有密切关系。鱼类食物保障受下列因子制约：水域中食饵的数量和质量及其可获性，索饵季节的长短，索饵鱼类的数量、生物量及质量。鱼类种群对食饵基础发生影响，而食饵基础保证种群的生长、性产物的成熟度、鱼体的肥满度、种群内个体的异质性等。所以在评价鱼类食物保障时，最好是根据鱼体本身的状况如肥满度、含脂量、鱼群内个体的异质性及其他指标来判断。

二、鱼类对食物保障的适应

各鱼类在进化过程中形成使其在复杂环境中能够最大限度地充分利用饵料基础的适应性。同一群落的鱼类，它们既适应于摄食一定种类的饵料，又通过其食谱的分歧来解决由于同其他种类摄食相似的食物类群的饵料矛盾。成鱼一般仅在次要摄食对象方面才存在类似的食谱，而其食谱的主要成分却是不同的，通过叉开索饵期来解决食性矛盾的现象较少。而幼鱼食性矛盾主要通过错开消耗类似食物的时间来解决。因幼鱼阶段食物成分不同，食性矛盾一般比成鱼期少得多，但不同种类的幼鱼消耗某种食物的时间却不同。例如同一水域，狗鱼、鲈和斜齿鳊等的幼鱼主要摄食轮虫类和无节幼虫阶段的桡足类等类似食物，但这些鲈和斜齿鳊更早生殖，当鲈稚鱼转为摄食这些饵料食物时，较早出生的狗鱼幼鱼已转为摄食其他体型较大的饵料，而鲈幼鱼和斜齿鳊幼鱼消耗类似的食物的时间间隔得更久。其幼鱼多半是狭食性，局限于摄食一定的种类。这可能也是造成它们大量死亡的直接原因，当然对幼鱼来说所需要的饵料在水域中几乎总是十分充分的，但在幼鱼密集的地方有时也会出现不够的现象。

鱼体在发育生长过程中，从一个阶段转入另一个阶段，其食性也随之转换，这是其扩大饵料基础的重要适应属性。鱼体发育过程中，早期阶段食物保障低的鱼种只待个体较大时才转为外界营养，因此其卵中卵黄的积累比高食物保障的鱼种多。

鱼类随年龄不同，索饵地点分开是促进其食物保障提高的一种适应属性，鱼体大小相同，但性别不同，食物成分分异也是鱼类提高其食物保障的适应属性。例如，海鳕的雄鱼相对多地吞食甲壳类和蠕虫。

若世代数量相当大而食物保障又较低的鱼群，在很大程度上转变为广食性，使其具有最为广泛的食谱。食谱的广度随着食物保障的变化而改变。

若亲鱼食物保障低，则其所产生的卵大小不同，小鱼由卵膜内孵出所经过的时间长短也不同，从而延长了稚鱼开始向外界觅食的时间，在食性转换阶段，鱼体卵黄积累不同，其昼夜间消耗饵料的节律也不同，从而提高食物保障。例如，斜齿鳊卵黄积累多的个体会在夜晚时分暂停觅食，卵黄积累少的个体则整天觅食。由食物保障低的雌鱼所产出的卵粒，其孵出的小鱼的个体大小多数不同，这样同一时期孵出的小鱼在外界所获得的饵料层次也各不相同。即便是同一时间孵出的小鱼，转入外界营养时饵料基础稍微扩大，其较小个体消耗一些种类的饵料，而个体较大的则摄食另一些种类。当食物保障恶化到一定程度之后，鱼类中原先基本上一致的个体在生长速率上开始出现差异，部分个体开始加快生长，而大部分则落后下来。迅速生长的个体较早转入下一个发育阶段。例如，北哈萨克湖沼中的银鲫，其生长缓慢的个体食物较单纯，主要摄食碎屑食物，而迅速生长的个体则主要摄食摇蚊幼虫，这样一来，食物保障就提高了，当食物保障较好时，这一现象即消失。

索饵洄游是鱼类提高其食物保障的重要适应属性，当鱼群密度变化时，其索饵范围的大小也起变化。由于某种原因，鱼类数量减少时，有时也显著地缩小其索饵场所的面积。例如，大西洋鲱和鳕由于数量减少，索饵范围也缩小，洄游距离也改变。

许多鱼种在索饵期间集群生活方式是提高食物保障很重要的适应属性。此在中上层鱼类表现得显著，索饵集群使其能直接、轻易地找到摄食饵料，而且又有利于防止敌害和洄游。集群生活的群体比单个鱼体更易发现饵料生物密集群，而且较易同其保持接触，如果饵料生物密集群处于移动之中，单个鱼体比群体较容易失去移动中的饵料生物密集群。某些凶猛鱼类组成群体不仅较易发现运动中的被捕食对象，并保持与其接触，而且有利于直接捕食。鱼类成群时的摄食活动比分散状态更强烈。集群索饵的鱼体一般以相近的节律进行摄食和消化，这使整个鱼群的摄食活动能同一时间开始同一时间结束，这使饵料生物密集群易于为鱼群所利用。因此，在索饵期间组合成群，能使鱼体寻觅饵料时消耗较少的能量，也就能提高其食物保障。

许多鱼类在其鱼群出现丰产世代，而高龄鱼的食物保障又不稳定的情况下，会发生吞食本种的卵和幼鱼现象，这是一种扩大饵料基础和调节其数量以适应于水域饵料基础的重要适应属性，这在鳕、鲭、胡瓜鱼、狗鱼、鲈等许多鱼类中均可发现。

三、水域理化环境对食物保障的影响

水域理化环境条件的变化在很大程度上影响着鱼类的食物保障。

（1）水温　例如，英格兰湖一年中水温高于 14℃ 的天数越多，该年淡水鲈的生长就越快，因为在适宜的温度范围内，适当的增温能促进饵料生物的生长和繁殖，从而增加食饵的丰富程度，同时也促进鱼类新陈代谢的提高，因此鱼类就能加快生长。反之，若水温比正常年度偏低，就会降低鱼类的新陈代谢速率，引起鱼类生长缓慢。例如，鲤索饵季节所在水域水文状况同其肝脏中脂肪含量和性产物质量之间存在明显的关系。

（2）光照　光照的长短和强弱对鱼体摄食活动有影响，尤其是借助视觉判别食物方位的鱼类，光照在其觅食过程中意义更大。例如，当光照高于 0.1lx 时，江鳕才有可能摄食小赤梢鱼。

（3）波浪　浅海的水深只有 8～10m，当风暴袭来影响浅海引起巨浪时，巨浪袭来从底层至表层都有影响。一些摄食底栖鱼类的生物，如东方欧鳊（*Abramis brama orientalis*）便会停止摄食活动，立即上浮到表层。

（4）风力　适当的风力可影响陆上昆虫的分布，如英格兰每年的 5、8、9 月份为风季，昆虫受风力的吹刮，使小溪、池塘、湖泊的食饵有所增加，这时对于淡水鲑的生长发育十分有利。我国舟山地区浅海处，每年秋季由于风力的影响，陆上的昆虫纷纷被刮入浅海区，使该海区的昆虫数量急剧增加，鱼类特别是幼鱼阶段的食饵得到补充。

（5）海流　海水影响着食饵的分布。例如，秘鲁鳀（*Engraulis ringens*）的群体数量与浮游生物的分布、数量多寡密切相关。若热带暖流进入秘鲁外海渔场，从而导致该渔场浮游生物量的下降，渔获量就减少。例如，1970 年秘鲁鳀的年产量高达 1300 万 t，它主要分布于秘鲁外海，摄食丰富的浮游生物，生长发育十分迅速；而 1972 年由于厄尔尼诺现象，浮游生物受到影响，水域的生产力下降，秘鲁鳀的产卵率也大大下降，只有常年的 1/7，导致捕捞量大幅度下跌，1975年为 331.9 万 t，1980 年下降到 82.3 万 t。

（6）底质　　底质不同，底栖动物的分布和数量也不同，鱼类捕食所消耗的能量也不同。鱼类觅食所消耗的能量和代谢的高低有密切关系。例如，沙质地、泥质地、岩石地、深海区等不同，饵料生物栖居的地方也不同，鱼类的觅食活动所消耗的能量自然也就不相同。

由此可见，外界非生物性环境条件对食物保障具有较大意义。但它不是孤立地影响食物保障，而是同生物学方面的条件一起作用。

◈ 第五节　鱼类摄食研究方法

现代鱼类生态学中鱼类食性研究的标准方法是胃含物分析法。其目的是估测鱼类群落的营养结构，以及每种鱼类在群落中的营养水平，进一步研究生态系统中食物链和食物网上的物质循环。鱼类摄食研究的传统方法主要有直观法、出现频率法、计数法、体积法、质量法和综合图示法。近年来，随着科学技术的发展和元素分析技术的显著进步，稳定同位素法和脂肪酸标记法等新的技术手段也被不断地应用于鱼类摄食生态学的研究中。

一、样品的采集与处理

1. 样品的采集　　由于动物蛋白的易腐烂性，鱼类肠胃样品必须严格要求标准化，以保证分析结果的可靠性。因此必须做到以下几点。

1）样品应力求新鲜，当场捕获的刚死亡的个体，即当捕到鱼类后，就立即进行样品的采集，以免时间长胃含物继续酶解影响分析精度。

2）样品要具有较强的代表性，能真正代表所研究目标群体的样品。在进行鱼类的胃内含物分析时，取样要大小样品齐全。在捕捞工具方面如定置网、鱼笼、延绳钓一般较缺乏代表性，仅可供参考；而拖网、围网、流网等的样品则较有代表性，可选用分析。用定置网或鱼笼等工具捕获的胃肠样品，由于相隔时间较长，胃肠内的食饵大部分已消化或排泄，严重影响食物的精准度，而用延绳钓等工具所捕获的样品，鱼类的空胃率较高。在大数量的鱼群中取样时，一般以流动性的渔具为佳，如拖网、围网及流网。

3）样品的数量。在渔业资源调查研究中，采样数通常从渔获总数中抽取 1/8～1/4 的胃肠样品，以每网采样数为一单元。然后加以编号，放进标签，用 5%～8% 的福尔马林溶液固定。在胃肠样品采集时，一并记录鱼的体长、体重、性别、性腺成熟度等项目，以便对照。

2. 胃含物的处理　　鱼类胃含物的处理是一项十分严谨、细微的分析工作。由于鱼类的消化能力很强，要及时分析胃含物处于半消化之前的状况或未消化的状况，这样就能较好地进行食饵生物种类、数量的分析工作。

在鉴定胃含物之前，需要了解该海域的饵料生物样品的种数、质量及其他参数。肉食性鱼类可依据鳞片、耳石、舌颌骨、匙骨、鳃盖骨、咽喉齿、颌骨、鳍条的形状和大小鉴定食饵生物的种类。草食性鱼类或以浮游生物为食的鱼类，可依据水草的茎、叶、果实、种子，浮游动物的外形、附肢、口器、刚毛等的大小、数量分别鉴定其原来的饵料生物。进行食饵的鉴定工作，可由浅入深，逐步深化，切勿粗糙行事。

二、鱼类摄食的现场观察

由于渔业资源调查工作往往需要在比较艰苦的环境中进行，对分析结果的精度不可能要求很高，因此采用简单、易行的研究方法是一个好的途径，直观法就是其中一种。所谓直观法，即用肉眼直接估计各饵料体积占整个胃含物体积的百分比，以此判断各饵料占胃体积的比例大小。

当仅用胃囊判断鱼类吃食的饱满度不够明确时，可以借助于肠等消化器官的其他部分。苏联学者在《鱼类食性研究方法指南》中对直观法有详细的论述，现将其介绍如下。

（1）Cylopob（1948）的摄食等级划分　　00级，无论在胃内还是在肠中都无食物；0级，胃中无食物，但在肠中有残食；1级，胃中有少量的食物；2级，胃中有中等程度的食物，或占1/2；3级，胃中充满食物，但胃壁不膨大；4级，胃中充满食物，胃壁膨大。

（2）Eotopob对浮游生物食性鱼类的划分　　A级，胃膨大；B级，满胃；C级，中等饱满；D级，少量；E级，空胃。

（3）对底栖生物食性鱼类的划分　　0级，空胃；1级，极少；2级，少量；3级，多量；4级，极大量。

三、定性与定量分析方法

1. 定性分析方法　　在全面完成准备工作之后，进行食饵定性分析就较为方便。为了定性分析，最好取胃部和肠前端的食物块，因为该处饵料比较完整、容易鉴定，若食物已开始被消化，就需要根据残留物来鉴定。

大型饵料用肉眼即可判断其种类，小型饵料可借助解剖显微镜进行鉴定。根据渔业生物学调查的不同要求，鉴定工作可以分别进行到纲、目、科或属甚至到种。研究饵料的消化程度可以将消化道前段和后段进行对照而确定。

2. 定量分析方法

（1）计数法　　也称为个数法，即以个数为单位，分别计算鱼类所吞食的各种饵料生物的个数，然后计算每种饵料生物在总个数中所占的百分比，即胃含物中某一种（类）食物成分的个体数占胃含物中食物组成总个体数的百分比。例如，蓝圆鲹的胃中有桡足类生物100个、磷虾类75个、糠虾类50个、长尾类20个、介形类5个，那么每类饵料生物在总个数中所占的百分比分别为40%、30%、20%、8%和2%。

如果食物成分容易确定，则该方法迅速、简便、实用。在某些场合下尤为方便，如食物个体规格相近的鱼食性鱼类及浮游生物食性鱼类的胃含物分析，虽然浮游生物计数比较烦琐，但可借助辅助采样法简化，即从已知体积的均匀水体中部分取样，计算微小生物数量，然后计算总生物数量，计算时可借助于赛吉（Sedgwick-Rafter）计数筐。

计数法也不能单独全面地反映鱼类食物成分，主要受以下因素限制：①计数法过分强调被大量摄食的小型生物的重要性。但有些情况下，又因小型生物被消化得迅速，可能在食物组成中被忽略。②因为很多生物如原生动物等在到达胃囊之前已成糊状，所以很难计数出所有食物成分的个体数。③没有考虑到鱼体大小的影响。④这种方法不适用于联合体食物如大型藻及碎屑等。⑤这种方法得出的各饵料成分组成的概念往往会产生误会，因为各种饵料生物的个体大小及营养价值是不一致的，将它们等量来看是不合理的。通常它是同其他方法，特别是质量法配合起来使用的。

（2）质量法　　质量的表现方法有两种：一为剖开鱼胃，把挖出的胃含物在小天平上称取的当场质量，二为更正质量，更正质量是在饵料分析过程中，随时注意挑取完整的饵料生物个体，量其长度或估算其大小并称其质量，这样经过一段时间之后，即可知道各种饵料生物的大小和质量的范围，然后再以个数乘质量。食物质量百分比是指某一食物的更正质量占食物团更正质量的百分比。胃含物质量有干重及湿重两种。一般湿重测量比较方便；而测定干重较费时间，但在计算能量收支时需要应用该测定方法。用更正质量按下式能计算出某种饵料成分占胃含物总质量的百分比：

$$质量百分比 = \frac{某饵料成分的更正质量}{食物团更正质量} \times 100\%$$

除了质量百分比这一指标，饱满指数也可帮助分析胃含物的质量。所谓饱满总指数，是指胃含物当场的质量乘 10 000 除以鱼的纯体重，所得的万分比数值可用下式表示：

$$饱满总指数 = \frac{食物团实际质量}{鱼纯体重（去内脏）} \times 10\ 000$$

如果用于计算的食物团的质量为更正质量，那么上式中的食物团实际质量一项改为更正质量，所得出的数字为更正的饱满总指数。更正的饱满总指数比根据当场质量求出的饱满总指数更正确些。如果把胃含物中各个成分分开，把各个组成成分的当场质量乘 10 000 除以纯体重所得的万分比数值，则称为该成分的饱满分指数；同理，也可获得更正的该成分的饱满分指数。同样，更正的饱满分指数比根据当场质量求出的饱满分指数更正确。上述所称的质量实际上是饵料的湿重。

测定湿重时，一般用滤纸把食物外部水分吸干，但水分仍是误差的一个重要原因，需滴干及在热盘中预干或用离心法进一步减小误差。测定干重可通过将湿重蒸发至恒重完成，而不同食物种类的干重温度也不同（一般为 60～150℃），温度太高可能导致挥发性脂肪的消失，而且耗时，所以冻干法效果较理想。

质量法在食物重要性研究中易过高估计单个大个体食物成分的重要性，另外食物被福尔马林浸泡后，质量与现场湿重不同，由此会产生测量误差。它比体积法适用范围小一些，但基本能适用于通常饵料生物成分的分析。

（3）体积法　　鱼类食物体积组成是指某一种（类）食物的体积占胃含物总体积的百分比。一般采用排水法测定胃含物的总体积或分体积，求出各种类型食物占有的百分比。常用有刻度的小型试管或离心管，先装上 5～10ml 清水，然后把食物团放于滤纸上吸干，待至潮湿为止。再将食物团放入已知刻度的试管内，根据此时的总体积，就能精确求出排开的水。食物团中各大类饵料食物的成分组成，以出现频率百分数或以个数数量的百分比求得。

这种方法比较复杂，分析时手续烦琐，但能较准确地确定体积的大小，再求出质量。由于繁杂，采用此法的人不多。

（4）出现频率法　　这是最为简单和最常用的测定饵料成分的方法之一。出现频率即含有某一食物成分的胃数占总胃数（非空胃数）的百分比。其具体的计算公式为

$$出现频率 = \frac{含有该成分的胃数}{总胃数} \times 100$$

出现频率法的优点是测定快速且需要应用的仪器少，但是这种方法不能表达胃中各类饵料的相对数量或相对体积。尽管如此，此法还是能够用来进行饵料种类的定性分析。

如果食物种类容易确定，则该方法迅速、简便，但它仅能粗略地反映鱼类食谱的一个侧面，

即鱼类对某种食物的喜好程度,不能明确表达某一种(类)食物成分占胃含物数量和体积的比例。

上述几种胃含物分析方法的综合性总结和评论可参见 Hyslop(1980)和波罗日尼科夫(1988)等有关文献。在对鱼类进行胃含物分析结果处理时,上述方法(出现频率 $F\%$、数量百分比 $N\%$、体积百分比 $V\%$、质量百分比 $W\%$)的优点在于评价每一饵料类别重要性时的可比较性,以及容易获得和处理,其中质量百分比指标可用湿重、干重或更正质量百分比表示。各类指标在评价鱼类食性时各有优点。出现频率法可以反映鱼类对某种饵料生物的喜好程度,数量百分比能较好地表达食物个体规格相近的鱼类的食物组成,因食物的质量(体积)与热量值有一定的关系,质量百分比(体积百分比)能反映出种群中所消耗的每种饵料类别占总消耗量的比例。然而这些指标也有一定的局限性。出现频率不能准确地表达该饵料生物在胃含物中所占的实际比例。数量百分比无法客观阐述食物个体大小相差许多的鱼类的食性,出现频率和数量百分比都受小型食物种类的影响很大。总质量(体积)百分比则过分强调了个别个体捕食利用超出鱼类种群利用的那部分食物的重要性。

(5)综合图示法　　一般来说,数据结果以图表示更易于理解,即一种以饵料的出现频率和相对丰度为坐标的图示法,可以直接地描述饵料组成、饵料的相对重要性(主要食物或是偶然食物)及摄食者中对食物选择的均匀性。这种方法以特定饵料丰度和饵料出现频率共同构成二维图,可显示饵料的重要性、摄食者的摄食策略,以及生态位宽度和个体间的组成成分(图6-3)。

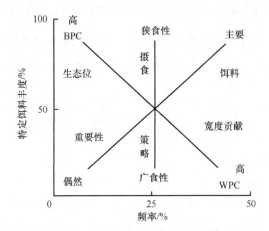

图 6-3　Costello 改进法解释摄食策略、生态位宽度贡献和饵料的重要性(Amundsen et al., 1996)

BPC. between-population crosses,群体间;WPC. within-population crosses,群体内

改进的 Costello 图示法以特定饵料丰度和出现频率为指标构成二维图(图 6-4A)。特定饵料丰度 P_i 及出现频率用分数表示。

$$P_i = (\sum S_i / \sum S_{ti}) \times 100$$

式中,S_i 为饵料 i 在胃含物中的含量(体积、质量、数量);S_{ti} 为胃内有饵料 i 的摄食者胃含量。

特定饵料丰度和出现频率的乘积相当于饵料丰度,可由与坐标轴共同围起来的方框表示(图 6-4B),所有饵料种的方框面积总和等于图的总面积(100%的丰度),任一特定饵料丰度与出现频率的乘积代表某一饵料丰度,饵料丰度的不同值可以在图中用等值线表示(图 6-4C)。

运用 Costello 改进图示法,有关摄食者的摄食策略和饵料重要性可以通过观察沿着对角线和坐标轴分布的散点来推知(图6-3)。在纵轴中,根据广食性或是狭食性来阐明摄食者的摄食策略,摄食者种群的生态位宽度可以通过观察值在图中的位置来判明。沿对角线从左下角到右上角增加的丰度百分比用以衡量饵料的重要性,重要的饵料(主要食物)在顶端,而非重要的饵料(次要食物或偶然食物）在底端。

　　图示法的优点在于在作进一步的数理统计分析之前能在图中对数据作一个迅速而直观的比较。与其他综合指标［如相对重要性指数（index of relative importance，IRI）、绝对重要性指数（absolute importance index，AI）、优势指数（index of preponderance，IP）］相比，图示法没有把质量百分比和出现频率简单地相加或是相乘，却可以通过质量百分比和出现频率从许多鱼的小型饵料中区分出仅存在于少数鱼中的大型饵料，对结果进行更细致的分析，以便更好地比较结果。

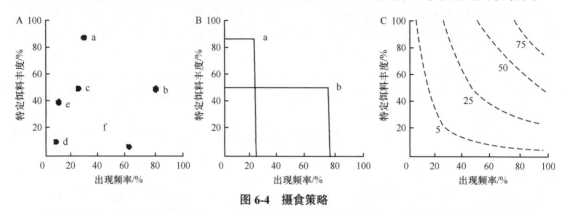

图 6-4　摄食策略

A. 假设的例子（a~f 为不同的饵料种类）；B. a 和 b 的饵料丰度以封闭的方框表示；C. 不同等值线代表不同的饵料丰度

　　（6）稳定同位素法　　稳定同位素法是近年来兴起的新的地球化学研究方法，其在水生生态系统研究中已得到了广泛的应用，并逐渐成为鱼类食性分析、营养级判断及系统食物网研究的一种有力手段。稳定同位素是具有相同质子数、不同中子数的同一元素的不同稳定形态（如碳元素具有稳定同位素 ^{12}C 和 ^{13}C）。稳定同位素组成在环境中存在差异，并因其在生物新陈代谢过程中具有复杂的分馏机制（较重的同位素会滞留而产生富集），生物体内的稳定同位素比值可用于示踪物质在生态系统中的流动，并且可提供较长期的生物体摄食信息，以及食物网中的物质和能量的传递信息。常用于鱼类食性分析的稳定同位素主要有 C、H、O、N、S 五种，其稳定同位素的丰度比值的差异具有不同的指示作用，如碳稳定同位素比值[$\delta^{13}C$（$^{13}C/^{12}C$）]在食物链的营养级间富集度较低，为 0~1‰，故用于指示食物来源和分析食性转化；氮稳定同位素比值[$\delta^{15}N$（$^{15}N/^{14}N$）]在营养级间具有较大的富集度，约为 3‰，用于鱼类营养级判定；鱼类耳石中的氧稳定同位素比值[$\delta^{18}O$（$^{18}O/^{16}O$）]和栖息环境的水温被发现存在线性关系，多用于生活史栖息环境的重建。与传统的胃含物分析方法相比，稳定同位素法为食物网结构分析提供更迅速、客观的方式来显示出长期及短期内生物的食性变化和营养流动过程中所处的食物网地位，并已被广泛应用于湖泊、海洋及河口等食物链营养级间能量流动的研究中，并描绘出该生态系统的食物链及营养流动关系。李忠义等（2006）采用碳、氮稳定同位素法研究分析了长江口及其邻近水域虻鲉（*Erisphex pottii*）的食性，验证了虻鲉生长过程中的食性变化规律。李云凯和贡艺（2014）采用碳、氮稳定同位素法分析了东太湖生态系统的食物网结构，发现尽管湖泊中的沉水植物数量和质量大，但是鱼类的主要食物来源仍来自浮游食物链。

　　近年来，稳定同位素法发展到了分子水平，即特定化合物稳定同位素法。通过分析生物体内特定大分子（如氨基酸和脂肪酸）水平上的稳定同位素信息（主要是碳元素和氮元素），可更本质地揭示生物组织中同位素分馏的物质和能量传递过程规律（Chikaraishi et al.，2014）。在鱼类摄食生态学研究中，主要是分析鱼体特定氨基酸上的 $\delta^{15}N$ 和 $\delta^{13}C$。McClelland 和 Montoya（2002）对海洋浮游植物氮稳定同位素比值（$\delta^{15}N$）的研究表明，随营养级升高，鱼体的 $\delta^{15}N$ 值变化是其

体内氨基酸 $\delta^{15}N$ 值变化的平均结果。不同氨基酸在合成和代谢过程中存在不同的氮元素分馏机制，其中，谷氨酸上的 ^{15}N 在代谢过程中存在脱氨反应，因此在营养级间的富集度较高，平均可达到 7‰，而苯丙氨酸则在营养级间的富集度接近于 0。因此，谷氨酸的 $\delta^{15}N$ 值可用于营养级的计算，而苯丙氨酸上的 $\delta^{15}N$ 可用于指示食物来源。Dale 等（2011）应用谷氨酸上的 $\delta^{15}N$ 估算了路氏双髻鲨（*Sphyrna lewini*）的营养级，并发现鲨体中谷氨酸的 $\delta^{15}N$ 判别值约为 5‰。值得注意的是，谷氨酸和苯丙氨酸均为鱼类的必需氨基酸，而必需氨基酸不能由鱼体自身合成，必须从食物中获取，因此，必需氨基酸上的 ^{13}C 的富集度为 0，这使得必需氨基酸的 $\delta^{13}C$ 可更准确地指示食物来源。

（7）脂肪酸标记法　　脂肪酸、氨基酸、单糖等特殊的化合物，在生物的摄食活动过程中相对稳定不易变化，能用于辨别生物饵料的来源，被称为生物标志物。其中脂肪酸是所有生物体的重要组分，是海洋动物机体含量最高的脂类物质，其主要以三羧酸甘油酯和磷脂的形式存在。作为生物标志物，脂肪酸具有几大优势：第一，生物体脂肪酸的组成和累积是长期摄食活动的结果，以脂肪酸为依据判断生物食性较为准确；第二，脂肪酸在生物体新陈代谢过程中比较稳定，经生物消化吸收后结构基本保持不变；第三，生物体内三羧酸甘油酯中的脂肪酸主要来自所摄入的食物，以这类脂肪酸作为生物标志物得到国内外的普遍认同。生物体内的脂肪酸组成与其摄食直接相关。

采用脂肪酸作为生态系统中的分子标志物，在近几十年得到了迅猛的发展。通过对比生物之间脂肪酸的组成，可追踪物质在食物网中的传递过程，指示食物网的有机质来源，有助于生物之间营养关系的确定。和碳、氮同位素所反映的结果一样，生物的脂肪酸组成也是生物长期摄食活动的结果。海洋生态系统中以浮游植物为主的自养生物能合成自身所需的所有脂肪酸，且微藻各门具有其各自显著的脂肪酸组成特征。例如，甲藻的主要脂肪酸有 16：0、18：4ω3、18：5ω3、20：3ω6 和 22：6ω3；硅藻的主要脂肪酸是 14：0、16：0、16：1ω7 和 20：5ω3；绿藻的主要脂肪酸有 16：0、16：4ω3 和 18：3ω3。甲藻中的 18：4ω3 和硅藻中的 16：1ω7 已被作为甲藻和硅藻的特征脂肪酸来指示自然水体颗粒悬浮物中甲藻和硅藻成分。另外，植食性的桡足类能大量合成二十碳和二十二碳的脂肪酸和脂肪醇，这两类物质都是桡足类由 18：1ω9 通过碳链延长合成的。而杂食性的浮游动物及鱼类仅能合成少量的饱和脂肪酸，且在十五碳这些脂肪酸含量较高时，捕食者的脂肪酸合成比例还将下降（Dalsgaard et al.，2003）。

四、影响鱼类摄食的主要因素

1. 摄食器官的形态特征与鱼类摄食的关系　　鱼类的食性及其摄食行为受其摄食器官的形态特征，环境生态因子如食物保障、水温等的影响。鱼类的生理活动如产卵、越冬等及摄食器官的形态特征与其摄食方式密切相关，但此类研究很少，尚未形成系统的理论与研究方法。Groot（1971）比较分析了世界上 132 种比目鱼的消化器官的主要形态特征及其与食性的关系，并依此把鱼类划分成不同摄食方式的生态类群。陈大刚等（1981）利用生物数学方法研究了鱼类消化器官的形态特征与其食性的关系。具体方法是：选择鱼类消化器官中典型的定量指标，如吻、头、口、肠、幽门垂等（平均值）及性状指标如牙齿、鳃耙、胃、肛门等（用数字之间的距离表示各种鱼类之间的差异），由此得到鱼类形态学指标的资料矩阵 x_{ij}，然后计算各鱼种之间的欧氏距离（标本点距离） d_{ij}：

$$d_{ij} = \left\{ \sum \left[(x_{ij1} - x_{ij2}) / s_i \right] \right\}^{1/2}$$

式中，s_i 为行的标准差。按标本点距离聚类分析划分鱼类的摄食生态类型。三尾真一等（1984）研究了鱼类与捕食相关的探索器官（嗅房、眼、视叶等）、接近器官（体形、鳍、小脑等）、捕食器官（口、齿、鳃耙等）及消化器官（胃、肠、幽门垂等）的形态指标并进行主成分分析，按鱼种间差异的显著性把鱼类划分成不同的摄食类型，如嗅觉型与视觉型（探索）、侧扁型与扁平型（接近）、齿型与鳃耙型（捕食）、胃型与肠型（消化）等。

2. 食物保障与鱼类摄食的关系　　食物保障即环境中饵料生物的可获度，包括饵料生物量的供应及消费者的捕获利用能力，它是影响鱼类摄食的主要生态因子之一。鱼类及其饵料生物生活在不断变动的环境中，所以只能对消费者及饵料生物同步取样，比较消费者的胃含物组成及其环境中饵料生物的组成，才能较客观地评价鱼类对饵料生物的自然选择。但此类研究所需要的很多测试手段尚不完备或方法不成熟，加之取样中存在的一些困难，不易获得充分的精确的定量资料，所以人们往往借助于实验生态学中的食物选择指数（I）来研究鱼类对饵料生物的选择：

$$I_i = \frac{r_i - p_i}{r_i + p_i}$$

式中，I_i 为鱼类对饵料生物 i 的选择指数，$-1 < I_i < 1$；r_i 为饵料生物在鱼类胃含物中的比例；p_i 为同种饵料生物在环境饵料生物中的比例。$I_i > 0$ 时，鱼类主动选择饵料生物 i；$I_i < 0$ 时，鱼类回避饵料生物 i。

此外，有些学者还采用另一选择指数。

$$I = \frac{r_i - p_i}{p_i}$$

式中，I 为选择指数；r_i 为食物中某一成分的百分数；p_i 为食料基础中同一成分的百分数。I 大小用来判断某种鱼对某一种饵料的选择程度。当选择指数为 0 时，表示对这种成分没有选择性；选择指数为正数值时，表示有选择性；选择指数为负数值时，则表示对这种食物不喜好。

◆ 第六节　肥满度和含脂量

一、鱼类的肥满度

鱼类的肥满度（丰满度）是鱼体重增减的一个量度，它是反映鱼体在不同时期和不同水域摄食情况的一个指标。肥满度的计算公式为

$$Q = \frac{W \times 100}{L^3}$$

式中，Q 为肥满度；W 为体重（g）；L 为鱼体长度（cm）。

这是用鱼体重与体长立方的关系表示鱼类生长情况的指标之一。这一指标是假定鱼类不随它们的生长而改变体型。肥满度系数的改变，说明鱼体长度和体重之间的关系改变了。在体长不变的情况下，体重增加，肥满度提高；相反，体重减少则表明肥满度降低。

肥满度实际上就是两个量度的比例，即鱼体的体积（与鱼体重成正比）对鱼体长度立方积之比。因此在比较不同时期和不同水域鱼类的肥满度时，应就每个年龄组和每个长度组分别进行计算，并以同龄组、同长度组的数值进行比较。

此外，鱼类性腺成熟情况和肠胃饱满情况等，也影响到肥满度，并使之产生误差和变动。为

了消除这一影响，克拉克提出了利用纯体重来代替鱼体重。但是在去除内脏后，体内的脂肪也将有一部分被去掉，从而影响到肥满度的正确性。为了解决这一问题，最好同时计算两个肥满度，以便修正。

二、鱼类的含脂量

含脂量是鱼体内储存脂肪的含量，也是反映鱼类在不同时期和不同水域摄食营养情况的一个指标，它比肥满度更为准确。

鱼体内的脂肪是鱼类摄取的食物经同化与异化作用后，在体内逐渐积累起来的营养物质。有的分布在肌肉和肝脏中，有的分布在体腔膜和内脏周围，鱼类体内脂肪的积累会随着个体的发育和不同生活阶段而有变化。未成熟的稚幼鱼生长迅速，这时从外界摄食的食物经同化后主要用于发育，生长时体内脂肪积累很少。随着鱼体的逐渐长大，体内脂肪逐渐积累。性成熟前后的鱼，其体内含脂量高且常随性腺的发育而变化，一般当产卵结束而恢复摄食后，性腺与脂肪量同时增长。但摄食停止，则脂肪量逐渐减少，而性腺继续增长，因此在产卵期前后，含脂量降低，这是摄食减少，营养来源短缺，而体内积存的营养转化为性腺发育的缘故。鱼类的含脂量还与季节变化有关，一般在索饵后期，体内含脂量增加，越冬期因停止或减少摄食，体内的脂肪不断地转化为能量而消耗和用于性腺的发育，所以含脂量逐渐减少。

相近种类和同一种类的含脂量，除了生理状况和生活阶段的不同，还和其生活习性的特点有关，凡洄游路线长的群体，其含脂量较高。而越冬生活的群体，因其在一定季节停止摄食，故而其代谢强度相应地降低，于是其体内的含脂量较高。

鱼类含脂量的测定方法通常有目测法（含脂量等级）、化学测定法和密度估计法三种。具体测定方法可参见《海洋水产资源调查手册》（黄海水产研究所，1981）等参考书。

◆ 第七节　案例分析——茎柔鱼种群摄食生态与共存关系研究

一、基于脂肪酸组成的茎柔鱼种群摄食生态与共存关系研究

茎柔鱼（*Dosidicus gigas*）在东太平洋海洋生态系统中扮演着重要角色。海洋生物的食性研究是探索海洋生态系统物质和能量流动的重要环节，是更好地养护与利用渔业资源的重要参考。因此，对在海洋生态系统中起承上启下作用的茎柔鱼进行食性研究具有一定的理论价值。

传统的胃含物分析法现已被广泛用于海洋生物的摄食生态研究，但其只能反映生物短时间（24h）的摄食情况，且对胃含物中腐烂部分难以鉴别。脂肪酸是脂类的主要组成成分。在海洋生态系统中，海洋动物不能合成多不饱和脂肪酸，只能从食物中摄取。因此，脂肪酸标志物被广泛应用于食性转变和营养关系的研究中。

茎柔鱼经历一次产卵周期后死亡，研究表明在同一区域茎柔鱼的遗传多样性相对较低，但在成熟的个体大小上表现出很大的差异，学者根据性成熟时的胴长，普遍将茎柔鱼分为大、中、小三个表型群。本研究通过测定秘鲁海域大、中、小三个表型群的肌肉脂肪酸含量，对比特征脂肪酸组成，结合脂肪酸标准椭圆法，分析三个种群间的摄食竞争关系，从而探讨茎柔鱼三个表型群间的共存机制。

1. 材料和方法

（1）样本采集海域和时间　　本研究实验样本采集自 2020 年 6～12 月中国鱿钓渔船的渔获物。采样海域为 80°41′W～89°07′W、10°39′S～18°49′S。样本采集后经冷冻运输船运回实验室，在–20℃冷库中储存。在实验室解冻之前，取茎柔鱼胴体漏斗锁软骨处的肌肉（3cm×3cm）。去除表皮，用超纯水漂洗后放入冷冻干燥机进行冷冻干燥，将干燥后的肌肉组织研磨成粉。解冻后，测量胴长和体重，以 Guerra 等研究结果为性腺成熟度划分标准，筛选出性成熟样本后，以 Nigmatullin 等研究结果为不同表型群划分依据：小型群，雄性胴长 200～230mm、雌性胴长 140～340mm；中型群，雄性胴长 240～420mm、雌性胴长 280～600mm；大型群，雄性胴长＞400mm、雌性胴长＞600mm。共挑选出 108 个样本，其中小型群 26 个、中型群 43 个、大型群 39 个（表6-1）。

表6-1　秘鲁外海茎柔鱼样本组成

表型群	性别	样本量（N）	胴长/mm		
			平均值±标准差	最小值	最大值
小型群	雄性	15	233.25±17.82	214	248
	雌性	11	282.63±17.90	236	296
	总计	26	253.37±30.20	214	296
中型群	雄性	17	315.18±49.91	259	413
	雌性	26	448.35±77.25	303	570
	总计	43	391.63±90.44	259	570
大型群	雄性	27	732.89±107.12	539	845
	雌性	12	737.25±131.29	593	864
	总计	39	734.23±113.27	539	864

（2）脂肪酸分析测定　　取 0.2g 粉末样品于试管中，加入 15ml 二氯甲烷-甲醇溶液（体积比为 2∶1）浸泡 20h 以上。离心后取上清液于具塞试管中，再加入 10ml 三氯甲烷-甲醇混合溶液冲洗残渣，离心取上清液，合并两次收集的上清液，再加入 4ml 0.9% 的氯化钠溶液，静置 2h。取下层溶液于圆底烧瓶中进行水浴蒸发，得到粗脂肪样品。

在圆底烧瓶中加入 4ml 氢氧化钾-甲醇溶液（0.5mol/L），混合后连接水浴回流装置（100℃），水浴加热 15～20min，加入 4ml 三氟化硼-甲醇溶液煮沸 25～30min，最后加入 4ml 正己烷回流萃取 2min；冷却后加入 20～30ml 氯化钠饱和溶液，摇晃均匀，将溶液倒入试管中静置分层 1～2min，用注射器吸取一定量的正己烷层留待测量。

（3）数据分析　　脂肪酸实验数据结果以平均值±标准差（mean±SD）表示脂肪酸组成，采用内标法进行定量分析。每种脂肪酸以占各脂肪酸总含量的百分比表示。使用单样本 Shapiro-Wilk 检验数据是否符合正态分布，若不符合则将数据转换成对数形式后再进行检验，使用 Levene 检验方差齐性。之后使用 t 检验比较雌雄样本各脂肪酸组成差异。此外，使用单因素方差分析（analysis of variance，ANOVA）检验表型群间脂肪酸含量差异。基于 Bray-Curtis 距离，采用置换多元方差分析（permutational multivariate analysis of variance，PERMANOVA）进行交叉检验，以检验表型群与性别之间的交互作用。采用非度量多维标度法（nMDS）和单因素 PERMANOVA 检测各组脂肪酸组成的性别差异以评估茎柔鱼表型群间和表型群内的摄食策略差异。利用主成分分析检验不同表型群茎柔鱼脂肪酸组成差异，根据主成分 1、主成分 2 的结果，使用 R 语言 SIAR 软件包计算标准椭圆面积（SEAc），以表征不同表型群的营养生态位。

2. 结果

（1）脂肪酸组成　　在所有样本中共检测出 28 种脂肪酸，包括 10 种饱和脂肪酸（SFA）、8 种单不饱和脂肪酸（MUFA）和 10 种多不饱和脂肪酸（PUFA）。双因素 PERMANOVA 结果显示，不同表型群和性别对脂肪酸组成均有显著影响（表型群，$F = 31.989$，$P < 0.05$；性别，$F = 5.211$，$P < 0.05$）。表型群与性别间交互作用显著，性别对脂肪酸组成的影响在不同表型群间差异显著（表型群×性别，$F = 3.318$，$P < 0.05$）（表 6-2）。

表 6-2　茎柔鱼表型群和性别脂肪酸组成相关性分析

因素	自由度（df）	F 值	R^2	P 值
表型群	2	31.989	0.36	0.001*
性别	1	5.211	0.03	0.003*
表型群×性别	2	3.318	0.04	0.013*
残差	102	–	0.57	–
总计	107	–	1	–

注：F 表示检验统计量
*代表有显著的统计学差异

（2）脂肪酸组成性别差异　　小型群中，雌性 SFA 含量显著高于雄性（t 检验，$P < 0.05$），MUFA 含量也显示出类似结果。相反，雄性 PUFA 则显著高于雌性（t 检验，$P < 0.05$）。中型群中，雄性显著高于雌性（t 检验，$P < 0.05$），同样，雌性 MUFA 含量也显著高于雄性（t 检验，$P < 0.05$），而 PUFA 则无显著差异（t 检验，$P > 0.05$）。大型群中，雄性 SFA 含量显著高于雌性（t 检验，$P < 0.05$），雌雄间 PUFA、MUFA 含量无显著差异（t 检验，$P > 0.05$）。小型群中，雌雄样本脂肪酸组成差异显著的有 C18∶1n9、C20∶5n3、C22∶6n3（t 检验，$P < 0.05$）。中型群中，雌雄样本脂肪酸组成差异显著的有 C20∶1n9、C20∶3n3、C20∶4n6、C22∶6n3（t 检验，$P < 0.05$）。大型群仅有 C20∶1n9 显示出显著的雌雄差异（t 检验，$P < 0.05$）（表 6-3）。

表 6-3　不同表型群雌雄个体脂肪酸组成

脂肪酸	小型群			中型群			大型群		
	雄性/%	雌性/%	P 值	雄性/%	雌性/%	P 值	雄性/%	雌性/%	P 值
C14∶0	1.26±0.15	1.24±0.20	0.628	1.26±0.14	1.22±0.19	0.387	1.32±0.25	1.20±0.08	0.116
C15∶0	1.11±0.18	1.11±0.21	0.778	1.07±0.12	1.08±0.20	0.999	1.20±0.30	1.04±0.12	0.059
C16∶0	21.16±0.90	21.75±1.00	0.242	21.44±1.54	20.57±1.56	0.082	18.17±1.55	17.96±0.88	0.757
C17∶0	1.48±0.17	1.49±0.18	0.613	1.42±0.11	1.47±0.18	0.381	1.54±0.27	1.43±0.10	0.182
C18∶0	6.85±0.45	7.71±0.88	0.056	7.94±1.28	7.36±1.27	0.123	7.73±0.56	7.82±0.69	0.709
C20∶0	0.84±0.20	0.92±0.22	0.256	0.86±0.13	0.89±0.23	0.754	1.09±0.30	0.92±0.13	0.052
C21∶0	0.80±0.19	0.88±0.22	0.273	0.82±0.13	0.85±0.22	0.788	1.04±0.30	0.87±0.13	0.051
C22∶0	0.75±0.18	0.81±0.20	0.279	0.76±0.13	0.78±0.23	0.794	0.96±0.28	0.81±0.13	0.051
C23∶0	0.81±0.20	0.89±0.22	0.272	0.83±0.13	0.86±0.23	0.783	1.01±0.22	0.89±0.13	0.602
C24∶0	0.84±0.20	0.92±0.23	0.275	0.86±0.14	0.89±0.23	0.781	1.09±0.32	0.92±0.14	0.051
ΣSFA	35.91±2.82	37.73±3.55	0.001**	37.27±3.85	35.96±4.52	0.001**	35.14±4.35	33.87±2.52	0.001**
C14∶1n5	0.63±0.15	0.68±0.17	0.280	0.64±0.10	0.66±0.18	0.439	0.81±0.24	0.68±0.10	0.052

续表

脂肪酸	小型群			中型群			大型群		
	雄性/%	雌性/%	P 值	雄性/%	雌性/%	P 值	雄性/%	雌性/%	P 值
C15：1n5	0.69±0.17	0.75±0.19	0.272	0.71±0.11	0.70±0.13	0.863	0.88±0.26	0.75±0.11	0.616
C16：1n7	0.74±0.15	0.79±0.18	0.358	0.74±0.10	0.75±0.17	0.881	0.90±0.24	0.77±0.10	0.056
C17：1n7	0.69±0.16	0.76±0.19	0.275	0.69±0.08	0.72±0.19	0.071	0.91±0.29	0.76±0.13	0.429
C18：1n9	2.15±0.28	2.37±0.17	0.015*	2.13±0.28	2.17±0.29	0.634	2.19±0.48	2.03±0.19	0.260
C20：1n9	4.93±0.39	5.52±0.79	0.086	5.32±0.83	6.72±0.0.80	0.001**	7.44±0.97	8.38±0.79	0.007**
C22：1n9	0.64±0.14	0.70±0.16	0.274	0.66±0.10	0.69±0.17	0.477	0.84±0.22	0.74±0.09	0.097
C24：1n9	0.70±0.17	0.76±0.18	0.380	0.71±0.11	0.74±0.19	0.581	0.89±0.25	0.76±0.10	0.607
ΣMUFA	11.18±1.61	12.34±2.04	0.001**	11.58±1.72	13.16±2.10	0.001**	14.85±2.95	14.87±1.63	0.662
C18：2n6	1.33±0.25	1.30±0.38	0.547	1.31±0.32	1.28±0.51	0.573	1.27±0.54	1.37±0.38	0.395
C18：3n6	0.66±0.09	0.72±0.15	0.293	0.74±0.14	0.69±0.25	0.155	0.90±0.20	0.79±0.11	0.732
C18：3n3	0.74±0.18	0.81±0.20	0.277	0.75±0.12	0.74±0.14	0.248	0.95±0.28	0.80±0.12	0.051
C20：2	0.76±0.15	0.79±0.18	0.512	0.74±0.10	0.78±0.17	0.491	0.92±0.24	0.80±0.09	0.064
C20：3n6	0.70±0.18	0.79±0.23	0.372	0.70±0.08	0.71±0.12	0.778	0.86±0.14	0.72±0.09	0.208
C20：3n3	1.10±0.31	1.14±0.36	0.660	1.14±0.32	1.52±0.44	0.004**	1.36±0.33	1.47±0.32	0.313
C20：4n6	1.33±0.23	1.32±0.26	0.997	1.11±0.30	1.81±0.54	0.001**	1.50±0.25	1.68±0.40	0.129
C22：2n6	2.59±0.30	2.64±0.09	0.513	2.56±0.16	2.56±0.26	0.995	3.07±0.31	3.07±0.28	0.965
C20：5n3	7.79±0.56	7.34±0.31	0.021*	7.33±0.51	7.58±0.54	0.135	9.05±1.00	9.46±1.07	0.264
C22：6n3	36.22±2.08	33.65±2.65	0.033*	35.27±1.65	33.58±2.80	0.039*	30.88±3.48	31.85±0.39	0.329
ΣPUFA	53.23±4.32	50.49±4.81	0.001**	51.66±3.70	51.26±5.75	0.126	50.77±6.77	52.01±4.23	0.001**

注：脂肪酸结果使用平均值±标准差表示；SFA. 饱和脂肪酸；MUFA. 单不饱和脂肪酸；PUFA. 多不饱和脂肪酸
*代表有显著的统计学差异，$P<0.05$；**代表有极显著的统计学差异，$P<0.01$

　　nMDS 分析结果显示，小型群雌、雄样本脂肪酸组成的相似性较低，二者散点区分明显，雄性散点主要分布于左上部，雌性散点主要分布在下部（图 6-5A）。中型群雄性与雌性散点区分也较为明显，雄性主要分布于左侧，雌性则主要分布于右侧（图 6-5B）。大型群雌、雄个体散点重叠明显，相似性较高（图 6-5C）。此外，单因素 PERMANOVA 结果进一步证实了这一发现（表 6-4）。在中、小型组中，脂肪酸组成存在显著的性别差异（小型群，$F=6.20$，$P<0.05$；中型群，$F=6.57$，$P<0.05$）。而大型群的脂肪酸组成在雄性和雌性之间无显著差异（$F=1.44$，$P>0.05$）（表 6-4）。

表 6-4　不同表型群内部雌雄个体脂肪酸组成差异

表型群	项目	F 值	P 值
小型群	雄性 vs. 雌性	6.20	0.004**
中型群	雄性 vs. 雌性	6.57	0.001**
大型群	雄性 vs. 雌性	1.44	0.224

**代表有极显著的统计学差异，$P<0.01$

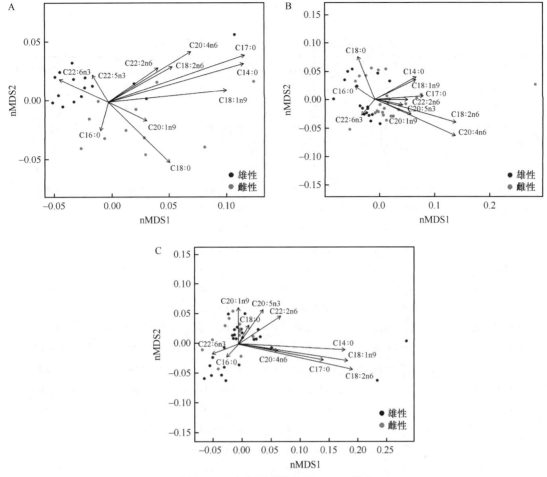

图 6-5　三个表型群脂肪酸 nMDS 排序
A. 小型群；B. 中型群；C. 大型群

（3）不同表型群间脂肪酸组成差异　　三个表型群茎柔鱼所测得的脂肪酸种类相同，共检测到 28 种脂肪酸（表 6-5），包括 10 种饱和脂肪酸（SFA）、8 种单不饱和脂肪酸（MUFA）和 10 种多不饱和脂肪酸（PUFA），起始碳链长度均为 14～24 个碳。其中多不饱和脂肪酸含量最高，小、中、大型群所占百分比依次为 51.64%、51.08%、50.75%，三者差异极显著（ANOVA，$F_{2,105} = 15.861$，$P < 0.01$），小、中型群含量显著高于大型群；饱和脂肪酸在小、中、大型群所占百分比依次为 36.73%、36.48%、34.72%，三者差异极显著（ANOVA，$F_{2,105} = 18.342$，$P < 0.01$），小、中型群含量显著高于大型群；单不饱和脂肪酸含量最少，小、中、大型群所占百分比依次为 11.64%、12.44%、14.53%，三者差异极显著（ANOVA，$F_{2,105} = 14.443$，$P < 0.01$），大型群含量显著高于小、中型群。C16：0、C20：1n9 和 C22：6n3 分别在 SFA、MUFA 和 PUFA 中的含量最高。三个表型群 C16：0 的相对含量存在显著差异（ANOVA，$F_{2,105} = 58.561$，$P < 0.01$），C20：1n9 和 C22：6n3 的相对含量也有相似的结果（ANOVA；C20：1n9，$F_{2,105} = 54.225$，$P < 0.01$；C22：6n3，$F_{2,105} = 16.684$，$P < 0.01$）。此外，DHA/EPA 在小型、中型和大型群中的比值分别为 4.61、4.58 和 3.40。在三个表型群中含量均高于 1% 的脂肪酸有 13 种（C14：0、C15：0、C16：0、C17：0、C18：0、C18：1n9、C20：1n9、C18：2n6、C20：3n3、C20：4n6、C22：2n6、C20：5n3、C22：6n3）。

表 6-5 茎柔鱼小、中、大型群肌肉脂肪酸组成

脂肪酸	小型群	中型群	大型群	F 值	P 值
C14:0	1.25±0.17	1.23±0.17	1.28±0.22	0.752	0.474
C15:0	1.11±0.19	1.08±0.17	1.15±0.26	1.069	0.347
C16:0	21.43±0.99	20.9±0.17	18.10±1.37	58.561	0.001[**]
C17:0	1.48±0.17	1.45±0.16	1.51±0.23	0.831	0.439
C18:0	7.25±0.80	7.59±1.29	7.76±0.59	2.536	0.084
C20:0	0.87±0.21	0.88±0.19	1.04±0.27	8.314	0.001[**]
C21:0	0.84±0.21	0.84±0.19	0.99±0.27	7.403	0.001[**]
C22:0	0.77±0.19	0.78±0.17	0.92±0.25	7.631	0.001[**]
C23:0	0.85±0.21	0.85±0.19	0.94±0.25	0.379	0.686
C24:0	0.88±0.22	0.88±0.20	1.04±0.28	7.409	0.001[**]
ΣSFA	36.73±3.37	36.48±4.34	34.72±4.01	15.861	0.001[**]
C14:1n5	0.65±0.16	0.63±0.18	0.77±0.21	1.258	0.288
C15:1n5	0.72±0.18	0.65±0.21	0.82±0.26	1.316	0.273
C16:1n7	0.76±0.16	0.75±0.15	0.86±0.22	5.147	0.007[**]
C17:1n7	0.69±0.23	0.68±0.22	0.58±0.47	8.743	0.236
C18:1n9	2.25±0.42	2.15±0.36	2.14±0.44	1.311	0.274
C20:1n9	5.20±0.67	6.17±1.06	7.73±1.01	54.225	0.001[**]
C22:1n9	0.67±0.15	0.68±0.14	0.81±0.20	11.015	0.001[**]
C24:1n9	0.70±0.22	0.73±0.16	0.83±0.26	0.652	0.523
ΣMUFA	11.64±2.20	12.44±2.48	14.53±3.06	18.342	0.001[**]
C18:2n6	1.31±0.52	1.30±0.56	1.30±0.69	0.111	0.895
C18:3n6	0.47±0.34	0.51±0.37	0.69±0.39	0.658	0.127
C18:3n3	0.77±0.19	0.71±0.20	0.90±0.25	2.106	0.520
C18:2n6+C18:3n3	2.08±0.71	2.01±0.76	2.20±0.94	2.189	0.021[*]
C20:2	0.77±0.16	0.77±0.15	0.89±0.22	7.008	0.001[**]
C20:3n6	0.63±0.33	0.61±0.27	0.59±0.40	1.422	0.246
C20:3n3	1.12±0.33	1.37±0.43	1.40±0.33	5.721	0.004[**]
C20:4n6	1.34±0.24	1.54±0.57	1.57±0.31	2.298	0.025[*]
C22:2n6	2.61±0.23	2.56±0.22	3.07±0.29	40.749	0.001[**]
C20:5n3	7.60±0.52	7.48±0.53	9.18±1.02	62.875	0.001[**]
C22:6n3	35.02±2.67	34.25±2.53	31.18±3.01	16.684	0.001[**]
ΣPUFA	51.64±5.53	51.08±5.83	50.75±6.90	14.443	0.008[**]

注：脂肪酸结果使用平均值±标准差表示

*代表有显著的统计学差异，$P<0.05$；**代表有极显著的统计学差异，$P<0.01$

对食性具有指示作用的脂肪酸称为特征脂肪酸，特征脂肪酸及其指示来源见表 6-6。小、中、大三个表型群 C18:1n9 含量分别为 2.25%、2.15%、2.14%，表型群间无显著差异（ANOVA，$F_{2,105}=1.311$，$P>0.05$）；C18:3n3（ANOVA，$F_{2,105}=2.106$，$P>0.05$）和 C18:2n6（ANOVA，

$F_{2, 105} = 0.111$, $P > 0.05$）也显示出类似结果。此外，其他特征脂肪酸 C16 : 1n7、C20 : 4n6、C20 : 1n9、C20 : 5n3、C22 : 6n3 相对含量在三组间存在显著差异（ANOVA；C16 : 1n7, $F_{2, 105} = 5.147$, $P < 0.01$；C20 : 4n6, $F_{2, 105} = 2.298$, $P < 0.05$；C20 : 1n9, $F_{2, 105} = 54.225$, $P < 0.01$；C20 : 5n3, $F_{2, 105} = 62.875$, $P < 0.01$；C22 : 6n3, $F_{2, 105} = 16.684$, $P < 0.01$）。

表 6-6 特征脂肪酸及其指示来源

脂肪酸	指示来源
C18 : 1n9	浮游动物
C16 : 1n7	硅藻
C18 : 2n6 + C18 : 3n3	陆源有机质
C22 : 6n3	鞭毛藻类
C20 : 4n6	底栖生物
C20 : 1n9	桡足类
C20 : 5n3/C22 : 6n3 < 1	甲藻

以三个表型群茎柔鱼样品为样本单元，仅选择含量均高于 1%的脂肪酸为参数进行主成分分析。主成分 1、2 的方差贡献率依次为 39.37%、24.99%。

根据主成分散点图（图 6-6A），小型群和中型群基本分布在同一区域，表明其主要脂肪酸组成相似。而大型群散点主要分布在右上侧，明显区别于小型群和中型群。结合主成分载荷系数（表 6-7），对主成分 1 和 2 贡献排名前 5 的特征脂肪酸为 C16 : 0、C18 : 1n9、C20 : 1n9、C20 : 5n3、C22 : 6n3。负荷图表明，大型群中 C20 : 1n9、C20 : 5n3、C20 : 4n6、C22 : 2n6 含量相对较高，是造成其与小型群、中型群差异性的主要脂肪酸。而小型群和中型群中，C16 : 0、C22 : 6n3、C18 : 1n9 含量较高。

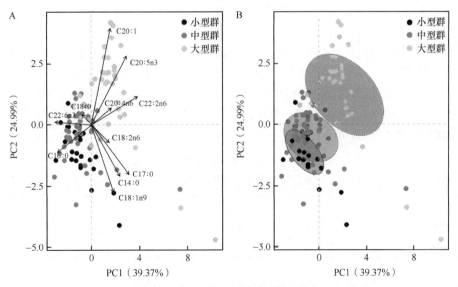

图 6-6 大、中、小型群主成分分析
A. 散点及主成分载荷；B. 生态位

表 6-7　脂肪酸组成主成分载荷系数

脂肪酸	主成分 1	主成分 2
C14：0	0.34	−0.36
C16：0	−0.42	−0.21
C17：0	0.37	−0.35
C18：0	−0.04	0.14
C18：1n9	0.28	−0.41
C18：2n6	0.19	−0.13
C20：1n9	0.21	0.48
C20：4n6	0.13	0.11
C22：2n6	0.37	0.25
C20：5n3	0.26	0.44
C22：6n3	−0.43	0.03

根据 PERMANOVA 分析结果，脂肪酸组成在小型群和中型群之间无显著差异（$F = 1.35$，$P > 0.05$）；相反，小型群与大型群之间存在显著性差异（$F = 7.23$，$P < 0.05$）；中型群和大型群之间也存在显著性差异（$F = 6.96$，$P < 0.05$）（表 6-8）。

表 6-8　不同表型群脂肪酸组成差异

表型群	自由度	距离	F 值	P 值
小型群/中型群	1	Bray-Curtis	1.35	0.264
小型群/大型群	1	Bray-Curtis	7.23	0.001**
中型群/大型群	1	Bray-Curtis	6.96	0.001**

注：**代表有极显著的统计学差异，$P < 0.01$

脂肪酸标准椭圆面积表明（图 6-6B），大型群占据最大的营养生态位面积，标准椭圆面积为 11.80；其次为中型群，标准椭圆面积为 5.26；小型群占据最小的营养生态位面积，标准椭圆面积为 2.79（表 6-9）。此外，大型群与中型群营养生态位较为接近，但标准椭圆无重叠部分；大型群与小型群出现明显的营养生态位分离，标准椭圆也无重叠部分；小型群与中型群标准椭圆重叠明显，重叠面积百分比为 32.16%。

表 6-9　大、中、小型群营养生态位面积及重叠面积百分比

表型群	生态位面积	小型群	中型群	大型群
小型群	2.79	100%	–	–
中型群	5.26	32.16%	100%	–
大型群	11.80	0	0	100%

二、基于碳、氮稳定同位素的茎柔鱼种群摄食生态与共存关系研究

本研究以 2020 年 6～12 月中国鱿钓渔船采集的茎柔鱼为样本，以 Nigmatullin 等研究为表型群划分依据，使用肌肉稳定同位素分析法，评估茎柔鱼大、中、小三个表型群间及各个表型群内

的摄食生态位分化和摄食策略。本研究旨在：①评估脱脂对茎柔鱼种内的不同表型群进行稳定同位素分析前处理的必要性；②揭示茎柔鱼的摄食、营养生态位在不同表型群的差异；③探究秘鲁海域茎柔鱼三个表型群潜在的共存机制。

1. 材料和方法

（1）稳定同位素测定　　将胴体肌肉粉末等分成两份，一份直接送入 IsoPrime 100 稳定同位素比例分析质谱仪和 vario ISOTOPE cube 元素分析仪测定，得出未脱脂样品的 C、N 稳定同位素比值（$\delta^{13}C_{bulk}$、$\delta^{15}N_{bulk}$）和 C、N 元素含量比值（$C:N_{bulk}$），另一份采用氯仿：甲醇（2:1）混合液进行脂类抽提后，再次干燥，测定脱脂样品的 C、N 稳定同位素比值（$\delta^{13}C_{LE}$、$\delta^{15}N_{LE}$）和 C、N 元素含量比值（$C:N_{LE}$）。以 $\Delta\delta^{13}C$ 表示 $\delta^{13}C_{LE}$ 与 $\delta^{13}C_{bulk}$ 的差值，$\Delta C:N$ 表示 $C:N_{LE}$ 与 $C:N_{bulk}$ 的差值。碳、氮稳定同位素值分别以国际通用的 PDB（Pee Dee Belemnite）标准中的碳和大气中的氮气作为参考标准，结果以碳稳定同位素比值（$\delta^{13}C$）和氮稳定同位素比值（$\delta^{15}N$）形式来表示。$\delta^{13}C$ 和 $\delta^{15}N$ 用下面的公式进行计算：

$$\delta X = \left[\left(\frac{R_{样本}}{R_{标准}} - 1 \right) \times 10^3 \right] \tag{6-1}$$

式中，X 为 ^{13}C 或者 ^{15}N；R 为 $^{13}C/^{12}C$ 或者 $^{15}N/^{14}N$ 的值。

为保证试验结果的精度和准确度，每 10 个样品放入 3 个标准品，使用 USGS24（−16.049‰ vPDB[①]）和 USGS 26（53.7‰ vN$_2$）分别校准碳、氮稳定同位素，分析精度分别为 0.05‰（$\delta^{13}C$）和 0.06‰（$\delta^{15}N$）。

（2）数据分析　　采用单因素方差分析（ANOVA）检验不同表型群茎柔鱼的 $\delta^{13}C$ 和 $\delta^{15}N$ 值差异（$\alpha = 0.05$）；使用 t 检验分析大、中、小型群内部雌、雄 $\delta^{13}C$ 和 $\delta^{15}N$ 值的差异。在本研究中，营养生态位使用稳定同位素值（$\delta^{13}C$ 和 $\delta^{15}N$）进行评估。并采用 R 软件中的 SIAR 工具包绘制稳定同位素生态位椭圆，计算标准椭圆校准面积（SEAc），以比较不同表型群茎柔鱼的生态位宽度。以上分析通过 R3.6.1 和 SPSS 22.0 软件完成。

2. 结果

（1）三种表型群稳定同位素组成　　所有样本 $\delta^{13}C$ 值为 −18.09‰～−15.63‰，最大差值为 2.46‰；$\delta^{15}N$ 值为 8.52‰～20.89‰，最大差值为 12.37‰（图 6-7）。小型群中，$\delta^{13}C$ 值为 −18.09‰～−16.41‰，最大差值为 1.68‰；$\delta^{15}N$ 值为 14.23‰～18.01‰，最大差值为 3.78‰。中型群中，$\delta^{13}C$ 值为 −18.02‰～−15.76‰，最大差值为 2.26‰；$\delta^{15}N$ 值为 9.96‰～20.16‰，最大差值为 10.20‰。大型群中，$\delta^{13}C$ 值为 −17.27‰～−15.63‰，最大差值为 1.64‰；$\delta^{15}N$ 值为 8.52‰～20.89‰，最大差值为 12.37‰（表 6-10）。

表 6-10　茎柔鱼肌肉组织碳、氮同位素测定结果

表型群	$\delta^{15}N_{大气}$/‰		$\delta^{13}C_{vPDB}$/‰	
	平均值	标准差	平均值	标准差
小型群	15.82	0.98	−17.12	0.50
雌性	15.90	0.78	−17.46	0.51
雄性	15.76	1.13	−16.88	0.32

①vPDB（Vienna Pee Dee Belemnite）：用于碳同位素的比值标准，基于来自美国南卡罗来纳州 Pee Dee 组织的一种碳酸盐样品的同位素比值，为碳同位素的 $\delta^{13}C$ 提供了参考基准。vN$_2$ 同理

续表

表型群	$\delta^{15}N_{大气}/‰$		$\delta^{13}C_{vPDB}/‰$	
	平均值	标准差	平均值	标准差
中型群	16.03	2.60	−17.02	0.48
雌性	16.33	2.72	−16.94	0.42
雄性	15.55	1.85	−17.20	0.55
大型群	17.57	2.45	−16.25	0.39
雌性	17.54	2.92	−16.34	0.36
雄性	17.58	2.27	−16.22	0.40

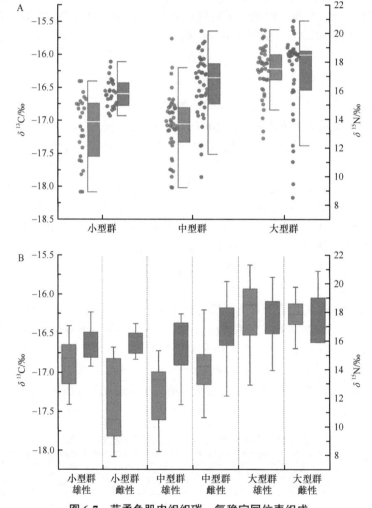

图 6-7 茎柔鱼肌肉组织碳、氮稳定同位素组成

箱体表示四分位范围，每个箱体内的水平线表示中值；虚竖线表示最小值和最大值。

A. 三种表型群结果；B. 三种表型群中雌性和雄性结果

方差分析结果显示，小、中、大型群茎柔鱼的肌肉组织 $\delta^{13}C$ 值和 $\delta^{15}N$ 值差异显著（ANOVA；$\delta^{13}C$，$F_{2,80}=42.49$，$P<0.01$；$\delta^{15}N$，$F_{2,80}=6.96$，$P<0.01$）。Tukey-HSD 多重检验显示，小型群和中型群 $\delta^{13}C$ 值和 $\delta^{15}N$ 值均无显著差异（$\delta^{13}C$，$P=0.677$；$\delta^{15}N$，$P=0.95$）；小型群和大型群 $\delta^{13}C$

值和 $\delta^{15}N$ 值均存在显著差异（ $\delta^{13}C$ ， $P \leqslant 0.01$ ； $\delta^{15}N$ ， $P \leqslant 0.01$ ）；中型群和大型群 $\delta^{13}C$ 值和 $\delta^{15}N$ 值均存在显著差异（ $\delta^{13}C$ ， $P < 0.01$ ； $\delta^{15}N$ ， $P < 0.01$ ）（表 6-11）。

表 6-11　种群间 Tukey-HSD 多重检验

表型群	$\delta^{15}N_{大气}$/‰		$\delta^{13}C_{vPDB}$/‰	
	F 值	P 值	F 值	P 值
大型群 vs. 中型群	10.22	0.004	12.34	0.001
中型群 vs. 小型群	0.126	0.95	0.230	0.677
大型群 vs. 小型群	8.77	0.007	10.34	0.001

（2）表型群内性别同位素组成　　小型群中，雌性 $\delta^{13}C$ 值为 –18.09‰～–16.68‰， $\delta^{15}N$ 值为 14.71‰～17.21‰；雄性 $\delta^{13}C$ 值为 –17.41‰～–16.41‰， $\delta^{15}N$ 值为 14.23‰～18.01‰。中型群中，雌性 $\delta^{13}C$ 值为 –17.86‰～–16.20‰， $\delta^{15}N$ 值为 9.96‰～20.16‰；雄性 $\delta^{13}C$ 值为 –18.02‰～–15.76‰， $\delta^{15}N$ 值为 11.55‰～17.86‰。大型群中，雌性 $\delta^{13}C$ 值为 –17.27‰～–15.91‰， $\delta^{15}N$ 值为 8.52‰～20.89‰；雄性 $\delta^{13}C$ 值为 –17.17‰～–15.63‰， $\delta^{15}N$ 值为 11.77‰～20.45‰。

方差分析显示，小型群雌、雄个体 $\delta^{13}C$ 值存在显著差异， $\delta^{15}N$ 值无显著差异（ANOVA； $\delta^{13}C$ ， $F = 12.62$ ， $P < 0.01$ ； $\delta^{15}N$ ， $F = 1.67$ ， $P = 0.69$ ）；中型群雌、雄个体 $\delta^{13}C$ 值、 $\delta^{15}N$ 值均无显著差异（ANOVA； $\delta^{13}C$ ， $F = 2.11$ ， $P = 0.15$ ； $\delta^{15}N$ ， $F = 2.66$ ， $P = 0.11$ ）；大型群雌、雄个体 $\delta^{13}C$ 值、 $\delta^{15}N$ 值均无显著差异（ANOVA； $\delta^{13}C$ ， $F = 1.00$ ， $P = 0.32$ ； $\delta^{15}N$ ， $F = 1.90$ ， $P = 0.18$ ）。

（3）同位素生态位　　基于稳定同位素分析（SI），评估大、中、小型群营养生态位差异。根据稳定同位素标准椭圆结果，大型群拥有最大的标准椭圆校正面积（SEAc），其次为中型群，小型群的标准椭圆校正面积最小。此外，大型群标准椭圆与小型群、中型群均无明显重叠，而小型群和中型群标准椭圆重叠面积较大，重叠率为 77.34%（图 6-8）。

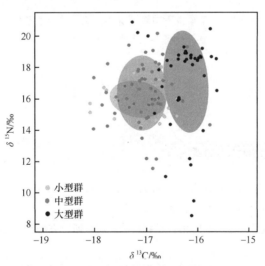

图 6-8　茎柔鱼不同表型群同位素生态位

小型群中，雌性标准椭圆面积为 1.367‰^{2}，雄性为 1.154‰^{2}，雌雄标准椭圆存在重叠，但重叠率较低，为 22.53%。中型群中，雌性标准椭圆面积为 3.355‰^{2}，雄性为 3.013‰^{2}，雌雄标准椭圆存在较高的重叠率，为 54.26%。大型群中，雌性标准椭圆面积为 3.458‰^{2}，雄性为 2.974‰^{2}，雌雄标准椭圆存在高度重叠，重叠率为 80.63%。此外，雌、雄样本生态位椭圆重叠率在小、中、大型群中呈现递增趋势（图6-9）。

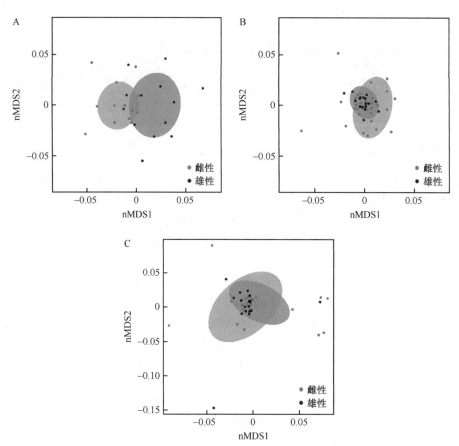

图6-9 茎柔鱼不同表型群雌、雄同位素生态位

A. 小型群；B. 中型群；C. 大型群

◆ 课 后 作 业

一、建议阅读的相关文献

1. 陈大刚. 1997. 渔业资源生物学. 北京：中国农业出版社.

2. 陈新军. 2014. 渔业资源与渔场学. 北京：海洋出版社.

3. 李云凯，陈子昂，贡艺，等. 2021. 海洋动物营养生态位研究方法及其应用. 热带海洋学报，40（4）：143-156.

4. 颜云榕，卢伙胜，金显仕. 2011. 海洋鱼类摄食生态与食物网研究进展. 水产学报，1：145-153.

5. 王新安，马爱军，张秀梅，等. 2006. 海洋鱼类早期摄食行为生态学研究进展. 海洋科学，11：69-74.

6. 李云凯，徐敏，贡艺. 2022. 应用脂肪酸组成研究热带东太平洋同域中上层鲨鱼营养生态位分化. 生态学报，42（13）：5295-5302.

7. 窦硕增. 1996. 鱼类摄食生态研究的理论及方法. 海洋与湖沼，5：556-561.

8. 李忠义，郭旭鹏，金显仕，等. 2006. 长江口及其邻近水域春季虻鲉的食性. 水产学报，30（5）：654-661.

9. 李云凯，贡艺. 2014. 基于碳、氮稳定同位素技术的东太湖水生食物网结构. 应用生态学报，33（6）：1534-1538.

10. Jackson A L，Inger R，Parnell A C，et al. 2011. Comparing isotopic niche widths among and within communities：SIBER - stable isotope bayesian ellipses in R. Journal of Animal Ecology，80：595-602.

11. Chikaraishi Y，Steffan S A，Ogawa N O，et al. 2014. High-resolution food webs based on nitrogen isotopic composition of amino acids. Ecology and Evolution，4（12）：2423-2449.

12. Dale J J，Wallsgrove N J，Popp B N，et al. 2011. Feeding ecology and nursery habitat use of a benthic stingray determined from stomach content，bulk and amino acid stable isotope analysis. Marine Ecology Progress Series，433：221-236.

13. McClelland J W，Montoya J P. 2002. Trophic relationships and the nitrogen isotopic composition of amino acids in plankton. Ecology，83：2173-2180.

14. Hu G Y，Zhao Z F，Liu B L，et al. 2022. Fatty acid profile of jumbo squid（*Dosidicus gigas*）off the peruvian exclusive economic zone：revealing the variability of feeding strategies. Fishes，7：221.

15. Hu G Y，Boenish R，Zhao Z F，et al. 2022. Ontogenetic and spatiotemporal changes in isotopic niche of jumbo squid（*Dosidicus gigas*）in the southeastern Pacific. Frontiers in Marine Science，9：806847.

16. Zhao Z F，Hu G Y，Fang Z，et al. 2023. Feeding strategies and trophic niche divergence of three groups of *Dosidicus gigas* off peru：based on stable carbon and nitrogen isotopes and morphology of feeding apparatuses. Marine Biotechnology，25：328-339.

二、思考题

1. 简述食物链和食物网的概念。
2. 简述食物保障的概念及其影响因素。
3. 简述饵料选择指数的概念。
4. 鱼类摄食研究方法有哪些？
5. 影响鱼类摄食的主要因素有哪些？
6. 简述目测胃含物等级的划分标准。

| 第七章 |

集群与洄游分布

提要：耕海牧渔，发展海洋经济大有可为、大有前途。了解鱼类的集群与洄游分布，更好地了解鱼类的习性，掌握鱼类集群和洄游变化规律，极大地提高捕捞效率和经济效益，对于海洋经济发展至关重要。在本章中，详细描述了集群的概念、形成原因及类型，探讨了种群结构及其变化规律；介绍了鱼类洄游的概念、类型，以及鱼类洄游的机制与生物学意义；同时，结合最新研究成果，介绍了鱼类等渔业资源种类洄游的研究方法及其案例，为了解和掌握鱼类集群与洄游分布提供基础。

集群与洄游是鱼类的重要生活习性之一，也是渔业生物学研究的基本内容之一。栖息在海洋中的鱼类，一般都有集群和洄游的生活习性，是鱼类在长期生活过程中对环境（包括生物和非生物环境）变化相适应的结果。

鱼类出于生理上的要求和保存其种族延续的需要，通过集群进行产卵洄游，完成其产卵繁殖；季节变化会导致水温逐渐下降，作为变温动物的鱼类，为了避开不适宜生活的低温水域，于是结集成群，寻找适合其生存的水域，进行越冬（或适温）洄游；鱼类在生殖或越冬洄游过程中，消耗了大量的能量，为了维持其生命的需要，集群向富有营养生物的海域洄游，以补充营养；在其生活环境中，经常遇到敌害的突然袭击或天气的突然变化，于是集结成群以逃避敌害；还有受到环境的刺激（如声、光、电等）而集结成群的。因此，它们集群时间有长短，集群的群体有大小，集群的鱼种有单一种类的，也有几个种类混杂的；有些集群有规律性，有些却没有规律性。总之，鱼类的集群与洄游是一种较为复杂的鱼类行为，是对自然海洋环境条件的适应和选择。

渔业科学家和渔业生产者所关心的主要问题是：鱼类究竟在什么时间、什么地点、什么海区出现并集群，集群的时间有多长、鱼群的规模有多大等，鱼类集群的海洋环境条件是什么；鱼类何时开始洄游，洄游的路线是如何分布的。因此，研究鱼类集群与洄游的目的，就是要掌握鱼类集群与洄游的规律，以及对海洋环境的响应，以便为合理开发和利用海洋渔业资源提供基础。由于海洋捕捞业中大多以鱼群为捕捞对象，因此研究鱼类集群行为与洄游分布更有直接的实践意义和作用。此外，通过对鱼类集群行为的研究，可找到人为聚集鱼群的方法或控制鱼群行为的方法，如金枪鱼围网流木集群，从而大大地提高捕捞效率和经济效益。

◆ 第一节　鱼类的集群

一、鱼类集群的概念及其类型

集群（assemblage）是由于鱼类在生理上的要求和在生活上的需要，一些在生理状况相同又有共同生活需要的个体集合成群，以便共同生活的现象。在不同的生活阶段和不同的海洋环境条件下，鱼类集群的规模、形式等是不一样的。通常，鱼类集群根据其产生原因的不同，一般可分为索饵集群、生殖集群、越冬集群和临时集群 4 类。

1. 索饵集群　　根据鱼类的食性，以捕食其爱好的饵料生物为目的的鱼群，称为索饵集群。索饵集群的鱼类，其食性相同。一般来说，食性相同的同种鱼类，其体长一般相近；不同种类的鱼，往往为了摄食系统的饵料也聚集在一起。索饵鱼群的密度大小主要取决于饵料的分布范围、多少和环境条件。

随着鱼类肥满度的增大，以及环境条件的改变，索饵鱼群就会发生改组：分布在热带和亚热带的索饵鱼群，到了性腺成熟度或重复成熟阶段形成生殖鱼群；而分布在温带和寒带的鱼类，则由于环境温度的改变，形成越冬集群。

2. 生殖集群　　凡由性腺已成熟的个体汇合而成的鱼群，称为生殖集群或产卵集群。其群体的结构一般为：体长基本一致，性腺发育程度也基本一致，但其年龄则不一定完全相同。此外，生殖鱼群的密度较大，也较为集中和稳定。

3. 越冬集群　　由于环境温度条件的改变，集合起来共同寻找适合其生活的新环境的鱼群，称为越冬集群。凡是肥满度相近的同种鱼类，不一定属于同一年龄和同一体长的个体，都有可能集群进行越冬。在集群前往越冬场的洄游过程中，不少鱼群根据其肥满度的差异又分成若干小鱼群，但到达越冬场后，则多数小群又集合成较大的鱼群，其数量巨大。在越冬场集群的鱼，依其食性和肥满度的不同，有停止摄食或减少摄食的现象。越冬鱼群一般群体较为密集，但由于环境条件的不同，鱼群密度也不相同。

4. 临时集群　　当环境条件突变或遇到凶猛鱼类时，暂时性集中的鱼群称为临时集群。在一般情况下，分散寻食的鱼群或在移动的鱼群，不论其属于任何生活阶段，当遇到环境条件突然变化时，特别是温度、盐度梯度的急剧变化，或者遇到有鱼类忌食和不能吞食的大量生物以致凶猛鱼类出现时，往往会引起鱼群的暂时集中，这样的集群就是临时集群；当环境条件恢复正常时，它们又可能分开、正常生活。

二、鱼类集群的一般规律

一般情况下，鱼类集群的规律如下：在幼鱼时期，主要是同种鱼类在同一海区同时期出生的各个个体集合成群，群中每个个体的生物学状态完全相同，以后的生物学过程的节奏也一致，这就是鱼类的基本种群。此后，随着个体的生长发育和性腺成熟度的不同，基本种群就发生分化改组；由于幼鱼的生长速率在个体间并不完全相同，其中有的摄食充足、营养吸收好、生长较快且性腺早成熟的个体，常常会脱离原来群体而优先加入较其出生早而性腺已成熟的群体；在基本种群中，那些生长较慢而性腺成熟度较迟的个体，则与较其出生晚而性腺成熟度状况接近的群体汇成一群；在基本种群中，大多数个体生长一般，性腺成熟度状况较为相近的个体仍维持着原来的那个基本群体。由基本种群分化而改组重新组合的鱼类集合体，称为鱼群（shoal of fish；stock of fish）。在这一鱼群中，鱼类各个体的年龄不一定相同，但生物学状况相近，行动统一，长时间结合在一起。同一鱼群的鱼类，有时因为追逐食物或逃避敌害，可能临时分散成若干个小群，这些小群是临时结合的，一旦环境条件适宜，它们会自动汇合。

三、鱼类集群的作用

尽管不同的学者对鱼类集群的作用有不同看法，大家对鱼群集群作用和生物学意义的了解和研究还不够充分，但认为至少在以下几个方面具有重要的作用和意义。

1. 有利于增强鱼类的防御能力　在鱼类集群行为的作用和生物学意义中，最有说服力的假设之一就是饵料鱼群对捕食的防御作用。现在普遍认为，集群行为不仅可以减少饵料鱼被捕食鱼发现的概率，还可以减少已被发现的饵料鱼遭到捕食鱼成功捕杀的概率。由几千尾甚至几百万尾鱼汇集的鱼群看起来也许十分显眼，但实际上，在海洋中一个鱼群并不比一个单独的个体更容易被捕食鱼发现。因为由于海水中悬浮微粒对光线的吸收和散射等原因，物体在水中的可见距离都是非常有限的，就是在特别清澈的水中，物体的最大可见距离也只有 200m 左右，并且这个距离与物体的大小无关。实际上，最大可见距离还要小得多。鱼类在长期的进化过程中，作为一种社会形式而发展起来的鱼群，不仅可以减少饵料鱼被发现的概率，而且必然有其他形式的防御作用，以减少已被发现的饵料鱼遭到捕食鱼成功捕杀的概率。有人在水族箱里做过试验，试验结果表明：单独行动的绿鳕稚鱼平均 26s 被鳕吃掉，而集群的绿鳕稚鱼平均需要 2.25min 才被鳕吃掉一尾。

此外，集群行为也有助于鱼类逃离移动中的网具。当鱼群只有一部分被网具围住时，往往全部都可逃脱。渔民的生产经验表明，只有把全部鱼群围起来，才可能获得好的捕捞效果。这是因为鱼群中的个体都十分敏感，反应极快，只要一尾鱼因受惊而改变方向，整个鱼群几乎同时产生转向的协调运动。因此，鱼类的集群可以减少危险性，以便及早地发现敌害。

2. 有利于提高鱼类的索饵和摄食成功率　食物关系是生物种间和种内联系的基本形式。鱼类的集群使得它们更容易发现和寻找到食物。研究表明，不仅饵料鱼会集结成群，某些捕食鱼也是集群的。由此可以断定，集群行为在鱼类的索饵和捕食方面也有一定的作用。但是，迄今为止，对这个问题的研究仍然很少。

有人认为，捕食鱼形成群体之后，不仅感觉器官总数会增加，还可以增加搜索面积。鱼群中的一个成员找到了食物，其他成员也可以捕食。如果群中成员之间的距离勉强保持在各自的视线之内，则搜索面积最大。因此，鱼类在群体中比单独行动时能更多、更快地找到食物。

3. 有利于提高鱼类的繁殖成功率　性腺已成熟的个体，为了产卵目的而聚集在一起，形成生殖鱼群，以提高繁殖效果，繁衍后代。由于繁殖鱼群对水温有特别高的要求，往往限制在一定的水温范围内，因此集群密度大，有效地提高了繁殖力。对于大多数鱼来说，集群成了产卵的必要条件，而且许多个体聚集于一起进行产卵、交配，在遗传因子扩散方面也起到了某些作用。毫无疑问，这对于鱼类繁衍后代、维持种族有着决定性的意义。

4. 有利于增强鱼类动力学等的作用　大量的研究表明，鱼类集群除了防御、捕食和生殖等方面的作用和生物学意义，在鱼类生活中还具有其他各种各样的作用。Shaw（1972）、Breder（1979）等认为，从水动力学方面来看，在水中集群游泳可以节省各个体的能量消耗，正在游泳的鱼所产生的涡流能量可以被紧跟其后的其他鱼所利用，因而群体中的各个体就可减少一定的游泳努力而不断前进。Ahe（1931）认为，与单独个体鱼相比，鱼群对不利的环境变化有较强的抵抗能力。集群行为不但能够增强鱼类对毒物的抵抗，而且能降低鱼的耗氧量。

Shaw（1972）认为，将集群行为的生物学意义只限于一种加以考虑是严重的错误，鱼群的生存效应不是一种生物学意义的结果，而应该是许多种生物学意义综合而成的。例如，集团互利效应、混乱效应、拟态行为（假装成大的数量和大的动物等）、能量效应及其他效应全部综合起来，从而使集群行为有利于鱼类的生存。

四、鱼类集群的行为机制及其结构

1. 鱼类集群的行为机制　目前的研究表明，鱼的信息主要是通过声音、姿态、水流、化学物质、光闪烁和电场等来传递的。因此，视觉、侧线感觉、嗅觉、听觉及电感觉等在鱼群形成和维持中可能都起到重要的作用。但是目前针对鱼类集群的行为机制还没有一个较为统一的说法和解释。

（1）视觉在鱼类集群行为中的作用　　视觉是鱼类集群最重要的感觉器官，在集群行为中发挥了重要的作用。Radakov（1973）认为，视觉在鱼类集群行为中主要有两个作用：一是各个体通过视觉相互诱引同伴，二是通过视觉使群体的游泳方向得到统一。诱引是集群的第一阶段，使分散在任意方向的鱼类个体能够集中于一个方向，主要在群体静止状态下发挥作用。方向的统一性则起着使聚集在一块的各个体朝向同一方向，使各个体周围保持充分的空间，使其行为统一，主要在群体移动状态下发挥作用。Shaw 的看法也大致相同。

研究表明，视觉能够提供一种鱼群成员间的相互引诱力，使鱼群内的各个体相互诱引和相互接近，因而在集群行为中发挥了重要的作用。最近的研究还进一步表明，视觉系统是一种可保持最邻近鱼的距离和方位的重要感觉器官。

（2）侧线感觉在鱼类集群行为中的作用　　大多数鱼类在身体的两侧都具有侧线系统。侧线系统在鱼群形成过程中能发挥一定的作用，但多数研究者认为视觉比侧线感觉更为重要。已有研究表明，侧线感觉在鱼类集群行为中具有与视觉同等重要的作用。近来的研究进一步指出，视觉系统是一种用以保持最邻近鱼的距离和方位的重要感觉器官，而侧线系统则是一种用以确定邻近鱼的速度和方向的最重要的感觉器官。有充分的证据证明，在游动时共同利用了这两种感觉器官。

（3）嗅觉在鱼类集群行为中的作用　　Hemmings（1966）研究了嗅觉在鱼类集群行为中的作用。结果发现，活泥鳅和死泥鳅的皮肤渗出液给予同伴的诱引效果是相同的，泥鳅皮肤渗出液没有使同伴发生恐怖反应。Kleerkoper（1966）经研究发现，脂鲦的视觉不能起到集群作用时，嗅觉对鱼类集群是重要的。

通过上述分析认为，鱼类的集群行为往往不止是依靠一种感觉器官的信息来实现的。可以相信，除了视觉、侧线感觉和嗅觉，当鱼群的复杂行为得到充分了解之后，或许还会发现有另外的感觉系统参与集群。例如，近年来已有人提出听觉、电感觉也与集群行为有关，但有关这方面的系统研究还很少。

2. 鱼群的结构及其类型　　研究鱼群的结构及其类型，对于进一步阐明鱼类集群行为和侦察鱼群、渔情预报有着重要的意义。鱼群结构的研究需要从以下两方面来考虑：一是外部结构，如鱼群的形状、大小等；二是内部结构，如鱼群的种类组成、体长组成，各个体的游泳方式、间距及速度等。在鱼群的外部结构方面，对于不同种类的鱼类，鱼群的形状、大小都是不同的。即使同一种类的鱼，鱼群的这些外部构造也将会随时间、地点、鱼的生理状态及环境条件等的变化而改变。

在鱼群侦察中，主要从鱼群的形态方面来考虑。鱼群的形态在不同种类、不同生活时期、不同环境条件、不同水层均不相同，主要表现在形状、大小、群体颜色等方面，特别针对中上层鱼类。例如，分布在我国北部海区的鲐鱼群，以及南海北部大陆架海域的蓝圆鲹和金色小沙丁鱼群，这些鱼群的形状可归为 9 种：三角形、一字形、月牙形、三尖形、齐头形、鸭蛋形、方形、圆形、哑铃形（图 7-1 和图 7-2）。

对中上层鱼类的鱼群来说，一般可根据群体形状、大小、群色和游泳速度来推测鱼群的数量。从鱼群的游泳速度来说，游泳速度快的鱼群，其群体规模较小；游泳速度较慢的群体，其群体数量大。从鱼群的颜色来看，群体的颜色较深，说明鱼群的规模较大；群体的颜色较浅，说明鱼群的规模较小。对于鲐鱼群（图 7-1），前三种群形的鱼群一般群体小或较小，通常无群色，行动迅速，天气晴朗、风浪小时，常可看到水面掀起一片水波；第 1、2 种群形有数百尾，至多不过一两千尾，第 3 种群体较大，游动稍迟缓；第 4、5、6 种群形群体稍大；第 7 种方形群的群体较第 4、5、6 种为大，游动也较稳，其数量视群色而定，一般有数千尾至万余尾；第 8 种圆形群，从海面上看起来群体不大，群色深红或紫黑，越往下群体越大，估计一般两三万尾及以上，甚至可达六七万尾，鱼群移动极缓慢，便于围捕；第 9 种哑铃形群又称扁担群，群体最大，一般不达水面，移动最缓，也不受干扰，如船只在其上通过，鱼群立即分开，船过后，鱼群又合拢，估计一般在三四万尾以上，如群色深紫或深黑可达十余万尾，可是这样的群体不常发现。

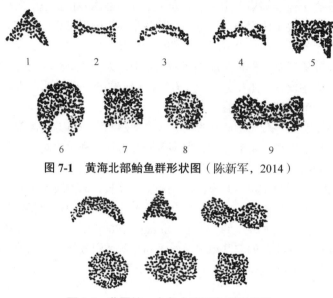

图 7-1   黄海北部鲐鱼群形状图（陈新军，2014）

图 7-2   蓝圆鲹、金色小沙丁鱼群形状图

鱼群的群色反映在海面上时，其色泽深浅依群体密度而异。鱼群的群色一般分黄、红、紫、紫黑 4 种，色泽越浓群体越大，也越稳定。有时鱼群接近底层，海面仅几尾起水，像吹起的波纹，如群色呈深紫或紫黑色，则为大群体。

◈ 第二节   鱼类的洄游分布

一、洄游的概念与类型

1. 鱼类洄游的概念   由于遗传因素、生理习性和环境影响等要求，鱼类会出现一种周期性、定向性和集群性的规律性移动，这一现象称为洄游（migration）。洄游是鱼类为扩大其分布区和生存空间以保证种的生存和增加种类数量的一种适应属性，具有周期性、定向性和集群性，一般以周年为单位。洄游同时也是一种社会性行为，是从一个环境到另外一个环境，是种的需要和适应。通常，鱼类洄游是按一定路线进行移动的，洄游所经过的途径称为洄游路线。

掌握鱼类的洄游规律，在渔业生产上具有极其重要的意义。每年到了一定季节，一些鱼类特别是一些有重要经济价值的鱼类会集群洄游，其游经的路线和集群产卵、索饵、越冬的地点往往就形成了集中捕捞的场所，形成"渔汛"或渔场。因此，研究并掌握鱼类洄游分布及其规律，对于预报汛期、渔场，制定鱼类繁殖保护条例，提高渔业生产和资源养护与管理及放流增殖的效果等具有重要意义。其他水生动物如对虾等也有洄游习性。

目前，人类对生存环境的严重破坏已是不争的事实，大量水环境受到污染，水电建设使很多河流被阻断，已知的洄游鱼类和那些未知的可能有洄游特性的鱼类的生存受到严重威胁，甚至有些鱼类已消失。鱼类洄游规律的掌握对鱼类资源的合理利用、水电科学利用和开发等都具有重要的指导意义。随着科学技术的发展和研究的深入，鱼类洄游本质的神秘面纱终将会逐步揭开。

洄游是一种有一定方向、一定距离和一定时间的变换栖息场所的运动。这种运动通常是集群的、有规律的、有周期性的，并具有遗传的特性。因此，鱼类的洄游是一种先天性的本能行为，具有一定的生物学意义。洄游过程在漫长的进化过程中逐渐形成，而且稳定之后就成为它的遗传性而巩固下来。不同的鱼类或同一种鱼类的不同种群，由于洄游遗传性的不同，各有其一定的洄游路线与一定的生殖、索饵和越冬场所，这是自然选择的结果，有着相当强的稳定性，不是轻易可以改变的，在一定的内外因作用下，鱼类依靠其遗传性进行洄游。

通常，鱼类可分为洄游性鱼类和定居性鱼类两大类。对于大多数鱼类来说，洄游都是其生活周期中不可缺少的一环。只有较少数的鱼类经常定居在一个地方，不进行有规律的较长距离的移动，如虾虎鱼科的某些种类等。有些种类如一些鲑只有已达到性成熟的成鱼才会进行洄游，幼鱼从产卵场游到索饵场后就在那里一直生活到性成熟，不进行较远距离的移动。一般来说，鱼类洄游分布经历了仔鱼从产卵场→肥育场→索饵场→产卵场这样一个生命的周期；而成鱼则直接进行从产卵场→索饵场→产卵场这样的周期性洄游。针对寒温带的鱼类，鱼类由于具有适温性作用，对水温有一定的要求，因此又有一个越冬洄游。

2. 鱼类洄游的类型

（1）根据洄游动力分类　　可分为主动洄游和被动洄游两大类。鱼类凭借本身的运动能力，进行主动的洄游活动，称为主动洄游。例如，接近性成熟时向产卵场的洄游，达到一定肥满度时向越冬场的洄游，生殖或越冬后向索饵场的洄游等。鱼类的浮性卵、仔鱼或幼鱼由于运动能力弱，常会被水流携带到很远的地方，这种移动称为被动洄游。鳗鲡的仔鱼会被海流携带到很远的地方，这便是一个典型的被动洄游例子。

（2）根据洄游方向分类　　可分为水平洄游和垂直洄游。水平洄游中又可分为向陆洄游和离陆洄游，前者是指鱼类由海洋进入河流，或自大洋游向沿岸，或自河流下游向上游的移动；后者指沿河而下，由河入海，或由沿岸向大洋的移动。此外，近年来还注意到，有很多鱼类为了生殖有自内陆一些大湖湖区向入湖河流的洄游；冬季来临前，有自河流的浅水区向深水区（深潭或沱）甚至是向与河流连通的洞穴地下水中洄游越冬的习性。这些也应属于水平洄游的范畴。垂直洄游则是指鱼类在水体上、下层之间的垂直运动。一些鲽鲆类和虾虎鱼类个体发育的某一阶段会由浮游型生活转为底栖，这样的洄游就属于垂直洄游。

（3）根据洄游性质分类　　可分为生殖洄游（或称产卵洄游）、索饵洄游（或称摄食洄游）和越冬洄游（或称适温洄游）。

1）生殖洄游（breeding migration; spawning migration）：生殖洄游是指从索饵场或越冬场向产卵场的移动。生殖洄游是当鱼类生殖腺成熟时，由于生殖腺分泌性激素到血液中，刺激神经系统而导致鱼类排卵繁殖，并常集合成群，去寻找有利于亲体产卵，后代生长、发育和栖息的水域而进行的洄游。通常根据洄游路径和产卵的生态环境不同，将鱼类的生殖洄游分为三种类型，即向陆洄游、溯河洄游和降河洄游。

向陆洄游是指从大洋深处向沿岸浅水区洄游，大多数鱼类属于这一类型。溯河洄游是指在海洋中生长，成熟时溯河川进行产卵。例如，鲑、鲟、大麻哈鱼由海入河，逆流而上，到产卵场生殖。降河洄游是指在河川中生长，成熟时游往海洋产卵。例如，鳗鲡由河入海，到产卵场生殖，其洄游方向与大麻哈鱼相反。

生殖洄游的特点是：①游速快，距离长，受环境的影响较小。如果事先了解生殖洄游鱼群的前进速度和方向，就可以根据当前的渔况推测下一个渔场和渔期。②在生殖洄游期间，分群现象最为明显，通常按年龄或体长组群循序进行。③在生殖洄游期间，性腺发生剧烈的变化，无论从发育情况或体积和质量来看，前后的差异都是非常明显的。④生殖洄游的目的地是产卵场，每年都在一定的海区，但在水文条件（如温度、盐度的变化等）的影响下，会发生一些变化。

2）索饵洄游（feeding migration）：又称摄食洄游或肥育洄游。索饵洄游是指从产卵场或越冬场向索饵场的移动。越冬后的性未成熟鱼体，以及经过生殖洄游和生殖活动消耗了大量能量的成鱼，游向饵料丰富的海区强烈索饵，生长育肥，恢复体力、积累营养，准备越冬和来年生殖。

索饵洄游的特点：①洄游目的在于索饵，因此其洄游的路线、方向和时期的变更较多，远没有生殖洄游那样具有比较稳定的范围。②决定鱼类索饵洄游的主要因子是营养条件，水文条件（温度、盐度等）则属于次要因子。饵料生物群的分布变化和移动支配着索饵鱼类的动态，鱼类大量消耗饵料生物之后，如果饵料生物的密度降低到一定程度，这时摄食饵料所消耗的能量多过能量的积累，那么索饵鱼群就要继续洄游，寻找新的饵料生物群。其洄游时间和空间往往随着饵料生物的数量分布而变动。因此，了解与掌握饵料生物的分布与移动的规律，一般能正确判断渔场、渔期的变动。例如，带鱼在北方沿海喜食玉筋鱼、黄鲫等，每年在这几种饵料鱼类到达带鱼渔场以后，经过十来天便可捕到大量带鱼。③索饵洄游一般洄游路程较短，群体较分散。例如，我国许多春夏产卵的鱼产卵后一般就在附近海区索饵。

3）越冬洄游（overwintering migration）：又称季节洄游或适温洄游。越冬洄游是指从索饵场向越冬场的移动。鱼类是变温动物，对于水温的变化甚为敏感。各种鱼类适温范围不同，当环境温度发生变化时，鱼类为了追求适合其生存的水域，便引起集群性的移动，这种移动即越冬洄游。

越冬洄游的特点是：①鱼类越冬洄游时通常向水温逐步上升的方向前进。因此，我国海洋鱼类洄游的方向一般是由北向南、由浅海向深海进行的。②在越冬洄游期间，鱼类通常减少摄食或停止摄食，主要依靠索饵期中体内所积累的营养来供应机体能量的消耗。所以这一时期饵料生物的分布和变动，在一定程度上并不支配鱼类的行动。③鱼类只有达到一定的肥满度和含脂量，才有可能进行越冬洄游，所以鱼体生物学状态是洄游的依据。达到一定的生物学状态，并受到环境条件的刺激（如水温下降），才促使鱼类开始越冬洄游，因此环境条件的变化是洄游的条件。未达到一定的肥满度和含脂量的鱼，则继续索饵肥育，而不进行越冬洄游。越冬洄游在于追求适温水域越冬，所以越冬洄游过程深受水域中水温状况，尤其是等温线分布情况的影响。

生殖、索饵和越冬三种洄游是相互联系的，生活周期的前一环节为后一环节做好准备。过渡到洄游状态是与鱼类一定的生物学状态相联系的，如肥满度、含脂量、性腺发育、血液渗透压等。鱼类的洄游是否开始主要取决于鱼类的生物学状态，但也取决于环境条件的变化。它们之间的关系见图7-3。

但是并非一切洄游性鱼类都进行这三种洄游，某些鱼类只有生殖洄游和索饵洄游，但没有越冬洄游。还有些鱼类这三种洄游不能截然分开，而且有不同程度的交叉。例如，分次产卵的鱼类，其小规模的索饵洄游就在产卵场范围内进行了；在索饵洄游中，由于饵料生物量或季节发生变动，有可能和越冬洄游交织在一起。

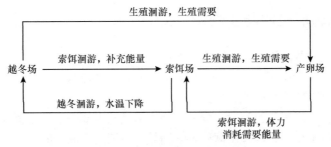

图 7-3　各种洄游种类的关系图

（4）按鱼类所处生态环境分类　可分为海洋洄游、溯河洄游、降河洄游和河川洄游 4 种。

1）海洋洄游（oceanodromous migration）：最多的洄游鱼类是海洋鱼类，大约有 500 种海洋洄游鱼类在国际水域洄游。有 100 多个种类，称为"高度洄游种类"，包括鲭科（Scombridae）、乌鲂科（Bramidae）、旗鱼科（Makaira）、颌针鱼科（Belonidae）、旗鱼科（Istiophoridae）、竹刀鱼科（Scombresocidae）、鲯鳅科（Coryphaenidae）、剑鱼（*Xiphias gladius*），以及软骨鱼纲（Chondrichthyes）的 17 个属。

海洋洄游鱼类完全在海洋中生活和洄游，同种鱼往往分成若干种群，每一种群有各自的洄游路线，彼此不相混合，各海区的鱼群有不同的变异特征，每个海区都分布有它自己的洄游群体。例如，中国东海、黄海的小黄鱼可分为 4 个种群，分别有其自己的越冬、产卵与索饵的洄游路线。鱼类海洋洄游最简单的方式，乃是鱼群在外海（越冬场）和近岸（产卵场和索饵场）之间作季节性迁移。

2）溯河洄游（anadromous migration）：溯河性鱼类生活在海洋，但溯至江河的中上游繁殖。这类鱼对栖息地的生态条件，特别是水中的盐度有严格的适应性。典型种类有太平洋鲑、鲥、刀鲚、凤鲚、中华鲟等。例如，北太平洋的大麻哈鱼溯河后即不摄食，每天顶着时速几十千米的水流上溯数十千米，在洄游过程中体力消耗很大，到达产卵场时，生殖后亲体即相继死亡，幼鱼在当年或第二年入海。但某些生活在河口附近的浅海鱼类，生殖时只洄游到河口，如长江口的凤鲚等，溯河洄游的距离较短。

3）降河洄游（catadromous migration）：降河性鱼类绝大部分时间生活在淡水里而洄游至海中繁殖。鳗鲡是这类洄游的典型例子。欧洲鳗鲡和美洲鳗鲡降河后不摄食，分别洄游到数千千米海域后产卵，生殖后亲鱼全部死亡。其幼鱼回到各自大陆淡水水域的时间不同，欧洲鳗鲡需 3 年，美洲鳗鲡只需 1 年。中国的鳗鲡、松江鲈等的洄游也属于这一类型。

4）河川洄游（potamodromous migration）：在整个淡水中迁移，有季节性向产卵区回归运动，通常位于上游；在河中，称为河流洄游；如果索饵区或产卵区在湖泊，则称湖泊洄游型（limnodromous）。湖泊洄游型有鲈等鱼类；淡水鱼类完全在内陆水域中生活和洄游，其洄游距离较短，洄游情况多样。有的鱼生活于流水中，产卵时到静水处；有的则在静水中生活，产卵时到流水中去。我国著名的四大家鱼草鱼、青鱼、鲢、鳙等都是半洄游鱼类。这些鱼类平时在江河干流的附属湖泊中摄食肥育，繁殖季节结群逆水洄游到干流的各产卵场生殖。产后的亲鱼又陆续洄游到食料丰盛的湖泊中索饵。

海水、淡水盐度不同，渗透压有差异，因此进行溯河或降河洄游的鱼类，过河口时往往需要在咸淡水区停留一段时间，以适应这种生理功能的转变。

二、鱼类洄游的机制与生物学意义

1. 影响鱼类洄游过程的因素　　影响鱼类洄游过程的因素是很复杂的，既有内部因素，也有外部因素，其洄游过程是内部和外部因素综合作用的结果，即鱼类在生理活动状态达到一定程度时，同时又有相应的环境因素的刺激，才促成了洄游。

（1）内部因素　　影响鱼类洄游过程的主导因素是其内部因素，也就是其生物学状态的变化，如性腺发育、激素作用，以及肥满度、含脂量、血液化学成分的改变等。性腺发育到一定程度时，性激素分泌作用就会引起神经系统的相应活动，从而导致鱼类的生殖洄游。肥满度和含脂量必须达到一定的程度，才能引起越冬洄游。由于在生殖或越冬后对饵料有需要，才会进行索饵洄游。

鱼类血液化学成分和渗透压调节机制的改变，也是影响洄游过程的内部因素。鳗鲡入海以前，血液中二氧化碳含量逐渐升高，因而增加了血液渗透压，这时入海就成了生理上的迫切需要。鲑科鱼类进入淡水时，血液渗透压逐渐降低，消化道萎缩，停止摄食，这能够使其生殖洄游得以积极进行。

鱼类如果性腺发育不好，即使已达到生殖的年龄，生殖洄游还是不会开始。同样，鱼类如果肥满度和含脂量尚未达到一定的程度，即使冬天已经来临，越冬洄游也不会开始。所以，内部因素是影响鱼类洄游过程的主导因素，而外界环境条件的变化对洄游起着刺激或诱导作用。

（2）外部因素　　鱼类已完成洄游准备并不意味着其洄游立即就会开始，通常已做好洄游准备的鱼类只有在一定的外部因素刺激下才会开始洄游，同时已经开始的洄游也仍然要受到外部因素的影响，由于出现不利的外部因素，鱼类往往会暂时停止洄游活动，或偏离当年的洄游路线。所以，外部因素不仅可以作为引起洄游开始的信号或刺激，还会影响洄游的整个过程。

影响鱼类洄游的外部因素很多，但各种外部因素的作用大小很不相同，必须把它们区分为主要因素和次要因素。值得指出的是，这种主次划分并不是固定不变的，不但依种类而异，而且即使同一种类在不同的发育阶段和生活时期，外部因素的主要因素和次要因素也会发生相互转化。鱼类在生殖洄游时期，洄游主要是为了寻求生殖的适宜场所，它在游向产卵场的过程中，水温、盐度、透明度和流速等外部因素对其行为往往有较为显著的影响；在索饵洄游时期，洄游主要是为了寻求饵料，所以决定鱼群行为的主要外部因素已转化为饵料；在越冬洄游时期，洄游主要是为了寻求适合的越冬场所，它们逐渐游至水温较高的海区或水流较缓的深水区，这时决定洄游的外部因素主要是水温和地形。

影响嵊山渔场带鱼越冬洄游的外部因素主要有水温、盐度、水团、水流、透明度和水色等。水温的影响最为明显，当嵊山渔场水温（表温）降到 20℃时，带鱼进入渔场；水温为 13℃时带鱼离开渔场，旺汛时的水温是 15.3～18.6℃，依据水温预报能够预测渔期发展。带鱼一般沿着 30～40m 等深线南下，渔场水色为 11～14 号，渔民常称之为"白米米"水色。在沿岸低温低盐水系与外海高温高盐水系的混合区，鱼群很密集。沿岸流强时，洄游路线偏外，反之则偏内。风情也会影响渔情，偏东风时，加强了外海高温高盐水系的势力，洄游路线偏内；偏西风时则反之。长时间缺少大风时，水温垂直分层明显，带鱼结群较差，不利于生产；风暴后流隔明显，鱼群密集，有利于生产。如果连续风暴，鱼群则加速南下，渔汛提早结束，对生产也是不利的。由上可知，探讨影响带鱼越冬洄游的各种外部因素，并抓住主要因素，可以作为渔情预报的科学依据，而且在生产上能起到一定的指导作用。

根据捕捞作业积累的经验，栖息在北海的大西洋鲱，夏秋季都聚集在水温为 6～7℃的近底层。但在初夏从斯卡格拉克海峡流出寒冷和低盐度的水流时，大西洋鲱则回避这种较冷的底层温度。

大西洋鲱与浮游动物特别是哲镖水蚤之间有着明显的关系。浮游生物数量的年度波动，可使大西洋鲱的肥育场转移。浮游动物丰盛的海区可形成较大的鱼群。鱼群在食物丰盛的地带强烈摄食，甚至可推延产卵洄游。物理条件如温度的长期改变，可持久地影响鱼群的繁殖时期。例如，在 20 世纪 60 年代以前洄游到挪威沿海的大西洋鲱，有逐年推迟的现象，这样就很可能从根本上改变产卵的时间。温度的长期改变，可使鱼群越出原来的栖居区域，并且影响到生长及第一次性成熟的时间。

　　综上所述，将鱼类各类型洄游的影响因素简要归纳为表 7-1。内部因素是主导的，而外部因素是条件。

表 7-1　各类型洄游产生的内外部因素

洄游类型	内部因素中的主要因子	外部因素中的主要因子
生殖洄游	生理状况达到一定程度，性腺已经开始成熟。例如，鲑的性腺受到刺激，体形和体色等改变，进入河川	外部环境条件的刺激，主要为温度，温度没有达到要求，即使性腺完全成熟，也不能排卵
越冬洄游	肥满度和含脂量也达到一定的要求	水温下降
索饵洄游	因产卵体力消耗或越冬后饥饿	饵料生物的分布

　　2. 鱼类洄游过程中的定向机制　　几乎所有的鱼都是以集群方式进行洄游的。洄游鱼群一般均由体长和生物学状态相近的鱼类所组成。洄游鱼群中的鱼类并无固定带路者，先行的鱼过一段时间后就会落后而被其他鱼所代替。洄游鱼群通常具有一定的形状，这种形状能保证鱼群具备最有利的动力学条件。鱼群的洄游适应作用不仅在于使运动得到比较有利的水动力学条件，而且在于洄游中易于辨别方位。不同种类鱼的洄游鱼群大小各不相同，这无疑与保证最有利的洄游条件有关。

　　鱼类能够利用其感觉器官进行定向，顺利地完成有时长达数千公里的洄游。鱼类洄游的方向和路线为什么会向着一定的方向和一定的路线进行，并会在同一地方进行产卵，目前还没有一个较为圆满的答案。值得指出的是，有关这方面的研究仍很不完善，很多看法都还是一种推测。一般认为主要有以下几个方面的原因。

　　（1）水化学因素　　水化学成分，特别是盐度是影响鱼类洄游的重要因素，因为水中的盐度变化会引起鱼类渗透压的改变，从而导致鱼类神经系统兴奋而产生反应。另外，水质的变化对洄游的影响作用也很大。

　　大量的研究已经表明，鲑依靠嗅觉能够顺利地找到自己原来出生的河流进行产卵，在这种情况下，它们出生河流的水的气味起到了引导的作用。有些人认为，盐度和溶解氧含量等的梯度分布也常会被鱼类洄游定向所利用，鱼类根据这些化学因子的梯度也许可以感知自身正在离开还是靠近沿岸，从而使洄游能够顺利地得以实现。同样，鱼类也可能会利用水温的梯度分布进行定向。但另一些人认为，盐度、溶解氧含量及水温等的分布梯度很小，鱼类感觉器官是不能感受到的，因而在洄游定向过程中可能没有多大的意义。

　　水中悬浮的泥沙使水增加一种特性，也就是浑浊度。鲑、白鲈、杜父鱼回避浑浊水；鲤、鲶则正好相反，它们洄游时，正是水最浑浊时。因此，浑浊度和水的其他特性一起有条件地通过鱼的感觉器官与生殖洄游相联系。这些悬浮的泥沙不仅在淡水河川，而且在大洋中也能感觉出来。按一定路线流动的这些泥沙材料是一种稳定因素，能引导鱼类从海洋向河流洄游。

　　（2）水流　　鱼类感受水流的感觉器官主要是眼睛和某些皮肤感觉器官，如侧线有感流能力，通过侧线的感流刺激，能指示鱼类的运动方向。一般来说，鱼类的长途洄游是由水流作为定向指标的，仔鱼的被动洄游则完全取决于水流。现在还普遍认为，鱼类能够依靠水流感觉进行洄游定向，这在溯河性鱼类及海、淡水鱼类中都存在，如鳕和大西洋鲱。游入黑龙江产卵的大麻哈鱼，进入鄂霍茨克海后就沿阿穆尔海流定向向前游泳。赤梢鱼和拟鲤也会根据水流进行定向。

（3）鱼类的趋性　在一定的条件下，鱼类一般都具有正趋电性。有些研究指出，由地球磁场形成的海中的自然电流在鱼类的洄游定向过程中也许有一定的作用。但有人认为，能够引起鱼类正趋电性的电流强度比在海中所测得的自然电流强度要大 4～9 倍，所以鱼类根据自然电流定向似乎不大可能。

（4）温度　纬度对于鱼类的洄游方向、路线起着很大的作用。鱼类是变温动物，产卵时对温度的要求特别严格，因此沿着一定的等温线进行。

（5）地形等　许多种鱼类在洄游时还可能依靠海岸线和底形进行定向，这在一定程度上可能与水压感受有关。

（6）历史遗传因素　鱼类洄游是具有遗传性的，这种遗传性在每一个种、每一个种群是特殊的，所以不同种群具有不同的特性。遗传性是从其祖先在种的形成开始经过漫长的历史过程不断选择而产生并存在于神经系统之内的特性，进化历史所引起的差异也参与遗传性形成的过程，因此在内部和外部条件刺激下，就会产生一种特定的行为，这就是本能。这也就是鱼类进行一年一度的生殖洄游、索饵洄游和越冬洄游的主要原因之一。

（7）宇宙因子　环境水文因素对洄游方向起着重要影响，特别是海流周期性的变化会导致鱼类的周期性洄游。海流的周期性变化同地球物理和宇宙方面的周期变化，首先是与从太阳所获得的热量的变化有关。太阳热量的辐射与太阳黑子的活动有关，太阳黑子活动有 11 年的周期性。当黑子活动增强时，热能辐射也增强，海洋吸收巨大热量，水温增高，从而影响到该年度的暖流温度与流势，其对海洋鱼类的发育和洄游会产生直接的影响。

3. 鱼类洄游的生物学意义　由于鱼类的洄游是在漫长的进化过程中逐渐形成的，是鱼类对外界环境长期适应的结果，所以其必然会具有一定的生物学意义。现在普遍认为，鱼类通过洄游能够保证种群得到有利的生存条件和繁殖条件。生殖洄游是为保证鱼卵和仔鱼得到最好发育条件的适应，尤其是为适应早期发育阶段防御凶猛动物而形成的。索饵洄游有利于鱼类得到丰富的饵料生物，从而使个体能得以迅速地生长发育，并使种群得以维持较大的数量。越冬洄游是营越冬生活的种类所特有的，能保证越冬鱼类在活动力和代谢强度低的情况下具备最有利的非生物性条件并充分地防御敌害。越冬是保证种群在不利于积极活动的季节生存下去的一种适应。越冬的特点是活动力降低，摄食完全停止或强度大大减弱，新陈代谢强度下降，主要依靠体内积累的能量维持代谢。

先以海洋上层鱼类的洄游为例。这类鱼群的索饵、生殖洄游一般是从外海到沿岸区。沿岸区水温较高，有强大的水流，有机营养物质丰富，鱼的饵料更有保证。由于沿岸地区较狭窄，对于鱼类繁殖时雌雄相遇来说较之无边的海洋好得多。因温度升高较快，同时有充足的饵料，鱼卵发育期可以缩短，可以更早地摆脱危险期，孵出仔鱼。另外，从大陆流到海洋的水流对这些鱼也会有影响。然而沿岸区并不是各个时期对鱼都是有利的。寒冷来临，水温会迅速下降，食物也会减少。这样就有所谓的越冬洄游，到一定深度的海区越冬。

鲑科鱼类溯河洄游的生物学意义也很明显。如果在河中出生的鲑科鱼类留在河中索饵而不入海育肥，那么，由于河中饵料生物不足，其种群数量必然会受到很大的限制，这对种群的生存和繁衍将都是不利的。显然，它们通过溯河洄游到达饵料生物丰富的海洋，能够得到良好的营养条件，从而使种群得以维持较大的数量。另外，鲑科鱼类有埋卵于河床石砾中缓慢发育的习性，由于海洋深处比较缺氧，而靠岸的石砾又受到海浪的冲击，因此这种生殖习性如果在海洋中是不利的。由此看来，鲑科鱼类仍旧留在河中生殖，能够保证其幼鱼有较大的成活率，也是鱼类为维持较大种群数量的一种适应。既然河中对鱼卵及仔鱼有良好的发展条件，为什么鳗鲡却到海中产卵？据目前的研究，欧洲鳗鲡产卵场正是大西洋中吞食鱼卵仔鱼的凶猛动物最少的地区，而且盐分高，是最适于鳗鲡卵子发育的地区。

有人还提出所谓历史因素的作用问题。冰川融化形成强大的水流倾泻入海，使河口及附近海区的海水被冲淡，因而成为鱼类游入河川的有利过渡水域。因此，溯河鱼类洄游与冰川期以后的环境变迁有关。例如，鲑科鱼类随着冰川后退和河流延长而扩大分布，从而产生愈来愈远的洄游并在自然选择的基础上形成完善的洄游本领，形成强有力的肌肉和贮备物质的能力，以克服各种障碍到达产卵场。大西洋鳕长距离洄游是在短距离洄游上延伸的结果。冰川盛期，鳕被大量冰川挤到南方，以后冰川逐渐消失，大西洋暖流向北移动，鳕就向北洄游进行索饵，但产卵场仍留在南方。又如，欧洲鳗鲡洄游到遥远的西大西洋中产卵的原因，也只有用历史因素才能解释。因为自鳗鲡出现时的中新世至今，地球上的海洋、陆地产生了很大的变迁，当时欧洲鳗鲡离出生地较近，以后随西欧大陆的东移，欧洲鳗鲡的洄游路程就变远了。

◆ 第三节　鱼类洄游的研究方法

鱼类洄游分布是渔业资源生物学研究的主要内容，也是渔业资源调查的重要内容之一。其目的是掌握鱼类的洄游分布规律，以及与海洋环境之间的关系。

研究鱼类洄游分布的主要方法有探捕调查法、标志放流法、渔获物统计分析法、运用仪器直接侦察法、鱼类生物学指标及微量元素分析法等，这些方法各有利弊。如果有大量生产渔船能长期提供详尽、准确、连续的生产记录，那么渔获物统计分析法是最实用的，但往往由于各方面利益及受船员素质等因素的影响，往往不能达到预期目的。如果专门派出渔业资源调查船，所取得数据准确，有针对性，但是花费大，调查的范围有限，耗时很长。标志放流法是一种比较传统的方法，结果是最直观、最有效的，而且相对成本较低，方法简单。卫星遥感技术的应用和微电子技术的发展，赋予了标志放流法新的生命力，如出现了数据存储标志、分离式卫星标志等。本节重点分析渔获物统计分析法、标志放流法和微量元素分析法。

一、渔获物统计分析法

长期大量地收集生产作业渔船的渔捞记录，按渔区、鱼种、旬月进行渔获量统计，将统计资料按鱼种分别绘制各渔区渔获量分布图。根据时间序列的渔获量分布图，可分析和推测鱼类的洄游路线和分布范围。长期不断地进行这项工作，可以绘制各种经济鱼类的渔捞海图，对分析渔场、渔期具有重要的参考价值。该种方法的优点是成本低、效果明显；缺点是需要长时间系列的捕捞日志，特别精确的作业船位和各种类的产量及其生物学特性，同时该方法难以独立分析出鱼类洄游与环境之间的关系等。

地理信息系统和海洋遥感技术有了长足的发展。长期的历史生产统计数据，结合海洋遥感获得的表温、叶绿素、海面高度等遥感信息资料，结合地理信息系统的有关绘制功能，即可绘制不同时间的渔获量分布图及其与对应环境因子的关系，获得其洄游分布规律及适宜的环境因子范围。

二、标志放流法

1. 标志放流的概念   标志放流（tagging and releasing）就是在捕获到的鱼体上拴上一个标志牌、做上记号或装上电子标志，再将其放回水域中自由生活，然后根据放流记录和重捕记录进行分析研究。标志放流在水产资源学中占有重要的地位，这项工作早在 16 世纪就已经开始（久保伊津男和吉田友吉，1972），至今已有很久的历史。标志放流的对象不断增加，用途不断扩大，目前除经济鱼类外，还进行了蟹、虾、贝类和鲸类等各种水产动物的标志放流。标志放流按所采用的方法不同，主要的分为两大类，即标记法（marking method）和标牌法（tagging method）。标记法是最早使用的方法之一，是在鱼体原有的器官上做标记，如全部或部分地切除鱼鳍的方法。标牌法是把特别的标志物附加在水产资源生物体上，标志物上一般注明标志单位、日期和地点等，它是现代标志放流工作所采用的最主要的方法，可分为体外标志法、同位素标志法、生物遥感标志法、数据储存标志法和分离式卫星标志法等。

2. 标志放流的意义   标志放流的水产资源生物体，经过相当时间的重新被捕，根据放流与重捕的时间、地点，加以分析，可以了解鱼类的来踪去迹和在水中的生长情况，是调查渔场、研究鱼群洄游分布与生长常用的方法。这种资料记录可作为估计资源蕴藏量的参考。标志放流对于渔业生产具有很重要的意义，主要表现在以下几个方面。

1）了解鱼类洄游移动的方向、路线、速度和范围。标志放流的鱼类（或其他水产资源生物体），伴随其鱼群移动，在某时间某海区被重捕，这样和原来放流的时间、地点相对照，可以推测它移动的方向、路线、范围和速度。这种措施是直接判断鱼类洄游最有效的方法。不过根据放流到重捕地点的距离推算的洄游速度，仅能作概念性的参考，不能确定为绝对的洄游速度。

2）推算鱼类体长、体重的增长速率。根据放流时标志鱼类的体长和体重的测定记录，与经过相当时间重捕鱼类的体长和体重作比较，可以推算出鱼类的体长和体重的增长速率。

3）推算近似的渔获率和递减率以估计资源蕴藏的轮廓。如大量标志放流鱼类，则游返原群的尾数可能较多，被重捕的机会也可能较大，这些鱼类倘能适当地混散于原群，则重捕尾数与放流尾数的比率，将与渔获量和资源量的比率相近似。因此，利用渔汛期间，在某一渔场标志放流的鱼类总尾数和全面搜集的重捕尾数作基础，并对放流的结果加以各种修正，可以估算出渔获率的近似值，结合渔获总量，又可估计资源蕴藏量，为捕捞和管理提供借鉴意义。

设标志放流的鱼类尾数为 X，渔汛期间的渔获物总尾数为 Z，重新捕到的有标志牌的鱼类尾数为 Y，则标志放流鱼类的资源量 N 为

$$N=XZ/Y$$

4）可以分析鱼类洄游与海洋环境之间的关系，探讨出渔场形成的指标等。

3. 标志放流的方法

（1）体外标志（external tag）法   这是一种常用的标志放流方法，即在放流鱼体外部的适当部位刺上或拴上一个颜色明显的标志牌。这种方法是传统的、简单的方式，存在着不少缺陷。虽然操作成本相对较低，但可获得的有效数据少。

在利用体外标志牌时，应当考虑鱼类在水中运动时所受阻力的大小和材料腐蚀等问题，才可能达到标志放流的目的。目前一般多用小型的金属牌签，材料以银、铝或塑料为主，其次为镍、不锈钢等，目前较多使用牌型（图7-4）。所有标志牌均应刻印放流机构的代表字号和标签号次，并在放流时，将放流地点和时间顺次记入标志放流的记录表中，以便重捕后作为标记鱼类的基本数据。标志部位依鱼的体型而不同（图7-5）。

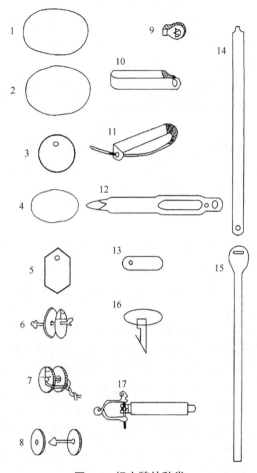

图 7-4　标志牌的种类

1～5. 挂牌型；6～8. 扣子型；9～12. 夹扣型；13. 体内标志型；
14，15. 带型；16. 掀扣型；17. 静水力学型

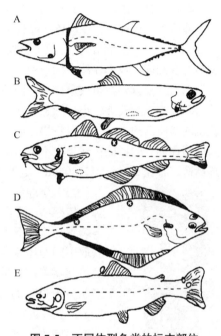

图 7-5　不同体型鱼类的标志部位

A. 金枪鱼；B. 鲱；C. 鳕；D. 鲽类；E. 鲑

标志放流是研究鱼类在自然海区的生长、洄游、资源量变动及种群形成和放流增殖效果的一种最为常用的方法。浙江省海洋水产研究所对虾增殖研究课题组为获得对虾在新的海域环境条件下生长、成活情况及移动分布的规律，于 1982～1984 年共放流各种标志对虾 19.3 万尾，其中 36 221 尾为挂牌标志虾，回捕 9987 尾。为进一步了解放流虾群的洄游分布规律，于 1986～1990 年继续进行海区标志放流的试验。通过标志放流，可以基本反映出放流虾群的移动分布情况，阐述了中国明对虾在新的海域环境条件下生长、成活情况及移动分布的规律。

通过标志放流可获得对虾的洄游速度。对虾的洄游速度取决于对虾的本身条件，即个体大小、游泳能力、运动方向和洄游性质及海况条件等。根据重捕标志虾资料分析测算，中国明对虾在本海区每昼夜的平均洄游速度，在不同的生活阶段有所不同。

通过标志放流可以获得对虾的生长速率，统计结果表明，标志虾的生长速率一般随标放时间的推迟而减慢。经分析认为，8 月中旬标放的对虾，一个月内雌、雄虾日生长最大速率为 1.3～1.5mm，但到 11 月份交尾前标放的对虾却有显著差异，雌虾日增长为 0.7mm，雄虾为 0.3mm。例如，标志对虾在 9～10 月生长阶段计算，日增长 1.1～1.3mm，月平均增长 3.5cm。

（2）同位素标志法　　将放射周期长（一般为 1～2 年）而对鱼体无害的放射性同位素引入鱼体内部作为标志，用同位素检验器检取重捕的标志鱼。目前采用最多的同位素为 ^{32}P、^{43}Ca。将放射性同位素引入鱼体的方法有两种：用含有同位素的饵料喂鱼，或者将鱼放入溶有同位素物质的水中直接感染。该方法放流的操作简单，但是回收较为困难，因为难以发现标志的鱼类。

（3）生物遥感标志法　　这是利用遥感器的功能，在鱼体上装以超声波或电波发生器作为标志，标志放流后，可用装有接收器的试验船跟踪记录，连续观察，以查明标志鱼的洄游路线、速度、深度变化、昼夜活动规律等。该方法简单，可以较为详细地记录鱼类的生活规律，但是一般使用周期不长。

（4）数据储存标志法　　数据储存标志是由微电脑控制的记录设备。此方法是把数据储存标志装在被捕获的鱼体腔内，一旦鱼被释放后，标志每隔 128s 激活一次，一天共有 675 次记录来自 4 个传感器的水压、光强和体内外温度数据。每天利用标志记录的定额数据计算当天的地理位置，并有相当的准确度。根据存储在标志中的信息，研究者可以详细知道鱼的洄游和垂直运动。但是要成功做到这一步就要在鱼被重捕时找回标志。

数据储存标志的安装：小鱼标志装在体腔内，大鱼标志插在紧靠第一背鳍的背部肌肉上。实践经验也证实肌肉插入法完成得较快，而且比置于体腔内的危险小。

数据储存标志的特征：标身由不锈钢制成，重 52g，直径 16mm，长 100mm；传导竿用聚四氟乙烯制造，直径 2mm，长 200mm，电池寿命超过 7 年。

图 7-6　卫星标志放流牌示意图（PAT 型号）

（5）分离式卫星标志法　　分离式卫星标志的主要组成部分包括时钟、传感器、上浮控制部分、能量供给装置、控制存储装置及外壳等。各装置功能如下简述：时钟为该标志装置提供时间；传感器的作用在于获取不同的环境参数资料，常用配置包括温度传感器、压力传感器和亮度传感器等；上浮控制部分可用于控制卫星标志释放脱离鱼体，进而也表明放流过程的结束，其主要由浮圈和天线组成，保证该标志物可与 Argos 卫星进行通信；能量供给装置是该标志的动力系统，从标志物的获取存储数据到上浮后与卫星的通信均需要该装置的工作，因此此能量系统具有持久高容量性能；控制存储装置是该标志的中枢系统，控制着以上其他部分的正常运行；外壳通常由耐腐蚀、耐高压的环氧羟基树脂制成，呈流线型以减少鱼体的运动阻力。目前制作分离式卫星标志的公司主要有美国的 Microwave Telemetry 公司和 Wildlife Computers 公司，二者均通过 Argos 卫星传送数据（图 7-6）。

分离式卫星标志法已被广泛用于研究海洋动物的大规模移动（洄游）和其栖息环境的物理特性（如水温等），如海洋哺乳动物、海鸟、海龟、鲨鱼及金枪鱼类等，并取得了成功。1997 年 9～10 月在北大西洋海域首次进行了金枪鱼类的卫星标志放流，20 尾蓝鳍金枪鱼被拴上 PTT-100 卫星标志牌后放流，并设定于 1998 年 3～7 月释放数据。其中 17 尾被回收并成功地释放了采集的数据，其回收率达到 85%。每个标志平均记录数据为 61d。通过这次放流，获得了一些宝贵的资料，如金枪鱼不同时段的垂直分布与水平分布、洄游方向及其路线、栖息水温等。此外，通过卫星标志获得的数据，结合海洋遥感获得的环境数据，可以获得海洋动物（如海龟）的洄游路线及其与栖息环境的关系。

此外，根据卫星标志放流获得的移动位置、日期与时间、栖息环境等数据，可推测标志对象的洄游分布，以及移动速度、昼夜垂直移动规律、在不同水层的栖息规律及最适水层、栖息分布与温度的关系及适宜水温和最适水温等，同时也可为较准确地评估鱼类的资源量，推测其重要栖息地与生境等提供科学依据。

三、微量元素分析法

鱼类在与外界环境进行物质交换过程中，环境中的化学元素通过呼吸、摄食等方式进入体内，然后经过一系列的代谢、循环进入内淋巴结晶后沉积在耳石中。这些元素经过体内的递减传输后，沉积在耳石中的含量非常小，被称为微量元素。由于耳石的非细胞性和代谢惰性，随着鱼类及其耳石的同步生长，水环境中沉积在耳石中的化学元素基本上是永久性的。鱼类耳石记录了其整个生命周期内所生活的水环境特征，而水环境的变化导致耳石微量元素的改变。通过周围水环境和耳石中微量元素的相关信息分析，可对鱼类的洄游、繁殖、产卵等生活史分析，以及温度、盐度、食物等栖息环境的重建起着重要作用。

（1）生活史分析　　通过对鱼类耳石及其周围水环境和生态环境中微量元素的分析，可重建鱼类的生活史。Ikeda 等（1996）根据耳石微量元素的分析，不仅重建了太平洋褶柔鱼的生活水温，还得出亚北极大型群与对马岛小型群的产卵场和洄游路线完全不同。Yatsu 等（1998）通过对耳石不同生长阶段 Sr 的分析，推断柔鱼幼体生活水温较成体要高。福氏枪乌贼（*Loligo forbesi*）不同生长阶段耳石中的 Sr 变化明显，推断其生命周期内可能经历不同水环境下的大范围移动（Biemann and Piatkowski，2001）。Arkhipkin 等（2004）从耳石 Cd/Ca 和 Ba/Ca 的变化，推断冬季巴塔哥尼亚枪乌贼在深水中生活。Zumholz（2005）运用 LA-ICP-MS 从时间序列上分析了黵乌贼耳石中的 9 种微量元素，一方面从 Ba/Ca 的变化证实了黵乌贼幼年期生活在表层水域而成年期生活在深层水域，另一方面根据耳石中心至外围区 U/Ca 和 Sr/Ca 逐渐增加推断黵乌贼成体向冷水区进行洄游。Rodhouse 等（1994）依据耳石 Sr/Ca 及轮纹数据推断七星柔鱼在暖水区产卵。

（2）栖息环境重建　　鱼类耳石中 Sr 含量（等同 Sr/Ca）与水温呈负相关。Ikeda 等（1996）分析不同水温站点采集的太平洋褶柔鱼耳石的 Sr 显示，采自冷水区的耳石 Sr 含量高于采自暖水区的 Sr 含量；研究栖息于不同气候条件下的柔鱼和枪乌贼发现，生活于亚热带的巴氏柔鱼（*Ommastrephes bartrami*）和太平洋褶柔鱼耳石中的 Sr 含量高于热带的杜氏枪乌贼（*Uroteuthis duvauceli*）、中国枪乌贼（*Uroteuthis chinensis*）、剑尖枪乌贼（*Uroteuthis edulis*）和莱氏拟乌贼（*Sepioteuthis lessoniana*）（Ikeda et al.，1996）。生活于温带的柔鱼耳石中 Sr 含量明显高于生活于亚热带的茎柔鱼和鸢乌贼（Ikeda et al.，1997）。日本海北海道北部沿岸水域的水蛸（*Enteroctopus dofleini*）耳石 Sr 含量与其生活的底层水温呈明显的负相关（Ikeda et al.，1999）。尽管头足类耳石中 Sr/Ca 通常与水温呈负相关，但是其自身经历水域水温的日变化大小将影响 Sr/Ca 与水温的关系。柔鱼类多为大洋性种类，昼夜垂直移动明显（白天栖于深层冷水区，晚上活动于表层暖水区），大的昼夜温差导致 Sr/Ca 随着整体水温变化不明显。例如，有学者将秘鲁海域厄尔尼诺和非厄尔尼诺年份的茎柔鱼耳石进行对比研究发现，尽管两种年份里水温差距明显，但是 Sr/Ca 无明显差异（Ikeda et al.，2002）。枪乌贼类为近岸性种类，栖息于底层水域，昼夜垂直移动不明显，小的昼夜温差对 Sr/Ca 的影响小。生活于日本温带海域的长枪乌贼（*Loligo bleekeri*），其耳石中的 Sr/Ca 比生活在安达曼海和泰国湾等热带海域的杜氏枪乌贼、中国枪乌贼和剑尖枪乌贼的高（Ikeda et al.，1997）。研究表明，巴塔哥尼亚枪乌贼耳石中的 Sr/Ca 和 Ba/Ca 与水温呈负相关，Mg/Ca 和 Mn/Ca 与水温呈正相关；对不同地理区域的巴塔哥尼亚枪乌贼的研究表明，生活在冷水区的巴塔哥尼亚枪乌贼耳石中的 Sr/Ca 高（Arkhipkin et al.，2004）。乌贼（*Sepia officinalis*）耳石中的 Ba/Ca 与温度（T）呈负相关，I/Ca 与温度呈正相关，关系式分别为 $Ba/Ca = 26.89-0.574T$ 和 $I/Ca = 1.49 + 0.244T$；然而 Sr 含量却与温度无明显的相关性，与其他头足类的研究不符，这可能是野外和室内环境不同所致（Zumholz et al.，2007）。

　　头足类耳石微量元素与盐度也存在一定的关系。阿拉伯海、印度洋和太平洋三个不同盐度海区，它们鸢乌贼耳石中的 Sr 含量不同（Ikeda et al.，1997）。分布在高盐度秘鲁海区的茎柔鱼耳石中，其 Sr 含量明显高于低盐度哥斯达黎加海区（Ikeda et al.，2002）。生活于盐度相对较高的地中海海域的枪乌贼，其耳石中的 Sr 和 Zn 含量比生活于盐度较低的北海的福氏枪乌贼高（Biemann and Piatkowski，2001）。一些研究表明，实验室饲养的乌贼，其耳石中的 Sr、Ba 含量与盐度无明显关系，而 I/Ca 与盐度呈显著的负相关（Zumholz et al.，2007）。

◆ 第四节　洄游分布研究案例分析

一、分离式卫星标志放流技术在金枪鱼研究中的应用

　　由于金枪鱼属于高度洄游鱼类，回捕率较低，因此分离式卫星标志放流技术因具有不依赖于回捕的优点而得到了广泛应用，目前已针对大西洋和太平洋等海域金枪鱼进行了实验。标志的金枪鱼鱼种主要有蓝鳍金枪鱼（*Thunnus thynnus*）、大眼金枪鱼（*Thunnus obesus*）和黄鳍金枪鱼（*Thunnus albacares*）等。

　　1. 大西洋　　虽然大西洋金枪鱼产量是三大产区中产量最低的，但目前为止，却是金枪鱼卫星标志放流研究最为集中的海区（表 7-2）。我国于 1993 年起开始在大西洋进行金枪鱼渔业生产，渔获物的主要种类是黄鳍金枪鱼和大眼金枪鱼。

表 7-2　分离式卫星标志放流技术在大西洋金枪鱼渔业研究中的应用

放流年份	标志鱼种	样本数量	回收率/%
1996～2001	蓝鳍金枪鱼	182	79
1997～2004	蓝鳍金枪鱼	273	87
1997～2006	蓝鳍金枪鱼	320	80
1998～2000	蓝鳍金枪鱼	59	20
2007	蓝鳍金枪鱼	1	100
2003～2004	蓝鳍金枪鱼	6	83
1997～2000	蓝鳍金枪鱼	98	—
1998～2000	蓝鳍金枪鱼	84	31
2002～2003	蓝鳍金枪鱼	68	88
1997	蓝鳍金枪鱼	20	85
1997～2000	蓝鳍金枪鱼	79	82
1998、2000～2001	蓝鳍金枪鱼	35	94
1999	蓝鳍金枪鱼	21	81
1998～2000、2003	蓝鳍金枪鱼	127	41
1998	蓝鳍金枪鱼	30	70
1999～2000、2002	蓝鳍金枪鱼	74	100
1997～2005	蓝鳍金枪鱼	36	—
2005	蓝鳍金枪鱼	50	—

续表

放流年份	标志鱼种	样本数量	回收率/%
2007	蓝鳍金枪鱼	18	61
2007~2009	蓝鳍金枪鱼	25	96
1999	蓝鳍金枪鱼	57	100
1997	蓝鳍金枪鱼	37	92
2001~2002	大眼金枪鱼	17	88
2000~2002	大眼金枪鱼	7	100
2000	黄鳍金枪鱼	10	60

已开展的金枪鱼分离式卫星标志放流的对象主要是蓝鳍金枪鱼，以及少量的大眼金枪鱼和黄鳍金枪鱼（表 7-2）。大西洋蓝鳍金枪鱼分离式卫星标志放流始于 1996 年启动的 Tag-A-Giang（TAG）标志放流计划（1996~2001 年），获得了西北大西洋的海温及洄游路径等生物和物理参数。规模较大的标志放流计划分别实施于 1996~2001 年（182 尾）、1997~2004 年（273 尾）和 1997~2006 年（320 尾）。标志放流规模最大的一次是 1997~2006 年，在北大西洋用近 10 年的时间标志放流了 320 尾 4~9⁺龄的蓝鳍金枪鱼（表 7-3），296 尾于北大西洋西部放流，另外的 24 尾则在北大西洋东部放流，该研究报告同时指出由于附着分离式卫星标志，可能会对金枪鱼的迁移速度造成低估。标志放流规模最小的是 2007 年于北大西洋东部爱尔兰海域标志放流 1 尾体长为 160cm 的蓝鳍金枪鱼，该卫星标志在 6 个月后浮出水面发回的数据显示蓝鳍金枪鱼的活动范围横贯北大西洋的东西部。此外，2003~2004 年在爱尔兰岛附近海域进行了另外一次蓝鳍金枪鱼卫星标志放流活动，共标志放流了 6 尾体长为 221~264cm 的大西洋蓝鳍金枪鱼。从 1996 年至 2007 年在大西洋共实施标志放流 25 次，标志蓝鳍金枪鱼 1700 尾。

表 7-3　1997~2006 年北大西洋蓝鳍金枪鱼卫星标志放流及回收情况

年份	样本数量		回收率/%	
	4~8 龄	9⁺龄	4~8 龄	9⁺龄
1997	35	1	91.4	100.0
1998	0	8	—	75.0
1999	1	3	100.0	0.0
2000	32	21	71.9	52.4
2001	47	37	68.1	78.4
2002	49	14	89.8	92.9
2003	12	9	100.0	88.9
2004	0	19	—	89.5
2005	2	26	100.0	84.6
2006	1	3	100.0	66.7

2. 太平洋　太平洋是世界上最大的金枪鱼渔场。在太平洋进行的金枪鱼分离式卫星标志放流活动始于 1999 年。标志的金枪鱼鱼种涵括了蓝鳍金枪鱼和大眼金枪鱼，其中以蓝鳍金枪鱼为主。在 1999 年实施的东太平洋蓝鳍金枪鱼卫星标志放流活动中共标志放流了蓝鳍金枪鱼 2 尾，发现蓝鳍金枪鱼 73%的时间生活在 20m 以内的水域。太平洋海域 2001~2005 年实施了规模最大

的一次蓝鳍金枪鱼标志放流活动，共标志放流体长为 156～200cm 的蓝鳍金枪鱼 52 尾（表 7-4），数据结果显示标志的蓝鳍金枪鱼的适宜水温为 18～20℃，大部分时间生活在 50m 以内的水域。太平洋蓝鳍金枪鱼的分离式卫星标志放流计划共进行了 4 次，标志放流了 117 尾蓝鳍金枪鱼。放流数量最少的为 2 尾（1999 年），其中一尾设置记录数据 24d，另一尾设置为 52d。获得的分离式卫星标志数据表明太平洋蓝鳍金枪鱼 80% 的时间是在 40m 以上的海域活动，海水适宜温度为 15.7～17.5℃。

表 7-4　2001～2005 年太平洋蓝鳍金枪鱼卫星标志放流情况

时间	样本数量	放流纬度/°S	放流经度/°E	体长/cm	回收纬度/°S	回收经度/°E
2001	6	33.42～35.88	151.53～151.60	158～200	33.38～37.43	151.85～156.62
2002	3	35.02～35.12	151.65～151.67	157～173	35.07～36.82	152.10～152.68
2003	9	34.23～36.82	150.77～151.80	160～200	30.60～42.59	122.67～154.96
2004	20	34.13～36.42	151.87～153.27	169～189	17.72～44.61	111.07～163.88
2005	14	32.24～36.22	151.55～153.82	156～187	33.32～43.91	137.08～155.11

二、利用 Sr/Ca 和 Ba/Ca 重建茎柔鱼的洄游路线

1. 温度与微量元素的关系　对智利外海茎柔鱼捕捞地点的表温（SST）与耳石外围 7 种微量元素进行回归分析显示，Sr/Ca 和 Ba/Ca 组合与 SST 关系最显著，标准误差最小（表 7-5），关系方程如下：$SST = 33.85 - 0.9996Sr + 0.11040Ba$。方差分析结果见表 7-6，回归系数见表 7-7。

表 7-5　不同茎柔鱼耳石微量元素组合与表温回归结果（刘必林，2012）

元素组合	R^2	标准误差	F	P
Sr	0.466	0.781	8.71	0.014 51
Sr、Ba	0.841	0.449	23.85	0.000 25
Sr、Ba、Mg	0.857	0.451	16.00	0.000 97
Sr、Ba、Mg、Na	0.857	0.483	10.50	0.004 40
Sr、Ba、Mg、Na、Mn	0.873	0.492	8.23	0.011 64
Sr、Ba、Mg、Na、Mn、Cu	0.881	0.521	6.17	0.032 24
Sr、Ba、Mg、Na、Mn、Cu、Zn	0.882	0.579	4.28	0.089 07
Sr、Mg	0.470	0.820	3.97	0.057 58
Sr、Mg、Na	0.489	0.853	2.56	0.128 41
Sr、Mg、Na、Mn	0.511	0.893	1.83	0.227 68
Sr、Mg、Na、Mn、Cu	0527	0.948	1.34	0.362 67
Sr、Mg、Na、Mn、Cu、Zn	0.535	1.030	0.96	0.529 99
Sr、Na	0.480	0.812	4.15	0.052 71
Sr、Na、Mn	0.480	0.861	2.46	0.136 97
Sr、Na、Mn、Cu	0.513	0.891	1.85	0.224 76
Sr、Na、Mn、Cu、Zn	0.532	0.944	1.36	0.354 97
Sr、Mn	0.466	0.823	3.92	0.059 51

续表

元素组合	R^2	标准误差	F	P
Sr、Mn、Cu	0.492	0.851	2.59	0.125 74
Sr、Mn、Cu、Zn	0.511	0.893	1.83	0.228 37
Sr、Cu	0.480	0.812	4.16	0.052 67
Sr、Cu、Zn	0.493	0.850	2.59	0.124 91
Sr、Zn	0.466	0.823	3.93	0.059 45

表 7-6　表温与茎柔鱼耳石 Sr/Ca 和 Ba/Ca 回归分析的方差分析表（刘必林，2012）

指标	df	SS	MS	R^2	标准误差	F	P
回归分析	2	9.599	4.800	0.841	0.449	23.85	0.000 25
残差	9	1.812	0.201				
总计	11	11.411					

注：SS. 误差平方和；MS. 均方误差

表 7-7　表温与茎柔鱼耳石 Sr/Ca 和 Ba/Ca 回归分析的回归系数表（刘必林，2012）

指标	系数	标准误差	t	P	95%置信区间	
					上限	下限
截距	33.85	2.992 2	11.31	1.27E–06	27.09	40.62
Sr 斜率	−0.999 6	0.181 3	−5.51	0.000 37	−1.41	−0.59
Ba 斜率	0.110 4	0.023 9	4.62	0.001 26	0.06	0.16

2. 各生活史时期取样点的年龄及其对应日期　　结合捕捞日期推算，选取产卵期为春季的茎柔鱼，计算其仔鱼期、稚鱼期、亚成鱼期和成鱼期耳石取样点，其对应的日龄分别为 18～31d、39～73d、113～138d 和 143～160d，结合孵化日期推算的对应日期主要分布在 10 月、11 月、1 月、2 月（表 7-8）。

表 7-8　样本各生活史时期取样点对应日龄和日期（刘必林，2012）

样本号	各生活史时期取样点对应日龄					各生活史时期取样点对应日期				
	胚胎期	仔鱼期	稚鱼期	亚成鱼期	成鱼期	胚胎期	仔鱼期	稚鱼期	亚成鱼期	成鱼期
61a	0	31	58	115	143	2007/9/28	2007/10/29	2007/11/25	2008/1/21	2008/2/18
88a	0	28	61	120	153	2007/9/8	2007/10/6	2007/11/8	2008/1/6	2008/2/8
294a	0	25	65	123	158	2007/11/10	2007/12/5	2008/1/14	2008/3/12	2008/4/16
316a	0	29	73	138	160	2007/9/6	2007/10/5	2007/11/18	2008/1/22	2008/2/13
321a	0	18	39	115	144	2007/10/5	2007/10/23	2007/11/13	2008/1/28	2008/2/26
69b	0	31	55	113	160	2007/9/9	2007/10/10	2007/11/3	2007/12/31	2008/2/16
75b	0	30	53	116	154	2007/10/29	2007/11/28	2007/12/21	2008/2/22	2008/3/31

3. 不同生活史时期茎柔鱼耳石微量元素含量　　样本胚胎期耳石 Sr/Ca 为 14.01～17.02，Ba/Ca 为 9.35～35.37；仔鱼期耳石 Sr/Ca 为 14.23～16.94，Ba/Ca 为 8.34～14.97；稚鱼期耳石 Sr/Ca 为 14.31～16.78，Ba/Ca 为 8.79～29.46；亚成鱼期耳石 Sr/Ca 为 14.65～18.12，Ba/Ca 为 13.08～

25.35；成鱼期耳石 Sr/Ca 为 16.21～17.57，Ba/Ca 为 15.28～31.26（表 7-9）。

表 7-9　茎柔鱼各生活史时期取样点的 Sr/Ca 和 Ba/Ca（刘必林，2012）

样本号	胚胎期		仔鱼期		稚鱼期		亚成鱼期		成鱼期	
	Sr/Ca	Ba/Ca	Sr/Ca	Ba/Ca	Sr/Ca	Ba/Ca	Sr/Ca	Ba/Ca	Sr/Ca	Ba/Ca
61a	14.24	10.44	14.53	12.50	14.31	8.79	14.96	19.35	16.21	22.02
88a	14.01	35.37	15.05	12.79	16.78	15.93	18.12	15.92	16.29	19.29
294a	14.85	10.14	14.23	8.34	15.82	13.89	15.23	15.07	16.61	31.26
316a	16.60	12.46	15.88	11.78	15.99	18.01	14.65	16.25	17.57	20.45
321a	16.19	9.35	16.94	14.97	15.55	29.46	25.35	16.36	15.28
69b	16.79	12.93	15.61	12.91	14.61	15.74	15.58	13.08	16.31	18.95
75b	17.02	12.60	14.58	9.29	16.37	20.06	16.98	20.39	16.79	30.46

4. 不同生活史时期茎柔鱼的空间分布　　茎柔鱼捕捞地点位于 74°W～77°W、22°S～24°S 海域，根据 Sr/Ca 和 Ba/Ca 推算的成鱼期最有可能出现在 74°W～77°W、27°S～29°S，亚成鱼期最有可能出现在智利中部 28°S 附近的沿岸海域，稚鱼期最有可能出现在智利北部秘鲁南部的 20°S 沿岸海域（图 7-7）。

将捕捞地点及成鱼、亚成鱼和稚鱼出现概率最高的海区连接起来，推算出洄游路线为：稚鱼 11 月在智利北部沿岸肥育，1 月向南洄游至智利中部 28°S 沿岸，2 月向西洄游至专属经济区以外 74°W～77°W、27°S～29°S，9～10 月向北洄游至 74°W～77°W、22°S～24°S（图 7-7）。

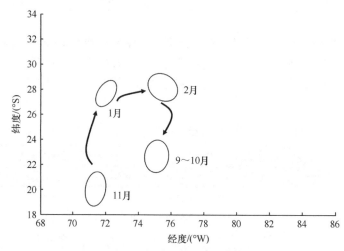

图 7-7　基于耳石微量元素的茎柔鱼洄游路线推测图（刘必林，2012）

三、基于耳石信息的北太平洋柔鱼栖息地溯源年间差异

1. 耳石样本处理　　耳石微量元素含量分析在上海海洋大学大洋渔业资源可持续开发教育部重点实验室利用激光剥蚀-电感耦合等离子体质谱仪（LA-ICP-MS）完成。从核心到边缘，以 70μm 为间距进行打点，每个取样点直径 30μm，每个取样点测 5 种元素（^{23}Ca、^{23}Na、^{24}Mg、^{88}Sr 和 ^{137}Ba），共有 10～14 个取样点。激光剥蚀系统为 UP-213，ICP-MS 为 Agilent 7700x。激光剥蚀过程中采用氦气作载气、氩气为补偿气以调节灵敏度（Hu et al.，2008）。激光剥蚀系统配置了一

个信号平滑装置，即使激光脉冲频率低达 1Hz。每个时间分辨分析数据包括大约 20s 的空白信号和 40s 的样品信号。详细的仪器操作条件见表 7-10。以 USGS 参考玻璃（如 BCR-2G、BIR-1G 和 BHVO-2G）为校正标准，采用多外标、无内标法对元素含量进行定量计算。这些 USGS 玻璃中元素含量的推荐值依据 GeoReM 数据库（http://georem.mpch-mainz.gwdg.de/）。对分析数据的离线处理（包括对样品和空白信号的选择、仪器灵敏度漂移校正、元素含量计算）采用 ICPMSDataCal 软件完成。

表 7-10　LA-ICP-MS 工作参数

UP-213 准分子激光剥蚀系统		Agilent 7700x，ICP-MS 系统	
指标	数值	指标	数值
波长	193nm	功率	1350W
能量密度	8.0J/cm^3	等离子气体流速	15L/min
载气	氦气（He，0.65L/min）	辅助气体流速	1L/min
剥蚀孔径	30μm	补偿气流速	0.7L/min
频率	5Hz	采样深度	5nm
剥蚀方式	等距/单点	检测器模式	Dual

LA-ICP-MS 能从时间序列上对耳石中微量元素进行检测。检测前先在高倍显微镜下选好激光打点位置。本书以每枚耳石切片轮纹结构中 30d 为时间间隔选取打样点（图 7-8），并测定核心至背区边缘线段上每 30d 之间打样点的距离，随后利用 LA-ICP-MS 对每个选取的打样点进行激光剥蚀。

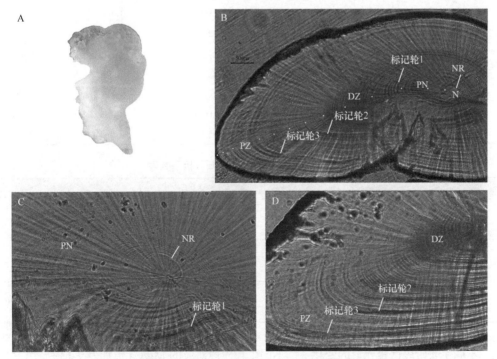

图 7-8　柔鱼耳石显微照片（王岩，2021）

A. 整个耳石；B. 耳石微结构；C. 后核心区（PN）；D. 暗区（DZ）和外围区（PZ）。N. 核心；NR. 孵化轮。B 图中白色点为具体打点的位置，每间隔 70μm 进行打点

2. 温度与微量元素的关系　　根据样本的捕获点的经纬度信息，从 SST 数据库中找出对应的 SST，与所测得的最后一个阶段的微量元素/Ca 的值来建立回归分析，考虑到不同年间的柔鱼受到温度影响的程度可能不同，在建立回归分析时，分三个不同年份进行，结果显示，不同海洋环境年的 4 组微量元素/Ca 中，均为 Mg/Ca 与 SST 存在显著相关性（$P<0.05$），而 Sr/Ca、Na/Ca 和 Ba/Ca 与 SST 不存在显著相关性（$P>0.05$）（表 7-11）。以线性、幂函数、指数函数和对数函数作 Mg/Ca 和 SST 回归分析发现，拟合最好的为对数函数关系。因此，本书建立的 Mg/Ca 与 SST 的关系式分别为（表 7-12）

$$SST_{2012} = 22.964 + 2.179\ln(Mg/Ca)$$
$$SST_{2015} = 27.219 + 4.415\ln(Mg/Ca)$$
$$SST_{2016} = 23.867 + 1.412\ln(Mg/Ca)$$

表 7-11　微量元素/Ca 与 SST 的回归分析结果

年份	解释变量	b	标准误差	t	P
	截距	7.943	8.805	0.902	0.378
	Sr/Ca	0.501	0.606	0.827	0.418
2012	Mg/Ca	19.169	7.565	2.534	0.020
	Na/Ca	0.007	0.105	0.062	0.951
	Ba/Ca	15.780	101.727	0.155	0.878
	截距	21.364	12.987	1.645	0.116
	Sr/Ca	−0.701	0.855	−0.820	0.422
2015	Mg/Ca	31.947	6.971	4.583	0.000
	Na/Ca	0.407	0.401	1.014	0.322
	Ba/Ca	−78.646	72.541	−1.084	0.291
	截距	25.161	5.744	4.380	0.000
	Sr/Ca	−0.562	0.390	−1.441	0.167
2016	Mg/Ca	24.764	6.166	4.016	0.001
	Na/Ca	−0.005	0.011	−0.498	0.624
	Ba/Ca	−49.764	65.170	−0.764	0.455

表 7-12　Mg/Ca 与 SST 回归分析系数表

年份	解释变量	b	标准误差	t	P
2012	截距	22.964	1.883	12.196	0.000
	Mg/Ca	2.179	0.829	2.629	0.015
2015	截距	27.219	1.633	16.670	0.000
	Mg/Ca	4.415	0.777	5.682	0.000
2016	截距	23.867	1.412	16.899	0.000
	Mg/Ca	2.387	0.674	3.540	0.002

3. 不同生长阶段微量元素的变化　　不同生长阶段对应的 Mg/Ca 值如表 7-13 所示，可以看出，三年柔鱼样本的 Mg/Ca 值均是随着个体发育生长逐渐减小，胚胎期 Mg/Ca 值较仔鱼期 Mg/Ca 值高 50%，是成鱼期 Mg/Ca 值的 3 倍以上，2015 年胚胎期 Mg/Ca 值高于 2012 年和 2016 年，而

在仔鱼期、亚成鱼期和成鱼期，2015 年 Mg/Ca 值均低于其他两年。

表 7-13　不同年份不同生活史阶段 Mg/Ca 变化

生活史阶段	2012 年		2015 年		2016 年	
	范围	平均值±SD	范围	平均值±SD	范围	平均值±SD
胚胎期	0.097~0.614	0.338±0.160	0.073~0.755	0.353±0.204	0.083~0.747	0.349±0.237
仔鱼期	0.093~0.472	0.182±0.069	0.081~0.408	0.178±0.070	0.080~0.549	0.206±0.097
稚鱼期	0.081~0.243	0.145±0.026	0.083~0.299	0.155±0.051	0.086~0.474	0.182±0.064
亚成鱼期	0.064~0.341	0.132±0.044	0.064~0.236	0.125±0.044	0.058~0.403	0.144±0.073
成鱼期	0.063~0.190	0.100±0.023	0.058~0.199	0.095±0.032	0.056~0.264	0.104±0.050

4. 不同年份柔鱼洄游重建　　建立不同年间 Mg/Ca 与 SST 的关系，根据不同年间、不同生活史阶段的 Mg/Ca 推算该阶段的海表面温度，根据捕获日期和对应的生活史阶段日龄，推算不同生活史阶段所对应的日期。在 SST 数据库中匹配对应的日期和 SST，以找到对应的经纬度信息，从而计算柔鱼不同年间、不同生活史阶段柔鱼可能出现的海域分布。经计算，不同年间、不同生活史阶段的柔鱼可能出现的海域如图 7-9~图 7-11 所示。

（1）胚胎期　　如图 7-9~图 7-11 所示，各年柔鱼胚胎期可能出现的海域为 135°E~180°E、20°N~30°N，对应月份为 1~4 月。其中 2012 年主要集中在纬度 28°N 海域，2016 年主要集中在 24°N 海域，而 2015 年柔鱼胚胎期纬度方向分布较为分散。2012 年柔鱼胚胎期较 2016 年偏西北，而 2015 年柔鱼胚胎期经度方向分布较为集中。

（2）仔鱼期　　如图 7-9~图 7-11 所示，各年柔鱼仔鱼期可能出现的海域为 140°E~175°E、28°N~35°N，对应月份为 4~5 月。其中 2015 年仔鱼分布较其他两年偏北，2012 年和 2016 年在此阶段分布较为相似。与胚胎期相似，2015 年柔鱼仔鱼期在经度方向上的分布也较其他两年集中。2012 年，柔鱼较上一阶段有向东北方向迁移的趋势，而 2015 年和 2016 年则有向北迁移的趋势。

（3）稚鱼期　　如图 7-9~图 7-11 所示，在经过 1~2 个月发育后，柔鱼达到稚鱼期程度，各年柔鱼稚鱼期可能出现的海域为 140°E~170°E、30°N~35°N，对应月份为 5~7 月。2012 年和 2015 年柔鱼稚鱼分布较仔鱼期更为集中，而 2016 年则相对分散。该阶段柔鱼继续向北洄游，其中 2016 年在向北洄游的过程中偏西。

（4）亚成鱼期　　如图 7-9~图 7-11 所示，柔鱼洄游到索饵场附近海域，各年柔鱼稚鱼期可能出现的海域为 140°E~170°E、35°N~40°N，对应月份为 6~8 月。三年的亚成鱼期柔鱼分布均较为集中，2012 年纬度分布较其他两年偏北，而 2016 年纬度分布较其他两年偏南。

（5）成鱼期　　如图 7-9~图 7-11 所示，柔鱼在索饵场进行索饵育肥，其分布范围再一次变小。各年柔鱼稚鱼期可能出现的海域为 145°E~165°E、38°N~45°N，对应月份为 7~10 月。该阶段距离捕获日比较接近，2015 年分布范围最小，其次为 2012 年，2016 年分布范围最大。2016 年纬度方向分布较其他两年偏南，而 2012 年和 2015 年纬度分布则较为相似。2012

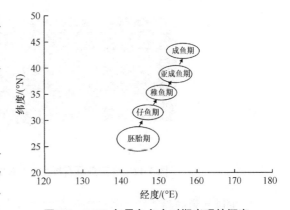

图 7-9　2012 年柔鱼各个时期出现的概率

年和 2015 年捕获点相较于 2016 年较为分散，但分布范围则相反。

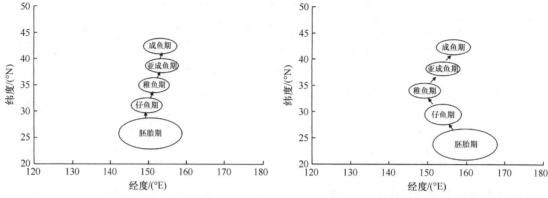

<table>
<tr><td>图 7-10　2015 年柔鱼各个时期出现的概率</td><td>图 7-11　2016 年柔鱼各个时期出现的概率</td></tr>
</table>

四、基于耳石信息的西北太平洋秋刀鱼栖息地溯源

1. 秋刀鱼耳石处理　　对秋刀鱼耳石采取横截面研磨，耳石切片的制作过程包括包埋、切割、研磨和抛光。先将耳石清洗干燥后放入塑料模具中，沿壁缓慢倒入由固化剂与亚克力粉调配而成的包埋剂来进行耳石包埋，并放置到通风阴凉处待其完全硬化；然后用 120grit、600grit、1200grit 和 2500grit 的防水耐磨砂纸将耳石逐步研磨至核心，研磨过程中需不断在显微镜下观察，以免磨过核心；最后用氧化铝水绒布抛光研磨好的切片，再将研磨好的耳石切片进行编号保存。

本研究共计选取了研磨后的 39 枚耳石切片，使用 LA-ICP-MS 进行耳石打点与微量元素测定。耳石打点采用等距法的方式进行，从核心区至边缘区每 100μm 取一个样点，每个耳石长轴平均能获得 7～9 个样点（图 7-12）。微区每个取样点测 13 种元素（^{43}Ca、^{7}Li、^{23}Na、^{24}Mg、^{55}Mn、^{59}Co、^{60}Ni、^{63}Cu、^{69}Ga、^{88}Sr、^{137}Ba、^{202}Hg 和 ^{238}U），激光剥蚀过程中采用氦气作载气、氩气为补偿气以调节灵敏度（Hu et al.，2008）。每个时间分辨分析数据包括大约 20s 的空白信号和 60s 的样品信号。采用 ICPMSDataCal 软件对数据进行离线处理（包括对样品和空白信号的选择、仪器灵敏度漂移校正、元素含量计算）。

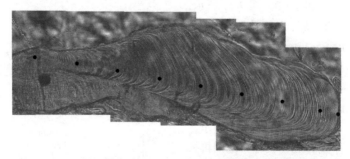

图 7-12　秋刀鱼耳石样品 LA-ICP-MS 实验测点（黑点所示）

2. 关键元素的筛选　　基于随机森林法将 39 个秋刀鱼耳石元素含量进行多元分析，选取关键的微量元素（图 7-13）。结果显示，在选取的主要微量元素中，Sr、Cu 和 Mg 三种元素的重要性较高且可应用于分析栖息地分布和洄游模式的研究中（它们的相关重要性均大于 10%）。

其中，Sr 的相关重要性大于 20%，说明 Sr 是呈现秋刀鱼耳石化学特征最重要的微量元素；Cu 和 Mg 的相关重要性均大于 10%，这些元素含量的变化在一定程度上也能体现秋刀鱼不同生长阶段的化学特征；而 Ca、Na、Ba 和 Fe 的相关重要性小于 10%，故这些元素不用于之后的聚类分析。

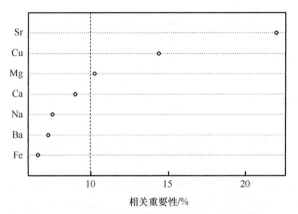

图 7-13 秋刀鱼 7 种微量元素的相关重要性

3. 多元时间序列上的聚类 基于重要元素与 Ca 的比值（Sr/Ca、Cu/Ca 和 Mg/Ca），采用回归树模型来对秋刀鱼耳石的微量元素（即对应不同的生长阶段）进行聚类分析。结果显示，从耳石核心至边缘一共被 4 个临界点（200μm、300μm、400μm 和 500μm）所分隔开，与此同时形成了 5 个聚类，每个聚类里也存在不同数量的节点（图 7-14），三个重要元素比值在各个聚类中呈现出了不同的化学特征（图 7-15）。聚类 1 可代表秋刀鱼生长的早期阶段，Mg/Ca 值和 Cu/Ca 值从核心至 200μm 含量显著降低，而 Sr/Ca 值变化相对平缓；聚类 2 中的微量元素比值的变化相对聚类 1 较小，Mg/Ca 值和 Sr/Ca 值呈相似的增大趋势，而 Cu/Ca 值开始缓慢减小；聚类 3 中微量元素比值的变化趋势相较聚类 2 略微有所差异，Mg/Ca 值和 Cu/Ca 值有所降低，Sr/Ca 值继续保持增长趋势；聚类 4 中三个重要元素的比值变化趋势与聚类 3 相同；聚类 5 存在着一个明显的转折阶段（600μm 处），且 600μm 之后的变化趋势与聚类 1 较为相近，其中各微量元素比值发生了显著变化，Mg/Ca 值先减小后快速增大再缓慢减小，Cu/Ca 值则先减小后增大，出现了一个 Cu/Ca 的极小值，而 Sr/Ca 值平缓波动。

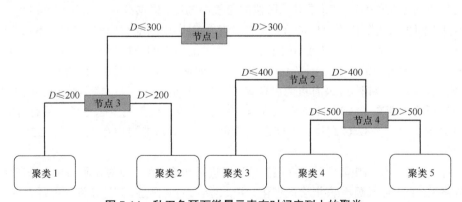

图 7-14 秋刀鱼耳石微量元素在时间序列上的聚类

基于回归树模型得到 4 个临界点和 5 个聚类；D 表示距核心的距离

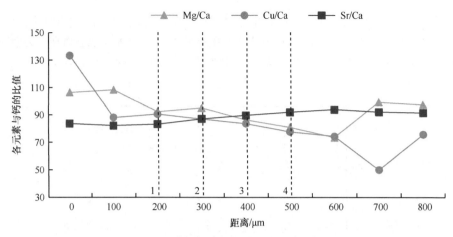

图 7-15 秋刀鱼耳石重要微量元素在对应的不同生活史阶段上的变动

4. 微量元素/Ca 与 SST 的关系 多元线性回归分析表明，秋刀鱼群体以 Sr/Ca 和 Mg/Ca 值的组合与 SST 建立的关系拟合优度最好（表 7-14）。最优回归关系式为

$$SST=24.462\ 31-0.000\ 113\times（Sr/Ca）+0.011\ 10\times（Mg/Ca）$$

依据最优拟合关系式，推算秋刀鱼群体的孵化场水温为 14.37～20.30℃，平均温度为 17.76℃；索饵场水温为 14.48～19.64℃，平均温度为 17.65℃；越冬场水温为 13.62～19.68℃，平均温度为 16.98℃；产卵场水温为 14.26～20.12℃，平均温度为 17.59℃。

表 7-14 耳石微量元素与环境变量拟合关系

微量元素比	环境变量	AIC	R^2	P
Sr/Ca	SST	113.65	0.56	0.000
	SSS	126.43	0.53	0.000
Mg/Ca	SSH	135.38	0.44	0.000
	Chla	131.48	0.49	0.000

注：SST 代表海表面温度；SSS 代表海表面盐度；SSH 代表海表面高度；Chla 代表叶绿素浓度

5. 秋刀鱼洄游栖息地重建 建立秋刀鱼耳石 Sr/Ca、Mg/Ca 与 SST 之间的关系，根据不同生活史阶段的 Sr/Ca 和 Mg/Ca 推算该阶段的海表面温度，根据捕获日期和对应的生活史阶段日龄，推算不同生活史阶段所对应的日期。在 SST 数据库中匹配对应的日期和 SST，以找到对应的经纬度信息，从而计算秋刀鱼不同生活史阶段可能出现的海域分布。经计算，不同生活史阶段的秋刀鱼可能出现的海域如图 7-16 所示。胚胎期最有可能出现在 151°E～153°E、35°N～38°N 海域，稚鱼期（索饵场）最有可能出现在 153°E～156°E、38°N～42°N 海域，亚成鱼期（过渡区）最有可能出现在 143°E～147°E、35°N～38°N 海域，成鱼期（越冬场）最有可能出现在 136°E～144°E、30°N～32°N 海域，产卵期（产卵场）最有可能出现在 150°E～153°E、35°N～37°N 海域。

通过将 5 个不同生活史阶段的潜在栖息地位置进行连接，可以推算出秋刀鱼春季产卵群体大致的洄游路径：春季在黑潮-亲潮混合区孵化、生长，然后向北洄游，到达亲潮区进行索饵活动（图 7-16），夏末秋初开始向南洄游，途经黑潮-亲潮的过渡区，直至黑潮区域进行越冬，之后回到黑潮-亲潮混合区产卵。

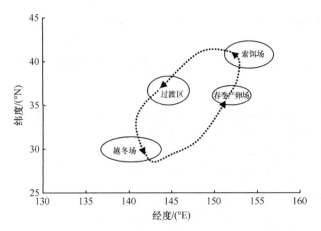

图 7-16 秋刀鱼春季产卵群体的洄游路径示意图

◆ 课 后 作 业

一、建议阅读的相关文献

1. 陈大刚. 1997. 渔业资源生物学. 北京：中国农业出版社.

2. 陈新军. 2014. 渔业资源与渔场学. 北京：海洋出版社.

3. 邓景耀，赵传纲. 1991. 海洋渔业生物学. 北京：农业出版社.

4. 李忠义，金显仕，庄志猛，等. 2005. 稳定同位素技术在水域生态系统研究中的应用. 生态学报，11：260-268.

5. 杨德国，危起伟，王凯，等. 2005. 人工标志放流中华鲟幼鱼的降河洄游. 水生生物学报，1：26-30.

6. 熊瑛，刘洪波，汤建华，等. 2015. 耳石微化学在海洋鱼类洄游类型和种群识别研究中的应用. 生命科学，7：953-959.

7. 贡艺，陈新军，李云凯，等. 2015. 秘鲁外海茎柔鱼摄食洄游的稳定同位素研究. 应用生态学报，9：2874-2880.

8. 张天凤，樊伟，戴阳. 2015. 海洋动物档案式标志及其定位方法研究进展. 应用生态学报，11：3561-3566.

9. 徐兆礼，陈佳杰. 2009. 小黄鱼洄游路线分析. 中国水产科学，6：931-940.

10. 王成友. 2012. 长江中华鲟生殖洄游和栖息地选择. 武汉：华中农业大学博士学位论文.

11. 周应祺，王军，钱卫国，等. 2013. 鱼类集群行为的研究进展. 上海海洋大学学报，5：734-743.

12. 刘家富，翁忠钗，唐晓刚，等. 1994. 官井洋大黄鱼标志放流技术与放流标志鱼早期生态习性的初步研究. 海洋科学，5：53-58.

13. 陈锦辉，庄平，吴建辉，等. 2011. 应用弹式卫星数据回收标志技术研究放流中华鲟幼鱼在海洋中的迁移与分布. 中国水产科学，2：437-442.

14. 高焕，阎斌伦，赖晓芳，等. 2014. 甲壳类生物增殖放流标志技术研究进展. 海洋湖沼通报，1：94-100.

15. Liu B L，Cao J，Truesdell S B，et al. 2016. Reconstructing cephalopod migration with statolith elemental signatures：a case study using *Dosidicus gigas*. Fisheries Science，82：425-433.

16. 王岩. 2021. 基于硬组织的北太平洋柔鱼渔业生态学对海洋环境变化的响应. 上海：上海海洋大学博士学位论文.

17. 梁佳伟. 2022. 基于生物地球化学技术的西北太平洋秋刀鱼栖息地评价研究. 上海：上海海洋大学硕士学位论文.

二、思考题

1. 简述集群的概念及其类型。
2. 简述集群的作用及其生物学意义。
3. 简述鱼类洄游的概念及其类型。
4. 简述产卵洄游、索饵洄游、越冬洄游的概念及其特点。
5. 简述生殖洄游的类型。
6. 影响鱼类洄游的因素有哪些?
7. 试从产卵、越冬和索饵洄游来说明产生洄游的原因。
8. 研究鱼类洄游的方法有哪些?
9. 研究鱼类洄游的意义是什么?
10. 简述标志放流的概念、类型及其作用和意义。

| 第八章 |

世界渔业资源概况

提要：海洋对于人类社会的生存和发展具有重要意义。海洋孕育了生命，联通了世界，促进了发展。我们人类居住的这个蓝色星球，不是被海洋分割成了各个孤岛，而是被海洋连接成了命运共同体，各国人民安危与共。海洋的和平安宁关乎世界各国的安危和利益，需要共同维护，倍加珍惜。更好地了解世界渔业状况和世界渔业变化趋势，据此提升我国渔业研究与科学管理，因时制宜，更好地发展我国远洋渔业，维护我国海洋权益。

在本章中，重点介绍了世界海洋环境，概述了世界海洋生物地理区系，以及我国近海海洋生物区系的地理学特征。对联合国粮食及农业组织（FAO）的渔区划分方法进行介绍，同时简述了各渔区渔业资源的种类及其开发情况。分析了中国近海海洋环境，以及中国海洋渔场分布及种类组成概况。本章的最后，重点对我国近海重要经济种类（主要中上层鱼类，主要底层鱼类，甲壳类、头足类等）的资源分布及其开发状况进行了简要描述。通过上述分析，可为大家了解和认识世界海洋环境与渔业资源分布，以及我国近海海洋环境与主要渔业资源分布提供基础资料。

◆ 第一节 世界海洋环境及海洋生物地理区系概述

一、世界海洋环境概述

1. 世界海洋形态　　海洋面积为 3.6 亿 km²，约占地球总面积的 71%。海洋在南北半球分布不均匀，在北半球，海洋占半球总面积的 60.7%，陆地占 39.3%；在南半球，海洋占 80.9%，而陆地只占 19.1%。根据海洋要素及形态特性，可将海洋水域分为主要部分及附属部分。主要部分为洋，附属部分为海、海湾和海峡。

通常将世界大洋分为三部分，即太平洋（Pacific Ocean）、大西洋（Atlantic Ocean）和印度洋（Indian Ocean）。有人也将围绕南极大陆的海洋称为南大洋（Southern Ocean；Antarctic Ocean），也有人将北极海称为北冰洋（Arctic Ocean）。大洋的面积约占海洋总面积的 89%。海洋因素如盐度、温度等不受大陆影响，盐度平均值为 35‰，年变化小，水色高，透明度大，并且有着自己独立的潮汐和海流系统。

海又可分为地中海和边缘海两种。地中海介于大陆之间或伸入大陆内部，如欧洲地中海、波罗的海、南海、墨西哥湾、波斯湾、红海等。边缘海位于大陆边缘，如北海、日本海、东海、黄海等。海一般为在 200～300m 以内的水域，面积较小，只占海洋总面积的 11%；温度受大陆的影响很大，并有着显著的季节变化；盐度在没有淡水流入而蒸发强烈的内海地区较高，但在有大量河水流入而蒸发量又小的海区则较低，一般在 32‰以下；水色低，透明度小；几乎没有独立的潮汐和海流系统，主要是受所属大洋的影响。

　　海湾是指洋或海的一部分延伸入大陆，且其深度逐渐减小的水域。一般以入口处海角之间的连线或入口处的等深线作为海湾与洋或海的分界。海湾中的海水由于可以和邻接的海洋自由沟通，因此其水的性质与洋或海的海洋状况很相似。在海湾中常出现最大潮差，这显然与深度和宽度的不断减小有关。

　　2. 海洋地貌概述　　海底形态大体可分为大陆边缘和深海盆地（包括深海平原、各种海底高地和洼地等）。大陆边缘（continental margin）具体包括大陆架（continental shelf）、大陆坡（continental slope）、大陆隆（continental rise）等（图 8-1）。

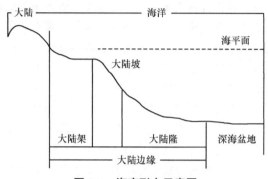

图 8-1　海底形态示意图

　　大陆架简称陆架，也称大陆浅滩或陆棚。大陆架的特点是坡度不大，平均坡度为 7'，大多数大陆架只不过是海岸平原的陆地部分在水下的延续。在岩岸附近，大陆架的坡度较大，但一般情况下仍不超过 2°。大陆架的宽度和深度变化很大，它与陆地地形有密切的联系。以全世界而论，大陆架平均宽度约为 70km，但其幅度变化可从零至 600～700km，欧洲北部和西伯利亚沿岸大陆架十分宽广，达 600～800km，中国沿岸大陆架也很宽广，大陆架的面积约占整个海底面积的 7.6%。大陆架区的许多海洋现象都有显著的季节变化，潮汐、波浪和海流的作用比较强烈，因此水层之间的垂直混合十分发达，底层海水不断得到更新，从而使海水含有大量的溶解氧和各种营养盐类。因此大陆架区特别是河口地带是渔业和养殖业的重要场所。

　　大陆坡（或称陆坡）是指大陆架外缘以下更陡的区域，实际上是指大陆构造边缘以内的区域，且处于由厚的大陆地壳向薄的大洋地壳的过渡带之上。它的坡度达到 4°～7°，有时达到 13°～14°，如比斯开湾。由于距离大陆较远，受大陆的影响较小，大陆坡的海洋状况一般来说较大陆架海区稳定。海洋要素的日变化不能到达底层，年变化十分微弱。底层海水的运动主要是海流和潮汐的作用，风浪的影响在此已经逐渐消失。大陆坡区域基本上没有深层和底层的植物，而以植物为食料的动物也逐渐被食泥的动物所代替。

　　大陆隆（或称大陆裙）是由大陆坡基部向海洋深处缓慢倾斜的沉积裙，一般包括水深 2500～4000m 的范围，可横过洋底而延伸达 1000km 之多。大陆隆的面积约为 1900km²，约占整个大洋底的 5%。大陆隆在大三角洲附近特别广阔，如印度河、恒河、亚马孙河、赞比亚河、刚果河及密西西比河的三角洲。

　　深海盆地（大洋床）（abyssal basin）是海洋的主要部分，地形广阔而平坦，占海洋面积的 72%以上，倾斜度小，为 0°20'～0°40'。深度从大陆隆一直可以延伸到 6000m 左右。按照地形的性质，大洋底就是一片平坦的平原。有许多横向和纵向的海岭交错绵延着，将海底分为一连串的海盆。在大洋中还有自海底起到 5000～9000m 高度的珊瑚岛和火山岛所形成的个别高地，以及深于 6000m 的陷落地带。

　　海沟是指大洋中深于 6000m 的长而窄的陷落地带。海沟和海岭常常是连在一起的，且通常呈弧形，海岭有时露出海面形成海岛或群岛，而深海沟一般位于弧形海岭的凸面。深度在 10 000m 以上的深海沟共 5 个，全在太平洋，最深的海沟是马里亚纳海沟（11 500m）。太平洋海沟多集中在西岸，沿太平洋亚洲沿岸，太平洋与印度洋交界线一直起伸至大洋洲的一条弧线上。

　　3. 大洋环流（ocean circulation）　　海流是指海水大规模相对稳定的流动，是海水重要的普遍运动形式之一。所谓"大规模"是指它的空间尺度大，具有数百、数千米甚至全球范围的流动；"相对稳定"的含义是在较长的时间内，如一个月、一季、一年或者多年，其流动方向、速率和流动路径大致相似。

　　大洋环流一般是指海域中的海流形成首尾相接的相对独立的环流系统。就整个世界大洋而言，大洋环流的时空变化是连续的，它把世界大洋联系在一起，使世界大洋的各种水文、化学要素及物理状况得以保持长期相对稳定。

　　世界大洋上层环流的总特征可用风生环流理论加以解释。太平洋与大西洋的环流型有相似之处：在南北半球都存在一个与副热带高压对应的巨大反气旋式大环流（北半球为顺时针方向，南半球为逆时针方向）；在它们之间为赤道逆流；两大洋北半球的西边界流（在大西洋称为湾流，在太平洋称为黑潮）都非常强大，而南半球的西边界流（巴西海流与东澳海流）则较弱；北太平洋与北大西洋沿洋盆西侧都有来自北方的寒流；在主涡旋的北部有一小型气旋式环流。

　　在印度洋，印度洋南部的环流型，在总的特征上与南太平洋和南大西洋的环流型相似，而北部则为季风型环流，冬夏两半年环流方向相反。在南半球的高纬海区，与西风带相对应的为一支强大的自西向东的绕极流。另外，在南极大陆沿岸尚存在一支自东向西的绕极风生流。

　　（1）赤道流（equatorial current）　　与两半球信风带对应的分别为西向的南赤道流与北赤道流，也称信风流。这是两支比较稳定的由信风引起的风生漂流，它们都是南北半球巨大气旋式环流的一个组成部分。在南北信风流之间与赤道无风带相对应的是一支向东运动的赤道逆流，流幅为 300~500km。由于赤道无风带的平均位置在 3°N~10°N，因此南北赤道流也与赤道不对称。夏季（8 月），北赤道流在 10°N 与 20°N~25°N 间，南赤道流在 3°N~20°S 区域。冬季则稍偏南。

　　赤道流自东向西逐渐加强。在洋盆边缘不论赤道逆流或信风流都变得更为复杂。赤道流主要局限在表面以下到 100~300m 的上层，平均流速为 0.25~0.75m/s。在其下部有强大的温跃层存在，跃层以上是充分混合的温暖高盐的表层水，溶解氧含量高，而营养盐含量却很低，浮游生物不易繁殖，从而具有海水透明度大、水色高的特点。总之，赤道流是一支以高温、高盐、高水色及透明度大为特征的流系。

　　赤道逆流区有充沛的降水，因此，相对赤道流区而言，它具有高温、低盐的特征。它与北赤道流之间存在着海水的辐散上升运动，把低温且高营养盐的海水向上输送，从而使水质肥沃，有利于浮游生物生长，因而水色和透明度也相对降低。

　　太平洋在南赤道流区（赤道下方的温跃层内，有一支与赤道流方向相反、自西向东的流动，称为赤道潜流或克伦威尔流）。它一般呈带状分布，厚约 200m，宽约 300km，最大流速高达 1.5m/s。流轴常与温跃层一致，在大洋东部位于 50m 或更浅的深度内，在大洋西部约在 200m 或更大的深度上。赤道潜流的产生显然不是由风直接引起的，关于其形成、维持机制有许多观点，其中，有的认为它是南赤道流使表层海水在大洋西岸堆积，使海面自西向东下倾，从而产生向东的压强梯度力所致。由于赤道两侧科氏力的方向相反，故使向东流动的潜流集中在赤道两侧。这种潜流在大西洋、印度洋都已相继被发现。

　　（2）西边界流（western boundary current）　　西边界流是指大洋西侧沿大陆坡从低纬度向高纬度的海流，包括太平洋的黑潮与东澳大利亚海流，大西洋的湾流与巴西海流，以及印度洋的莫桑比克海流等。它们都是南北半球反气旋式环流主要的一部分，也是南北赤道流的延续。因此，与近岸海水相比，其具有赤道流的高温、高盐、高水色和透明度大等特征。

（3）西风漂流（west wind drifting current） 与南北半球盛行西风带相对应的是自西向东的强盛的西风漂流，即北太平洋流、北大西洋流和南半球的南极环流，它们分别是南北半球反气旋式大环流的组成部分。其界限是：向极一侧以极地冰区为界，向赤道一侧到副热带辐聚区为止。其共同特点是：在西风漂流区内存在着明显的温度经线方向梯度，这一梯度明显的区域称为大洋极锋。极锋两侧的水文和气候状况具有明显差异。

（4）东边界流（eastern boundary current） 大洋中的东边界流有太平洋的加利福尼亚流、秘鲁流，大西洋的加那利流、本格拉流，以及印度洋的西澳大利亚海流。由于它们从高纬度流向低纬度，因此都是寒流，同时都处在大洋东边界，故称东边界流。与西边界流相比，它们的流幅宽广、流速小，而且影响深度也浅。

上升流是东边界流海区的一个重要海洋水文特征。这是信风几乎常年沿岸吹，而且风速分布不均，即近岸小，海面上大，从而造成海水离岸运动所致。前已提及上升流区往往是良好渔场。

另外，由于东边界流是来自高纬海区的寒流，其水色低，透明度小，形成大气的冷下垫面，造成其上方的大气层结构稳定，有利于海雾的形成，因此干旱少雨。与西边界流区具有的气候温暖、雨量充沛的特点形成明显的对比。

（5）极地环流（Polar cell） 在北冰洋，其环流主要有从大西洋进入的挪威海流及一些沿岸流。加拿大海盆中为一个巨大的反气旋式环流，它从亚洲、美洲交界处的楚科奇海穿越北极到达格陵兰海，部分折向西流，部分汇入东格陵兰流，一起把大量的浮冰携带进入大西洋。其他多为一些小型气旋式环流。

南极环流在南极大陆边缘一个很狭窄的范围内，由于极地东风的作用，形成了一支自东向西绕南极大陆边缘的小环流，称为东风漂流。它与南极环流之间由于动力作用形成南极辐散带。与南极大陆之间形成海水沿大陆架的辐聚下沉，即南极大陆辐聚。这也是南极大陆架区表层海水下沉的动力学原因。

极地海区的共同特点是：几乎终年或大多数时间由冰覆盖，结冰与融冰过程导致全年水温与盐度较低，形成低温、低盐的表层水。

二、世界海洋生物地理区系概述

1. 海洋生物地理学概述 海洋生物地理学的研究已有 100 多年的历史。英国福布斯和戈德温·奥斯汀在 1859 年发表的《欧洲海的自然史》中首先进行了研究；20 世纪 30 年代开始了海洋生物地理学的综合分析研究。瑞典科学家埃克曼总结过去的研究成果，于 1935 年和 1953 年先后发表德文版和英文版《海洋动物地理学》。他根据海洋环境的特点和各生态类群地理分布的不同，提出了浅海和深海、浮游和底栖生物分别进行区划的方案。

20 世纪 50 年代以后，开始进行生态单元（生物群落）生物地理学的研究。1974 年，美国的布里格斯出版了《海洋动物地理学》，对埃克曼的海洋动物地理区系进行修改，并对动物地理和生物进化之间的关系作了探讨。20 世纪 70 年代后期，美国"阿尔文"号等深潜器在东太平洋海底热泉口周围发现有丰富的动物群，对深海动物地理研究产生了重大的影响。

海水生物分布区有连续分布和间断分布两类：前者是完整的分布区，包括世界性广布区、环极分布区和环热带分布区等，属于广域分布类型；后者是不完整的分布区，又称隔离分布区，一般被分割成两个或多个孤立在海洋中的部分，最著名的间断分布有两种方式：两极同源和北方两栖。两极同源，即两极分布。北方两栖是指分布于北半球温带海区，即北太平洋和北大西洋东西两岸的动植物，它们出现于欧亚大陆北部和北美北部两岸，而不见于北极水域，如鳕等动物，褐蠕藻、黏管藻等植物。

现存种的分布中心，不一定是它的起源处，在漫长的地质时期可能发生多次变迁。某些活动性较强的海洋动物，由于产卵、索饵、越冬等需要，进行非周期性的迁移和周期性的移动洄游，便会改变其原有分布区的面貌。

海洋生物分布区的扩大，常与人类活动有关。例如，中华绒螯蟹在 20 世纪 30 年代被法国商船从青岛带至西北欧，现成为西北欧沿海海域的优势种。海带过去只分布在日本海，经引进养殖，现已在中国海域定居。

在自然情况下，海洋生物种群繁殖个体数量过大时，就要向分布区外迁移、扩散，扩大其分布范围。但在迁移过程中常会遇到各种障碍。

对大陆架浅水区底栖生物来说，广阔的深洋是一种巨大的阻碍，虽然不少底栖生物有浮游幼虫阶段，但浮游期一般不长，在未越过阻碍之前就夭折了。对深海底栖动物来说，大洋中的海脊则是重大的障碍。例如，著名的威维尔-汤姆森海脊是大西洋和挪威海深海动物区系之间的一个阻碍，两海区内只有 12%的动物是相同的。对海洋游泳生物和海洋浮游生物来说，地峡是一个不可逾越的障碍。例如，美洲太平洋和大西洋热带动物区系被巴拿马地峡所隔开，只有少数种是两个区系所共有的。陆地也是海洋生物扩大分布区的阻限。

生存在某海域内各个种、属和科等生物的自然综合称为海洋生物区系，它是在一定地理条件下，在历史上经历了一定时间后形成的，可以按自然地理区域、栖息地的共性和温度性质等原则进行划分。

鉴于大陆架浅海和深海自然条件的差异很大，浮游生物和底栖生物对温度、海流、水团等环境因子的反应很不相同，要做出一个统一的海洋生物区系方案在目前是不现实的。因而，现在流行的方案是按各自的特点分别进行区划。

2. 世界海洋动物地理区概述　影响海洋生物分布的主要原因是水体的温度和陆地的阻挡，世界大洋通常可以分为以下动物地理区。

（1）北方寒带或北极区　　主要占据北冰洋及白令海的北部和东部，包括白海、巴芬湾和哈德逊湾，并沿格陵兰和美洲东岸南下，直达纽芬兰岛。北极区的海洋环境特点为：常年低水温，约为 0℃，大部分由冰覆盖；因陆地径流量的影响，其海水盐度较低。其生物学特点为：①种的成分贫乏；②缺乏固有沿岸带的动物区系；③水的上下层动物分布的一致性。由于陆地径流量和融冰中含有丰富的营养盐，繁育了相当丰富的浮游生物，从而吸引了许多鲸类、海豹和海鸟，但鱼类资源欠丰富，只有北极鳕、毛鳞鱼等少数冷水性种类。

（2）太平洋温带区　　北半球温水带，北与北极区相邻，南约延至北纬 40°，该区域水温较高，四季分明，夏季有温跃层出现，鱼类资源比北极区丰富，而且许多种类的生物量很高，因此该区也是极为重要的渔业生产区。鱼类中的鲟科、鲑科是本区的特有鱼种，鳕科也是本区重要的、丰富的种类之一。北半球温水带被欧亚大陆和北美大陆分为大西洋和太平洋温带区。

该区为白令海向南延伸到北纬 40°的区域。尽管该区的水温高于北极区，但它的北部和西部仍然较为寒冷，因此白令海和鄂霍次克海在冬天常常被海冰所覆盖。但这里的物种较为丰富，也十分特殊，多是固有种，如远东的鲑科鱼类资源就很丰富。此外，狭鳕等鳕科鱼类、刺黄盖鲽等鲽科鱼类、太平洋鲱等都是该海区重要的种类，也是世界海洋渔业中的高产鱼种。

（3）大西洋温带区　　该区位于北极区的南方，加入了巴伦支海、挪威海、波罗的海、北海、格陵兰的东部及大西洋东北部的基拉瓦尔和比斯开湾。其自然地理特点与北太平洋相似。但温度分布比较均匀，鱼类资源较为贫乏，生物多样性较低。鱼类中特别突出的是鳕科鱼类，黑线鳕是特有种，捕捞价值大的种类有鲱、鳕、鲽、鲉和鲑科鱼类。在这两个区中，还出现了一些共同或者亲缘关系十分接近的种类，这在生物地理学中也称为北方两栖现象。

大西洋温带区特有的持续高温，且年间变化小，平均不超过2°，导致水域表层与深层的温度和栖息动物差别也很大，生物物种虽有极高的多样性，但缺乏高的生物量物种，这一带的软骨鱼类以鲨鱼等特别丰富，硬骨鱼类以鲈形目最多，珊瑚礁鱼类、飞鱼和旗鱼、箭鱼则是该海区的特有种类。

（4）印度洋太平洋暖水区　　该区位于大约南北纬度40°之间，仅靠近南美西岸。由于受寒流的影响，其南界显著向北倾。该区包括热带和亚热带水域，因此面积超过了其他各区的总和。该区的动物区系特别丰富，特别是中南半岛和大洋洲之间极为发达的珊瑚礁和它的生物群落。该区具有如下特点：①在赤道以南，由于受直达赤道的沿岸寒流的影响，美洲西岸一直到加拉帕戈斯群岛都没有珊瑚礁丛出现，而却能见到南极集群的企鹅和鳍足类；②赤道以北的中美洲西岸则同西印度群岛、墨西哥湾、加勒比海沿岸区系有很大的相似之处，这是因为直到400万年前出现巴拿马地峡之后，才中止美洲东西岸之间的生物交流。

（5）大西洋暖水区　　该区北与北大西洋区相邻，南抵北纬40°左右，在美洲海岸约降到北纬45°处；在非洲近海向低纬偏斜，可抵北纬20°～15°处，属于这一区域的还有加勒比海和地中海。该区动物种类也较为丰富，但比印度太平洋区较少，只在加勒比地区及其珊瑚礁丛出现高生物多样性的水域。

（6）南方寒海区　　该区包括由冰覆盖的南极大陆周围海域，此处温度特点与北极海水相似，分布在南纬50°～60°。此海域向北尚有温带水，与前面两个暖水区相接。该区缺乏典型广泛分布的集群，种类贫乏，但数量可能十分丰富，尤其是南极磷虾的资源量极高。另外，南极鱼科鱼类是该水域的特有种类。

三、我国近海海洋生物区系的地理学特征

中国近海包括渤海、黄海、东海、南海和台湾以东部分海域。渤海为中国内海，黄海、东海和南海为太平洋西部边缘海。四海南北相连，东北部为朝鲜半岛，西南部为中南半岛（包括马来西亚半岛），其东部和南部为日本九州岛、琉球群岛、菲律宾群岛和大巽他群岛。总面积为470万 km^2。台湾以东为中国台湾岛东岸毗连太平洋的部分开放海域。

中国近海海底地形西高东低，呈西北向东南倾斜。大陆架面积广阔，约占总面积的62%。其中渤海、黄海的大陆架面积为100%，东海约为2/3，南海约为1/3。南海大陆坡围绕中央海盆呈阶梯状下降，海盆面积约占南海总面积的1/4。台湾以东海域大陆架甚窄，大陆坡较陡，距岸不远即深海海盆。

中国大陆海岸线长18 000余千米，岛屿面积在500m^{2}以上的有6500余个，岛屿岸线长14 000km。陆地径流丰富，长江、黄河、珠江等沿海江河年径流量达到1.5万亿 m^3，这也是我国近海渔业生产力的主要源泉，生物多样性高，仅鱼类就达1900多种，但各个种类的资源丰度不高，年产量超过100万 t 的种类很少。

1. 我国近海的地理学特征

（1）渤海　　渤海为中国的内海，位于中国近海最北部，是深入中国大陆的近封闭型浅海。东面以辽东半岛南端老铁山西角与山东半岛北端蓬莱角的连线作为与黄海的分界线。渤海大陆海岸线长2288余公里，海域南北长约300n mile，东西宽约160n mile。面积约7.7万 km^2。平均水

深 18m。最大水深在渤海海峡北部，水深 82m；北部为辽东湾，西部为渤海湾，南部为莱州湾。底质多泥和泥沙。有黄河、海河、滦河、辽河等注入。渤海为暖温带季风气候区。冬季盛行偏北风，寒潮侵袭频繁；夏季多偏南风，受热带气旋影响很少。沿岸年均降水量约为 500mm。年表层水温为冬季–2～–1℃，夏季 24～28℃。海水透明度小。海岸多为粉砂淤泥质，辽东湾两侧和莱州湾东侧有基岩岸。

（2）黄海　　黄海为中国大陆与朝鲜半岛间太平洋西部边缘海。南面以长江口北角与济州岛西南端连线为界与东海毗连。黄海大陆海岸线 2767 余公里，海域南北长约 432n mile，东西宽约 351n mile，面积约 38 万 km²。黄海属大陆架浅海。平均水深 44m，最大水深在济州岛北侧，约 140m。海底地形平坦，由西北向东南微倾。大部分为软泥和沙底。有鸭绿江、灌河、淮河支流、大同江、汉江等注入。属温带、亚热带季风气候区。冬季多西北风，夏季多东南风。年平均降水量 600～800mm。年均表层水温 12～26℃。终年有黄海暖流沿东部北上，沿岸流沿山东半岛北岸绕成山角南下。山东、辽东半岛多为山地丘陵海岸，岸线曲折，多港湾、岛屿；苏北海岸为沙岸，岸线平直，近岸浅滩多；朝鲜半岛西岸多悬崖陡壁，岸线曲折，岛屿、岬湾罗列。

（3）东海　　东海为中国大陆东侧太平洋西部边缘海。北面以长江口北角与济州岛西南端连线与黄海相接，东北经朝鲜海峡与日本海相通，东界为日本九州岛、琉球群岛和中国台湾岛，经大隅海峡、吐噶喇列岛、台东海峡等通往太平洋，南面以福建、广东海岸交界处与台湾岛南端猫鼻头连线为界与南海毗连。其是中国近海中仅次于南海的第二大边缘海。东海海域呈东北-西南走向，长约 700n mile，宽约 400n mile，面积约 77 万 km²。平均水深 370m，最大水深在冲绳海槽，为 2719m。海底西北部为大陆架浅水区，约占总面积的 2/3，东南部为大陆斜坡深水区，主体为冲绳海槽。底质以泥、沙为主。有长江、钱塘江、瓯江、闽江、蚀水溪等注入。属亚热带季风气候区。冬季盛行偏北风，夏季盛行偏南风。年均降水量 800～2000mm。表层水温，夏季 27～29℃，冬季西部 7～14℃、东部 19～23℃。有黑潮及其分支沿东部北上，西部有沿岸流南下。主要海湾有杭州湾、象山港、三门湾、温州湾、乐清湾、三都澳、兴化湾、泉州湾、东山湾、诏安湾等，主要岛屿有崇明岛、舟山群岛、东矶列岛、马祖列岛、海坛岛、金门岛、东山岛等。

（4）南海　　南海为中国大陆南侧太平洋西部边缘海，是濒临我国的三个边缘海之一，是世界上最大的边缘海之一。北面以福建、广东海岸线交界处与台湾岛南端猫鼻头连线为界，与东海的台湾海峡毗连；东至菲律宾群岛、经巴士海峡等连接太平洋，西接中南半岛和马来西亚半岛，西南经马六甲海峡沟通印度洋，南达加里曼丹岛、邦加岛和勿里洞岛。南海海底地形复杂，四周较浅，中央深陷，为深海盆地。面积约 350 万 km²，平均水深 1212m，最大深度达 5559m。底质以泥、沙为主，珊瑚次之。有珠江、红河、湄公河、湄南河等注入。属热带气候和赤道气候。年降水量 1000～3000mm，冬季盛行东北风，夏季盛行西南风。表层水温冬季 16～27℃，夏季 28～29℃。海水透明度 20～30m。主要大的海湾有北部湾和泰国湾。南海岛屿众多，重要岛屿有海南岛、东沙群岛、中沙群岛、西沙群岛、南沙群岛、万山群岛、纳土纳群岛、亚南巴斯群岛、拜子龙群岛等。

上述诸海的水文学特征，包括温盐特征、海流和水团结构等，均受制于各海域的地理学特征，虽各有差异，但均具有太平洋西部陆缘海的基本属性。

2. 我国海洋生物区系特征　　海洋生物区系是生物地理学的内容。生物的数量与分布严格受制于该海域的地理环境，即不同温盐及其他水环境条件，在漫长的地球演化与生物进化过程中，造就了各自固有的生物区系特征。我国近海的 4 个海区，南北跨越了 38 个纬度和 2 个大气候带，即热带和温带，因此其海洋生物分布按区系特征也分为 2 个系，即北太平洋区系和印度-马来区系，它们的分界线为长江口一带，南部为印度-马来区系，北部为太平洋区系。但由于我国的东黄海地处 2 个区系的混合带上，2 个区系的许多不同流系在此汇合分布，产生某些地域性特征，因此这一混合带也称为中日亚区，以示区系的过渡性质。

◆ 第二节　全球海洋渔业资源概述

一、联合国粮食及农业组织的渔区划分方法

为了便于渔业科学的研究和渔业资源的管理，联合国粮食及农业组织（FAO）专门针对世界内陆水域和三大洋进行了渔区统计的划分。一共划分为 24 个大渔区，其中内陆水域 6 个，海洋中有 18 个，并都用两位数字来表示，其中 01～06 表示各洲的内陆水域。我国属于 61 渔区。

内陆水域：01 渔区为非洲内陆水域；02 渔区为北美洲内陆水域；03 渔区为南美洲内陆水域；04 渔区为亚洲内陆水域；05 渔区为欧洲内陆水域；06 渔区为大洋洲内陆水域。

大西洋海域：21 渔区为西北大西洋海域；27 渔区为东北大西洋海域；31 渔区为中西大西洋海域；34 渔区为中东大西洋海域；41 渔区为西南大西洋海域；47 渔区为东南大西洋海域；48 渔区为大西洋的南极海域。

印度洋海域：51 渔区为印度洋西部海域；57 渔区为印度洋东部海域；58 渔区为印度洋的南极海域。

太平洋海域：61 渔区为西北太平洋海域；67 渔区为东北太平洋海域；71 渔区为中西太平洋海域；77 渔区为中东太平洋海域；81 渔区为西南太平洋海域；87 渔区为东南太平洋海域；88 渔区为太平洋的南极海域。

其他海域：37 渔区为地中海和黑海海域。

二、各渔区渔业资源概况

（一）太平洋海域

1. 西北太平洋　　西北太平洋为 FAO 61 渔区。位于东亚以东，20°N 以北，175°W 以西，与亚洲和西伯利亚海岸线相交的区域，还包括 15°N 以北、115°W 以西的亚洲沿 20°N 以南的部分水域。该区包括许多群岛、半岛，使之分成几个半封闭的海域，如白令海、鄂霍茨克海、日本海、黄海、东海及南海。西北太平洋与欧亚大陆东边相接壤的沿岸国家主要有中国、俄罗斯、朝鲜、韩国和越南诸国，日本则是最大的岛国。

西北太平洋是世界上最充分利用的渔区之一。该海区渔业资源种类繁多，中上层鱼类资源特别丰富，这些特点充分反映了本区的地形、水文和生物的自然条件。该海区有千岛群岛和日本诸岛及朝鲜半岛和堪察加半岛，这些岛屿和半岛把太平洋西北海域分割为日本海和鄂霍次克海两大海盆。

在该海区，有寒暖两大海流系在此交汇，它们的辐合不仅影响沿岸区域的气候条件，同时也给该区的生物创造了有利的环境条件。黑潮暖流与亲潮寒流在日本东北海区交汇混合，在流界区发展成许许多多的涡流，海水充分混合。研究表明，除了在白令海和鄂霍次克海有反时针环流，在堪察加东南部的西阿留申群岛一带海区也有环流存在。这些海洋环境条件为渔业资源及渔场形成创造了极好的条件。

西北太平洋是 FAO 统计区域中最高产区域。该海区的主要捕捞对象有沙丁鱼、鳀、竹荚鱼、鲐、鲱、竹刀鱼、鲑鳟、鲣、金枪鱼、鱿鱼、狭鳕、鲆鲽类、鲸类等。

在鄂霍次克海区，主要捕捞对象以鲑鳟、鳕、堪察加蟹和鲸类为主，鲆鲽类产量也大，鄂霍次克海中部每年 8 月间水温 11～12℃，是最适于溯河产卵洄游的鲑鳟类栖息地。

白令海区的渔获物以比目鱼、鲑科鱼类、鲱、鳙鲽、鳕、海鲈、堪察加蟹和鲸类为主。

日本北海道-库页岛一带海域是世界三大著名渔场之一，这一海区主要是亲潮和黑潮交汇的流界渔场。捕捞对象中，底层鱼类主要是鳕类、无须鳕、狭鳕、银鳕和油鳕等，中上层鱼类主要是秋刀鱼、拟沙丁鱼、鲐、金枪鱼、鲣等。

在日本海海域，主要捕捞对象是沙丁鱼，其次为太平洋鲱、狭鳕（明太鱼）、鲽、鲐等。远东沙瑙鱼是日本沿岸单鱼种产量最高的。

2. 东北太平洋　东北太平洋为 FAO 67 渔区，位于西北美洲的西部，西界是 175°W 以东，南界是 40°N，东部为阿拉斯加州和加拿大。东北太平洋包括白令海东部和阿拉斯加湾。俄勒冈州和华盛顿州近海的大陆架比较窄，200m 等深线以浅的宽度为 40～50km。温哥华和夏洛特皇后群岛外的大陆架也较窄，但夏洛特皇后群岛与大陆之间有较宽的陆架，斯宾塞角（Cape Spencer）以北和以西，陆架变宽到斜迪亚克岛外海达 100km，但乌尼马岛以西又变窄。阿拉斯加湾沿岸一带多山脉，并有许多岛屿和一些狭长的海湾，白令海东部和楚科奇海有宽广的浅水区。

在阿留申群岛的南部海域，主要的海流是阿拉斯加海流和阿拉斯加环流的南部水系，后者在大约 50°N 的美洲近岸分叉，一部分向南流形成加利福尼亚海流，其余部分向北流入阿拉斯加湾再向西转入阿拉斯加海流。

该海区主要生产狭鳕、鲑科鱼类、太平洋无须鳕、刺黄盖鲽和其他鲽科鱼类，其主要渔业是大鲆和鲑鳟渔业。

3. 中西太平洋　中西太平洋为 FAO 71 渔区，位于 175°W 以西、20°N～25°S 的太平洋海域。主要渔场有西部沿岸的大陆架渔场和中部小岛周围的金枪鱼渔场。沿海有中国、越南、柬埔寨、泰国、马来西亚、新加坡、东帝汶、菲律宾、巴布亚新几内亚、澳大利亚、帕劳、关岛、所罗门群岛、瓦努阿图、密克罗尼西亚、斐济、基里巴斯、马绍尔、瑙鲁、新喀里多尼亚、图瓦卢等国家和地区。

该海区主要受北赤道水流系的影响。在北部受黑潮影响，流势比较稳定，南部的表面流受盛行的季候风影响，流向随季风的变化而变化。北赤道流沿 5°N 以北向西流，到菲律宾分为两支，一支向北，另一支向南。北边的一支沿菲律宾群岛东岸北上，然后经台湾东岸折向东北，成为黑潮。南边的一支在一定季节进入东南亚。2 月，赤道以北盛行东北季风，北赤道水通过菲律宾群岛的南边进入东南亚，南海的海流沿亚洲大陆向南流，其中大量进入爪哇海然后通过班达海进入印度洋，小部分通过马六甲海峡进入印度洋。8 月，南赤道流以强大的流势进入东南亚，通常在南部海区，表层流循环通过班达海进入爪哇海，大量的太平洋水通过帝汶海进入印度洋，在此期间南海的海流沿大陆架向北流。

据资料记载，每年 6 月和 7 月在越南沿岸产生局部上升流区，其他可能产生的上升流区包括望加锡沿岸（东南季风期间）、中国沿岸（靠香港）（东北季风）。在东南亚，上升流导致最肥沃的水域是班达海-阿拉弗拉海海区，该海区海水上升和沉降交替进行，上升流高峰期在 7 月和 8 月。

该海区是世界渔业比较发达的海区之一，小型渔船数量非常多，使用的渔具种类多样，渔获物种类繁多。中西太平洋也是潜在渔获量较高的渔区。主要种类为金枪鱼、蓝圆鲹等鲹科鱼类、沙丁鱼、珊瑚礁鱼类及虾类和头足类等。

4. 中东太平洋　　中东太平洋为 FAO 77 渔区。西界与 71 渔区相接，北与 67 渔区以 40°N 为界，南部在 105°W 以西与 25°S 取平，而在 105°W 以东则以 6°S 为界，东部与南美大陆相接。沿岸国家主要有美国、墨西哥、危地马拉、萨尔瓦多、厄瓜多尔、尼加拉瓜、哥斯达黎加、巴拿马、哥伦比亚。漫长的海岸线（约 9000km，不包括加利福尼亚湾）大部分颇似山地海岸，大陆架狭窄。在加利福尼亚南部和巴拿马近岸有少数岛屿，外海的岛和浅滩稀少，也有一些孤立的岛或群岛，如克利帕顿岛、加拉帕戈斯群岛；岛的周围，仅有狭窄的岛架。这些岛或群岛引起局部水文的变化，导致金枪鱼及其他中上层鱼类在此集群，在渔业上起到非常重要的作用。

该海域有两支表层海流，一个是分布在北部的加利福尼亚海流，另一个是分布在南部的秘鲁海流。加利福尼亚海流沿美国近海向南流，盛行的北风和西北风的吹送产生强烈的上升流，在夏季达到高峰；冬季北风减弱或吹南风，沿岸有逆流出现，在近岸，水文结构更加复杂，在加利福尼亚南部的岛屿周围有半永久性的涡流存在。加利福尼亚海流的一部分，沿中美海岸到达东太平洋的低纬度海域，在 10°N 附近转西并与北赤道海流合并。赤道逆流在接近沿岸时，沿中美海岸大都转向北流（哥斯达黎加海流），最后与赤道海流合并，在哥斯达黎加外海产生反时针涡流，从而诱发哥斯达黎加冷水丘（Costa Rica Dome，中心位置在 7°~9°N、87°~90°W 附近），下层海水大量上升。

该海区历史上最大的渔业是加利福尼亚沙丁鱼渔业。金枪鱼渔业是加利福尼亚的主要渔业。从墨西哥到厄瓜多尔的赤道沿岸虾渔业也很发达。主要种类为鳀、沙丁鱼、金枪鱼、鲣和虾类等。

5. 西南太平洋　　西南太平洋为 FAO 81 渔区。北以南纬 25°与 71 渔区、77 渔区为界，东以西经 105°与 87 渔区相邻，南界为南纬 60°，西部以东经 15°与澳大利亚东南部相接。本区包括新西兰和复活节岛等诸多岛屿。该海区面积很大，几乎全部是深水区。该海区的沿海国只有澳大利亚和新西兰。大陆架主要分布在新西兰周围及澳大利亚的东部和南部沿海（包括新几内亚西南沿海）。主要作业渔场为澳大利亚和新西兰周围海域。

对南太平洋的水文情况（特别是远离南美和澳大利亚海岸的海区）了解得较少。主要的海流，在北部海域是南赤道流和信风漂流，在最南部是西风漂流；在塔斯曼海，有东澳大利亚海流沿澳大利亚海岸向南流，至悉尼以南流势减弱并扩散；新西兰周围的海流系统复杂多变。

该海区渔业一般是小规模的，通常使用多种作业小型渔船。最主要的单种渔业是近海甲壳类渔业（如新西兰和澳大利亚近海的龙虾渔业及澳大利亚近海的对虾渔业）和外海的金枪鱼渔业。主要种类为新西兰长尾鳕、鳀鲱、头足类和虾类等。

6. 东南太平洋　　东南太平洋为 FAO 87 渔区。北部以 5°S 与 77 渔区相接，东以 105°W 与 77 渔区、81 渔区相邻，南部以 60°S 为界，东部以 70°W 及南美大陆为界。沿岸国家包括哥伦比亚、厄瓜多尔、秘鲁和智利。该海域有广泛的上升流。主要渔场为南美西部沿海大陆架海域。

该海区的中部大陆架很窄，从秘鲁的伊洛（Ilo）到瓦尔帕莱索（Valparaiso）这一区域距岸 30km 以内水深超过 1000m；大陆架的宽度各地不同，自几公里到 20km 左右，沿秘鲁海岸向北，大陆架渐宽，直至迪钦博特区域，最宽达 130km 左右，再向北又变窄，瓦尔帕莱索以南大陆架较宽，最大宽度约 90km。从安库德湾到合恩角近海有许多岛屿，这些岛屿有大的峡湾和宽的沿岸航道。据粗略估计，秘鲁的大陆架面积为 8.7 万 km^2（200m 等深线以内），智利为 30 万 km^2（全部大陆架面积），其中后者估计有 9 万 km^2 可作拖网渔场。该渔场水深小于 200m。

亚南极水（西风漂流）横跨太平洋到达 44°S~48°S 的智利沿岸（夏季稍偏南）开始分为两支，一支为向南流的合恩角海流，另一支为沿岸北上的秘鲁海流，这支海流一直到达该海区的北界。秘鲁海流又分为两支，靠外海的是秘鲁外洋流，深度达 700m，近岸的一支叫作秘鲁沿岸流，深达 200m，沿岸流在北上的行进过程中流势减弱。秘鲁沿岸流带着冷的营养盐丰富的海水北上，流速缓慢。

在次表层有一股潜流,靠近秘鲁-智利海岸向南流动,这股潜流起源于赤道附近水深小于100m至几百米的次表层水,向南延伸至40°S附近,在该处潜流范围为自深度100～200m至200～300m。在大陆架区,潜流接近表面,潜流的盐度为34.5‰～35‰,潜流所处深度的整个水团含氧量很低,营养盐丰富。

该海区的主要渔业是鳀,遍及秘鲁整个沿岸和智利最北部。主要种类有鳀、沙丁鱼、茎柔鱼、智利竹荚鱼、鳕科鱼类等。

(二)大西洋海域

1. 西北大西洋　西北大西洋为FAO 21渔区。东与27渔区相邻,南以北纬35°为界,西为北美大陆。该区国家仅加拿大和美国。该海区主要是以纽芬兰为中心的格陵兰西海岸和北美洲东北沿海一带海域。该海区的主要部分是国际西北大西洋渔业委员会(ICNAF)所管辖的区域。

该海区的主要海洋学特征,与寒、暖两海流系密切相关。湾流起源于高温水系,一直沿美洲东岸北上,到达大浅滩的尾部后,其中一部分沿大浅滩东缘继续北上,大约到达50°N转向东北,到了中大西洋海脊附近,再转向北流,到达冰岛成为伊尔明格海流。该流沿冰岛南岸和西岸流去,在丹麦海峡分叉,一部分与东格陵兰海流汇合沿格陵兰岛东岸南下到费尔韦尔角。此暖流绕过费尔韦尔角沿西格陵兰浅滩的边缘区北流,成为西格陵兰海流。

该海区的主要渔业是底拖网渔业和延绳钓渔业,两个最大的渔业是油鲱渔业和牡蛎渔业,油鲱主要用来加工鱼粉和鱼油。主要渔获物有鳕、黑线鳕、鲈鲉、无须鳕、鲱,以及其他底层鱼类、中上层鱼类(如鲑等)。

2. 东北大西洋　东北大西洋为FAO 27渔区。东界位于68°30'E,南界位于36°N以北,西界至42°W和格陵兰东海岸。包括葡萄牙、西班牙、法国、比利时、荷兰、德国、丹麦、波兰、芬兰、瑞典、挪威、俄罗斯、英国、冰岛及格陵兰、新地岛等,是世界主要渔产区。该海区是国际海洋考察理事会(ICES)的渔业统计区。该海区的主要渔场有北海渔场、冰岛渔场、挪威北部海域渔场、巴伦支海东南部渔场、熊岛至斯匹次卑尔根岛的大陆架渔场。

该海区的水文学特征主要受北大西洋暖流及支流所支配。冰岛南岸有伊里明格海流(暖流)向西流过,北岸和东岸为东冰岛海流(寒流)。北大西洋海流在通过法罗岛之后沿挪威西岸北上,然后又分为两支,一支继续向北到达斯匹次卑尔根西岸,另一支转向东北沿挪威北岸进入巴伦支海,两支海流使巴伦支海的西部和南部的海水变暖,提高了生产力。

另外,北大西洋暖流另一支流过设得兰群岛的北部形成主流进入北海。还有一些小股支流进入北海,这些海流使北海强大的潮流复杂化,在北海形成反时针环流;在多格尔(Dogger)以北的海水全年垂直混合,多格尔以南的海水夏季形成温跃层。

该海区其中一些渔业是世界上历史最悠久的渔业。北海渔场是世界著名的三大渔场之一,它是现代拖网作业的摇篮,整个渔场长期进行高强度的拖网作业。主要捕捞对象有鳕、黑线鳕、无须鳕、挪威条鳕、绿鳕类、鲱科鱼类、鲐类等。

3. 中西大西洋　中西大西洋为FAO 31渔区。东与34渔区相接,北与21渔区、27渔区连接,南界为5°N以北。主要国家为美国、墨西哥、危地马拉、洪都拉斯、尼加拉瓜、哥斯达黎加、巴拿马、哥伦比亚、委内瑞拉、圭亚那、苏里南,本区还包括加勒比地区的古巴、牙买加、海地、多米尼加等岛国。主要作业渔场为墨西哥湾和加勒比海水域。

该海区的主要海流有赤道流的续流,沿南美岸向西流和赤道流一起进入加勒比海区形成加勒比海流,而后强劲地向西流去,在委内瑞拉和哥伦比亚沿岸近海由于有风的诱发形成上升流。

加勒比海流离开加勒比海，通过尤卡坦海峡（Yucatan Channel）形成顺时针环流（在墨西哥湾东部）。该水系离开墨西哥湾之后即强劲的佛罗里达海流，这就是湾流系统的开始，向北流向美国东岸。

该海区最重要的渔业是虾渔业，中心在墨西哥湾，主要由美国和墨西哥渔船生产。主要种类有油鲱、沙丁鱼、底层鱼类和虾类等。

4. 中东大西洋　　中东大西洋为 FAO 34 渔区。北接 27 渔区，南界基本抵赤道线，但在 30°W以西提升到 5°N，在 15°E 以东又降到 6°S，西以 40°W 为界，仅在赤道处移至西经 30°为界。本区还包括地中海和黑海。主要国家有安哥拉、刚果、加蓬、赤道几内亚、喀麦隆、尼日利亚、贝宁、多哥、加纳、科特迪瓦、利比里亚、塞拉利昂、几内亚、几内亚比绍、塞内加尔、毛里塔尼亚、西撒哈拉、摩洛哥及地中海沿岸国等。主要作业渔场为非洲西部沿海大陆架海域。

该海区主要的表层流系是由北向南流的加那利海流和由南往北流的本格拉海流，它们到达赤道附近向西分别并入南北赤道海流。在这两支主要流系之间有赤道逆流，其续流几内亚海流向东流入几内亚湾。在科特迪瓦近海，几内亚海流之下有一支向西的沿岸逆流存在。由于沿西非北部水域南下的加那利海流（寒流）和从西非南部沿岸北上的赤道逆流（暖流）相汇于西非北部水域，形成季节性上升流，同时这一带大陆架面积较宽，故形成了良好的渔场。

主要捕捞种类为沙丁鱼、竹荚鱼、鲐、金枪鱼、鲷科、乌鲂科等大型底层鱼类，以及鱿鱼、墨鱼和章鱼等头足类。中东大西洋海域是远洋渔业国的重要作业渔区。

5. 西南大西洋　　西南大西洋为 FAO 41 渔区。东以 20°W 为界，南至 60°S，北与 31 渔区、34 渔区相接，西接南美大陆及以 70°W 为界。包括巴西、乌拉圭、阿根廷等国。主要作业渔场为南美洲东海岸的大陆架海域。

巴西北部沿岸大陆架，除亚马孙河口外，均为岩石和珊瑚礁带，大部分海区不宜进行拖网作业。巴西的中南部沿岸，其北面是岩石和珊瑚带，南面大部分海区很适于拖网作业，但外海有许多海坝（bar）。巴塔哥尼亚大陆架（Patagonian Shelf）是南半球面积最大的大陆架；拉普拉塔河口和布兰卡湾、圣马提阿斯湾、圣豪尔赫湾是良好的拖网渔场。42°S 以南海区的底质较粗，但仍适合拖网作业，如伯德伍德浅滩（Burdwood Bank）就是较好的拖网渔场，但该渔场有较多的大石块。大陆架的深度，大多数海区不超过 50m，巴西北部近海和福克兰大陆架大于 50m，拉普拉塔湾很浅，巴塔哥尼亚大陆架北部的斜坡很陡，但南部则很缓，大部分海区均可拖网。

该海区的大陆架受两支主要海流的影响，北面的一支为巴西暖流，南面的一支是福克兰寒流。后者沿海岸北上到达里约热内卢与巴西暖流交汇，在此海区水团混合，水质高度肥沃，产生涡流，海水垂直交换。该海区南部为西风漂流，南大西洋中部为南大西洋环流，海水运动微弱；亚热带辐合线在大约 40°S 的外海海域。

捕捞对象均以无须鳕为主，此外还有沙丁鱼、鱿鱼和鲐及石首科鱼类。西南大西洋海域也是远洋渔业国的重要作业渔区。

6. 东南大西洋　　东南大西洋为 FAO 47 渔区。北在 6°S 以南，与 34 渔区为界，西界为 20°W，南部止于 45°S，东界为 30°E。主要作业渔场为非洲西部沿海大陆架海域。该海区的沿海国有安哥拉、纳米比亚和南非。

该海区的主要海流为本格拉海流，在非洲西岸 3°S～15°S 向北流，然后向西流形成南赤道流。本格拉海流沿非洲南部的西岸北上，由离岸风的作用产生上升流，其范围依季节而异。其南部的主要海流是西风漂流。

该海域的主要种类为无须鳕、沙丁鱼、鳀和竹荚鱼等鲹科鱼类。东南大西洋也是远洋渔业国的重要作业渔区。

（三）地中海和黑海

地中海几乎是一个封闭的大水体，它使欧洲和非洲、亚洲分开。地中海以突尼斯海峡为界分为东地中海和西地中海两部分。地中海有几个深水海盆，最深处超过 3000m。地中海 180m 以浅的大陆架总面积约 50 万 km^2，亚得里亚海和突尼斯东部近海大陆架较宽，尼罗河三角洲近海和利比亚沿岸大陆架较窄。沿岸一般均为岩石和山脉。

黑海是一个很深的海盆，北部的亚速海和克里木半岛西面是浅水区，南部大陆架陡窄。

大西洋水系通过直布罗陀海峡进入地中海，主要沿非洲海岸流动，可到达地中海的东部。黑海的低盐水通过表层流带入地中海。尼罗河是地中海淡水的主要来源，它影响着地中海东部的水文、生产力和渔业。阿斯旺水坝的建造，改变了生态环境，直接影响了渔业。苏伊士运河将高温的表层水从红海带入地中海，而冷的底层水则从地中海进入红海。

地中海鱼类资源较少，种类多但数量少。大型渔业主要在黑海。地中海小规模渔业发达，区域性资源已充分利用或过度捕捞，底层渔业资源利用最充分。中上层渔业产量约占总产量的一半，主要渔获物是沙丁鱼、黍鲱、鲣、金枪鱼等。底层渔业的重要捕捞对象是无须鳕。

（四）印度洋

印度洋分西区和东区，大陆架面积总计 300 万 km^2，其中孟加拉湾 61 万 km^2，阿拉伯海 40 万 km^2，东非 39 万 km^2，西澳大利亚 38 万 km^2，南澳大利亚（到 130°E）26 万 km^2，波斯湾 24 万 km^2，马达加斯加 21 万 km^2，印度洋各岛 20 万 km^2，红海 18 万 km^2，印度尼西亚 13 万 km^2。

大陆架较宽的海区有阿拉伯海东部、孟加拉湾东部和澳大利亚西北部沿岸。印度洋其他海域的大陆架都很窄，沿岸是悬崖绝壁。东非沿岸许多地方 200m 等深线距岸不到 4km，珊瑚礁到处可见，特别是在非洲沿岸最多。

印度洋北部表层海流随着季风而改变。在西南季风期间（4～9 月），索马里海流沿非洲沿岸向北流，流速高达 7kn；到达 12°N，大部分偏离近岸向东流去，成为 10°N 以北的季风海流。在东北季风期间（10 月至翌年 3 月），索马里海流转向南流（12 月至翌年 2 月）。阿拉伯海北部的大部分海流流势弱，流向不定。

南印度洋海流系统与太平洋、大西洋的相似，南赤道流沿 10°S 附近向西流，到非洲东岸分支，向南的一支最后形成厄加勒斯海流，它与西风漂流和西澳海流连接在一起完成南印度洋反时针环流。

在东非近岸区（南非、莫桑比克和坦桑尼亚），大多数渔业是自给性的沿岸渔业。底拖网作业不适宜，因为这一带水域珊瑚礁多，大陆架窄，只有小型拖网作业可能获得成功。在阿拉伯海西部海区，渔业不发达，主要是缺乏地方渔业市场。在马斯喀特（Muscat）和阿曼近岸的沙丁鱼产量有 10 万 t。在孟加拉湾北部，渔期在 11 月至翌年 2 月末，西南季风期间风大不宜作业。孟加拉国近海渔场最重要的捕捞对象是马鲛鱼。印度尼西亚南部的印度洋水域的重要捕捞对象是沙丁鱼、鳀、鲇等，渔场在东爪哇和巴厘岛之间的海域，渔船小，渔具简单。在西澳大利亚近岸渔场龙虾似乎已充分利用，虾渔业已向北扩展到沙克湾和埃克斯茅斯湾（Exmouth Gulf），从此处向北扩展还有一定的潜力。红海的重要渔业是北部沿岸的沙丁鱼渔业和南部的底拖网渔业。

1. 东印度洋区　东印度洋区为 FAO 57 渔区，西与 51 渔区相邻，南至 55°S，东在大洋洲西北部以 12°E、在大洋洲东南以 150°E 为界。主要包括印度东部、印度尼西亚西部、孟加拉国、越南、泰国、缅甸、马来西亚等国家和地区。盛产西鲱、沙丁鱼、遮目鱼和虾类等。

在印度洋东部海区，主要渔场有沿海大陆架渔场和金枪鱼渔场。其沿海国有印度、孟加拉国、缅甸、泰国、印度尼西亚和澳大利亚等。该海区的渔获量主要以沿海国为主。远洋渔业国在该渔区作业的渔船较少,目前在该渔区作业的非本海区的国家只有中国、日本、法国、韩国和西班牙,主要捕捞金枪鱼类。

2. 西印度洋区　西印度洋区为 FAO 51 渔区,指 80°E 以西,南至 45°S 以北,西接东非大陆与 30°E 为界。周边国家主要包括印度、斯里兰卡、巴基斯坦、伊朗、阿曼、也门、索马里、肯尼亚、坦桑尼亚、莫桑比克、南非、马尔代夫、马达加斯加等。本区出产沙丁鱼、石首鱼、鲣、黄鳍金枪鱼、龙头鱼、鲅、带鱼和虾类等。

在印度洋西部,主要渔场有大陆架渔场和金枪鱼渔场。该区的渔获量主要以沿海国为主,约占其总渔获量的 90.6%。目前在该海域从事捕捞生产的远洋渔业国家有日本、法国、西班牙、韩国、中国等,主要捕捞金枪鱼和底层鱼类,占其总渔获量的比例不到 10%。

(五)南极海

南极海包括 FAO 48 渔区、58 渔区、88 渔区。位于太平洋和大西洋西部 60°S 以南,在大西洋东部与印度洋西部以 45°S 为界,而印度洋东部则以 55°S 为界。分别与 81 渔区、87 渔区、41 渔区、47 渔区、51 渔区及 57 渔区相接,为环南极海区。南极海与三大洋相通,北界为南极辐合线,南界为南极大陆,冬季南极海一半海区为冰所覆盖。南极海分为大西洋南极区、太平洋南极区和印度洋南极区。盛产磷虾,但鱼类种类不多,只有南极鱼科和冰鱼等数种有渔业价值。

南极大陆架狭窄且冰冻很深,全年大部分时间被冰覆盖,用传统的捕鱼方式无法作业,岛屿和海脊无宽广的浅水区,只有凯尔盖朗岛和佐治亚岛周围有一些重要的浅水区。

南极海的主要表面海流已有分析研究。上升流出现在大约 65°S 低压带的辐合区,靠近南极大陆的水域也出现上升流。南极海的海洋环境是一个具有显著循环的深海系统,上升流把丰富的营养物质带到表层,夏季生物量非常高,冬季生物量明显下降。

据调查,南极海域(包括亚南极水域)的中上层鱼类约 60 种,底层鱼类约 90 种,但这些鱼类的数量还不清楚。南极海域最大的资源量是磷虾。各国科学家对磷虾资源量有完全不同的估算值,苏联学者挪比莫娃从鲸捕食磷虾的情况估算磷虾的资源量为 1.5 亿~50 亿 t;联合国专家 Gullander 从南极海初级生产力推算为 5 亿 t,年可捕量 1 亿~2 亿 t;法国学者 Picarnye 认为,磷虾总生物量为 2.1 亿~2.9 亿 t,每年被鲸类等动物捕食所消耗的量为 1.3 亿~1.4 亿 t,而达到可捕规格的磷虾不超过总生物量的 40%~50%。近年来的调查估算,磷虾的年可捕量为 5000 万 t。

◆ 第三节　中国海洋渔业资源概况

一、中国近海海洋环境概况

1. 地形分布特征

(1)渤海　渤海位于中国海区的最北部,为近似封闭的大陆架浅海,面积约为 7.7 万 km^2,呈北东向。海底地势自辽东湾、渤海湾、莱州湾向中央海盆及渤海海峡倾斜,平均坡度 28.9′,平均水深 18m,最大水深 82m。

(2)黄海　黄海为半封闭的大陆架浅海,呈反 S 形,面积约为 38 万 km^2。海底地势自西、北、东向中央东南方向倾斜,海底平均坡度 22.5′,平均水深 44m,最深水深 140m。

黄海自山东省的成山角至朝鲜半岛的长山串连线为分界线，此线以北为北黄海，以南为南黄海。北黄海为隆起区，南黄海为凹陷区，其中部为浅海平原。黄海东部有一南北走向的浅谷纵贯南北，最深可达 110m，向南绕过小黑山岛两侧面汇集与济州岛西北深水槽相连。

（3）东海　　东海为大陆架较宽的边缘海，面积约 77 万 km²，平均水深 370m，呈东北向的扇形展布，形成大陆架、大陆坡、海槽、岛弧及海沟等地貌类型。东海南端自台湾岛的富贵角向西，至海坛岛北端痒角，再至中国大陆海岸点位，是东海与台湾海峡的分界线。

东海大陆架面积约为 54 万 km²，约占总面积的 72%。海底地势自西北向东南倾斜，平均坡度16.0°，平均水深 72m。东海大陆架宽度大，面积广阔。岛礁众多，地形复杂。水深较浅，坡度小。东海大陆坡位于东海大陆架外缘的坡度转折线至坡脚线之间，平均宽度 29km，最大坡度 4°22′，最小坡度 24′6.5″，呈北东-南西向延伸，其延伸走向与中国东部至东南部海岸延伸走向一致。

（4）南海　　南海是西太平洋边缘海，面积约 350 万 km²，平均水深 1212m，最大水深 5559m，大陆架面积为 126.4 万 km²，占南海总面积的 36.11%。中央深海盆地的面积为 43 万 km²。南海大陆架有北陆架、南陆架、西陆架及东陆架 4 部分，在大陆架之间是中央深海盆地。

北陆架西起北部湾，东至台湾海峡南部，呈东北向，长约 1650km，宽 100～1500km，西宽东窄，其外缘坡度转折水深 150～200m。西陆架北起北部湾口，向南延伸至湄公河口，呈狭长平直条带状展布，宽度 40～70km，地形上陡下缓。南沙群岛的岛屿、沙洲、暗礁、暗沙和暗滩众多，星罗棋布，共有 230 余个，露出水面的岛屿有 25 个，其中最大的岛屿是南沙群岛中的太平岛，面积约 0.432km²。东陆架主要由吕宋岛、民都洛岛的岛架组成，呈南北向延伸，岛架狭窄，顺岛岸弯曲，地形复杂。

南海中央海盆呈北东-南西向菱形展布，面积 43 万 km²。海盆内分布有北部深海平原、中央深海平原和西南深海平原，其中海山、海丘星罗棋布隆起，其次是深海隆起、深海洼地等地貌。中央海盆是南海海盆的主体。

2. 海流分布　　中国近海海流主要受黑潮和沿岸流的影响较大，地理环境和气候也有一定的影响，在不同海区和不同季节，海流也有明显的变化。

渤海的海流较其他海区为弱。在渤海海峡和渤海中央区流速较大。其主要海流系统是沿岸流和从老铁山水道进入渤海的黄海暖流余脉。

黄海的海流也比东海要弱。表层随季风而变，冬季流向偏南，夏季流向偏北。冬季强，夏季弱。其主要海流系统为沿岸流和黄海暖流。

东海的海流由风海流、沿岸流和黑潮三部分组成。表层属风海流，流向随季风而变。冬季东北季风时，流向西南，通过台湾海峡入南海。夏季西南季风时，由台湾海峡入东海，流向东北，流速比冬季弱。

南海的海流系统由沿岸流、南海暖流、黑潮南海分支和南海季风海流等组成，相对比较复杂。

3. 水温和盐度分布　　中国近海水温的分布变化，与海区环境和气候有密切的关系。由于属太平洋的边缘海，大部分海区在大陆架上，水深较浅，故近海水温受亚洲大陆气候的影响较大，季节变化明显。外海受太平洋大洋水的影响较大，尤其是黑潮水进入海区，沿岸受大陆江河径流流入的影响，使中国近海水温的分布和变化比大洋更为复杂。其特点是：水温的季节变化显著，冬季水温低，为-1～27℃，南北温差大，相差达 28℃；夏季水温高，海区普遍增温，为 24～29℃，个别海区达 30℃，南北温差较小，仅相差 5℃。温度等值线大致与海岸线（或等深线）平行，在大江河入海处，如长江、珠江口等形成明显的水舌。近海温度等值线密集、梯度大，外海等温线稀疏、梯度小。水温的年较差变化范围很大，也十分复杂，基本上是随着地理纬度的增高而增大，从西沙的 6℃左右，增至辽东沿岸的 28℃左右。

中国近海盐度的水平分布特点是自北向南逐渐增大，从沿岸向外海逐渐增大，冬季比夏季大。在黄海、渤海、东海中盐度的变化还与黑潮流系的高盐水和沿岸流低盐水的相互消长、混合有关。

二、中国海洋渔场概况及种类组成

（一）渤海、黄海渔场分布概况及种类组成

1. 渤海、黄海渔场分布概况　　辽东湾渔场位于渤海 $38°30'N$ 以北，面积约 11 520 平方海里。该渔场曾是小黄鱼、带鱼、对虾等的重要产卵场，近年来由于捕捞过度，一些渔业资源已经衰退，不再形成渔场。只在近岸进行海蜇、毛虾和梭子蟹等生产。

滦河口渔场位于渤海滦河口外，面积约 3600 平方海里。该渔场也曾是带鱼的重要作业渔场。但是在 20 世纪 80 年代以后，随着黄海带鱼资源的枯竭，渔场已经消失。

渤海湾渔场位于渤海 $119°00'E$ 以西，面积约 3600 平方海里。该渔场曾是小黄鱼、对虾、蓝点马鲛等的重要渔场。目前主要是定置网和一些近岸网具作业。

莱州湾渔场位于渤海 $38°30'N$ 以南的黄河口附近海域，面积约 6480 平方海里。由于黄河径流的存在，莱州湾渔场曾是我国北方最重要的鱼类产卵场。近年来由于渔业资源衰退，渔场已经消失，仅有一些近岸网具从事小型鱼类、虾蛄、梭子蟹、毛虾等生产。

海洋岛渔场位于黄海北部的 $38°00'N$ 以北海域，面积约 7200 平方海里。该渔场曾是黄海北部的重要产卵场。但目前主要鱼类只有鳀、玉筋鱼、细纹狮子鱼和绵鳚等。

海东渔场位于海洋岛渔场的东部海域，面积约 4320 平方海里。主要分布着鳀、玉筋鱼、木叶鲽等鱼类。

烟威渔场位于山东半岛北部的 $38°30'N$ 以南海域，面积约 7200 平方海里，是进入渤海产卵和离开渤海越冬的鱼类过路渔场。目前主要鱼类有鳀、细纹狮子鱼、小黄鱼、绒杜父鱼等。

威东渔场位于烟威渔场的东部海域，面积约 2880 平方海里，主要鱼类是细纹狮子鱼。

石岛渔场位于 $36°00'N\sim37°30'N$、$124°00'E$ 以西海域，该渔场近岸为产卵场，远岸为过路渔场和部分鱼类的越冬场。目前主要分布种类为鳀。

石东渔场位于石岛渔场以东海域，渔场面积 7920 平方海里，目前主要鱼类为细纹狮子鱼、绒杜父鱼、高眼鲽、玉筋鱼等。

青海渔场位于山东半岛南部的 $35°30'N$ 以北、$122°00'E$ 以西海域，面积 4320 平方海里，为山东半岛南岸产卵场，目前主要鱼类有鳀、银鲳、斑鲦、高眼鲽等。

海州湾渔场位于山东、江苏两省海岸交界处的海州湾内，$34°00'N\sim35°30'N$、$121°30'E$ 以西海域，面积为 7900 平方海里。海州湾渔场属沿岸渔场，其大部分水域在禁渔区内，是东海带鱼的产卵场之一。近年来由于捕捞强度过大，已形不成渔汛。

连青石渔场位于黄海南部，$34°00'N\sim36°00'N$、$121°30'E\sim124°00'E$ 海域，面积为 14 800 平方海里。该渔场北接石岛渔场，南靠大沙渔场，西临海州湾渔场，东隔连东渔场与朝鲜半岛相望。本渔场海底平坦，水质肥沃，饵料丰富，水系交汇，是带鱼、蓝点马鲛、鲐、对虾、鱿鱼、黄姑鱼、小黄鱼等多种经济鱼类产卵、索饵、越冬洄游的过路渔场，具有很大的开发利用价值。

连东渔场分布在 $34°00'N\sim36°00'N$、$124°00'E$ 以东海域，濒临韩国西海岸。以前为韩国渔船从事围网、张网、流网和延绳钓等的作业渔场。

吕泗渔场位于江苏省沿岸以东，$32°00'N\sim34°00'N$、$122°30'E$ 以西海域，面积约 9000 平方海

里，渔场大部分水域在禁渔区内，全部水深不足 40m，是大黄鱼、小黄鱼、鲳等主要的产卵场之一。但由于捕捞强度不断扩大，鲳等产量出现严重滑坡，鱼龄越来越低，鱼体越来越小。

2. 渤海、黄海区种类组成　渤海、黄海鱼类共有 130 余种，数量最多的为鳀，其次为竹荚鱼、鲅、小黄鱼、带鱼、玉筋鱼。其他种类的产量所占比例很小，仅为 7.2%。鳀、玉筋鱼为一般经济鱼类，竹荚鱼、鲅、小黄鱼、带鱼为优质经济鱼类。而东海区位于亚热带和温带，有多种水系交汇，渔业资源丰富，是经济种类最多的海区，主要有大黄鱼、小黄鱼、带鱼、墨鱼、银鲳、鳓、鲅、蓝圆鲹、马面鲀、海鳗、虾蟹类、枪乌贼等 20 多种经济种类。

黄海、渤海渔业资源的区系组成中，暖温性种类占 48.1%，暖水性种类占 47.3%，冷温性种类占 12.2%。黄海、渤海渔业资源基本可划分为两个生态类群，即地方性和洄游性渔业资源。地方性渔业资源主要栖息在河口、岛礁和浅水区，随着水温的变化，做季节性深-浅水生殖、索饵和越冬移动，移动距离较短，洄游路线不明显。属于这一类型的多为暖温性地方种群，如海蜇、毛虾、三疣梭子蟹、鲆鲽类、梭鱼、花鲈、鳐类、虾虎鱼类、六线鱼、许氏平鲉、梅童类、叫姑鱼、鲱、鳕等。

洄游性渔业资源主要为暖温性和暖水性种类，分布范围较大，洄游距离长，有明显的洄游路线。在春季由黄海中南部和东海北部的深水区洄游至渤海和黄海近岸 30m 以内水域进行生殖活动，少数种类也在 30~50m 水域产卵，5~6 月为生殖高峰期，夏季分散索饵，主要分布在 20~60m 水域。到秋季鱼群陆续游向水温较高的深水区，并在那里越冬，主要分布水深在 60~80m。这一类种类数不如前一类多，但资源量较大，为黄海、渤海的主要渔业种类，如蓝点马鲛、鲅、银鲳、鳀、黄鲫、鳓、带鱼、小黄鱼、黄姑鱼等。

（二）东海渔场分布概况及种类组成

1. 东海渔场分布概况　大沙渔场位于吕泗渔场的东侧，32°00′N~34°00′N、122°30′E~125°00′E 海域，面积约为 15 100 平方海里。沙外渔场位于大沙渔场的东侧、朝鲜海峡的西南，32°00′N~34°00′N、125°00′E~128°00′E 海域，面积约为 13 400 平方海里。这两个渔场位于黄海和东海的交界处，有黄海暖流、黄海冷水团、苏北沿岸水、长江冲淡水交汇，饵料生物比较丰富，是多种经济鱼虾类产卵、索饵和越冬的场所，适合于拖网、流刺网、围网和帆式张网作业，主要捕捞对象有小黄鱼、带鱼、黄姑鱼、鲳、鳓、蓝点马鲛、鲅鲹、太平洋褶柔鱼、剑尖枪乌贼和虾类等。济州岛东西侧和南部海区在 20 世纪 70 年代末期至 90 年代初期还是绿鳍马面鲀的重要渔场之一。

长江口渔场位于长江口外，北接吕泗渔场，31°00′N~32°00′N、125°00′E 以西海域，面积约为 10 000 平方海里。舟山渔场位于钱塘江口外、长江口渔场之南，29°30′N~31°00′N、125°00′E 以西海域，面积约为 14 350 平方海里。江外渔场位于长江口渔场东侧，31°00′N~32°00′N、125°00′E~128°00′E 海域，面积约为 9200 平方海里。舟外渔场位于舟山渔场的东侧，29°30′N~31°00′N、125°00′E~128°00′E 海域，面积约为 14 000 平方海里。这 4 个渔场西边有长江、钱塘江两大江河的冲淡水注入，东边有黑潮暖流通过，北侧有苏北沿岸水和黄海冷水团南伸，南面有台湾暖流北进，沿海分布有舟山群岛众多的岛屿，营养盐类丰富，有利于饵料生物的繁衍。长江口和舟山渔场成为众多经济鱼虾类的产卵、索饵场所，江外和舟外渔场不但是东海区重要经济鱼虾类的重要越冬场，还是部分经济鱼虾类和太平洋褶柔鱼的产卵场之一。这一带海区是东海大陆架最宽广、底质较为平坦的海区，是底拖网作业的良好区域，成为全国最著名的渔场。其他重要的作业类型还有灯光围网、流刺网和帆张网等。此外，鳗苗和蟹苗是长江口的两大渔汛。在这 4 个渔场中，重要捕捞对象有带鱼、小黄鱼、大黄鱼、绿鳍马面鲀、白姑鱼、鲳、鳓、蓝点马鲛、鲅、鲹、海蜇、乌贼、太平洋褶柔鱼、梭子蟹、细点圆趾蟹和虾类等。这一海区一直是我国沿海渔业资源最为丰富、产量最高的渔场。

鱼山渔场位于浙江中部沿海、舟山渔场之南，28°00′N～29°30′N、125°00′E 以西海域，面积约为 15 600 平方海里。温台渔场位于浙江省南部沿海，27°00′N～28°00′N、125°00′E 以西海域，面积约为 13 800 平方海里。鱼外渔场位于鱼山渔场东侧，28°00′N～29°30′N、125°00′E～127°00′E 海域，面积约为 9400 平方海里。温外渔场位于温台渔场东侧，27°00′N～28°00′N、125°00′E～127°00′E 海域，面积约为 6300 平方海里。本海区地处东海中部，有椒江、瓯江等中小型江河入海，渔场受浙江沿岸水和台湾暖流控制，鱼外、温外渔场还受黑潮边缘的影响，海洋环境条件优越。沿海和近海是带鱼、大黄鱼、乌贼、鲳、鳓、鲐、鲹的产卵场和众多经济幼鱼的索饵场，外海是许多经济鱼种的越冬场的一部分，又是绿鳍马面鲀向产卵场洄游的过路渔场和剑尖枪乌贼的产卵场。本海区不但是对拖网和流刺网的良好渔场，同时还是群众灯光围网、单拖和底层流刺网的良好渔场。带鱼、大黄鱼、绿鳍马面鲀、白姑鱼、鲳、鳓、金线鱼、方头鱼和鲐鲹、乌贼、剑尖枪乌贼是该海区重要的经济鱼种。

闽东渔场位于福建省北部近海，26°00′N～27°00′N、125°00′E 以西海域，面积约为 16 600 平方海里。闽中渔场位于福建省中部沿海，4°30′N～26°00′N、121°30′E 和台湾北部以西海域，面积约为 9370 平方海里。闽外渔场在闽东渔场外侧，26°00′N～27°00′N、125°00′E～126°30′E 海域，面积约为 4800 平方海里。台北渔场位于台湾省东北部，24°30′N～26°00′N、121°30′E～124°00′E 海域，面积约为 10 600 平方海里。闽东、闽中渔场陆岸多以岩岸为主，岸线蜿蜒曲折，著名的三都澳、闽江口、兴化湾、湄州湾和泉州湾就分布在这两个渔场的西侧。本海区受闽浙沿岸水、台湾暖流、黑潮和黑潮支梢的影响。渔场的水温、盐度明显偏高，鱼类区系组成呈现以暖水性种类为主的倾向，且大多为区域性种群，一般不作长距离的洄游。主要作业类型有对拖网、单拖网、灯光围网、底层流刺网、灯光敷网和钓捕等。主要捕捞对象有带鱼、大黄鱼、大眼鲷、绿鳍马面鲀、白姑鱼、鲳、鳓、蓝点马鲛、竹荚鱼、海鳗、鲨、蓝圆鲹、鲐、乌贼、剑尖枪乌贼、黄鳍马面鲀等。闽东和温台渔场外侧海区是绿鳍和黄鳍马面鲀的主要产卵场。

闽南渔场位于 23°00′N～24°30′N 的台湾海峡区域，面积约为 13 800 平方海里。台湾浅滩渔场又称外斜渔场，其位于 22°00′N～23°00′N、117°30′E 至台湾南部西海岸，面积约为 9500 平方海里。台东渔场位于 22°00′N～24°30′N 台湾东海岸至 123°00′E 海区，面积为 11 960 平方海里。闽南和台湾浅滩渔场受制于黑潮支梢、南海暖流和闽浙沿岸水的影响，温度、盐度分布呈现东高西低、南高北低的格局，使渔场终年出现多种流隔，有利于捕捞。台湾海峡中、南部的鱼类没有明显的洄游迹象，没有明显的产卵、索饵与越冬场的区分，多数为地方种群，不作长距离洄游。由于本海区海底地形比较复杂，主要渔业作业类型为单拖、围网、流刺网、钓捕和灯光敷网。主要捕捞对象为带鱼、金色小沙丁鱼、大眼鲷、白姑鱼、乌鲳、鳓、蓝点马鲛、竹荚鱼、鲐、蓝圆鲹、四长棘鲷、中国枪乌贼和虾蟹类等。其中闽南、粤东近海鲐鲹群系个体较小，但数量大，最高年产量可达 20 余万吨，是群众渔业围网和拖网的重要捕捞对象，中国枪乌贼和乌鲳也是该海区著名的渔业种类。台东渔场大陆架很窄，以钓捕作业为主。

2. 东海区种类组成　　根据调查资料，东海共有鱼类、甲壳类和头足类 602 种，其中以鱼类的种类最多，达 397 种，占渔获种类数的 65.9%；甲壳类 160 种，占渔获种类数的 26.6%；头足类 45 种，占渔获种类数的 7.5%。

从不同区域的种类组成来看，东海北部外海的种类数最多，达 379 种，其次为东海南部外海，有 331 种，台湾海峡出现种类数最少，为 177 种。各区域鱼类、甲壳类和头足类的种类数同样以东海北部外海最高，其次为东海南部外海，台湾海峡的种类数最少。

东海区鱼类区系组成以暖水性种类占优势（占 61.0%），暖温性种类次之（占 37.0%），冷温性种类很少，仅 8 种，只占东海鱼类渔获种类数的 1.8%，冷水性种类只有秋刀鱼一种，而且仅出现在冬季东海北部外海。东海区各区域鱼类的适温性组成也都以暖水性和暖温性种类为主，东海外海的暖水性和暖温性鱼类种类数高于东海近海，以东海北部外海的暖水性和暖温性鱼类种类数为最多。

东海甲壳类因水温差异可分成三种类型。一是暖水性的广布种，在东海南北海区均有分布，如哈氏仿对虾、中华管鞭虾、凹管鞭虾、假长缝拟对虾、高脊管鞭虾、东海红虾、日本异指虾、九齿扇虾、毛缘扇虾、红斑海螯虾等。二是暖温性种类，如长缝拟对虾、中国毛虾、中国明对虾等。三是冷水性种类，如脊腹褐虾等。

东海头足类由暖水性和暖温性种类组成，暖水性种类居多数（占 75.61%），其余均为暖温性种类（占 24.39%）。从各海域来看，台湾海峡的暖水性种类比例最高（占 80%），其次为东海南部近海（占 78.95%），东海北部近海占 75.86%，东海外海占 66.67%。这说明东海区的头足类主要由热带、亚热带的暖水性和暖温性种类组成，因此，其性质属印度-西太平洋热带区的印-马亚区。

（三）南海渔场分布概况及种类组成

1. 南海渔场分布概况　　台湾浅滩渔场位于 22°00′N～24°30′N、117°30′E～121°30′E 海域。大部分海域水深不超过 60m。除拖网作业外，还有以蓝圆鲹为主要捕捞对象的灯光围网作业和以中国枪乌贼为主要捕捞对象的鱿钓作业。

台湾南部渔场位于 19°30′N～22°00′N、118°00′E～122°00′E 海域。水深变化大，最深达 3000m 以上。中上层和礁盘鱼类资源丰富，适合于多种钓捕作业。

粤东渔场位于 22°00′N～24°30′N、114°00′E～118°00′E 海域，水深多在 60m 以内，是拖网、拖虾、围网、刺、钓作业渔场。主要捕捞种类有蓝圆鲹、竹荚鱼、大眼鲷、中国枪乌贼等。

东沙渔场位于 19°30′N～22°00′N、114°00′E～118°00′E 海域。海底向东南倾斜。西北部大陆架海域主要经济鱼类有竹荚鱼、深水金线鱼等。东部 200m 深海域有密度较高的瓦氏软鱼和脂眼双鳍鲹。水深 400～600m 海域有较密集的长肢近对虾和拟须对虾等深海虾类。东沙群岛附近海域适于围、刺、钓作业。

珠江口渔场位于 20°45′N～23°15′N、112°00′E～116°00′E 海域，面积约 74 300km²。水深多在 100m 以内，东南部最深可达 200m。东南深水区有较多的蓝圆鲹、竹荚鱼和深水金线鱼。本渔场是拖网、拖虾、围网、刺、钓作业渔场。

粤西及海南岛东北部渔场位于 19°30′N～22°00′N、110°00′E～114°00′E 海域。绝大部分为 200m 水深以浅的大陆架海域，是拖网、拖虾、围网、刺、钓作业渔场。深海区有较密集的蓝圆鲹、深水金线鱼和黄鳍马面鲀。硇洲岛附近海域是大黄鱼渔场。

海南岛东南部渔场位于 17°30′N～20°00′N、109°30′E～113°30′E 海域。西部和北部大陆架海域是拖网、拖虾、刺、钓作业渔场。拖网主要渔获种类有蓝圆鲹、颌圆鲹、竹荚鱼、黄鲷、深水金线鱼等。东南部 400～600m 深海域有较密集的拟须虾、长肢近对虾等深海虾类。

北部湾北部渔场位于 19°30′N 以北、106°00′E～110°00′E 海域。水深一般为 20～60m，是拖、围、刺、钓作业渔场。主要捕获种类有鲐、长尾大眼鲷、中国枪乌贼等。

北部湾南部及海南岛西南部渔场位于 17°15′N～19°45′N、105°30′E～109°30′E 海域，水深不超过 120m，是拖、围、刺、钓作业渔场。主要捕捞种类有金线鱼、大眼鲷、蓝点马鲛、乌鲳、带鱼等。

中沙东部渔场位于 14°30′N～19°30′N、113°30′E～121°30′E 海域。本渔场散布许多礁滩，最深水深超过 5000m，是金枪鱼延绳钓渔场。西北部大陆坡水域是深海虾场。岛礁水域是刺、钓作业渔场。

西、中沙渔场位于 15°00′N～17°30′N、111°00′E～115°00′E 中沙群岛西北部和西沙群岛南部，是金枪鱼延绳钓渔场，岛礁水域是刺、钓作业渔场。主要捕捞对象是鲉科、鹦嘴鱼科、裸胸鳝科和飞鱼科鱼类，该渔场内的主要岛屿是海龟产卵场。

西沙西部渔场位于 15°00′N～17°30′N、107°00′E～111°00′E 海域。西部大陆架海域是拖网作业渔场，东北部是金枪鱼延绳钓渔场。

南沙东北部渔场位于 9°30′N～14°30′N、113°30′E～121°30′E 海域。深水区是金枪鱼延绳钓渔场。岛礁水域是底层延绳钓、手钓作业渔场。

南沙西北部渔场位于 10°00′N～15°00′N、114°30′E 以西海域。东部和 14°00′N 以北海域是金枪鱼延绳钓作业渔场。东南部各岛礁海域是底层延绳钓、手钓作业渔场。

南沙中北部渔场位于 9°30′N～12°00′N、114°00′E～118°00′E 海域，岛礁众多，是鲨延绳钓、手钓、刺网和采捕作业渔场。主要捕捞种类是石斑鱼、裸胸鳝、鹦嘴鱼等。中上层还有较密集的飞鱼科鱼类。

南沙东部渔场位于 7°00′N～9°30′N、114°00′E～118°00′E 海域。北部蓬勃暗沙-海口暗沙-半月暗沙-指向礁水深 150m 以浅水域是鲨鱼延绳钓作业渔场。岛礁水域是手钓和潜捕作业渔场。

南沙中部渔场位于 7°30′N～10°00′N、110°00′E～114°00′E 海域，散布着许多岛礁，主要有永暑礁、东礁、六门礁、西卫滩、广雅滩、南薇滩。北部是金枪鱼延绳钓渔场。岛礁水域是手钓和底层延绳钓渔场。

南沙中南部渔场位于 5°00′N～7°30′N、112°00′E～116°00′E 海域，水域内有皇路礁、南通礁、北康暗沙和南康暗沙。东北部深水区是金枪鱼延绳钓渔场。东北部和南部 100～200m 深水域是鲨延绳钓渔场。

南沙南部渔场位于 2°30′N～5°00′N、110°30′E～114°30′E 海域，是南海南部大陆架水域。主要礁滩有曾母暗沙、八仙暗沙和立地暗沙。本渔场是拖网作业和鲨延绳钓作业渔场。

南沙西部渔场位于 7°30′N～10°00′N、106°00′E～110°00′E 海域；东侧边缘为大陆坡，其余为大陆架海域。东南部大陆坡海域是金枪鱼延绳钓渔场。大陆架海域是底拖网渔场。

南沙中西部渔场位于 5°00′N～7°30′N、108°00′E～112°00′E 海域。西部和南部異他陆架外缘是底拖网作业渔场，东北部深水区是金枪鱼延绳钓渔场。

南沙西南部渔场位于 2°30′N～5°00′N、106°30′E～110°30′E 海域，属大陆架水域，是底拖网作业渔场。主要种类有短尾大眼鲷、多齿蛇鲻、深水金线鱼等。

2. 南海区种类组成

（1）南海北部　　根据调查，该海域共采获游泳生物 851 种，其中鱼类 655 种，甲壳类 154 种，头足类 42 种。鱼类以底层和近底层种类占绝大多数，达 600 种，中上层鱼类 55 种。甲壳类以虾类的种数最多，为 76 种，其次是蟹类，有 57 种，甲壳类的种类均为底层或底栖种类，虾类和虾蛄类的多数种类具有经济价值，而蟹类中只有梭子蟹科的一些种类有经济价值。头足类种类包括主要分布在中上层的枪形目 15 种、主要分布在底层的乌贼目 15 种和营底栖生活的八腕目 12 种，多数种类具有较高的经济价值。

在南海北部水深 200m 以浅海域的底拖网调查中，深水区域采获的种类数明显多于沿岸浅海区。采获种类数较多的区域依次为大陆架近海、外海及北部湾中南部；在大陆架近海和外海采获的种类多数为底层非经济鱼类；北部湾海域底层经济种类占总渔获种类数的比例是南海北部各调查区中最高的；台湾浅滩海域是头足类种类较丰富的海域，其头足类种类数占总渔获种类数的比例是各区中最高的，达 15%。总渔获种数和各类群渔获种数的季节变化趋势基本相同，夏季出现的种类数明显较其他季节多。冬季渔获种类明显较少。

（2）南海中部 根据调查资料，该海域共有游泳生物 349 种（包括未能鉴定到种的分类阶元）。中层拖网渔获种类中鱼类占绝大多数，达 291 种，头足类有 35 种，甲壳类有 23 种。虽然是中层拖网采样，但鱼类仍以底层和近底层种类占绝大多数，有 275 种，占鱼类渔获种类数 291 种的 94.5%；中上层鱼类只有 16 种，包括蓝圆鲹、无斑圆鲹、颌圆鲹、鲐和竹荚鱼等，优势种是蓝圆鲹和无斑圆鲹。底层和近底层鱼类中经济价值较高的有 26 种，其他 249 种为个体较小、没有经济价值或经济价值较低的种类；中上层鱼类中经济价值较高的有 13 种，占中上层鱼类的大部分；头足类种类包括主要分布在中上层的枪形目 26 种、主要分布在底层的乌贼目 4 种和营底栖生活的八腕目 5 种，多数种类具有较高的经济价值；甲壳类的种类以虾类的种数最多，为 17 种，其次为虾蛄类，有 5 种，蟹类最少，仅 1 种。

在南海中部中层拖网调查中，大陆斜坡深水渔业区采获的种类数最多，有 282 种，其次是西中沙群岛渔业区、东沙群岛渔业区及南沙群岛渔业区，种数分别为 157 种、63 种、59 种。大陆斜坡海域渔获种类数明显较其他区域多，其部分原因是该区采样次数较多。在各个区域的渔获种类组成中，都是以没有经济价值的底层和近底层鱼类占绝大多数，头足类和甲壳类分别以枪形目和虾类为主。

（3）南海岛礁 根据调查分析，该海域共有鱼类 242 种（鹦嘴鱼属和九棘鲈属未定种各 1 种），其中鲈形目 170 种，占 70.2%，居绝对优势；鳗鲡目和鲀形目均为 14 种，分别占 5.8%；金眼鲷目 12 种，占 5.0%；颌针鱼目为 11 种，占 4.5%；其余 10 目仅有 21 种，占 8.7%。

根据鱼类的栖息特点，可分为岩礁性鱼类和非岩礁性鱼类，在 242 种鱼类中，185 种属于岩礁鱼类，占总种数的 76.4%，另外 57 种为非岩礁鱼类，占总种数的 23.6%，这些种类有的属于大洋性种类，有的属于底层种类，在南海的中部、北部或南沙群岛西南大陆架海域也有捕获。

在捕获的鱼类中，经济价值较高的有鲾科、笛鲷科、裸颊鲷科、隆头鱼科、鹦嘴鱼科、海鳝科及金枪鱼科。特别是其中的鲑点石斑鱼、红钻鱼、丽鳍裸颊鲷、红鳍裸颊鲷、多线唇鱼、红唇鱼、二色大鹦嘴鱼、绿唇鹦嘴鱼、蓝颊鹦嘴鱼、裸狐鲣、白卜鲔及鲹科的纺锤蛳等种类均属于名贵鱼类，经济价值很高。

第四节 中国近海重要经济种类的资源分布

一、主要中上层鱼类

1. 鳀（*Engraulis japonicus*） 鳀是一种生活在温带海洋中上层的小型鱼类，广泛分布于我国的渤海、黄海和东海，是其他经济鱼类的饵料生物，是黄海、东海单种鱼类资源生物量最大的鱼种，也是黄海、东海食物网中的关键种。鳀在黄海、东海乃至全国渔业中均占有重要地位。

鳀，又名鲟抽条、海蜒、离水烂、老眼屎、鲅鱼食。口大，下位。吻钝圆，下颌短于上颌。体被薄圆鳞，极易脱落。无侧线。腹部圆，无棱鳞。尾鳍叉形。为温水性中上层鱼类，趋光性较强，幼鱼更为明显。小型鱼，产卵鱼群体长为 75～140mm，体重 5～20g。"海蜒"即幼鳀加工的咸干品。

（1）鳀的洄游分布　　12月初至次年3月初为黄海鳀的越冬期。越冬场大致在黄海中南部西起40m等深线，东至大、小黑山一带。3月，随着温度的回升，越冬场的鳀开始向西北扩散移动，相继进入40m以浅水域。4月，随着黄渤海近海水温回升，黄海中南部，包括部分东海北部的鳀迅速北上。4月中旬前后绕过成山头，4月下旬分别抵达黄海北部和渤海的各产卵场。位置偏西的鳀则沿20m等深线附近向北再向西进入海州湾。5月上旬，鳀已大批进入黄海中北部和渤海的各近岸产卵场，与此同时，在黄海中南部和东海北部仍有大量后续鱼群。5月中旬至6月下旬为鳀产卵盛期。其后逐步外返至较深水域索饵。7、8两个月大部分鳀产卵结束，移至分布于渤海中部、黄海北部、石岛东南和海州湾中部的索饵场索饵。同时在黄海中南部仍有部分鳀继续产卵。9月，分布于渤海和黄海北部近岸的鳀开始向中部深水区移动。黄海中南部的鳀开始由20~40m的浅水域向40m以深水域移动并继续索饵。10月，鳀相对集中于石岛东南的黄海中部和黄海北部深水区，同时黄渤海仍有鳀广泛分布。11月，随着水温的下降，鳀开始游出渤海，与黄海北部的鳀汇合南下。12月上旬，黄海北部的大部分鳀已绕过成山头，进入黄海中南部越冬场。

东海的鳀春季（3~5月）主要分布在长江口、浙江北部沿海及济州岛西南部水域。夏季（6~8月）大批北上进入黄海，分布密度显著下降，同时主要分布区域有明显的向北移动现象。在秋季（10~12月），鳀分布较少，仅在济州岛西南部及浙江南部和福建北部沿海有少量鳀出现。在冬季（1~3月），鳀主要分布于东海沿海，集中在28°N~32°30′N，123°E~125°E的水域。

浙江近海鳀主要有两个群体。第一个为生殖群体，主要出现在12月到翌年1月，分布在10m等深线以东海域，群体组成以90~114mm为优势体长组。第二个为当年生稚幼鱼，出现于5~9月，其分布与很多其他鱼类相反，分布区域偏外，集中在15~30m等深线附近海区，主要由优势体长组40~64mm的个体组成。

（2）鳀与环境的关系　　鳀的分布与水温关系密切。当水温发生变化时，鳀密集区也随之发生变化。越冬鳀的适温为7~15℃，最适温度为11~13℃。黄海中南部产卵盛期水温为12~19℃，最适水温为14~16℃。黄海北部产卵盛期最适水温为14~18℃。但最适温度的水域不一定形成密集区，在最适温度条件下，鳀密集区的形成与流系和温度的水平梯度有密切的关系。鳀密集区多形成于最适温度水平梯度最大的冷水或暖水舌锋区。

（3）鳀的摄食习性　　鳀主要以浮游生物为食，黄海中南部及东海北部鳀的饵料组成有50余种，以浮游甲壳类为主，按质量计占60%以上，其次为毛颚类的箭虫、双壳类幼体等。饵料组成具有明显的区域性和季节变化，突出表现为饵料组成与鳀栖息水域的浮游生物组成相似。鳀的饵料选择更多的是一种粒级的选择，鳀偏好的食物随鳀长度的增加而变化。桡足类和它们的卵、幼体是最大的优势类群。体长小于10mm的鳀仔稚鱼主要摄食桡足类的卵和无节幼体；体长11~20mm的鳀仔稚鱼主要摄食桡足类的桡足幼体和原生动物；叉长21~30mm的鳀主要摄食纺锤水蚤等小型桡足类和甲壳类的蚤状幼体；叉长41~80mm的鳀主要摄食桡足类的桡足幼体；叉长81~90mm的鳀主要摄食中华哲水蚤和桡足幼体；叉长91~100mm的鳀主要摄食中华哲水蚤、胸刺水蚤、真刺水蚤等较大的桡足类；叉长101~120mm的鳀主要摄食中华哲水蚤、胸刺水蚤、太平洋磷虾、细长脚蛾；叉长大于121mm的鳀主要摄食太平洋磷虾和细长脚蛾。

（4）鳀的繁殖习性　　鳀性成熟早，黄海鳀1龄即达性成熟，最小叉长为6.0cm，纯体重为1.8g，鳀属连续多峰产卵型鱼类，产卵期长，产卵场主要集中在海州湾渔场、烟威外海、海洋岛近海、渤海、舟山群岛近海和温台外海等。

黄海北部鳀在5月中下旬开始产卵，6月为产卵盛期，之后产卵减少，一般9月产卵结束（陈介康，1978）。最适产卵水温为14~18℃；黄海中南部产卵期为5月上旬至10月上中旬，5月中旬到6月下旬为产卵盛期。产卵盛期水温为12~19℃，最适水温为14~16℃。平均繁殖力为 5500 粒。

2. 鲐（*Pneumatophorus japonicus*）　　鲐是暖温大洋性中上层鱼类，广泛分布于西北太平洋沿岸，在我国渤海、黄海、东海、南海均有分布，主要由中国、日本等国捕捞。我国主要利用灯光围网捕捞鲐。目前，我国东海区鲐的产量在 20 万 t 左右，已成为我国主要的经济鱼种之一，在我国的海洋渔业中具有重要地位。

分布于东海、黄海的鲐可分为东海西部和五岛西部两个种群。东海西部越冬群分布于东海中南部至钓鱼岛北部 100m 等深线附近水域，每年春夏季向东海北部近海、黄海近海洄游产卵，产卵后在产卵场附近索饵，秋冬季回越冬场越冬。

五岛西部群冬季分布于日本五岛西部至韩国的济州岛西南部，春季鱼群分成两支，一支穿过对马海峡游向日本海，另一支进入黄海产卵。

在东海中南部越冬的鲐，每年 3 月末至 4 月初，随着暖流势力增强，水温回升，分批由南向北游向鱼山、舟山和长江口渔场。性腺已成熟的鱼即在上述海域产卵，性腺未成熟的鱼则继续向北进入黄海，5～6 月先后到达青岛-石岛外海、海洋岛外海、烟威外海产卵，小部分鱼群穿过渤海海峡进入渤海产卵。

在九州西部越冬的鲐，于 4 月末至 5 月初，沿 32°30′N～33°30′N 向西北进入黄海，时间一般迟于东海中南部越冬群。5～6 月主要在青岛-石岛外海产卵，部分鱼群也进入黄海北部产卵，一般不进入渤海。7～9 月，鲐分散在海洋岛和石岛东南部较深水域索饵。9 月以后随水温下降陆续沿 124°00′E～125°00′E 深水区南下至越冬场。部分高龄鱼群直接南下，返回东海中南部越冬场，大部分低龄鱼群于 9～11 月在大、小黑山岛西部至济州岛西部停留、索饵，11 月以后返回越冬场。

东海南部福建沿海的鲐一部分属于上述东海西部群，另一部分则称为闽南-粤东近海地方群，其特点是整个生命周期基本上都在福建南部沿海栖息，不作长距离洄游，无明显的越冬洄游现象。

分布于南海的鲐可分为台湾浅滩、粤东、珠江口、琼东、北部湾和南海北部外海 6 个种群。

分布在南海北部的鲐 2 月初从东沙群岛西南水深 200m 以外海域向珠江口外海集聚后，陆续北上和西行，2～8 月在珠江口、粤西近海产卵和索饵，11 月后返向外海。南海北部的鲐过去由于数量少，仅作兼捕对象，但从 20 世纪 70 年代开始，渔获量迅速增长，成为拖网作业的主要捕捞对象，分布范围也广，东自台湾浅滩，西至北部湾海区均有分布。

黄海在 20 世纪 80 年代以前以近岸产卵、索饵群体的围网瞄准捕捞和春季流网捕捞为主。以后随着东海北上群的衰落，黄海西部的春季流网专捕渔业也随之消亡。鲐专捕渔业完全移至秋季的黄海中东部。目前在黄海作业的大型围网船主要属于中国和韩国。东海区鲐的捕捞主要以东海北部、黄海南部外海、长江口海区和福建沿海为主，每年 12 月到翌年 2 月分布于东海北部和黄海南部外海的隔龄鲐是我国机轮围网的主要捕捞对象。分布于长江口的鲐当年幼鱼则是机帆船灯光围网及拖网兼捕的对象。

3. 蓝点马鲛（*Scomberomorus niphonius*）　　蓝点马鲛分布于印度洋及太平洋西部水域，在我国黄海、渤海、东海、南海均有分布。20 世纪 50 年代以来，对蓝点马鲛的繁殖、摄食、年龄生长及渔场、渔期、渔业管理等都有过比较系统的研究。蓝点马鲛为大型长距离洄游型鱼种，多年来对东海、黄海、渤海蓝点马鲛的种群划分也有过研究。

（1）种群划分

1）黄海、渤海种群：黄海、渤海种群蓝点马鲛于 4 月下旬经大沙渔场，由东南抵达 33°00′N～34°30′N、122°00′E～123°00′E 的江苏射阳河口东部海域，而后，一路鱼群游向西北，进入海州湾和山东半岛南岸各产卵场，产卵期在 5～6 月。主群则沿 122°30′E 北上，首批鱼群 4 月底越过山东高角，向西进入烟威近海及渤海的莱州湾、辽东湾、渤海湾及滦河口等主要产卵场，产卵期为5~6月。在山东高角处主群的另一支继续北上，抵达黄海北部的海洋岛渔场，产卵期为5月中旬到6月初。9月上旬前后，鱼群开始陆续游离渤海，9月中旬黄海索饵群体主要集中在烟威、海洋岛及连青石渔场，10月上、中旬，主群向东南移动，经海州湾外围海域，汇同海州湾内索饵鱼群在11月上旬迅速向东南洄游，经大沙渔场的西北部返回沙外及江外渔场越冬。

2）东海及南海、黄海种群：东海及南海、黄海蓝点马鲛于1~3月在东海外海海域越冬，越冬场范围相当广泛，南起28°00′N，北至33°00′N，西自禁渔区线附近，东迄120m等深线附近海区，其中从舟山渔场东部至舟外渔场西部海区是其主要越冬场。4月在近海越冬的鱼群先期进入沿海产卵，在外海越冬的鱼群陆续向西或西北方向洄游，相继到达浙江、上海和江苏南部沿海河口、港湾、海岛周围海区产卵，主要产卵场分布在禁渔区线以内海区，产卵期福建南部沿海较早，为3~6月，以5月中旬至6月中旬为盛期，浙江至江苏南部沿海稍迟，为4~6月，以5月为盛期。产卵后的亲体一部分留在产卵场附近海区与当年生幼鱼一起索饵，另一部分亲体向北洄游索饵，敖江口、三门湾、象山港、舟山群岛周围、长江口、吕泗渔场和大沙渔场西南部海区都是重要的索饵场，形成秋汛捕捞蓝点马鲛的良好季节。秋末，索饵鱼群先后离开索饵场向东或东南方向洄游，12月至翌年1月相继回到越冬场越冬。

（2）渔场分布　历史上，黄海、渤海的主要作业渔具有机轮拖网、浮拖网及流刺网。该资源已充分利用。东海区蓝点马鲛渔业有春季、秋季和冬季三个主要汛期。4~7月为春汛，群众渔业小型渔船的主要作业渔场在沿岸河口、港湾和海岛周围海区，群众渔业大中型渔船和国营渔轮的主要作业渔场在鱼山渔场北部近海、舟山渔场和长江口渔场、吕泗渔场、大沙渔场西南部海区，一般在禁渔区线内侧及外侧海区的网获率较高，以产卵群体为主要捕捞对象；秋汛的渔期为8~11月，作业渔场与春汛相似，主要捕捞对象是索饵群体，由当年生幼鱼和剩余群体组成；冬汛的渔期为1~3月，主要的作业渔场在舟山渔场东部至舟外渔场的西部延续到温台渔场的西部，有时在禁渔区线附近海区及闽东台北渔场也有一定的渔获量，另外在济州岛周围至大黑山一带也有一定的产量。主要捕捞对象是越冬群体。

4. 银鲳（*Pampus argenteus*）　银鲳属暖水性中上层集群性经济鱼类，是流刺网专捕对象，也是定置网、底拖网和围缯网的兼捕对象。银鲳分布于印度洋、印度-太平洋区。渤海、黄海、东海、南海均有分布。银鲳可分为黄海、渤海种群和东海种群。

（1）种群划分

1）黄海、渤海种群：每年的秋末，当黄海、渤海沿岸海区的水温下降到14~15℃时，在沿岸河口索饵的银鲳群体开始向黄海中南部集结，沿黄海暖流南下。12月银鲳主要分布于34°N~37°N、122°E~124°E的连青石渔场和石岛渔场南部。1~3月，主群南移至济州岛西南水温15~18℃、盐度33‰~34‰的越冬场越冬。3~4月，银鲳开始由越冬场沿黄海暖流北上，向黄海、渤海区的大陆沿岸的产卵场洄游，当洄游至大沙渔场北部33°N~34°N、123°E~124°E海区时，分出一路游向海州湾产卵场，另一路继续北上到达成山头附近海区时，又分支向海洋岛渔场、烟威渔场及渤海各渔场洄游。5~7月为黄海、渤海银鲳种群的产卵期，产卵场分布在沿海河口浅海混合水域的高温低盐区，水深一般为10~20m，底质以泥砂质和砂泥质为主，水温12~23℃，盐度27‰~31‰。主要产卵场位于海州湾、莱州湾和辽东湾等河口区。此产卵的银鲳群体属东海银鲳种群。7~11月为银鲳的索饵期，索饵场与产卵场基本重叠，到秋末随着水温的下降，在沿岸索饵的银鲳向黄海中南部集群，沿黄海暖流南下。

2）东海种群：东海银鲳的越冬场主要有济州岛邻近水域越冬场（32°00′N~34°00′N、124°00′E以东，水深80~100m海域）、东海北部外海越冬场（29°00′N~32°00′N、125°30′E~127°30′E，水深 80～100m 海域）和温台外海越冬场（ 26°30′N～28°30′N、122°30′E～125°30′E，水深 80～100m 海域）。

每年低温期过后，水温回升之际，各越冬场的鱼群按各自的洄游路线向近海作产卵洄游。济州岛邻近水域的越冬鱼群，从 4 月开始游向大沙渔场，其中有的继续北上，游向渤海和黄海北部诸产卵场；有的向西北移动，5 月中旬前后主群分批进入海州湾南部近岸产卵，其中少数折向西南进入吕泗渔场北部海区产卵。东海北部外海的越冬鱼群，一般自 4 月开始，随暖势力的增强向西-西北方向移动；4 月上中旬，舟山渔场和长江口渔场鱼群明显增多，此后鱼群迅速向近岸靠拢，分别进入大戢洋和江苏近海产卵。温台外海的越冬鱼群洄游于浙闽近海诸产卵场产卵，其产卵洄游的北界一般不超过长江口。

银鲳索饵鱼群的分布较为分散，遍及禁渔区线内外的近海水域，内侧幼鱼所占比例大，外侧成鱼居多。10 月以后，随着近岸水温的下降，鱼群渐次向各自的越冬场进行越冬洄游。

（2）渔业状况　　20 世纪 80 年代以前，黄海、渤海的渔业以捕捞大黄鱼、小黄鱼、带鱼和中国明对虾等传统经济种类为主，鲳仅作为底拖网的兼捕对象，产量不高。从 1970 年以后，江苏群众在吕泗渔场推广流刺网捕捞银鲳后，专捕银鲳的渔船数量迅速增加，产量明显上升。目前，捕捞银鲳的渔具除了专用的流刺网，底拖网和沿岸的定置网也兼捕银鲳。

黄海、渤海银鲳的主要作业渔场为吕泗渔场、海州湾渔场，以及连青石渔场和大沙渔场的西部，渔期为 5～11 月；其次为黄海北部的石岛渔场、海洋岛渔场和渤海各渔场，渔期为 6～11 月。冬季在大沙渔场东部，银鲳一般作为底拖网的兼捕对象，渔期为 1～4 月。

在东海历史上银鲳多为兼捕对象，年产量只有 0.3 万～0.5 万 t。以后逐年增加，2000 年以后，东海区银鲳产量在 20 万 t 以上。近 20 年来，东海区银鲳的年捕捞产量虽然连续上升，但其资源状况并不容乐观，从资源专项调查及日常监测的结果看，银鲳的年龄、长度组成、性成熟等生物学指标均逐渐趋小，一方面说明其补充群体的捕捞量明显过度，另一方面说明银鲳已处于生长型过度捕捞，如不有效控制捕捞力量，其资源必将被进一步破坏，进而不能持续利用东海区这一经济价值较高的传统经济鱼类。

5. 蓝圆鲹（*Decapterus maruadsi*）　　蓝圆鲹是近海暖水性、喜集群、有趋光性的中上层鱼类，但有时也栖息于近底层，底拖网全年均有渔获物。因此，它既是灯光围网作业的主要捕捞对象，又是拖网作业的重要渔获物。其在我国南海、东海、黄海均有分布，以南海数量为最多，东海次之，黄海很少。

（1）洄游与分布

1）东海区：东海的蓝圆鲹有三个种群，即九州西岸种群、东海种群和闽南-粤东种群（粤闽种群）。

九州西岸种群分布于日本山口县沿岸至五岛近海，冬季在东海中部的口美堆附近越冬。夏季在日本九州西岸的沿岸水域索饵，然后在日本的大村湾、八代海等 10～30m 的浅海产卵，产卵盛期在 7～8 月。

东海种群有两个越冬场：一个在台湾西侧、闽中和闽南外海，有时和粤闽北部鱼群相混；另一个在台湾以北、水深 100～150m 的海域，4～7 月经闽东渔场进入浙江南部近海，尔后继续向北洄游；第二越冬场鱼群在 3～4 月分批游向浙江近海，5～6 月经鱼山渔场进入舟山渔场，7～10 月分布在浙江中部、北部近海和长江口渔场索饵。10～11 月随水温下降，分别南返于各自的越冬场。

粤闽种群分布于粤东和闽南海域，该种群的蓝圆鲹移动距离不长，只是进行深浅水之间的移动，表现出地域性分布的特点。但是，在冬季仍有两个相对集中的分布区：一个在甲子以南，即

22°00′N～22°30′N、116°00′E 海域；另一个在 22°10′N～22°40′N、117°30′E～118°10′E 海域。每年 3 月由深水向浅海移动，进行春季生殖活动。春末夏初可达闽中、闽东沿海，8 月折向南游，于秋末返回冬季分布区。

2）南海区：南海的蓝圆鲹主要分布在南海北部的大陆架区内，范围很广，东部与粤闽种群相连，西部可达北部湾。无论冬春季或夏季，均不作长距离的洄游，仅作深水和浅水之间的往复移动。

在南海区，东起台湾浅滩，西至北部湾的广阔大陆架海域内均有蓝圆鲹分布，尤以水深 180m 以内较为密集，水深 180m 以外鱼群较分散。每年冬末春初，随着沿岸水势力减弱，外海水势力增强，蓝圆鲹由外海深水区（水深 90～200m）向近岸浅海区作产卵洄游，群体先后进入珠江口万山岛附近海域、粤东的碣石至台湾浅滩一带集结产卵。初夏，另一支群体自外海深水区向西北方向移动，在海南岛东北部沿岸水域集结产卵。在上述几个区域生产的灯光围网渔船可以捕捞到大量性成熟蓝圆鲹群体。夏末秋初，随着沿岸水势力增大，产完卵的群体分散索饵，折向外海深水区，尚有部分未产卵的蓝圆鲹仍继续排卵。到冬末春初时，蓝圆鲹重新随外海水进入近海、浅海、沿岸作产卵洄游。在北部湾的蓝圆鲹每年 12 月到翌年 1 月，从湾的南部向涠洲至雾水洲一带海域作索饵洄游，此时性腺开始发育。至 3～4 月，性腺成熟，在水深 15～20m 泥沙底质场所产卵。产卵结束后，鱼群逐渐分散于湾内各海区栖息。至 5 月间，在涠洲岛附近海区皆可发现蓝圆鲹幼鱼，这些幼鱼继续在产卵场附近索饵成长，随后转移至湾内水域。

蓝圆鲹的仔稚鱼，每当夏季的西南风盛行时，随着风海流漂移到沿岸浅海海湾，在南澳岛至台湾浅滩，大亚湾、大鹏湾、红海湾、海南岛东北的七洲列岛一带及北部湾沿岸浅海海区，都分布有大量幼鱼索饵群，通常与其他中上层鱼类的幼鱼共同构成重要的渔汛，成为近海围网、定置网渔业的捕捞对象。

（2）渔业状况

1）东海区：东海捕捞蓝圆鲹的主要渔具为灯光围网、大围缯。东海的蓝圆鲹渔场主要有以下几个。

闽南、台湾浅滩渔场：灯光围网可以周年作业。蓝圆鲹经常与金色小沙丁鱼、脂眼鲱混栖，在灯光围网产量中，蓝圆鲹年产量占 24.4%～58.4%，平均占 44.9%。除灯光围网作业外，在春汛每年还有拖网作业，在夏汛有驶缯在沿岸作业。台湾省的小型灯光围网在澎湖列岛附近海区作业。旺汛在 4～5 月和 8～9 月。

闽中、闽东渔场：几乎全年可以捕到蓝圆鲹，但目前夏季只有夏缯、缇树缯等在沿岸作业，春、冬汛主要是大围缯作业。此外，台湾省的机轮灯光围网和巾着网每年在台湾北部海区渔获蓝圆鲹估计有万余吨。

浙江北部近海：目前主要是夏汛和秋汛生产，以机轮灯光围网和机帆船灯光围网为主。作业渔场分布在海礁、浪岗、东福山、韭山和鱼山列岛以东近海。机轮灯光围网作业偏外，机帆船灯光围网作业靠内，日本机轮灯光围网在海礁外海。此外，还有大围缯和对网在此围捕起水鱼和瞄准捕捞。渔期为 6～10 月，旺汛为 8～9 月。

东海中南部渔场：该渔场包括两个主要渔场，一是钓鱼岛东北部渔场，其水深在 100m 左右；另一个是台湾省北部的彭佳屿渔场，水深在 100～200m。主要有日本以西围网、我国的机轮围网作业。蓝圆鲹是这些机轮围网的主要捕捞鱼种之一，渔期为 6 月中旬至 12 月，旺汛为 6 月下旬和 9 月中旬至 10 月。

九州西部渔场：该渔场主要由日本中型围网所利用，在九州近海周年可以捕到蓝圆鲹。在九州西部外海，冬季蓝圆鲹渔获量比较多，主渔场在五岛滩和五岛西部外海。在日本九州沿岸海域有敷网类、定置网等作业。

2）南海区：蓝圆鲹为南海的主要经济鱼类之一，丰富的蓝圆鲹资源为我国广东、广西、海南、福建、台湾等省（自治区）及香港、澳门地区渔民所利用。蓝圆鲹主要是拖网、围网作业的重要捕捞对象，在拖、围渔业中占据重要地位。南海北部蓝圆鲹的渔场主要有珠江口围网渔场、粤东区东区围网渔场、海南岛东部近岸海区拖网渔场、北部湾中部渔场。其他区域也有少量蓝圆鲹分布，但难以形成渔场。珠江口围网渔场是蓝圆鲹的主要分布区，主要分布在 30～60m 区域，主要作业是围网和拖网，该渔场渔期较长，为 10 月到翌年 4 月中旬，以 12 月为旺汛期，是蓝圆鲹从外海游向近海河口产卵的必经场所。粤东渔场范围较大，但渔获率没有其他渔场高，该渔场的渔期比较短，为 2～3 月，2 月为旺汛期。"北斗号"在南海北部进行底拖网的调查中发现，春季调查时在海南岛东部所捕获的蓝圆鲹性腺成熟度较高，并且渔获率不少。该渔场的渔期为 2～6 月和 10 月，4 月为旺汛期，渔场范围稍小些。北部湾中部渔场主要出现在夏季和秋季。

二、主要底层鱼类

1. 带鱼（*Trichiurus haumela*）　　带鱼广泛分布于中国、朝鲜、日本、印度尼西亚、菲律宾、印度、非洲东岸及红海等海域。我国渔获量最高，占世界同种鱼渔获量的 70%～80%。带鱼是我国重要的经济鱼类，一直为国营渔业机轮和群众渔业机帆船作业的共同捕捞对象，对我国海洋渔业生产的经济效益起着举足轻重的影响。

带鱼广泛分布于我国的渤海、黄海、东海和南海。带鱼主要有两个种群：黄海、渤海种群和东海种群。另外，在南海和闽南、台湾浅滩还存在地方性的生态群。

黄海、渤海种群带鱼产卵场位于黄海沿岸和渤海的莱州湾、渤海湾、辽东湾水深 20m 左右，底层水温 14～19℃，盐度 27.0‰～31.0‰的海域。

3～4 月，带鱼自济州岛附近越冬场开始向产卵场作产卵洄游。经大沙渔场，游往海州湾、乳山湾、辽东半岛东岸、烟威近海和渤海的莱州湾、辽东湾、渤海湾。海州湾带鱼产卵群体自大沙渔场经连青石渔场南部向沿岸游到海州湾产卵。乳山湾带鱼产卵群体经连青石渔场北部进入产卵场。黄海北部带鱼产卵群体，自成山头外海游向海洋岛一带产卵。渤海带鱼的产卵群体，从烟威渔场向西游进渤海。产卵后的带鱼于产卵场附近深水区索饵，黄海北部带鱼索饵群体于 11 月在海洋岛近海汇同烟威渔场的鱼群向南移动。海州湾渔场小股索饵群体向北游过成山头到达烟威近海，大股索饵群体分布于海州湾渔场东部和青岛近海索饵。10 月向东移动到青岛东南部，同来自渤海、烟威、黄海北部的鱼群汇合。乳山渔场的索饵群体在 8～9 月分布在石岛近海，9～11 月先后同渤海、烟威、黄海北部和海州湾等渔场索饵群体在石岛东南和南部汇合，形成浓密的鱼群，当鱼群移动到 36°N 以南时，随着陡坡渐缓，水温梯度减少，逐渐分散游往大沙渔场。秋末冬初，随着水温迅速下降，从大沙渔场进入济州岛南部水深约 100m、终年底层水温 14～18℃、受黄海暖流影响的海域内越冬。

东海群的越冬场，位于 30°N 以南的浙江中南部水深 60～100m 海域，越冬期为 1～3 月。春季分布在浙江中南部外海的越冬鱼群，逐渐集群向近海靠拢，并陆续向北移动进行生殖洄游，5 月，经鱼山进入舟山渔场及长江口渔场产卵。产卵期为 5～8 月，盛期在 5～7 月。8～10 月，分布在黄海南部海域的索饵鱼群最北可达 35°N 附近，可与黄海、渤海群相混。但是自从 20 世纪 80 年代中期以后，随着资源的衰退，索饵场的北界明显南移，主要分布在东海北部至吕泗、大沙渔场的南部。10 月，沿岸水温下降，鱼群逐渐进入越冬场。

在福建和粤东近海越冬的带鱼在 2～3 月开始北上，在 3 月就有少数鱼群开始产卵繁殖，产卵盛期为 4～5 月，但群体不大，产卵后进入浙江南部，并随台湾暖流继续北上，秋季分散在浙江近海索饵。

分布在闽南-台湾浅滩一带的带鱼，不作长距离的洄游，仅随着季节变化作深、浅水间的东西向移动。

南海种群在南海北部和北部湾海区均有分布，从珠江口至水深 175m 的大陆架外缘都有带鱼出现，一般不作远距离洄游。

黄海的带鱼主要为拖网捕捞，群众渔业的钓钩也捕捞少部分，20 世纪 70 年代以后黄海、渤海带鱼渔业消失。东海捕捞带鱼的主要作业形式有对网、拖网和钓业。东海区带鱼生产主要有两大鱼汛：冬汛和夏秋汛。冬汛生产的著名渔场——嵊山渔场是冬汛最大的带鱼生产中心，渔期长达两个多月。夏秋汛捕捞带鱼的产卵群体，主要产卵场在大陈、鱼山及舟山近海一带，作业时间为 5～10 月，旺盛期为 5～7 月。自 20 世纪 70 年代中后期起，带鱼资源由于捕捞强度过大而遭受破坏，资源数量减少，渔场范围缩小，鱼群密集度降低，鱼发时间变短，网次产量减少，90 年代以后，全国著名的冬汛嵊山带鱼渔场形不成渔汛生产。夏秋汛产卵场也由于过度捕捞，产卵的亲鱼数量骤降，直接影响到夏秋汛带鱼渔获量。带鱼是底拖网主要捕捞对象之一，北部湾到台湾浅滩都有分布，终年均可捕获。历史资料和本次调查结果，在南海北部大陆架浅海和近海区可分为珠江近海、粤西近海和海南岛东南部近海三个渔场。珠江口近海渔场渔汛期为 3～6 月，粤西近海渔场渔汛期为 5～7 月，海南岛东南部和北音湾口近海渔场渔汛期为 2～5 月。

2. 小黄鱼（*Pseudosciaena polyactis*）　　小黄鱼广泛分布于渤海、黄海、东海，是我国最重要的海洋渔业经济种类之一，与大黄鱼、带鱼、墨鱼并称为我国"四大渔业"，历来是中、日、韩三国的主要捕捞对象之一。小黄鱼基本上划分为 4 个群系，即黄海北部-渤海群系、黄海中部群系、黄海南部群系、东海群系，每个群系之下又包括几个不同的生态群。

黄海北部-渤海群系主要分布于黄海 34°N 以北黄海北部和渤海水域。越冬场在黄海中部，水深 60～80m，底质为泥沙、砂泥或软泥，底层水温最低为 8℃，盐度为 33.00‰～34.00‰，越冬期为 1～3 月。之后，随着水温的升高，小黄鱼从越冬场向北洄游，经成山头分为两群，一群游向北，另一群经烟威渔场进入渤海，在渤海沿岸、鸭绿江口等海区产卵。另外，朝鲜西海岸的延坪岛水域也是小黄鱼的产卵场，产卵期主要为 5 月。产卵后鱼群分散索饵，在 10～11 月随着水温的下降，小黄鱼逐渐游经成山头以东、124°E 以西海区向越冬场洄游。

黄海中部群系是黄海、东海小黄鱼最小的一个群系，冬季主要分布在 35°N 附近的越冬场，于 5 月上旬在海州湾、乳山外海产卵，产卵后就近分散索饵，在 11 月开始向越冬场洄游。

黄海南部群系一般仅限于吕泗渔场与黄海东南部越冬场之间的海域进行东西向的洄游移动。4～5 月在江苏沿岸的吕泗渔场进行产卵，产卵后鱼群分散索饵，从 10 月下旬向东进行越冬洄游，越冬期为 1～3 月。

东海群系越冬场在温州至台州外海水深 60～80m 海域，越冬期为 1～3 月。该越冬场的小黄鱼于春季游向浙江与福建近海产卵，主要产卵场在浙江北部沿海和长江口外的海域，也有的在余山、海礁一带浅海区产卵，产卵期为 3 月底至 5 月初。产卵后的鱼群分散在长江口一带海域索饵。11 月前后随水温下降向温州至台州外海作越冬洄游。东海群系的产卵和越冬属定向洄游，一般仅限于东海范围。

小黄鱼是渤海、黄海、东海区的重要底层鱼类之一，是中国、日本、韩国底拖网、围缯、风网、帆张网和定置张网专捕和兼捕对象。小黄鱼渔业在 20 世纪 50～60 年代是我国最重要的海洋渔业之一，主要作业渔场有渤海的辽东湾、莱州湾、烟威渔场、海州湾、吕泗渔场、大沙渔场等。东海区的小黄鱼主要渔场有闽东-温台、鱼山-舟山、长江口-吕泗、大沙、沙外、江外和舟外等渔场。大沙渔场南部海域是小黄鱼洄游的必经之地。调查资料显示：从春季至秋季在大沙渔场南部海域有较多的小黄鱼分布。沙外、江外和舟外渔场的西部海域是小黄鱼的越冬分布区，因而这些海域成了秋冬季的小黄鱼渔场。目前，小黄鱼已成为可以全年作业的鱼种。

三、甲壳类

1. 中国明对虾（*Fenneropenaeus chinensis*）　中国明对虾主要分布在黄海和渤海，是世界上分布于温带水域的对虾类中唯一的一个种群，具有分布纬度高、集群性强、洄游距离长的特性，是个体较大、资源量较多、经济价值高的一个品种，是黄海、渤海对虾流网、底拖网的主要捕捞对象。

中国明对虾的洄游包括秋汛的越冬洄游和春汛的生殖洄游。每年3月上中旬，随着水温的回升，雌性对虾的性腺迅速发育，分散在越冬场的对虾开始集结，游离越冬场进行生殖洄游。主群沿黄海中部集群北上，洄游途中在山东半岛东南分出一支，游向海州湾、胶州湾和山东半岛南部近岸各产卵场。主群于4月初到达成山角后又分出一支游向海洋岛、鸭绿江口附近产卵场。主群进入烟威渔场后，穿过渤海海峡，4月下旬到达渤海各河口附近的产卵场。

进入渤海产卵的对虾，5月前后在渤海的辽东湾、渤海湾和莱州湾产卵，经过近6个月的索饵育肥，10月中下旬至11月初进入交尾期。整个交尾期持续约一个月，对虾交尾首先开始于近岸浅水，或冷水边缘温度较低的海区，而后逐渐向渤海中部及辽东湾中南部深水区发展。11月上旬，当渤海中部底层水温降至15℃时，虾群开始集结。随着冷空气的频繁活动，水温不断下降，11月中下旬当底层水温降至12～13℃时，雌虾在前，雄虾在后分群陆续游出渤海，开始越冬洄游。各年越冬洄游开始的时间及洄游的路线和速度与冷空气活动的强弱、次数、渤海中部的水温及潮汛等因素有关。明显的降温和大潮汛均可加速对虾的洄游速度。洄游虾群沿底层水温的高温区即深水区前进。游出渤海时，首批虾群偏于海峡的南侧，后续虾群逐渐向北，末批虾群则经过海峡北侧的深水区游出渤海。越冬洄游的群体每年11月下旬进入烟威渔场，11月末或12月初绕过成山头与黄海北部南游的虾群汇合，沿底层水温8～10.5℃的深水海沟南下，12月中下旬到达黄海中南部的越冬场分散越冬。对虾越冬场的位置与黄海暖水团的位置密切相关。各年中心位置随着10℃等温线的南北移动而发生明显的偏移。

辽东半岛东岸、鸭绿江口一带产卵的对虾，于5月上旬到达产卵场产卵，卵孵化、幼体变态和幼虾索饵肥育均在河口附近浅海区进行。8月初，随着幼虾的不断生长，开始向较深水域移动，主群分布在海洋岛附近索饵，11月中下旬因受冷空气的影响，水温明显下降，对虾即开始越冬洄游。12月初主群游至成山角附近海域时，与渤海越冬洄游的虾群汇合南下，进入越冬场。

山东半岛南岸产卵的对虾，其产卵场主要分布在清海湾、乳山湾、胶州湾、海州湾等河口附近海域，于5月上旬产卵，8月初，当幼虾的体长达80mm左右时，由近岸逐渐向水深10～20m处移动。10月中下旬开始交尾并逐渐外移到深水区分散索饵，12月游向越冬场越冬。

2. 三疣梭子蟹（*Portunus trituberculatus*）　三疣梭子蟹又名枪蟹，隶属于甲壳动物亚门（Crustacea）十足目（Decapoda）梭子蟹科（Portunidae）梭子蟹属（*Portunus*），在中国的山东、浙江、福建、广西、广东等沿海水域，以及朝鲜、日本、马来西亚群岛及红海等水域分布较为广泛。该种属于暖温性海蟹，营养价值高，其产量约占梭子蟹总产量的90%，是我国近海一种较大的经济蟹类。

（1）生活习性　三疣梭子蟹白天时一般潜伏于海底，但其并没有钻洞的能力，只会将身体潜入泥沙中，露出眼和触角。三疣梭子蟹具有极强的领地意识，当有另一只三疣梭子蟹进入其领地时，它就会举起双螯进行防御和攻击。此外，三疣梭子蟹的足还有很强的自截和再生能力，这也使得它在自然环境中有很强的生存能力。

（2）生长、繁殖及摄食习性　　三疣梭子蟹为雌雄异体生物，一般雌性个体大于雄性，寿命一般为 1~3 年，生长通过蜕壳来完成，一般在夜间进行蜕壳，其一生中要经过多次蜕壳，代谢越旺盛，蜕壳的次数越多。幼蟹阶段蜕壳周期短，生长快，成蟹蜕壳周期较长，甲长的增长速度也较为缓慢。此外，蜕壳周期也与所处的环境条件如水温等有密切的关系。三疣梭子蟹幼体的发育需要经过潘状幼体和大眼幼体这两个生长阶段，根据发育时环境温度及时间的变化，潘状幼体要经过 4 次蜕皮才会发育为大眼幼体，因此潘状幼体又分为 4 期，大眼幼体再经过一次蜕皮才会变态为幼蟹。

在东海北部海域，7~11 月为三疣梭子蟹的交配期，交配后的雌蟹于翌年 4~7 月产卵，繁殖盛期集中在 4 月下旬到 6 月底，每只雌蟹产卵的数量为 3.53 万~266.30 万粒。此外，有相关的研究表明梭子蟹的产卵量与个体的甲宽、体重有非常密切的关系，产卵量与甲宽、体重一般为正相关关系。

三疣梭子蟹有明显的趋光性，具有昼伏夜出的习性，一般在夜间进食，属于杂食性动物，且在不同的生长发育阶段，其摄食偏好也有所不同。幼蟹阶段更偏向杂食性，大多以动物尸体或水生植物的嫩芽为食；成蟹则会使用螯足来捕捉活的鱼、虾、乌贼等为食。在蜕壳或严重缺乏饵料时也会发生同类相残的现象。

（3）洄游特性　　三疣梭子蟹适宜生活在盐度为 30‰~35‰ 的海域内，其活动地区受个体大小和季节变化影响，常集群洄游，并具有生殖、越冬洄游的习性，越冬场集中在渤海中部 20~25m 水深软泥底质的深水区。三疣梭子蟹在东海的活动范围较为广泛，越冬期为 1~2 月，越冬场主要有两处，一处位于水深 40~60m 的浙江中、南部渔场一带海域，另一处位于水深 25~50m 的闽北、闽中沿岸一带海域。三疣梭子蟹的产卵期和产卵场在各地略有差异，3~4 月位于福建沿岸水深 10~20m 海域，4~5 月位于浙江中、南部沿岸海域，5~6 月位于舟山和长江口 30m 以浅海域。夏季 8~9 月，外海高盐水向北推进，三疣梭子蟹向北游至吕泗、大沙渔场索饵；10 月后，水温下降、外海高盐水向南退却，三疣梭子蟹自北向南洄游，11 月至翌年 2 月，进入鱼山、温台等较深的浙南渔场越冬；在浙北近岸海域，有部分群体由内侧浅水区向外侧深水区洄游越冬，另有一部分则进入福建的平潭、惠安、晋江和厦门等近岸海域越冬。

四、头足类

1. 剑尖枪乌贼（*Uroteuthis edulis*）

（1）渔业概况　　剑尖枪乌贼属软体动物门（Mollusca）头足纲（Cephalopoda）鞘亚纲（Coleoidea）枪形目（Teuthoidea）闭眼亚目（Myopsida）枪乌贼科（Loliginidae）尾枪乌贼属（*Uroteuthis*），为近海暖温性的浅海种，广泛分布于太平洋西部海域及印度洋沿近海海域，其中以中国东海资源数量最为丰富。

日本于 1973 开始进行剑尖枪乌贼的钓捕生产，作业方式以光诱鱿钓、定制网及底拖网为主，渔业产量主要来自九州西北海域、日本海西南海域和中国东海海域及日本岛靠太平洋一侧海域，其中以九州西北海域渔获量最多，每年春季至秋季都是渔民捕捞剑尖枪乌贼的季节，并带来较高的经济价值。自 1995 年开始，我国福建、浙江沿海地区采用单船拖网、光诱敷网等渔具渔法对剑尖枪乌贼资源进行捕捞生产，其产量和产值都较好。由于剑尖枪乌贼具有趋光特性，光诱钓捕技术在各海域均得到普遍的推广使用，并且灯诱渔业较拖网渔业能够渔获体型更大的剑尖枪乌贼。

（2）生物学特性　　由于剑尖枪乌贼全年繁殖产卵，根据产卵时间将其种群划分为春、夏、秋生群体，但也有研究表明存在冬生群体。目前根据捕捞个体的性腺成熟指数及相应渔场环境，推测出东海南部海域剑尖枪乌贼的洄游路线。1～3月，台湾东北部海域盛行东北季风，致使黑潮反流受大陆沿岸水系的影响向西南方向移动，使得孵化后的剑尖枪乌贼仔稚鱼随着黑潮反流一同向西南移动至台湾北部沿岸海域进行肥育，从而形成肥育场；4月，随着海域内西南季风的增强，台湾暖流和黑潮暖流的势力也逐渐增强，已育成的剑尖枪乌贼随着海流移动至东海大陆架海域进行索饵，从而形成索饵场；9月下旬起，随着东北季风逐渐加强，已在索饵场性成熟的剑尖枪乌贼移动到彭佳屿海域进行繁殖产卵，孵化后的仔稚鱼则随着黑潮反流移动到肥育场。所以，4～9月，在黑潮暖流与大陆沿岸水系交汇的潮境锋面海域为剑尖枪乌贼的索饵场，彭佳屿附近海域的涌升水域为剑尖枪乌贼的产卵场，台湾北部沿岸海域为剑尖枪乌贼的肥育场。

剑尖枪乌贼雄性个体最大胴长可达502mm，雌性为410mm，其最大胴长生长速率为4.5～5mm/d。东海南部海域剑尖枪乌贼的生命周期约为270d，雌雄个体生长速率在200d内无明显差异，但200d后雄性个体生长速率略快于雌性。东海南部不同季节孵化的剑尖枪乌贼群体生长发育过程也存在差异，并且在冷水期孵化的个体较大，生长也较快。春生群体早期生活在大陆沿岸流水域，60d内幼体生长与成体相近，随着夏季水温的升高，幼体不断生长发育，其平均月生长胴长为18～20mm，直到秋季性成熟后开始繁殖产卵。秋生群体生长发育期在冬季及早春，由于环境水域的水温较低，抑制了幼体的生长发育，其平均月生长胴长为18mm，直至春季后才开始繁殖产卵。秋生群体体型较大、性腺发育度高，然而初次进入渔场时春生群体个体要大于秋生群体，并且春、秋生群体在180d内生长速率无明显差异，180d后秋生群体要快于春生群体。冬生群体的生长速率要比其他孵化群体快，雌性的生长更符合逻辑斯谛曲线。

剑尖枪乌贼属凶猛性的肉食性生物，作为机会主义摄食者，个体摄食习惯随着生长发育的进行而发生变化。幼体间主要以小型甲壳类等无脊椎动物为食，个体很少有空胃，性成熟阶段主要以鲭科幼鱼为食，个体间有一半为空胃，成体后多以鱼类的仔稚幼鱼及同属的小鱿鱼为食，并且会出现残食种内幼体现象，摄食食性在由甲壳类动物向鱼类过渡的过程中，其个体空胃较多，同时剑尖枪乌贼也被大型鱼类、海鸟和海洋哺乳动物所捕食。剑尖枪乌贼的摄食强度随着繁殖产卵活动进入高峰而逐渐降低，并且夜间强于白天，尤以夜间和黎明前摄食强度最大。

作为典型的短生命周期物种，剑尖枪乌贼全年均有繁殖活动，其资源量和补充量的多少往往取决于雌性产卵的数量及孵化成活率，且年间、季节资源量波动较大，繁殖产卵期也较长，亲体产卵后相继死亡。雄性个体性成熟高峰期为每年3～4月和10～12月，雌性为3～5月和10～12月，全年均会出现性成熟的雄性剑尖枪乌贼，且早于雌性个体。产卵时，雌性个体将卵鞘基部固定在砂质海底或者铁锚和绳索等物体表面，此过程需4～10min，产出的卵鞘长为70～200mm，每个卵鞘内有100～400个卵，并且卵呈螺旋形排列。卵的孵化时间较长，可达30d左右，并且卵的孵化率因水温的变化而改变，在15～20℃条件下的孵化率最高。

（3）主要作业渔场渔期　　根据渔船作业海域的位置，可将其划分为5个主要渔场：日本海南部渔场，主要作业方式为双船拖网和光诱鱿钓，鱿钓渔业的作业渔期为4～12月，渔汛期在6～7月和10～11月，底拖网渔业的渔汛期为2～3月和8～9月；日本五岛-对马渔场，主要作业方式为双船拖网和光诱鱿钓，鱿钓渔业的作业渔期为3～12月，渔汛期在6～7月；日本东部沿岸渔场，主要作业方式为定制网；东海中部及中部外海渔场，主要作业方式为单船底拖网、双船底拖网、光诱鱿钓和光诱敷网，包括东海的舟山-舟外、鱼山-鱼外渔场，80～120m等深线，其渔期为每年的5～10月，底拖网渔业的渔汛期在6～8月；东海南部及南部外海渔场，主要作业方式为单船底拖网、双船底拖网、光诱鱿钓、光诱敷网和光诱围网，包括东海的温台-温外、闽东-闽外和台北渔场，80～130m 等深线，其渔期为每年的 5～10 月。

2. 中国枪乌贼（*Uroteuthis chinensis*）

（1）地理分布　　中国枪乌贼主要分布在中国南海、暹罗湾、马来群岛和澳大利亚昆士兰海域，北界大体在 25°N 附近。南海的中国枪乌贼主要分布在台湾浅滩、珠江口外海海域和海南岛周围海域。

（2）生物学特性　　中国枪乌贼为近海浅海种，一般栖息在水深 15～170m 处，存在春生群、夏生群和秋生群。该种产卵期较长，高峰期为春季的 2～5 月和秋季的 8～11 月。该种为典型的暖水种，具有生命周期短、世代交替快、繁殖力强、资源恢复快等特点。其具有较强的游泳能力，喜栖息于水清、温度和盐度较高的海域，具有昼夜垂直移动的生活习性，白天活动于近底层，夜间上升至中、上层。

从胴长组成来看，南海中国枪乌贼胴长为 2～460mm，平均胴长 99.2mm，优势胴长为 20～150mm，占 81.5%。最小胴长 2mm 的个体出现在冬季，最大胴长 460mm 的个体出现在夏季。四季中，夏季的平均胴长最大，冬季的最小。从体重组成来看，南海中国枪乌贼体重为 0.1～796g，平均体重为 54.0g，优势胴长范围为 0.1～60mm，占 73.7%。四季中平均体重最大为夏季的 62.9g，最小为冬季的 36.3g。

中国枪乌贼的卵分批成熟，分批产出。产卵大都在交配后 1 个月左右开始，在产卵期中仍有交配行为。卵呈卵形，为白色胶膜包被，长径 6～7mm，包在棒状的胶质卵鞘中，卵鞘长 200～250mm，每一个卵鞘中包卵 160～200 枚，卵径为 1mm×1.2mm。产出的卵鞘一般 20 多束附着在一起，成片地铺于海底，呈云朵状。繁殖后不久，雌雄亲体即相继死去。

中国枪乌贼仔稚鱼主要捕食端足类、糠虾等小型甲壳类，至成体摄食转变加大，主要捕食蓝圆鲹、沙丁鱼、鹰爪虾、磷虾、毛虾和梭子蟹等。其在生长阶段摄食强度高，繁殖阶段摄食强度低，具有同类残食现象。

中国枪乌贼的洄游是局部性、地区性，洄游时大体呈辐射式散布。南海北部中国枪乌贼的洄游趋势是作深浅定向移动或兼作南北洄游，如春季由南向北、由深水区向浅水区进行生殖-索饵洄游，秋季自北向南由浅水区向深水区进行适温-索饵洄游。每年 4 月后，随着东北季风趋势消失和西北季风的增强，南海暖流逐渐向北推移，水温逐渐升高，栖息于外海的中国枪乌贼逐渐向近岸浅海作索饵产卵洄游，其密集分布区范围不断扩大。至 7～9 月，在南海北部形成产卵场，在北部湾北部和中部、海南岛东南部及南澎湖列岛附近海域（台湾浅滩附近）明显形成了三个主要鱿鱼渔场，并且在海南岛以东水深 100～200m 的海域新形成了一条呈西南-东北走向的中国枪乌贼密集带。此外，台湾海峡的中国枪乌贼存在明显的春、秋生殖群体。春生群的组成特点是群体小、个体整齐、较大，性腺成熟度高，属于产卵群体；秋生群的群体大，个体较小且参差不齐，趋光性和索饵强度较强，属于产卵-索饵群体。其洄游路线大致为：每年 3～4 月，南海暖流强盛时，陆续从东沙群岛附近海域向闽南-台湾浅滩渔场移动，4 月下旬在台湾浅滩渔场及南澎湖列岛附近产卵。8 月秋生群集群产卵，形成旺汛期，也是一年中中国枪乌贼生产量最高的年份。9 月后因北方冷空气开始南下，东北风逐渐频繁，低温、低盐的沿岸水逐渐增强，水温开始下降，台湾海峡的中国枪乌贼开始返回南部海域，进行适温-索饵洄游。这时，一部分洄游群体停留在东沙群岛附近海域、南海北部的深水区，另一部分则继续向南移动，形成海南岛近海和北部湾的冬季旺汛。

（3）主要作业渔场渔期　　我国近海的中国枪乌贼渔场主要有 5 个：北部湾北部渔场、海南岛周围渔场、南澎岛渔场、澎湖群岛渔场和闽南渔场。台湾海峡中国枪乌贼的汛期为 5～10 月，8～9 月为旺汛期。在南海北部中国枪乌贼的三个主要渔场中，台湾浅滩渔场（南澎湖列岛附近海域）的渔汛期为 4～9 月，北部湾鱿鱼渔场的渔汛期为 4 月至翌年 1 月，海南岛东南部鱿鱼渔场的渔汛期为 4～9 月。上述三个渔场均属于产卵场，旺汛期均为 7～9 月。

◆ 课 后 作 业

一、建议阅读的相关文献

1. 联合国粮食及农业组织. 2014. 世界渔业和水产养殖状况——2014 年报告. 罗马.

2. 联合国粮食及农业组织. 2016. 世界渔业和水产养殖状况——2016 年报告. 罗马.

3. 中国海洋渔业环境编写组. 1991. 中国海洋渔业环境. 杭州：浙江科学技术出版社.

4. 中国海洋渔业资源编写组. 1990. 中国海洋渔业资源. 杭州：浙江科学技术出版社.

5. 中国海洋渔业区划编写组. 1990. 中国海洋渔业区划. 杭州：浙江科学技术出版社.

6. FAO. 2011. Review of the state of world marine fishery resources. FAO Fisheries and Aquaculture Technical Paper No. 569. https://www.fao.org/home/en/[2023-10-20].

7. 杨刚. 2017. 山东近海蟹类群落结构及三疣梭子蟹生长参数、资源量研究. 上海：上海海洋大学硕士学位论文.

8. 高丽. 2020. 基于主要海洋环境因子的浙江北部海域三疣梭子蟹补充量预测分析. 舟山：浙江海洋大学硕士学位论文.

9. 栗小东. 2022. 基于多种模型的东海北部海域三疣梭子蟹时空分布特征分析. 舟山：浙江海洋大学硕士学位论文.

10. 戴爱云，杨思谅，宋玉枝，等. 1986. 中国海洋蟹类. 北京：海洋出版社.

11. 宋海棠，丁耀平，许源剑. 1989. 浙北近海三疣梭子蟹洄游分布和群体组成特征. 海洋通报，8（1）：66-74.

12. 程国宝，史会来，楼宝，等. 2012. 三疣梭子蟹生物学特性及繁养殖现状. 河北渔业，220（4）：59-61.

13. 宋鹏东. 1982. 三疣梭子蟹的形态与习性. 生物学通报，5：20-23.

14. 孙颖民，宋志乐，严瑞深，等. 1984. 三疣梭子蟹生长的初步研究. 生态学报，1：59-66.

15. 陈新军，刘必林，方舟. 2019. 头足纲. 北京：海洋出版社.

16. 陈新军，王尧耕，钱卫国. 2013. 中国近海重要经济头足类资源与渔业. 北京：科学出版社.

17. 刘梦娜. 2020. 中国枪乌贼形态学与摄食生态学研究. 上海：上海海洋大学硕士学位论文.

18. 金岳. 2018. 基于硬组织的中国近海枪乌贼渔业生物学研究. 上海：上海海洋大学博士学位论文.

19. 李楠，方舟，陈新军. 2020. 剑尖枪乌贼渔业研究进展. 大连海洋大学学报，35（4）：637-644.

20. 于金珍，张燕伟，卞晓东，等. 2020. 渤海鳀鱼产卵场关键影响因素识别及变迁预测. 中国环境科学，40（5）：2214-2221.

21. 张贺宇. 2020. 百年来黄渤海海洋渔业史研究现状. 农家参谋，16：247-249.

22. 刘勇，程家骅. 2019. 东海及黄海南部渔业资源水文环境类群划分及其相关特征的初步分析. 中国水产科学，26（4）：796-810.

23. 刘勇，程家骅. 2015. 东海、黄海秋季渔业生物群落结构及其平均营养级变化特征初步分析. 水产学报，39（5）：691-702.

24. 戴芳群，朱玲，陈云龙. 2020. 黄、东海渔业资源群落结构变化研究. 渔业科学进展，41（1）：1-10.

25. 郭九龙. 2015. 东海渔业发展现状分析与对策研究. 安徽农业科学，43（13）：328-333.

26. 王赛赛. 2022. 南海渔业资源养护区域合作机制的构建. 海南热带海洋学院学报，29（4）：13-22.

27. 邹建伟. 2021. 南海北部陆架区渔业资源捕捞现状研究. 中国渔业经济，39（3）：66-73.

28. 张俊，邱永松，陈作志，等. 2018. 南海外海大洋性渔业资源调查评估进展. 南方水产科学，14（6）：118-127.

29. 刘海珍，罗琳，蔡德陵，等. 2015. 不同生长阶段鲲鱼肌肉营养成分分析与评价. 核农学报，29（11）：2150-2157.

30. 牛明香，王俊，袁伟，等. 2013. 黄海鲲鱼时空分布季节差异分析. 生态学杂志，32（1）：114-121.

31. 李曰嵩，邢宇娜，潘灵芝，等. 2021. 鲐鱼生活史及模型应用研究进展. 大连海洋大学学报，36（4）：694-705.

32. 李曰嵩，白松麟，潘灵芝，等. 2018. 基于个体模型水温变动对东海鲐鱼补充量影响模拟研究. 海洋湖沼通报，6：118-124.

33. 王从军，陈新军，李纲. 2013. 东、黄海鲐鱼生物经济社会综合模型的优化配置研究. 上海海洋大学学报，22（4）：623-628.

34. 瞿俊跃，杨光明媚，方舟，等. 2021. 蓝点马鲛渔业生物学研究进展. 水产科学，40（4）：643-650.

35. 王凯迪，于华明，于海庆，等. 2019. 黄渤海蓝点马鲛种群变动与海表面温度的关系. 中国海洋大学学报（自然科学版），49（12）：31-40.

36. 万荣，宋鹏波，李增光，等. 2020. 黄海近岸海域蓝点马鲛产卵场分布及其环境特征. 应用生态学报，31（1）：275-281.

37. 魏秀锦，张波，单秀娟，等. 2019. 渤海银鲳的营养级及摄食习性. 中国水产科学，26（5）：904-913.

38. 熊瑛，刘洪波，姜涛，等. 2015. 黄海南部野生银鲳和鮸鱼的耳石元素微化学研究. 海洋学报，37（2）：36-43.

39. 李建生，胡芬，严利平. 2014. 东海区银鲳资源合理利用的研究. 自然资源学报，29（8）：1420-1429.

40. 童玉和，李忠义，郭学武. 2013. 黄海南部银鲳的摄食生态. 渔业科学进展，34（2）：19-28.

41. 何露雪，付东洋，李忠炉，等. 2023. 南海西北部蓝圆鲹时空分布及其与环境因子的关系. 渔业科学进展，44（1）：24-34.

42. 王开立，陈作志，许友伟，等. 2021. 南海北部近海蓝圆鲹渔业生物学特征研究. 海洋渔业，43（1）：12-21.

43. 亓慧煜，魏秀锦，高春霞，等. 2023. 浙江南部近海带鱼营养生态位可塑性. 中国水产科学，30（4）：502-514.

44. 史登福，张魁，蔡研聪，等. 2020. 南海北部带鱼群体结构及生长、死亡和性成熟参数估计. 南方水产科学，16（5）：51-59.

45. 张其永，洪万树，陈仕玺. 2017. 中国近海大黄鱼和日本带鱼群体数量变动及其资源保护措施探讨. 应用海洋学学报，36（3）：438-445.

46. 李发凯，田中荣次，岩田繁英，等. 2016. 应用年龄结构产量模型评估东黄海带鱼资源. 浙江海洋学院学报（自然科学版），35（2）：91-98.

47. 徐兆礼，陈佳杰. 2015. 东、黄渤海带鱼的洄游路线. 水产学报，39（6）：824-835.

48. 高阳，张翼，张辉，等. 2023. 黄海南部和东海北部夏季小黄鱼幼鱼的空间分布研究. 海洋渔业，45（1）：86-94.

49. 严利平，刘尊雷，金艳，等. 2022. 黄海南部小黄鱼种群动态和开发模式. 中国水产科学，29（7）：960-968.

50. 薛艳会，刘尊雷，李圣法，等. 2021. 南黄海和东海中南部小黄鱼种群形态分化. 中国水产科学，28（9）：1162-1174.

51. 李成久. 2020. 黄海北部中国对虾资源增殖现状和发展趋势. 农业工程技术，40（17）：82-86.

52. 吴强，金显仕，栾青杉，等. 2016. 基于饵料及敌害生物的莱州湾中国对虾（*Fenneropenaeus chinensis*）与三疣梭子蟹（*Portunus trituberculatus*）增殖基础分析. 渔业科学进展，37（2）：1-9.

二、思考题

1. 简述中国近海各海区的海流特征。
2. 简述中国近海各海区的水温分布特征。
3. 简述中国近海渔场的概况。
4. 简述中国近海各海区的鱼类组成及其特征。
5. 简述中国近海主要经济鱼类的洄游分布。
6. 简述中国近海主要甲壳类和头足类的洄游分布特征。
7. 简述世界海洋生物分布区系。

| 第九章 |

渔业资源调查

提要：要提高海洋资源开发能力，着力推动海洋经济向质量效益型转变。发达的海洋经济是建设海洋强国的重要支撑。要提高海洋开发能力，扩大海洋开发领域，让海洋经济成为新的增长点。从20世纪80年代王尧耕教授进行鱿钓资源探捕，到如今"淞航号"太平洋公海资源调查，资源调查在渔业生产、科学研究等方面起到了重要作用。在本章中，详细介绍了渔业资源调查的主要目的、渔业资源调查的基本类型，描述了渔业资源调查应该准备的前期工作，以及如何进行站点设置与优化，提出了如何在渔业资源调查期间开展值班制度和观测记录；同时，重点介绍了鱼类资源调查、海洋生物调查、海洋环境调查等调查工作的主要内容及所需仪器、设备等。通过上述学习，可基本掌握渔业资源调查的基本技能和方法，为完成调查任务打下基础。

渔业资源调查是从事渔业资源生物学研究的一项基础性工作。没有综合和专项的渔业资源调查及其对各种鱼类的长期监测与研究，就无法了解和掌握渔业资源的生物学特性，如种群、年龄、生长、食性及洄游分布规律等，也无法掌握它的数量动态变化和进行渔情预报，更不可能为渔业资源的保护、增殖、管理和可持续利用提供理论依据。同时，渔业资源调查是渔业资源开发和利用的前期工作，是研究数据来源和样本来源的根本，是人类认识、了解和掌握渔业资源的主要手段和工具，是渔业资源开发和利用必须要进行的一个重要环节，因此渔业资源调查是海洋渔业科学与技术专业及相关专业科学工作者必须掌握的基本内容。

◆ 第一节　渔业资源调查的目的与类型

一、渔业资源调查的主要目的

渔业资源调查的主要目的有以下几点。

1）通过渔业资源的调查，掌握渔业资源分布规律及其与海洋环境条件的关系，以及渔场形成的机制和原理，从而为渔业资源开发和合理利用提供服务。

2）通过渔业资源的调查，掌握各种捕捞对象的渔业生物学特性，包括种群结构、年龄与生长、摄食与生态、繁殖等，为进一步研究其种群动态及其合理利用与管理提供依据。

3）通过渔业资源的调查，了解和掌握渔业生态系统，为持续利用和保护渔业资源，特别是保护生物多样性提供基础。

二、渔业资源调查的基本类型

渔业资源调查主要包括海洋自然环境、生物环境和渔业资源三大部分，依其调查的目的与内容，通常可分为以下几类。

（1）综合性调查　　是指包括物理海洋、气象、地质、化学、生物学等多学科的综合性调查，这类综合性调查往往是多个部门、跨单位、多学科共同参与，如 1959 年开展的全国海洋普查与渔捞试捕调查，1982～1986 年全国渔业区划调查，以及 1997～2000 年开展的 126 专项调查项目"我国专属经济区和大陆架勘测"。

（2）区域性调查　　是指为了了解和掌握某海域的渔业资源状况而开展的调查，通常包括渔业资源、海洋环境等内容，如 20 世纪 60 年代以来开展的三次"渤海渔业资源调查"、20 世纪 70 年代闽南-台湾浅滩的渔业资源调查等。

（3）专项调查　　是指针对某一鱼种，为了达到某一目标而开展的调查研究，如 20 世纪 80 年代针对带鱼资源保护而开展的"东海带鱼幼鱼保护区调查"，1989～1992 年为开发日本海太平洋褶柔鱼而进行的"日本海太平洋褶柔鱼资源、渔场调查"，1993～1995 年为开发北太平洋柔鱼资源进行的"北太平洋柔鱼资源与渔场调查"，以及 2003～2004 年为印度洋开发鸢乌贼资源而进行的"印度洋西北部鸢乌贼资源探捕调查"。

初步划分是以上三个类型，但是其调查内容的多少可以根据调查目的而定，同时也可以结合调查船的性能及经费、技术条件等来确定。通常除了必须要求测定的环境要素和进行试捕（生产），一般项目内容未做硬性规定，但是由于海上调查成本高，出海条件比较艰苦，因此通常尽可能多地创造条件，科学设置更多的调查内容。

◆ 第二节　渔业资源调查工作的组织与实施

一、渔业资源调查的准备工作

渔业资源调查通常是使用渔业资源调查船、海洋调查船、渔业生产船进行的调查，而且调查与作业时间一般较长。由于渔业资源调查的成本很高，海上海况条件不清，调查的不确定因素较多。因此，在出航前必须充分做好各项准备工作，以便在出海调查期间能够圆满地完成各项调查任务。主要包括以下几项。

1. 科学拟定调查大纲和调查计划　　首先要制定渔业资源调查大纲，在大纲中要说明渔业资源调查的目的和任务、调查的海区、断面布设、调查日期与方法、调查资料的提供形式及经费估算等。为了更为科学和合理地制定渔业资源调查大纲，事先要尽可能多地搜集国内外有关的调查资料及已经取得的成果，如国内外调查的计划和报告、观测资料、调查成果及有关文献和档案等，以便在这一基础上提出经济、合理的调查大纲。

在渔业资源调查大纲的基础上拟订调查计划，调查计划的制定必须要参照调查船的性能，如续航能力和适合的航区类型。调查计划主要包括调查海域、各测站区域位置、断面位置、调查内容、航行路线、调查起始和结束日期及所需的仪器、设备等。在考虑调查所需的天数时，需要了解调查船的性能，如航速、导航、助渔设备、淡水舱容积等。同时，为了调查的顺利进行，需要考虑调查海域台风等恶劣天气发生时间，以及发生时如何避风的预备方案。

2. 科学配备调查仪器、设备　　为了保证渔业资源调查计划的顺利进行和完成，必须根据调查大纲和调查计划的要求，详细列出所需仪器、设备及消耗品的名称和数量，并考虑到海上工作的意外情况和不确定性，须有一定数量的备用品。调查所需的器材和数量则视调查任务和调查内容而定。具体可参考《海洋调查规范》和《海洋水产资源调查手册》等。

出航前须对所有的仪器、设备进行详细的检查和校正，发现故障必须及时修理或更换。必要时尚需在仪器、设备安装好后进行试航、试测，对试航中出现的问题，在返回基地后应迅速采取措施加以解决。

3. 配齐调查人员并落实好组织与分工 调查人员是完成调查任务的基本保证，因而必须精心组织并科学合理地加以分工，充分发挥每个调查人员的积极作用。至于调查员人数，则按调查任务来确定，一般来说应该包括海洋学专业、海洋生物学专业、渔业资源学专业、捕捞学专业、气象学专业等方面的科技人才。为确保调查计划与任务的有效实施，可设一位首席科学家，对各学科调查项目的执行及其他事务进行协调。执行调查任务时，一般是昼夜连续工作的，因此调查人员要进行分班作业，每班定岗人数应在完成任务的前提下以精简为原则，有效地开展各项调查工作。

二、渔业资源调查站点设置与航迹设计

1. 调查站点一般设置方法 在渔业资源调查中，某测站的资料是否能代表这一海区的水文特征、渔场特点，要事先有所了解，比如通过海洋遥感资料分析其水温分布图等，这可通过对已有资料的分析找出合适的位置，以便布设的站点能更加合理和科学。以水文为例，由于外海的水文要素分布较均匀，其站距则可大些，一般为 20~40n mile；在水文要素变化显著的近岸海区或两水团交界区，站距应小些，一般为 5~15n mile。此外，站距还取决于要求观测精度。设 ΔP 为某要素观测的许可误差，r 为该要素的水平梯度，则站点之间的距离（D）为

$$D \geqslant \frac{\Delta P}{r}$$

例如，水温测定的平均误差为 0.1℃，而表面水温每海里的水平梯度为 0.05℃，则 $D>$2n mile，由于最大误差约为平均误差的 3 倍，故 D 的最小值应为 6n mile。

渔业资源调查的站位可根据渔场分布及渔场类型有所增减。例如，产卵场调查的站位与站距要求密一些。站位分布可按棋盘格竖横布置或结合渔区划分，布站在渔区的 4 个角上；也可相邻断面错开布设（图 9-1）。

关于渔业资源调查的航迹设计，一般考虑既经济又不漏点，其次还要考虑当时的海况条件。一般情况下走矩形或者"之"字形，也可据具体情况灵活掌握（图 9-1）。

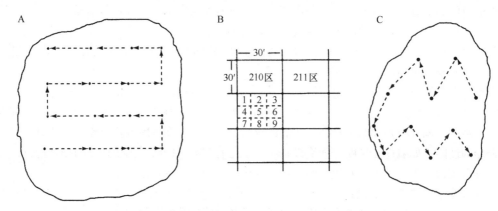

图 9-1 渔业资源调查站点设置与航迹示意图
A. 矩形走航；B. 棋盘式布站；C. "之"字形走航

2. 渔业资源调查站点优化方法　　目前，渔业资源调查通常是按传统方法对站点进行均匀布设。对渔业资源的准确评估需要获得关于生物资源的正确信息，科学的调查设计可以获得准确的资源动态特征，而且可以节约调查成本，所获得结果对渔业资源的评估或者决策的制定起着相当重要的作用。目前国际上进行采样设计的研究已经相当多，研究内容广泛，涉及不同抽样方法的应用及比较，以及采样过程中精度的各种影响因素探究等。

国内已开始重视渔业资源调查采样的精度问题，但在渔业资源调查的具体实施过程中，尚未形成一套完整、科学、有效的调查实施方案，调查站点的设计带有强烈的主观性，由于统计知识的薄弱而忽略了站点设计调查的统计要求，因此国内渔业资源调查需进一步规范。国内一些学者探讨了分层抽样误差在渔业统计中的应用。此外，还进行了最优化站点设计方法与传统采样方法的比较，并对适应性采样方法与其他采样方法也进行了比较研究，这是国内比较早的开展采样设计的研究。

分层随机采样设计是目前渔业资源站点优化设计的主要方法之一。分层随机采样设计在经典统计学理论支持下，近年来已被广泛应用在渔业资源的科学调查与站点优化设计中。比如，在以底拖网渔船作为调查工具的渔业资源科学调查中，往往根据影响鱼类资源非常重要的环境变量来划分层，比如水深和地理面积。各个层内分配的采样数量一般与各分层的面积大小成正比，在各个层内的采样站点的位置是随机设置的，以一般的调查方法为基准，进行计算机模拟研究，比较以往一般定点调查方法与优化设计方法在渔业资源调查中的应用，评估其精度，为渔业资源调查提供理论支持。

渔业资源学科的发展，以及统计学与地理信息系统等技术的发展，对渔业资源站点设置提出了更高的要求，以便以最低的成本获得最适的站点布置，从而达到优化站点的目的。

三、渔业资源调查期间的值班制度和观测记录

1. 值班制度　　为了保证渔业资源调查期间不间断地进行观测，并保证海上科研人员有效地休息，可视情况建立值班制度。但分班及值班应该注意下列事项。

1）值班人员必须做到按时交接班，不得迟到或早退。值班时不得擅自离开岗位，不得做与任务无关的其他工作。如接班人未能按时到位，原值班人员仍应坚持工作，以保证记录的完整性。

2）交班前，接班人应将全部记录、仪器和工具保持良好状态，交班时站点要交代清楚。

3）交班后，交班人员除完成规定的值班任务外，还应检查上一班的全部观测记录与统计等，如有遗漏、错误，应查明原因，及时补充、改正或加以注释。

2. 观测记录　　观测记录和资料是海上全体人员艰辛劳动所获得的成果，因此必须力求正确、完整、统一，为此，必须做到以下几点。

1）海上观测都应按各项记录表格的规定要求进行填写。

2）每次观测结果必须立即记入规定表格中，不得凭记忆进行补记。

3）填写记录最好采用铅笔，字迹力求整齐、统一、正确和清晰，如需改正时，不能擦涂原记录，只能在记录上画一线，再在其上方填写改正的数字，以便查考。

4）为了保证记录的准确性，在一人读数、一人记录的情况下，记录者应向读数人复诵，并在每张记录纸上共同签名。

5）观测所得资料，必须妥善保存，严防遗失，待观测告一段落后，资料应指定专人保管。

在渔业资源调查时，如果遇到特殊情况不能按计划进行走航观测时，站位顺序可能会颠倒，记录的资料一定要与站位相对应，记录切不可有差错。

◆ 第三节　海洋生物调查

一、初级生产力的测定

初级生产力是评价调查海域生产力大小的一项十分重要的指标，被列为调查测定的项目之一。通常，初级生产力测定的主要方法有以下 5 种。

1. 生物量的计算　　水域初级生产力的高低，主要取决于水域光合作用植物的产量，尤其是它的生产率，在海洋中浮游植物占据首要地位，底栖植物、自养细菌也占一定的比例。它们是水域有机物（有机碳）的初级生产者，也是水域中能量的主要供应者。以上述生物为生的浮游动物和其他生物的生产力称为次级生产力。其生物产量是指单位体积（如立方米）内，浮游植物、浮游动物的数量或质量，单位分别为个/m^3 或 g/m^3。底栖生物通常用个/m^3 或 g/m^3 表示。海洋浮游生物的产量一般在 0～50m 水层最高。

2. 测氧法（又称黑白瓶法）　　测氧法是根据含氧量（浮游植物进行光合作用所产生的氧和呼吸作用所消耗的氧）的变化来测定初级生产力。一般用每天（也有的用小时或年）在 1m^3 水中产生的有机碳数量（毫克或克）来表示。

众所周知，植物在光合作用时吸收 CO_2 释放出氧气，其过程的平衡方程为

$$6CO_2 + 6H_2O \longrightarrow C_6H_{12}O_6 + 6O_2$$

该反应式表达了植物光合作用每固定一个原子碳，便释放两个氧原子。因此，可根据氧的生成量来换算出有机物的生产量。

3. 营养盐平衡计算法　　根据几种基本营养盐（如氮、磷、硅等）在天然水域中含量的变化，以及与浮游植物（或水底植物）生产的相关关系，以营养盐的消耗作为有机质生产的指标，通过定期或连续对氮、磷等含量的监测，来估算水域初级生产力。

4. 同位素测定法　　在盛有观测水样的瓶中加入一定量的含有 ^{14}C 的碳酸盐，并将样品瓶沉入一定深度的水中，经曝光一定时间（通常为 4h）后取出水样，将浮游生物滤出，测定其中所含 ^{14}C 的量，用所得的 ^{14}C 含量计算在曝光时间内，浮游植物同化作用所吸收的 CO_2 量。该方法假定浮游植物在曝光时间内所吸收的 ^{14}C、O_2 和 CO_2 的比例相同，从而获得该时间内浮游植物的生产量。

5. 叶绿素 a 的测定法　　该方法是以植物体叶绿素浓度的高低来测算水域初级生产力，由于叶绿素含量是利用比较颜色深浅的比色法来测定的，因此它可借助船舶、航空甚至海洋卫星的遥感手段对有关水域进行调查。

二、海洋微生物调查

微生物是个体微小、形态结构简单的单细胞或接近单细胞的生物。在广义上讲，它应包括海洋中的细菌、放线菌、酵母、霉菌、原生动物和单胞藻类，但一般仅指前 4 类生物，特别是细菌。根据营养类型的不同，细菌又可分为自养和异养细菌两大类。目前已知的海洋细菌，绝大部分属于异养细菌，因此通常调查对象也主要是这类细菌。由于它们数量多，不仅在水域生态循环中有着极其重要的作用，在水域生产力中也具有不可忽视的作用，因此在近年的海洋调查中都把它列为测定项目。

但由于微生物个体微小，调查与观测难度大，因此从采水和采泥取样之后，需要经过超滤膜

器过滤，该样品经稀释接种于佐贝尔"2216E"培养基上培养，然后置电光菌落计数器下计数。种类鉴定尚需染色置油镜下观察形态结构，并需做过氧化氢酶反应、汉-莱复逊培养基（葡萄糖）发酵测定等特征分析，最后查阅海洋异养细菌检索表，然后确定和进行资料整理工作。

鉴于微生物分析需要的仪器、设备较复杂，技术要求较高，通常在无菌条件下完成，所以本项目也通常由微生物研究人员承担。

三、浮游生物调查

浮游生物包括浮游植物和浮游动物两大类，是各种渔业生物直接或间接的饵料，其数量、分布不仅与鱼类的分布和迁移有着密切关系，浮游生物量的多少在一定程度上还标志着水域生产力的高低。因此，浮游生物调查通常作为海洋调查中最为重要的项目。

1. 调查内容　调查内容主要包括浮游生物的种类组成、数量分布和季节变化，特别是优势种、饵料种类的数量更替监测。浮游动物体型较大，一般用大、中型浮游生物网采集，浮游植物体型较小，除用小型浮游生物网外，还需用采水沉淀法采集。

2. 调查方式　调查方式根据渔业资源调查要求而定，通常有以下几种主要方式。

（1）大面观测　其目的是了解调查海区各类浮游生物的水平分布状况。用大、中、小型浮游生物网分别进行自底至海面的垂直拖网各一次。分层采水，通常可分为5m、15m、35m、50m、100m、200m。水量每次采500～1000ml。

（2）断面观测　其目的是了解浮游生物的垂直分布情况。各分不同水层采样，水层可分0～10m、10～20m、20～35m、35～50m、50～100m、100～200m等。

（3）定点连续观测　其目的是了解浮游动物昼夜垂直移动情况。观测时间为每隔2h或4h，按规定水层进行分段采集1次，如此连续采集24h，共计7次或13次。

3. 采集工具　采集的主要工具有以下几种。

（1）颠倒采水器　主要用来采集浮游植物的种类和数量，以弥补网具采集微型浮游植物的不足。

（2）大型生物网　主要采集箭虫、端足类、磷虾类、大型桡足类、水母类、鱼卵及仔、稚鱼等。水平拖网时间为10min，拖速约1000m/h；垂直拖网时拖速约为0.3m/s。

（3）中型浮游生物网　主要拖捕中、小型浮游动物，操作同前一样。

（4）小型浮游生物网　主要拖捕浮游植物及浮游动物的幼体，操作同前一样。

（5）垂直分段生物网　使用闭锁器与锤相配合，以拖曳一定水层间的浮游生物标样，作定量网使用。

（6）其他采集器　如浮游生物指示器、哈代连续采集器等，多为定量采集而专门设计的浮游生物调查工具。

4. 资料整理

（1）样品的处理　当采集小型浮游植物样品时，在静置5d后，用玻璃泵抽去沉淀物上层清水，留下20～30ml水样。样品按每10ml加入0.5ml的中性福尔马林溶液的标准进行保存。其他浮游动物的样品，经筛选过滤后，直接用浓度为5%的中性福尔马林溶液进行保存。

（2）样品的分析，即室内进行样品的定性与定量分析　定性分析是通过形态解剖与观察，经查阅检索表，鉴定浮游生物的名称，并列出调查海区的浮游生物名录。定量分析，即通过个体计数、称重或体积测定等方法，分析该海区不同季节或水层的浮游生物丰度、生物量的组成及变化趋势。特别需要指出的是，在分析时应注重对优势种、饵料种及稀有种或指标种的分析与观察。

具体分析方法可以查阅《浮游生物学》《海洋浮游生物学》等专著和教材。

四、底栖生物调查

1. 底栖生物的类型　　底栖生物是指栖息于海域底上和底内的动物、植物和微生物的统称。其门类十分复杂，底栖动物包括原生动物、海绵动物、腔肠动物、纽形动物、线形动物、环节动物、苔藓动物、软体动物、甲壳动物、棘皮动物等无脊椎动物和原索动物。底栖植物主要包括红藻门、褐藻门和绿藻门在内的大型藻类和水生维管束植物如海韭菜等。

按底栖动物的生态类型，主要可分为以下三种。

（1）底内动物　　栖息在水底的泥沙或岩礁中，又可分为两类：①管栖或穴居种类，是指栖息于管内或穴内的种类，如多毛类的巢沙蚕和磷沙蚕，甲壳类的蝼蛄虾和许多蟹类等；②埋栖种类，是指自由潜入泥沙的种类，如软体动物中的蛤类、螺类、星虫类，甲壳动物的蝉蟹、端足类、涟虫及棘皮动物等。此外，钻孔动物、钻蚀动物的海笋、船蛆等也属于底内动物。

（2）底上动物　　栖息在水底岩礁或泥沙的表面，也分为两类：①营固着生活，如固着于水底岩礁或其他动植物上，也有的种类将部分身体埋在泥沙中，如贻贝、扇贝、牡蛎、水螅虫、海葵、海胆、藤壶等；②营漫游性生活，其中有的在水底爬行或蠕动，有的在固着底栖生物丛中活动。这类动物一般移动缓慢，如腹足类、蠕虫、棘皮动物等。

（3）游泳底栖动物　　虽栖息在水底但又能作游泳活动的动物，如甲壳类的虾类和底层鱼类中的比目鱼、虾虎鱼类等。

2. 采集工具　　开展底栖生物调查时，首先应考虑调查海区的海底地形与底质，并根据调查的性质，设站一般在10 n mile左右，可适当放宽或缩小，通常每季度（月）调查一次。

（1）船上设备　　①要求调查船具有能负荷拖网和采泥器的绞车与吊杆。近海调查一般负荷200 kg的绞车和吊杆，绞车工作速度以0.2～1.0 m/s为宜。绞车上装有自动排绳设备及绳索计数器。吊杆一般装在主甲板后部，高出船舷5 m左右，伸出舷外约1 m，能做回转运动，而专用采泥器取样的绞车及吊杆应能负荷500 kg。深海采集时，要使用大型网具和采泥器，其负荷量尚需相应增加。②钢丝绳：一般底栖生物拖网可用直径8～10 mm的软钢丝绳。其长度依据调查海区的水深而定，通常为水深的2～3倍。专供采泥器用的绞车上，一般用直径4～6 mm的钢丝绳。③冲水设备：在工作甲板上需装配有水龙头和胶皮水管，以供采泥和拖网后筛选底栖生物、冲洗网具和采泥器用水。

（2）采集网具　　主要有拖网和采泥器两类。

1）拖网类：有阿氏拖网、双刃拖网、桁拖网等多种形式，可根据调查海区底质和要求选用其中一种，以拖捕底栖生物。

2）采泥器：通常由两个颚瓣构成，也有曝光型采泥器和弹簧采泥器等，以前者使用较多。采泥面积分为0.25 m^{2}和0.1 m^{2}两种，前者多安装在大型调查船上，后者一般在近岸调查时使用，在内湾水域可酌用0.05 m^{2}的小型采泥器。

（3）套筛　　套筛是由不同孔径的金属网或尼龙网制成的复合式筛子，专供冲洗过滤泥沙样品和分离动植物标本之用。套筛一般由两层组成，可分可合。筛框为木质或铝质。两层筛网的网孔大小不同，上层为5～6 mm，下层为1 mm，以便分离获取不同大小的标样。

3. 资料分析与整理

（1）定性分析　　根据采集标样进行分类鉴定。由于底栖生物如纽虫类、沙蚕、蠕虫类结构脆弱，取样筛选后通常只得生物体片段，造成鉴定困难，因此必须十分细致、认真。

（2）定量分析　　根据分类鉴定，按门类分别计算个体数量和称取生物量。由于各门类生物的性质不同，经过福尔马林或乙醇固定后通常有一定的失水率，故在计算质量组成时，应先查阅不同生物的失水率表，然后把固定样品质量换算为当场质量，再汇入总表，以免产生失真。

在定性、定量分析之后，可进行资料整理，列写底栖生物名录，计算种类的个体数量组成、质量组成、出现频率、密度指数，估计总生物量及调查所要求的其他参数。

具体分析方法可以查阅《海洋底栖生物学》《海洋无脊椎动物》等专著和教材。

◆ 第四节　鱼类资源调查

鱼类资源调查是渔业资源调查的主体，旨在了解和掌握调查海区的鱼类种类与数量分布状况，并通过对调查对象的渔业生物学特征的掌握，为渔业资源的开发、保护及鱼类种群数量评估与预报提供基础生物学依据。

一、调查前的准备工作

除了本章第一节叙述的共同性准备工作外，还需要做好以下工作。

（1）全面查阅资料　　查阅拟调查海区的鱼类资源分布、生物学特征资料，包括鱼类分类图谱和专著。

（2）开展专业培训　　出海前要抽出一定时间、对参加本专题调查的全体人员进行业务培训，从调查计划和已掌握的鱼类资源资料、鱼类标本检索和鱼类生物学测定等方面进行操作和训练，使调查人员能够了解和初步掌握过去已有的调查资料与本航次的调查工作。

（3）调查仪器与设备等的准备　　为了配合培训工作，需要把调查海域常见图谱、渔捞日志等各种表格、鳞片袋、量鱼板、体长刺孔纸、标签、纱布、福尔马林和标本采集箱，按计划要求提前完成，并经复核后装箱，准备上船。

二、海上调查工作

（1）组织与分工　　海上调查要任命一位专业组长或首席科学家，负责调查计划的实施，与各专业组现场协调工作，组织成员按分工进行作业。

（2）任务执行　　各调查员在保证安全的条件下，努力克服晕船等困难，认真执行分工的本职工作，必须一丝不苟地完成各项计划任务。

（3）工作部署　　在水文、生物等专业组开始进行观测的同时，项目首席或者本专业负责人就应与船长或大副将该测站的试捕调查工作作具体部署。

（4）试捕工作　　待上述专业观测完毕，船只起锚向下一测站航行时，在渔捞长指挥下，由船员执行放网试捕调查，如拖网通常拖曳 1h、航速 3kn（节），围网则视该测站附近鱼群集群情况而定。

（5）声学调查　　在航行中应经常打开探鱼仪，有条件的调查船如"北斗号"，在遇到鱼群时尚应启动探鱼积分仪及与网上悬挂的网位仪相配合，以调查了解海域鱼群分布、数量特征及渔获物等重要参数。

（6）渔获物处理　　起网时，调查队员应按计划分工，作各项准备工作。起网后，工作人员一边帮助渔工理鱼，一边由指定专业人员当场填写渔捞日志（表9-1）。渔获物分类计数完毕，按鱼箱或编织袋加附标签，放入鱼舱低温保存；如该测站标样数量少，则全部装入事先编号的塑料标本桶，加 5%～8%的福尔马林固定（对其中较大个体标本，尚应切腹或作腹腔注射），带回实验室待分析。

（7）样本采集与生物学测定　　对各测站的调查目标鱼种或主要渔获物，应随机抽取 100 尾进行生物学测定，并把性腺、胃含物及耳石、鳞片资料分别固定或包装好，连同记录表（表 9-2）带回实验室供分析研究；如调查船限于人力紧张，难以进行生物学测定时，也应尽量多进行体长刺孔与平均体重的测定工作。

（8）数据输入　　有条件的调查船应及时把拖网等记录卡片及生物学测定资料等数据输入计算机保存，并作初步数据处理，待航次调查结束时，连同有关资料全部带回。

（9）航次总结　　船只返航后，应及时把全部样品资料和小型调查用具清理集中，并做好交接手续及航次小结工作，并根据下航次调查时间表，做下航次准备工作，直到整个调查结束。

表 9-1　拖网等作业的记录卡片

船名		航次		区域		站号		拖网号次		日期	
风向风力		波浪		云量		气温		℃			
总渔获量		kg（估计）		kg（正确质量）		每小时拖网渔获量			kg/h		

放网时　　　　　　　　　　　　　　　　　　　　　　　　　　　　　　　　起网时

位置	_____	拖网规格	_____	位置	_____
时间	_____	拖网方向和曳纲长度	_____	时间	_____
深度	_____			深度	_____
底质	_____	拖网时间及航速	_____	底质	_____

表 9-2　渔获物组成及其记录表

种类	尾数	质量/kg	长度（从_____到_____）/mm	备注

三、资料整理与调查报告撰写

（1）鱼类分类　　分类工作是一项细致、费时的工作。由于海上站次相隔时间短，填写拖网卡片时往往只有大类的记录，因此回到实验室仍需将全部渔获标样再进行仔细分类鉴定。在上述分类鉴定的基础上，进行生物区系分析，以了解调查海区的渔业生物区系性质。

（2）生物学测定与生物学特性的研究　　因受到海上工作条件的限制，除少数目标鱼种外，多数种类的生物学测定工作均需在陆上进行（表 9-3）。

表 9-3 鱼类生物学测定记录表

海区　　船名　　航次　　种名　　站号　　水深　　采样时间　　网具　　渔获量　　kg

编号	长度/mm		质量/g			性别		性腺成熟度	摄食强度	年龄	备注
	全长	体长	全重	纯体重	性腺重	雌	雄				

测定　　　记录　　　校对　　　年　月　日

生物学特征分析，对耳石、鳞片等年龄资料，胃含物的饵料分析标样，以及研究性成熟的性腺材料等，则分别交给各有关研究人员进行分析研究（表 9-4～表 9-7）。

表 9-4 鱼类生物学测定统计表

海区　　　　船名　　　　航次　　　　站号　　　　水深　　　　m

种名　　采样时间　　网具　　渔获量　　kg

体长组/mm						合计
尾数						
占比/%						

平均体长＝　　　mm　　　最大体长＝　　　mm　　　最小体长＝　　　mm

体重组/mm						合计
尾数						
占比/%						

平均体重＝　　g　　　最大体重＝　　g　　　最小体重＝　　g

性腺成熟度（雌）						合计
尾数						
占比%						

性腺成熟度（雄）						合计
尾数						
占比/%						

年龄组成						合计
尾数						
占比/%						

摄食强度	0	1	2	3	4	合计
尾数						
占比/%						

性别	雌	雄	合计
尾数			
占比%			

计算　　校对　　年　　月　　日

表 9-5　鱼类体长测定统计表

海区　　船名　　航次　　站号　　种名　　采样时间　　年　　月　　日

尾数体长组/cm	年龄						共计		各体长组	
	1		2		3					
	雌	雄	雌	雄	雌	雄	雌	雄	总尾数	占比%

各年龄组雌或雄所占尾数

各年龄组总尾数

各年龄组占总尾数比例/%

计算　　校对　　年　　月　　日

表 9-6　鱼类体重测定统计表

海区　　船名　　航次　　站号　　种名　　采样时间　　年　　月　　日

尾数体重组/cm	年龄						共计		各体重组	
	1		2		3					
	雌	雄	雌	雄	雌	雄	雌	雄	总尾数	占比%

各年龄组雌或雄所占尾数

各年龄组总尾数

各年龄组占总尾数比例/%

计算　　校对　　年　　月　　日

表 9-7　鱼类怀卵量记录表

海区　　船名　　航次　　站号　　日期　　网具

编号	长度/mm	质量/g		年龄	成熟度	性腺重/g	取样重/g	绝对怀卵量		相对怀卵量	备注
		全体重	纯体重					取样卵数	全部卵数		

测定　　记录　　校对

具体测定与研究方法详见《渔业资源生物学实验》配套教材。

（3）资料整理　　海上调查资料与陆上的分析资料均以原始数据形式输入计算机，以数据库方式存储。之后各有关专业人员根据研究需要，调用原始数据或已初步处理的数据，进一步进行数据处理或作信息处理，绘制图表，形成调查报告的基本素材，供撰写报告与作分析评价使用。

（4）调查报告　　调查报告是渔业资源调查的最终产物，是以文字、数据、图表和模型的形式，提供调查的结果与结论，供有关决策、研究和生产部门参考。它的主要内容应包括调查的时间与海区、调查的目的与要求、调查的内容与方法及调查结果和存在问题、建议。调查所得结果是报告的重点内容，要求图文并茂。此外，还要写明调查中存在的问题、调查的结论与提要等。

调查报告通常可以分为总报告及各个专题报告，如种类组成、基础生物学、资源分布等。对于本调查重点研究或较深入研究的问题，可另辟专题，分别进行撰写，以提供更系统的资料与信息。对于综合性、大型调查报告尤应如此，至于各类调查报告的内容与形式等可参考各类同调查报告撰写。

◆ 第五节　海洋环境调查

海洋环境调查是对海洋物理、化学、生物过程等及海洋诸要素间的相互作用所反映的现象进行测定，并研究其测定方法。其主要任务是观测海洋要素及与之有关的气象要素，通过整理分析观测资料，绘制各类海洋要素图，查清所观测的海域中各种要素的分布状况和变化规律。同时，海洋环境调查与渔业资源探捕调查同步进行，可为渔业资源分布与环境关系提供基础资料。因此，海洋环境调查也是渔业资源调查的主要内容。本节简要描述海洋环境调查的基本方法和内容，详细内容可以参考《海洋调查方法》等专著和教材。

一、海洋环境调查系统的构成

海洋环境调查工作作为一个完整的系统，通常包括 5 个主要方面：被测对象、传感器、平台、观测方法和数据信息处理。其中，被测对象实际上是系统的工作对象，传感器和平台是系统的"硬件"，而观测方法和数据信息处理技术则是一定意义上的"软件"。

1. 被测对象　　海洋环境调查中的被测对象是指各种海洋学过程及取决于它们的各种特征量的场。对被测对象进行科学分类，有助于人们合理计划海洋调查工作，有目的地发展海洋调查技术。

所有的被测对象可分为 5 类：①基本稳定的，这类被测对象随着时间的推移变化极为缓慢，以至可以看成是基本不变的，如各种岸线、海底地形和底质分布。②缓慢变化的，这类被测对象一般对应海洋中的大尺度过程，它们在空间上可跨越几千千米，在时间上可以有季节性的变化，如"湾流""黑潮"及其他一些大洋水团等。③变化的，这类被测对象对应于海洋中的中尺度过程，它们的空间跨度可达几百千米，寿命约几个月，如大洋的中尺度涡，浅、近海的区域性水团（如我国的黄海冷水团）。④迅变的，这类被测对象对应于海洋中的小尺度过程，它们的空间尺度为十几到几十千米，生存周期为几天到十几天，如水团边界（锋）的运动等。⑤瞬变的，这类被测对象对应于海洋中的微细过程，其空间尺度在米的量级以下，时间尺度则在几天到几小时甚至分、秒的范围内，常规的海洋调查手段很难描述它们，如海洋中对流过程等。

2. 传感器　　传感器是指能获取各种海洋数据信息的仪器和装置，可大致分为以下三种。

（1）点式传感器　　用于感应空间某一点被测量的对象，如温度、盐度（电导率）、压力、流速、浮游生物量、化学要素的浓度等。

（2）线式传感器　　可以连续地感应被测量对象。当传感器沿某一方向运动时，可以获得某种海洋特征变量沿这一方向的分布。如常用的投弃式温盐深仪（XCTD）、投弃掷式温深计（XBT）及温盐深自动记录仪（CTD），这些仪器可提供温度随深度变化的分布曲线，其他各种走航拖曳式仪器则可给出温度、盐度等海洋特征变量沿航行方向上的分布。

（3）面式传感器　　可以提供二维空间上海洋特征变量的分布信息，也就是可以直接提供某海洋特征变量的二维场。例如，海洋卫星遥感可获得一定范围内海面（X，Y）的水温分布。

3. 平台　　平台是观测仪器的载体和支撑，也是海洋环境调查工作的基础，平台在海洋环境调查系统中是一个重要的环节。平台一般分为两类。

（1）固定式平台　　是指空间位置固定的观测工作台。在这种平台上，传感器可以连续工作以获取固定测站（或测点）上不同时刻的海洋过程有关的数据和信息，如海洋观测站、海上定点水文气象观测浮标、海上固定平台等。

（2）活动平台　　是指空间位置可以不断改变的观测工作台或载体活动平台，还可细分为主动式和被动式两种。主动式可根据人的意志主观地改变位置，如海洋调查船、潜水装置；被动式如自由漂浮观测浮标、按固定轨道运行的观测卫星等。

4. 观测方法　　针对一定的被测对象，根据配备的传感器和平台来选定合理的测试方法，是海洋环境调查工作中极为重要的内容。观测方法一般来说有4种。

（1）随机方法　　随机调查是早期的一种调查方式，组成随机调查的测站（站点）是不固定的。这种调查大多是一次完成的，各航次之间并无确定的联系，如商船进行的大量随机辅助观测。虽然一次随机调查很难提供关于海洋中各种尺度过程的正确认识，但大量的随机观测数据可给出大尺度（甚至中尺度过程）的有用信息。

（2）定点方法　　定点观测是至今仍大量采用的海洋环境调查方式。除了岸站的定点连续观测，还有固定的断面调查。定点调查通常采取测站阵列或固定断面的形式，按一定的时间段进行观测，如每月一次、多日一次、一日一次的连续观测。定点海洋环境调查使得观测数据在时间和空间上分布比较合理，从而有利于提高对各种尺度过程的认识，特别是多点同步观测和观测浮标阵列可以提供同一种时刻的海况分布，采用定点调查的成本是相当昂贵的。

（3）走航方法　　随着传感器和数据信息处理技术的现代化，走航观测成为可取的方式。根据预先合理计划的航线，使用单船或多船携带走航式传感器［如XBT、走航式温盐自记仪、声学多普勒海流剖面仪（ADCP）等］采集海洋学数据，然后用现代数据信息处理方法加工，可以获得被测海区的海洋信息。走航观测方式具有耗资少、时间短、数据量大等特点。

（4）轨道扫描方法　　航天和遥感技术的发展，为海洋调查提供了一种新的施测方式，利用海洋卫星或资源卫星上的海洋遥感设备对全球海洋进行轨道扫描，大面积监测海洋中各种尺度过程的分布变化。它几乎可以全天候地提供局部海区良好的天气式数据信息，但是遥感技术在监测项目、观测准确度和空间分布等方面还有待进一步拓展和提高。

5. 数据信息处理　　随着海洋技术的发展，海洋数据和信息的数量、种类急剧增加，在海洋大数据背景下如何科学地处理这些数据和信息已成为一个重要课题。数据信息处理技术的发展，反过来也促进了传感器和施测方式的改进。例如，良好的数据信息处理技术可以补偿观测手段的不足或者向新的观测手段提出要求。数据信息处理技术大致可分为4种。

（1）初级数据处理　　海洋调查的初级数据处理是将最初始的观测读数订正为正确数值，如颠倒温度表和海流的读数订正等。另外，某些传感器提供的某些海洋特征连续模拟量，也应将它们按需要转化为数字资料。初级数据处理是对第一手资料的处理，因此也是最基础的工作。

（2）进一步的数据处理　　进一步的数据处理是指对初级处理完毕的数据作进一步加工处理，如空缺数据的填补、各种统计参数的计算、延伸资料的求取（如从水温、盐度计算密度、声速等）。最后，要求将各种海洋调查数据整理并能直接提供给用户使用，可存放在海洋数据信息中心的数据库中，供用户随时查询索取。

（3）初级信息的处理　　初级信息处理的目的是从观测值或计算出来的延伸资料中提取初步的海洋学信息。一般是将有关的海洋学特征变量样本以恰当的方式构成该特征变量直观的时空分布，如根据水温、盐度等的离散值用空间插值方法绘制水温和盐度的大面、断面分布图或过程曲线图等。在海洋遥感系统中，将传感器发送回来的代码还原成图像而不作进一步处理，也属于初级信息处理的范畴。

（4）进一步的信息处理　　其目的是从处理后的数据中或经初级信息处理的信息中，提取进一步的海洋信息，如根据水温、盐度的实况分布可以用恰当的方式估计出水团界面的分布（锋）。对海流数据和上述实况的恰当分析处理还可得出被测区的环流模型。遥感系统中的电子光学解译技术、计算机解译技术，也都属于进一步的信息处理技术。

随着海洋调查技术的发展，特别是在海洋渔场等应用上的需要，目前更普遍趋向于"实时方式"，即将观测数据以最快捷的方式（如卫星中转）传到数据信息中心，并及时加以处理，以形成现场实况交付渔业等部门、用户使用。实时方式提高了海洋观测的使用价值，在实况通报和海况预报上可发挥更大的作用。美国国家海洋和大气管理局（NOAA）和日本渔情预报信息中心等机构，根据实时获得的海洋遥感产品，及时转化为渔海况信息分布图，如表温、海面高度、叶绿素等分布图，以及水温距平均值、海洋水温锋面等分布图，科学指导渔船寻找中心渔场进行生产。

二、海洋水文观测的分类及内容

海洋水文观测是指以空间位置固定和活动的方式在海上观察与测量海洋环境要素的过程。目前，常用的海洋水文观测方式有以下几种。

1. 大面观测和断面观测　　为了解某海区的水文等要素分布情况和变化规律，在该海区布设若干个观测站。在一定的时间内对各站观测一次，这种调查方式称为大面观测。观测时间应尽可能得短，以保证调查资料具有良好的同步性。大面观测站的站点布设位置一般按直线分布，由此直线所构成的断面称为水文断面。水文断面的位置一般应垂直于陆岸或主要海流方向。关于它的密集程度和站距，原则上是在近海岸线区域需更加密一些，外海深水区域可稍疏一些。

对每一个大面测站的观测，一般要求抛锚进行，但在流速不大或者水深较浅的海区，可以不抛锚测流。利用 ADCP 进行各水层流速的测定，也可以不抛锚。

大面观测的主要项目有水深、水温、盐度、水色、透明度、海发光、海浪、风、气温、湿度、云、能见度、天气现象等，有时还进行表面流的观测。随着观测手段与方法的发展，目前应用航空和卫星遥感手段进行大面积的海洋观测也属于大面观测的范畴。

大面观测的工作量一般很大，要多次重复地进行观测是有困难的，因而它多用于对海区的水文、气象、化学、生物等要素综合性普查上。当初步摸清该海区的水团与海流系统之后，为了进一步探索该海区各种海洋水文要素的长期变化规律，可在大面观测中选择一些具有代表性的断面进行长期重复观测，这种调查方式称为断面观测。具有代表性的断面称为标准断面。断面观测的观测项目、观测时间、设站疏密程度及连续性要求均视具体情况而定。

2. 连续观测　　为了解水文、气象、生物、化学要素的周日或逐日变化规律，在调查海区内选定具有代表性的测站，连续进行一日以上的观测称为连续观测。连续观测的观测项目，除了大面观测的观测项目，还需进行海流观测，而且一般以海流观测为主。根据所需资料的要求不同，连续观测又分为周日连续观测和多日连续观测。周日连续观测是当船只抛锚后连续观测24h以上，其中水深每小时观测一次；潮流至少应取25次记录，水温、水色、透明度每2h观测一次，取13个记录；波浪、气象要求每3h观测一次，取7~8个记录，海发光在夜间观测三次。多日连续观测是指连续进行两天或两天以上的观测。目前，世界上采用的海洋水文气象遥测浮标站、固定式平台等都是连续观测站的新发展。

3. 同步观测 同步观测是指用两艘或两艘以上的调查船同时进行的海洋观测。它的优点在于可以获得海洋要素同步或准同步的分布，对深入了解海洋现象的本质及诸现象在时间和空间上的相互联系具有重要意义。对于海洋要素的时间变化比较显著的近岸浅海区，这种方法更为重要。同步观测的方法可以多种多样，可以用一艘船进行定点连续观测，另外船只配合进行断面或者大面观测；也可以由很多艘船同时在各个测站上进行观测。

4. 辅助观测 为了获得较多的同时观测资料，以补充大面观测和连续观测的不足，更真实地掌握水文气象要素的分布情况，可利用商船、军舰等非专门调查船只在海上活动的机会，定时地进行一些简单的水文气象观测，这种观测称为辅助观测。

以上是4种基本的观测方法，随着自记仪器、遥测浮标站、航空遥测技术、深潜技术等的发展和应用，观测方法又有新的发展。例如，全球海洋观测系统就是由空中的卫星、飞机和气球，海面的调查船和观测浮标，水下的潜水器等所组成的立体观测体系。

三、海洋水文气象调查方法

1. 水深测量

（1）机械测深 用水文绞车上系有重锤（或铅锤）的钢丝绳测量水深称为机械测深。绞车是供升降各种海洋仪器和采样工具及水深测量用的，它是调查船上最基本的设备之一。

（2）回声测深 回声测深仪是利用声波在海水中以一定的速度直线传播，并由海底反射回来的特性制成的。在实际使用中，可直接在回声测深仪指示器上读取深度数据。在渔业生产船作试捕调查船时，通常利用探鱼仪测深。

2. 水温测量

（1）水温测量的准确度 海洋温度的单位均采用摄氏度（℃）。由于温度对密度的影响显著，而密度的微小变化都可导致海水大规模的运动，因此，在海洋学上，大洋温度的测量，特别是深层水温的观测，要求达到很高的准确度。一般来说，下层水温的准确度必须在0.05℃以下，在某些情况下，甚至要求达到0.01℃。为此，温度计必须十分稳定和灵敏，同时还须经常加以校准。对于大陆架和近岸浅水域，其温度的变化相对较大，用于测定表层水温的温度计，其准确度不一定要求这么高。目前，世界各国对海洋水温调查有以下共识。

1）对于大洋，因其温度分布均匀，变化缓慢，观测准确度要求较高。一般温度应准确到一级，即±0.02℃。这个标准与国际标准接轨，有利于与国外交换资料。但对用遥感手段观测海温，或用XCTD、XBT等观测上层海水的跃层情况时，可适当放宽要求。

2）在浅海，因海洋水文要素时空变化剧烈，梯度或变化率比大洋的要大上百倍甚至千倍，水温观测的准确度可放宽。对于一般水文要素分布变化剧烈的海区，水温观测准确度为±0.1℃。对于那些有特殊要求，如水团界面和跃层的细微结构调查等，应根据各自的要求确定水温观测准确度，如二级准确度为±0.05℃，三级准确度为±0.2℃。

（2）水温测量的时次与标准层次　　水温观测分为表层水温观测和表层以下水温观测。为了资料的统一标准和便于使用，我国做出了规定：表层指海表面以下 1m 以内水层。底层的规定如下：水深不足 50m 时，底层为离底 2m 的水层；水深在 50～100m 时，底层离底的距离为 5m；水深在 100～200m 时，底层离底的距离为 10m；水深超过 200m 时，底层离底的距离根据水深测量误差、海浪状况、船只漂移等情况和海底地形特征等进行综合考虑，在保证仪器不触底的原则下尽量靠近海底，通常不小于 25m。

在观测时间方面，大面或断面站，船到站就观测一次；连续站每 2h 观测一次。

（3）测定温度的仪器、设备

1）表面温度计测温：表面温度计用于测量表层水温，它的测量范围为 –6～+40℃，分度值为 0.2℃，准确度为 0.1℃。使用表面温度计测温，可在台站或船上进行。不论在台站观测或在船上观测，既可以把温度计直接放入水中进行，也可以用水桶取水进行。前者用于风浪较小的条件下，后者用于风浪较大时。

2）颠倒温度计测温：在传统上，颠倒温度计是水温测量的主要仪器之一，目前使用很少。其方法为：把装在颠倒采水器上的颠倒温度计沉放到预定的各水层中。在一次观测中，可同时取得各水层的温度值。颠倒温度计在观测深水层水温时，温度计需要颠倒过来，此时表示现场水温的水银柱与原来的水银柱分离。若用一般温度计观测深层水温时，当温度计取上来后，温度就随之变化，结果观测到的水温不是原定水层的水温。这就是颠倒温度计能观测深层温度的主要原因。

3）温深系统测温：利用温深系统可以测量水温的垂直连续变化。常用的仪器有温盐深自动记录仪（CTD）、电子温深仪（EBT）和投弃掷式温深计（XBT）等。利用温深系统测水温时，每天至少应选择一个比较均匀的水层与颠倒温度计的测量结果对比一次，如发现温深系统的测量结果达不到所要求的准确度，应调整仪器零点或更换仪器探头，对比结果应记入观测值班日志。

3. 海水透明度与水色观测　　透明度表示海水透明的程度（即光在海水中的衰减程度）。水色表示海水的颜色。研究水色和透明度有助于识别洋流的分布，因为大洋洋流都有与其周围海水不同的水色和透明度。例如，墨西哥湾流在大西洋中像一条天蓝色的带子；黑潮，即因其水色蓝黑而得名；美洲达维斯海流色青，故又称青流。研究透明度和水色对于渔业具有重要的意义。

（1）透明度观测　　观测透明度的透明度盘是一块漆成白色的木质或金属圆盘，直径 30cm，盘下悬挂有铅锤（约 5kg），盘上系有绳索，绳索上标有以分米为单位的长度记号。绳索长度应根据海区透明度值大小而定，一般可取 30～50m。

在主甲板的背阳光处，将透明度盘放入水中，沉到刚好看不见的深度，然后再慢慢地提到隐约可见时，读取绳索在水面的标记数值，有波浪时应分别读取绳索在波峰和波谷处的标记数值。读到一位小数，重复 2～3 次，取其平均值，即观测的透明度，记入透明度观测记录表中。若倾角超过 10°，则应进行深度订正。当绳索倾角过大时，盘下的铅锤应适当加重。

透明度的观测只在白天进行，观测时间为：连续观测站，每 2h 观测一次；大面观测站，船到站观测。观测地点应选择在背阳光的地方，观测时必须避免船上排出污水的影响。

应用白色圆板测量透明度虽然简便、直观，但也有不少缺点，如受海面反射光、人眼睛等的影响。因为测量的结果缺乏客观的代表性，而且透明度盘只能测到垂直方向上的透明度，不能测出水平方向上的透明度，所以，近年来国际上多采用仪器来观测光能量在水中的衰减，以确定海水透明度，并对透明度作出新的定义。

（2）水色观测　　水色观测是用水色标准液进行的。它是由瑞士湖沼学家福雷尔（F. A. Forel）发明的，于 1885 年在康斯坦茨湖和莱鞍湖使用后被广泛应用。水色根据水色计目测确定。水色计中由蓝色、黄色、褐色三种溶液按一定比例配制的 21 种不同色级，分别密封在 22 支内径 8mm、长 100mm 的无色玻璃管内，置于敷有白色衬里的两开盒中（左边为 1～11 号，右边为 11～21 号）。其中常用水体颜色，1～2 号蓝色；3～4 号天蓝色；5～6 号绿天蓝色；13～14 号绿黄色；15～16 号黄色；17～18 号褐黄色；19～20 号黄褐色。

观测透明度后，将透明度盘提到透明度值一半的位置，根据透明度盘上所呈现的海水颜色，在水色计中找出与之最相似的色级号码，并计入水色观测记录表中。水色的观测只在白天进行，观测时间为：连续观测站，每 2h 观测一次；大面观测站，船到站观测。观测地点应选择在背阳光的地方，观测时必须避免船上排出污水的影响。

4. 海流观测　掌握海水流动的规律非常重要，它可以直接为海洋渔业等服务。海流与渔业的关系很密切，在寒流和暖流交汇的地方往往形成良好的渔场。

（1）海流观测方法　海流的观测包括流向和流速。单位时间内海水流动的距离称为流速，单位为 m/s 或 cm/s。流向指海水流去的方向，单位为度（°），正北为 0°，正东为 90°，正南为 180°，正西为 270°。随着科学技术和海洋学科本身的不断发展，观测海流的方式也在不断地改进和提高。按所采用的方式和手段，观测海流的方法可分为随流运动进行观测的拉格朗日方法和定点的欧拉方法。

浮标漂流测流法主要适用于表层流的观测，它是根据自由漂流物随海水流动的情况来确定海水的流速、流向。在海洋观测中，通常采用定点方法测流，以锚定的船只或浮标、海上平台或特制固定架等为存载工具，悬挂海流计进行海流观测。

（2）声学多普勒海流剖面仪（ADCP）　ADCP 是目前观测多层海流剖面最有效的方法。其特点是准确度和分辨率高、操作方便。自 20 世纪 70 年代末以来，ADCP 的观测技术迅速发展，国际上出现了多种类型的 ADCP。目前国际上的大型海洋研究项目中如热带海洋和全球大气研究计划（TOGA）、世界大洋环流实验（WOCE）、西赤道太平洋研究计划（WEPOCS）等都采用 ADCP。ADCP 已被政府间海洋学委员会（IOC）正式列为几种新型的先进海洋观测仪器之一。其基本原理如图 9-2 所示。

图 9-2　ADCP 工作示意图

ADCP 测流原理：由于超声源（或发射器）和接收器（散射体）之间有相对运动，而接收器所接收到的频率和声源的固有频率是不一致的。若它们是相互靠近的，则接收频率高于发射频率，反之则低，这种现象称为多普勒效应。接收频率和发射频率之差称为多普勒频移。把上述原理应用到声学多普勒反向散射系统时，如果一束超声波能量射入非均匀液体介质时，液体中的不均匀体把部分能量散射回接收器，反向散射声波信号的频率与发射频率将不同，产生多普勒频移，它与发射/接收器和反向散射体的相对运动速度成比例，这就是声学多普勒速度传感器的原理。

利用回声束（至少三束）测得水体散射的多普勒频移，便可以求得三维流速并且可以转换为

地球坐标下的 u（东分量）、v（北分量）和 w（垂直分量）。由于声速在一定水域中，在一定深度范围内的水体中的传播速度基本是不变的，因此根据由声波发射到接收的时间差来确定深度。利用不断发射的声脉冲，确定一定的发射时间间隔及滞后，通过对多普勒频移的谱宽度的估算，可得到整个水体剖面逐层段上水体的流速。ADCP 根据不同的工作要求，可以变换不同的工作方式（图 9-3）。

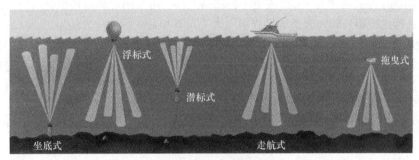

图 9-3　ADCP 布放示意图

5. 海浪观测　　海浪观测的主要内容是风浪和涌浪的波面时空分布及其外貌特征。观测项目主要包括海面状况、波型、波向、周期和波高。海浪观测有目测和仪测两种。目测要求观测员具有正确估计波浪尺寸和判断海浪外貌特征的能力。仪测则观测波高、波向和周期，而其他项目仍用目测。波高的单位为米（m），周期的单位为秒（s），观测数据取至一位小数。具体可查阅《海洋调查方法》《海洋调查规范》等教材和专著。

6. 海洋气象观测　　从渔业角度看，主要是提供作业海区气象情报和分析水文要素变化，尽管它包括气温、湿度、气压、风情、云量和能见度等许多项目，但可根据调查计划要求，选择一些必测项目进行观测。

（1）气象观测的目的　　海面气象观测的目的是为天气预报和气象科学研究提供准确的情报和资料，同时还要提供海洋水文等观测项目所需要的气象资料。因此，凡承担发送气象预报任务的调查船要按照有关规定，准时编发天气预报。

（2）气象观测的项目　　海面气象观测的项目有：能见度、云、天气现象、风、空气的温度和湿度、气压等。具体可查阅《海洋调查方法导论》《海洋调查规范》等教材和专著，本节不详细介绍。

◆ 第六节　渔业资源调查设计与优化

　　渔业资源分布与环境因子的关系密切，全球气候变化一定程度上加剧了渔业资源的变动。受渔业资源分布变动的影响，相关调查设计在获取调查对象资源量信息时往往存在不同层次的偏差，从而影响管理决策。渔业资源的游动性和时空分布的变动性给渔业资源调查方案的设计带来了更大的挑战，在开展渔业资源调查时，应结合调查工作和研究积累，持续开展调查方案的设计与优化工作，从而基于调查手段更大程度获取调查对象的资源量信息。渔业资源调查设计与优化的内容包括调查单元大小、调查时间、抽样调查方法、调查努力量（站位数量等）、调查工具选择与改进等方面，基于计算机模拟抽样是设计与优化调查方案的主要手段。

一、渔业资源调查设计涵盖内容

1. 调查单元　　调查单元或者采样单元是指在渔业资源调查时设置的调查栅格大小。调查单元大小设置应遵循"栅格单元大于调查网具单次调查扫海面积"的原则，并根据调查水域范围大小、数据空间分辨率、走航路线等设置，如在大洋性渔业资源调查时可采用 1°×1° 栅格大小，近海渔业资源调查时可采用 0.5°×0.5° 或更小的栅格大小。可采用计算机模拟技术对不同调查单元的采样精度进行比较得到较为合适的调查单元大小及其相适应的抽样方法。

2. 调查时间　　渔业资源调查设计中的调查时间包括调查季节，也包括一天当中开展调查的具体时间。近海渔业资源调查往往在每个季度开展调查，每个季度开展调查的月份应根据调查对象的洄游习性、天气状况等进行确定，并考虑调查月份的年际连续性；一天当中在白天或是晚上开展调查应考虑鱼类等渔业资源昼夜垂直移动习性、调查作业方式等因素加以确定。

3. 抽样调查方法　　抽样调查方法是渔业资源调查设计的主体，一般抽样调查方法可分为概率抽样和非概率抽样两种不同的抽样方法。

（1）概率抽样　　概率抽样又称随机抽样，在这种情况下，抽样的方式是，每一个单位或样本都有相同的概率被选择，这样可以保证样本真正代表总体。概率抽样一般包括简单随机抽样（simple random sampling）、系统抽样（systematic sampling）、分层抽样（stratified sampling）、整群抽样（cluster sampling）和多阶段抽样（multistage sampling）。总体中每个个体有相同的概率被抽到，缺少目标总体先验信息时，常用此抽样方法。

（2）非概率抽样　　非概率抽样一般不具备随机性，多依赖于研究者的知识能力去选择样本。抽样的结果可能有偏差，使得总体中的所有个体很难平等地成为抽样的一部分。非概率抽样一般包括便利抽样（convenience sampling）、立意抽样（purposive sampling）、定额抽样（quota sampling）、雪球抽样（snowball sampling）。

4. 调查努力量　　调查努力量一般指为了开展调查设置的调查站位数量、每个站位抽取的调查对象尾数、抽选的调查渔船数量等，调查努力量不仅关系到抽样调查的精密度，还与预算成本密切相关。进行渔业资源调查时，调查成本往往有限，合理科学地设置抽样努力量可以帮助科研工作者在有限的调查成本下最大可能地获得研究对象的信息资料，有效节约海上调查成本。同时，合理的抽样调查努力量还可以降低高强度渔具调查对生态系统和珍稀渔业资源生物的损害效应，尤其是在水域生态系统功能脆弱、亟待修复的水域。

二、基于计算机模拟方法的抽样调查设计与优化

计算机模拟常被用来比较不同抽样调查设计进而得到最适的抽样调查设计方案。计算机模拟是抽样调查设计比较研究的主要手段，在评价多种抽样调查设计的表现方面提供了有效的工作框架，从渔业独立调查角度提高了调查数据的质量，进而使得渔业资源评估结果和管理措施的制定更加有效。

在全球气候变化、全球生态系统变化、生物资源大保护的背景下，渔业资源抽样调查设计研究的目的是探寻一套既能节省成本又能较大程度获得研究对象时空分布的抽样调查方案，进而为渔业资源评估和管理等科学研究提供质量更为可靠的数据来源。关于抽样调查设计的研究内容主要包含但不限于不同抽样调查设计的比较与优化、抽样努力量（站点数量、断面数量）的优化选择、影响抽样调查精度因素等方面。

运用计算机模拟进行此类研究的主要流程如下（图 9-4）。

1）通过模型预测、空间插值等方法得到研究对象的时空分布（"真值"），并假设这一时空分布能够反映研究对象的实际分布，抽样单元的大小和调查指标也可以在模型建立时设定。

2）使用不同的抽样调查方法对这些总体"真值"进行重抽样，每次抽样过程中，计算表征抽样精密度和准确度的评价指标。

3）通过比较评价指标的数值区间分布来评价抽样调查设计的抽样表现，得到较为适配的抽样调查设计方法与抽样努力量。

4）根据实际情况，将得到的抽样调查设计形成调查方案。

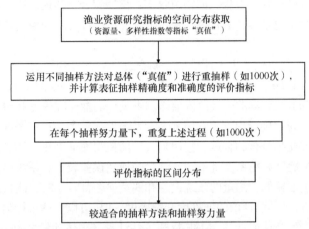

图 9-4　基于计算机模拟方法的抽样调查设计与优化流程示意图

1. 调查目标的选择　　调查目标可定义为研究对象某一方面的生物学和生态学属性，如单鱼种的丰度、体长、体重、环境 DNA（environmental DNA，eDNA）等，生物群落的丰富度指数、多样性指数等（表 9-8）。在调查目标的选择和量化上，因前期已进行调查所使用的调查网具、调查时间不同，进而在优化指数选择和标量化时存在不同，如使用单一鱼种的平均体重和平均体长作为采样断面优化的指标，使用每网次捕获的资源量、单位时间获取的资源量作为优化指标。

表 9-8　计算机模拟应用于抽样调查设计比较的相关过程

调查目标 （优化指标）	真值的获取方法	研究内容 （优化设计）	采用的评价指标
潮间带大型底栖动物种类数；eDNA	物种分布模型，如广义加性模型（GAM）	不同抽样调查方法的比较	相对误差（RE）和相对偏差（RB）、设计效果（design effect）等
近海渔业资源不同生物类群的丰富度指数和多样性指数、不同生物类群的资源密度（单位网次单位时间渔获质量）、近海渔业资源单一种类的资源量指数（平均单位网次渔获质量）、单一种类的平均体重/体长、湖泊单一鱼种的资源密度（尾/网次）等	克里金插值	采样站点/断面数量的优化	RE 和 RB、变异系数（CV）、均值方差（variance of mean，V）、均方误差（MSE）
每个站点采集的渔业资源尾数等	不同模型的比较（如 GAM 与分类回归树）	采样站点采样量的优化	蒙特卡罗模拟和种类累计曲线
潮间带大型底栖动物、岛礁海域鱼类群落等	原始调查数据	采样频率/间隔	

2. 调查目标"真值"获取方法　　物种分布模型（species distribution model，SDM）是获取研究对象（调查目标）初始"真值"最常用的方式。此外，运用调查数据进行调查目标的空间插值（如 Kriging 方法）或直接使用调查数据（如鱼类体长）等也是获得"真值"总体的途径和方法（表 9-8）。

SDM 的实现可分为构思、数据准备、模型拟合、模型验证和空间预测等过程。构思阶段，研究者在了解研究对象基本分布模式的基础上，根据已有研究积累、查阅文献确定模型算法；数据准备包括物种分布数据和环境数据的收集，物种分布数据可以通过优化采样设计的方式获得较为科学的数据样本，也可以从调查报告、博物馆收集；模型拟合、验证阶段一般将数据分为模拟数据和验证数据，并进行重复抽样［自展法（bootstrap）］；经过校准的模型最后可用于研究对象的空间预测。

3. 评价指标　　评价指标是用于评价抽样调查设计精密度的指数。相关研究中，相对误差（relative error，RE）、相对偏差（relative bias，RB）、均方误差（mean square error，MSE）、设计效果（design effect，Deff）等常被用来评价抽样调查设计的抽样准确度和精密度（表 9-8）。准确度表征测量值与真值之间的接近程度，它用来表示系统误差的大小；精密度表征多次重复测量同一目标值时各测量值彼此相符合的程度，它用来表示随机误差的大小。测量的系统误差和偶然误差都较大时，测量的准确度和精密度都不高；测量的偶然误差较小、系统误差较大时，测量值有较高的精密度，但准确度较低；测量的系统误差和偶然误差都较小时，测量的准确度和精密度都较高。RE 可以用于评价采样估计值的准确度和精密度，RB 可以评估采样估计值的准确度，以及判断是否对总体均值产生高估或低估。MSE 反映了估计量与被估计量之间的差异程度。Deff 常被用于衡量其他抽样调查设计与简单随机抽样之间在样本均值上的变化。

4. 调查方法的选择与抽样过程　　可将简单随机抽样、系统抽样、分层抽样、整群抽样、多阶段抽样、空间平衡性抽样等方法设计为调查方案并进行计算模拟抽样。使用不同抽样调查设计方法对抽样总体分别进行模拟抽样，模拟抽样从抽样总体抽取一定数量的样本，并设定抽取次数（如 1000 次），抽样过程中计算评价指标，然后再重复上述过程一定次数（如 1000 次），得到评价指标的多组数值，进而比较各抽样调查方法的评价指标的区间分布。

经比较得到较为合适的抽样设计之后，需要进一步对抽样努力量进行优化，包括站位数量、断面数量、抽样鱼体尾数、采样频率、采样起始时间的评价与优化等，目的是在调查精度和成本之间的权衡中找到最佳的抽样努力量，进而为渔业资源的科学研究与管理决策提供更高质量的调查数据。

三、基于计算机模拟方法的抽样调查设计与优化示例

2021～2022 年，依托"淞航号"远洋渔业资源调查船，上海海洋大学在西北太平洋开展了渔业资源与环境综合调查，渔业资源调查主要采用拖网进行。本节以西北太平洋渔业资源拖网调查为例，基于 2021～2022 年已获得的调查数据，运用计算机方法比较了简单随机抽样、系统抽样、分层抽样等方法的模拟抽样表现，得到相对适合的调查方案。

1. 2021～2022 年西北太平洋渔业资源拖网调查概况

（1）调查站位的设计　　2021 年度，西北太平洋渔业资源综合科学调查海域设定在 148°E～165°E、35°N～42°N，共设计站点 132 个，调查站位栅格大小为 1°×1°，开展渔业资源拖网调查站位 42 个。2022 年度，西北太平洋渔业资源综合科学调查海域设定在 148°E～164°E、35°N～45°N，南北方向上相比 2021 年度向北拓展了三个纬度，东西方向上向西缩减 1 个经度，共设计站点 76

个，调查站位栅格大小为 $2° \times 1°$，开展渔业资源拖网调查站位 36 个。

（2）调查网具及操作　　本次调查采用"淞航号"四片式中层拖网，拖网网口周长 434m，网具总长度 97.1m，上纲长 44.98m，网具采用单囊结构，网口部分采用大网目；网身部分采用机编网片；双叶网板，采用单手纲连接方式。拖网放网过程中，先将囊网缓慢放入水中，同时放入底纲和曳纲，逐渐将拖网主网放入水中，船速保持在 4~5kn，待整个网放入水中后，观察网位仪的参数，保证网口完全打开，同时继续调整曳纲的长度，使得左右网板保持平衡；待观察探鱼仪后，确定放网的水深，并停留在某一水层，匀速进行拖网作业。拖网作业时间保持在 2~3h。收网时，先将曳纲逐步收回，然后将所有的网片网衣等逐一回收，最后收回囊网，并在甲板展开囊网以供样品获取。

2. 调查目标　　西北太平洋渔业资源调查的目的是了解渔业主要经济种类组成、数量和空间分布特征，综合评价浮游动物、浮游植物、鱼卵、仔稚鱼、渔业资源种类的资源丰度和空间分布规律。根据 2021 年度和 2022 年度西北太平洋渔业资源拖网调查开展情况，综合考虑两年度调查海域范围、站位栅格大小，以调查站位渔获物单位捕捞努力量渔获量（CPUE）为调查目标（优化指标），通过模型拟合并预测得到潜在调查站位渔业资源密度值，以此为抽样总体，通过计算机模拟技术评价简单随机抽样、系统抽样、分层抽样等方法在获取资源情况上的表现，以期得到相对较好的调查站位设置方案，为下年度西北太平洋渔业资源拖网调查提供参考。

（1）调查目标抽样总体的获取　　以每个站位总渔获物的 CPUE 为调查目标，使用广义加性模型（GAM）建立 CPUE 与环境因子之间的关系，并预测得到 2022 年度未开展拖网调查站点的 CPUE，以此作为调查目标的抽样总体，并假设其能够在一定程度上反映调查海域渔业资源量实际分布情况。

由于"淞航号"在西北太平洋海域进行作业的方式为拖网作业，位置数据记录的是每次作业的下网和起网位置，计算两者的中间位置作为每次作业的经纬度。此外，每次作业的扫海面积定义为捕捞努力量，扫海面积的计算公式为

$$S = D \times T \times V$$

式中，S 为拖网作业的扫海面积（m^2）；D 为所用拖网的网口直径（m）；V 为拖网作业的拖速（km/h）；T 为拖网持续作业的时间（h）。

渔获物 CPUE 的计算公式为

$$CPUE = C/S$$

式中，CPUE 为单位捕捞努力量渔获量（kg/m^2）；C 为渔获物的质量（kg）；S 为拖网作业的扫海面积（m^2）。

（2）模型建立与筛选　　以 2021 年度和 2022 年度海上实际调查站点的 CPUE 为响应变量，选取海水温度（T）、盐度（S）、溶解氧（DO）、pH、叶绿素 a（Chla）、经度（Lon）、纬度（Lat）为自变量建立模型。

模型建立时，作如下考虑：①鉴于 CPUE 存在零值，建立模型时给其加常数 1；②考虑网具尺寸大小（拖网网口周长 434m，网具总长度 97.1m，上纲长 44.98m）和作业方式，选取 50m 水深的环境因子监测数据进行建模；③相比其他环境因子在站点间的变化，水温自身的变化较大，建立模型时把水温作为固定自变量。

模型的全因子表达式为

$$\ln(CPUE+1) = s(Lat) + s(Lon) + s(T) + s(S) + s(Chla) + s(pH) + s(DO)$$

采用方差膨胀因子（variance inflation factor，VIF）对自变量进行共线性检验，选择 VIF 检验

的临界值为 5，VIF 大于 5 的预测变量将被移除。将 VIF 检验后的所有预测变量以不同组合逐步放入 GAM 中，以赤池信息量准则（Akaike information criterion，AIC）来衡量模型拟合优度，由此得到最佳拟合模型。

（3）调查目标值预测　　综合 2021 年度和 2022 年度西北太平洋调查海域范围，以 $1° \times 1°$ 栅格大小对调查海域进行划分，选取经纬度整数点为栅格点，由此共形成 145 个栅格点（站位点）。未在 2022 年度实测环境因子的站点的环境数据从哥白尼网站下载。使用最佳模型和 145 个站点的环境因子数据预测得到 2022 年各站点 CPUE。

经模型比较，自变量组合"Lon+Lat+T+DO"与 CPUE 建立的模型为最优，因此使用该模型预测得到 145 个站点的 CPUE。

（4）抽样调查总体选定　　受调查范围广、调查数据积累仍较少等因素限制，模型的解释率偏低，交叉验证结果显示预测值与实测值的差距较大。为了更好地反映实际情况，将 2022 年已经开展拖网调查的站位的实测 CPUE 对相应站点 CPUE 进行了替换，由此得到 2022 年 145 个潜在调查站位的 CPUE。将这一数据集作为西北太平洋渔业资源调查的抽样调查总体，并假设其能在一定程度上反映实际情况。

从拖网调查 CPUE 实测值与预测值插值分布来看，在调查海域的北部（40°N～45°N、153°E～161°E）存在 CPUE 预测值的相对高值分布区，这与实测的 CPUE 分布一致；在 36°N～40°N、153°E～161°E 的调查海域，也存在 CPUE 的相对次高值区；在调查海域范围的西部海域（148°E～153°E）和东部海域（161°E～164°E），CPUE 相对较小。

3. 调查方案设计

（1）调查方案　　比较简单随机抽样（simple random sampling，SRS）、系统抽样（systematic sampling，SyS）和分层抽样（stratified sampling，StS）在评估西北太平洋拖网渔业资源调查获取站位单位捕捞努力量时的表现。

1）SRS：每次从 145 个站点中随机抽取 n 个，进行不放回抽样，相应抽样调查设计为 Design1。

2）SyS：按照站点经度大小对站点进行排序编号。按照经度的数值从小到大对 145 个站点进行排序编号，经度相同的站点按照纬度的数值从小到大进行排序编号。所有站点可以分成 $k=145/n$ 个组，随机抽取某个站点编号作为起点，再按照固定间隔 k 从总体中抽取 n 个站点，相应抽样调查设计为 Design2。

按照站点纬度大小对站点进行排序编号。按照纬度的数值从小到大对 145 个站点进行排序编号，纬度相同的站点按照经度的数值从小到大进行排序编号。所有站点可以分成 $k=145/n$ 个组，随机抽取某个站点编号作为起点，再按照固定间隔 k 从总体中抽取 n 个站点，相应抽样调查设计为 Design3。

3）StS：根据西北太平洋拖网渔业资源调查 CPUE 空间分布特征，按照层间异质性差别大、层内异质性差别小的分层原则，将调查水域划分为 4 层，如此，1～4 层包含的潜在站点数分别为 29 个、38 个、45 个和 33 个。

按照层内分配抽样数量方式的不同，将分层抽样分为三种抽样调查设计：①按照每层包含的潜在站点数量比例进行分配，相应的抽样调查设计为 Design4；②平均分配站点数至各层为 Design5；③按照抽样费用的最优分配准则为 Design6，计算公式如下：

$$\frac{n_h}{n} = \frac{\dfrac{W_h S_h}{\sqrt{C_h}}}{\sum_{h=1}^{L} \left(\dfrac{W_h S_h}{\sqrt{C_h}} \right)}$$

式中，L 为层数；n_h 为第 h 层应分配的站点数；n 为样本容量；W_h 为第 h 层占总体的权数；S_h 为第 h 层总体观测值的标准差；C_h 为第 h 层进行一个站点调查所需的调查费用（假设该参数在各层相等）。

为了评估采样数量对抽样调查设计的影响，结合 2021 年度和 2022 年度实际调查站位数量，先比较了 13 种站位数量下（32、36、40、44、48、52、56、60、64、68、72、76、80）各抽样调查设计的表现。

（2）抽样调查设计评价指标　　采用相对误差（relative error，RE）评价采样估计值的准确度（accuracy，与真值之间的差距）和精密度（precision，多次度量或计算结果的一致程度），计算公式为

$$\mathrm{RE} = \frac{\sqrt{\sum_{i=1}^{N} (V_i^{估计值} - V^{真值})^2 / N}}{V^{真值}} \times 100\%$$

采用相对偏差（relative bias，RB）比较采样估计值的偏差，计算公式为

$$\mathrm{RB} = \frac{\sum_{i=1}^{N} V_i^{估计值}/N - V^{真值}}{V^{真值}} \times 100\%$$

式中，$V_i^{估计值}$ 为抽样调查设计第 i 次模拟抽样调查的估计值均值；$V^{真值}$ 为相应季节对应渔业资源生物类群资源密度真值的均值；N 为模拟次数。RE 和 RB 能够反映估计值的偏差（bias）和变异（variation），较小的 RE 或 RB 表明有较好的估计表现，RB 还可以反映抽样调查设计对总体均值的高估和低估。

（3）模拟过程　　对抽样总体分别进行 6 个抽样调查设计的模拟抽样。模拟抽样先从抽样总体抽取，抽取次数为 1000 次，并计算 RE 和 RB，然后再重复上述过程 1000 次，得到两个评价指标的 1000 组数值，进而比较各调查设计 RE 和 RB 的区间分布。

4. 调查方案比较　　在 32～80 个调查站位范围内，随着调查站位数量的增加，6 种调查方案的相对误差（RE）逐渐减小（图 9-5）。6 种调查方案中，相对来说，在相同的调查站位数量下，系统抽样的两种调查方案的 RE 最小，其中以纬度大小进行站位编号的调查设计（Design3）的 RE 更小（图 9-5）。

比较了 40～58 个连续调查站位数量范围内，两种系统抽样调查设计模拟抽样 RE 数值变化（图 9-6），以纬度大小进行站位编号的调查设计（Design3）的 RE 更小，但是在 42～48 个连续调查站位数量范围内要注意系统调查对总体的偏高估计（图 9-7）。

5. 站位布设计划方案　　基于获得的抽样方案，结合"淞航号"实际调查能力，计划调查站点 35 个。考虑海上调查不确定性等情况，拟将 35 个拖网站位进行"29+6"的划分，使用系统抽样方法将 29 个站位进行分配，另外 6 个站位用于海上动态分配。

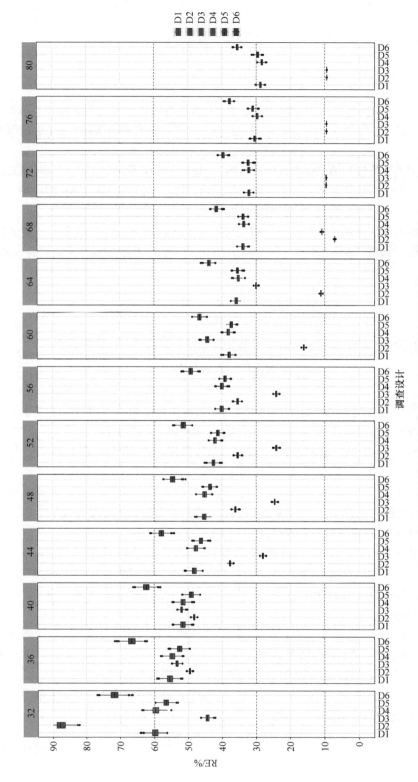

图 9-5　不同抽样站位数量情况下 6 种调查设计模拟抽样 RE 数值变化

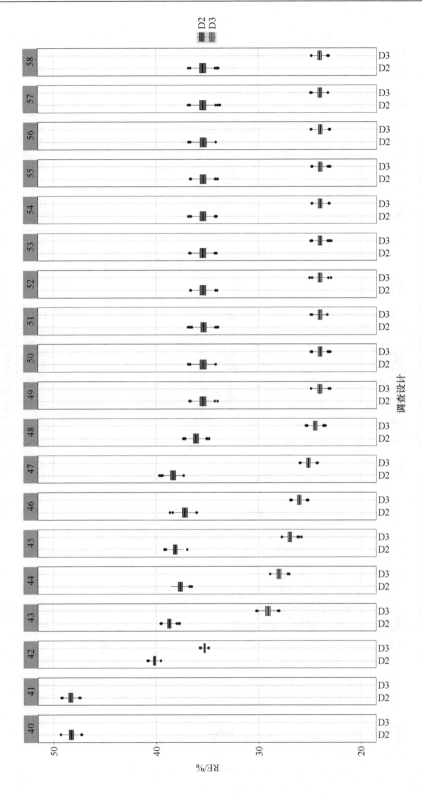

图 9-6　不同抽样站位数量情况下（40～58 个站位数）两种系统抽样调查设计模拟抽样 RE 数值变化

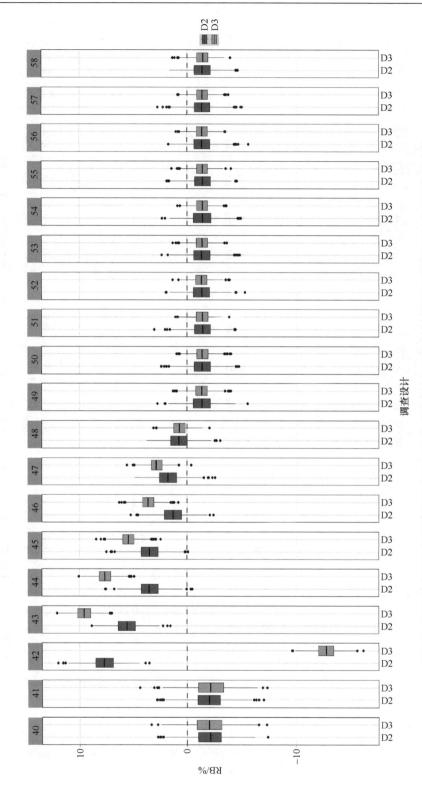

图 9-7 不同抽样站位数量情况下（40～58 个站位数）两种系统抽样调查设计模拟抽样 RB 数值变化

使用系统抽样方法分配 29 个站位形成 5 个站位布设计划方案。结合过去两个年度调查船实际航行路线（常规航线），选择常规航线上含有拖网调查站位较多的方案，建议优先选择第一种方案（图 9-8）。

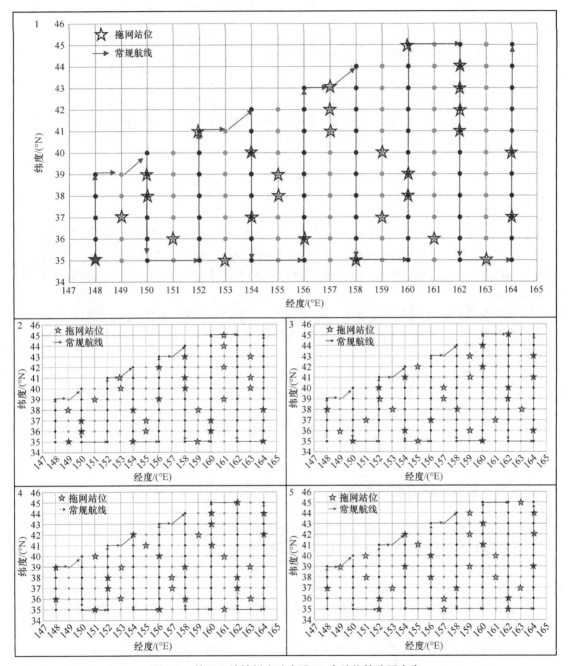

图 9-8 基于系统抽样方法布设 29 个站位的分配方案

如此，结合过去两个年度调查航线走向，为保证航行过程中拖网调查的连续性，在航线上连续未布设拖网调查的站点中布设动态调查站位（6 个），从而形成 2023 年西北太平洋渔业资源调查站位布设计划方案（图 9-9）。

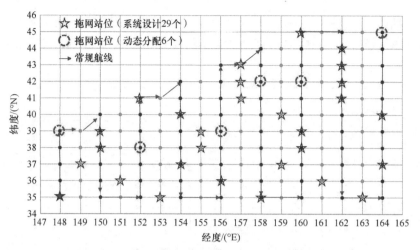

图 9-9　拖网调查站位布设计划方案示意图

6. 关于调查方案的几点说明

1）本调查站位布设计划方案基于 2021 年度和 2022 年度西北太平洋公海渔业资源拖网调查数据，以 1°×1°将调查海域进行站位划分，通过模型手段获取研究海域潜在站位 CPUE 分布，以此作为抽样总体比较几种抽样方案的表现并得到相对较好的抽样方案，在抽样总体获取等方面存在不确定性。

2）基于获得的抽样方案（系统抽样）将最大调查努力量（35 个拖网站位）进行了划分（"29+6"），29 个站位数量根据系统抽样方法间隔 5 个站位进行布设，6 个站位数量布设于在航线上连续未设置拖网调查的站位上。

3）本方案只是计划方案，实际调查可根据海上实际情况进行优化调整。

◆ 课 后 作 业

一、建议阅读的相关文献

1. 侍茂崇，高郭平，鲍献文. 2008. 海洋调查方法导论. 青岛：中国海洋大学出版社.

2. 海洋调查规范. GB/T 12763 6-2007. 第 1 部分至第 7 部分.

3. 刘勇. 2012. 渔业资源评估抽样调查方法的理论探讨与研究. 上海：华东师范大学硕士学位论文.

4. 赵静，章守宇，林军，等. 2014. 不同采样设计评估鱼类群落效果比较. 应用生态学报，4：1181-1187.

5. 赵静. 2014. 小尺度多生境下底层鱼类群落采样设计及影响因素——以马鞍列岛海域为例. 上海：上海海洋大学博士学位论文.

6. 黄海水产研究所. 1981. 海洋水产资源调查手册. 上海：上海科学技术出版社.

7. Cao J, Chen Y, Zhang J H, et al. 2014. An evaluation of an inshore bottom trawl survey design for American lobster（*Homarus americanus*）using computer simulations. Journal of Northwest Atlantic Fishery Science，46（27）：39.

8. Xu B D，Zhang C L，Xue Y，et al. 2015. Optimization of sampling effort for a fishery-independent survey with multiple goals. Environmental Monitoring and Assessment，187（5）：252.

9. 王晶，徐宾铎，张崇良，等. 2017. 黄河口鱼类底拖网调查采样断面数的优化. 中国水产科学，（5）：931-938.

10. Zhao J，Cao J，Tian S，et al. 2018. Evaluating sampling designs for demersal fish communities. Sustainability，10（8）：2585.

11. Zhang C，Xu B，Xue Y，et al. 2019. Evaluating multispecies survey designs using a joint species distribution model. Aquaculture and Fisheries，doi：10.1016/j.aaf.2019.11.002.

12. Ma J，Tian S Q，Gao C X，et al. 2020. Evaluation of sampling designs for different fishery groups in the Yangtze River estuary，China. Regional Studies in Marine Science，38：101373.

13. Zhao J，Yang K，Ma J. 2022. Optimization of sampling effort for different fishery groups in the Yangtze River estuary，China. Marine and Coastal Fisheries，14（4）：doi：10.1002/mcf2.10214.

二、思考题

1. 简述渔业资源调查的重要意义与目的。
2. 简述渔业资源调查的类型。
3. 简述渔业资源调查站位的设置原则。
4. 简述海洋水文观测的分类及其内容。
5. 简述海洋生物调查的种类及其内容。
6. 简述鱼类资源调查的内容。

主要参考文献

曹杰, 陈新军, 刘必林, 等.2010. 鱿鱼类资源量变化与海洋环境关系的研究进展. 上海海洋大学学报, 19(2): 232-239.

陈大刚. 1991. 黄渤海渔业生态学. 北京: 海洋出版社.

陈大刚. 1997. 渔业资源生物学. 北京: 中国农业出版社.

陈国柱, 林小涛, 许忠能, 等. 2008. 饥饿对食蚊鱼仔鱼摄食、生长和形态的影响. 水生生物学报, 3: 314-321.

陈锦辉, 庄平, 吴建辉, 等. 2011. 应用弹式卫星数据回收标志技术研究放流中华鲟幼鱼在海洋中的迁移与分布. 中国水产科学, 2: 437-442.

陈新军. 1999. 新西兰海域双柔鱼生物学的研究. 中国水产科学, 6(1): 28-33.

陈新军. 2014. 渔业资源与渔场学. 北京: 海洋出版社.

陈新军, 方舟, 苏杭, 等. 2013a. 几何形态测量学在水生动物中的应用及其进展. 水产学报, 12: 1873-1885.

陈新军, 高峰, 官文江, 等. 2013b. 渔情预报技术及模型研究进展. 水产学报, 37(8): 1270-1280.

陈新军, 刘必林, 方舟. 2009. 头足纲. 北京: 海洋出版社.

陈新军, 马金, 刘必林, 等. 2011a. 基于耳石微结构的西北太平洋柔鱼年龄与生长的研究. 水产学报, 35(8): 1191-1198.

陈新军, 田思泉, 陈勇, 等. 2011b. 北太平洋柔鱼渔业生物学. 北京: 科学出版社.

陈新军, 王尧耕, 钱卫国. 2013c. 中国近海重要经济头足类资源与渔业. 北京: 科学出版社.

程国宝, 史会来, 楼宝, 等. 2012. 三疣梭子蟹生物学特性及繁养殖现状. 河北渔业, 220(4): 59-61.

程济生. 2000. 东黄海冬季底层鱼类群落结构及其多样性. 海洋水产研究, 21(3): 1-8.

戴爱云, 杨思琼, 宋玉枝, 等. 1986. 中国海洋蟹类. 北京: 海洋出版社: 194-223.

代应贵, 岳晓烔, 尹邦一. 2013. 濒危鱼类稀有白甲鱼沅江种群与西江种群形态度量学性状的差异性. 生态学杂志, 32(3): 641-647.

邓景耀, 叶昌臣. 2001. 渔业资源学. 重庆: 重庆出版社.

邓景耀, 赵传絪. 1991. 海洋渔业生物学. 北京: 农业出版社.

董双林, 王志余. 1998. 国外对鱼类耳石日轮生长的研究. 大连水产学院学报, (3-4): 53-61.

窦硕增. 1992. 鱼类胃含物分析的方法及其应用. 海洋通报, 11(2): 28-31.

窦硕增. 1996. 鱼类摄食生态研究的理论及方法. 海洋与湖沼, 5: 556-561.

窦硕增. 2007. 鱼类的耳石信息分析及生活史重建——理论、方法与应用. 海洋科学集刊, 00: 93-113.

杜金瑞, 陈勃气, 张其永. 1983. 台湾海峡西部海区带鱼 *Trichiurus haumela* (Forkal) 的生殖力. 台湾海峡, 1: 122-132.

费鸿年, 张诗全. 1990. 水产资源学. 北京: 中国科技出版社.

福建水产学校. 1983. 渔业资源与渔场. 北京: 农业出版社.

高焕, 阎斌伦, 赖晓芳, 等. 2014. 甲壳类生物增殖放流标志技术研究进展. 海洋湖沼通报, 1: 94-100.

高丽. 2020. 基于主要海洋环境因子的浙江北部海域三疣梭子蟹补充量预测分析. 舟山: 浙江海洋大学硕士学位论文.

高天翔, 任桂静, 刘进贤, 等. 2009. 海洋鱼类分子系统地理学研究进展. 中国海洋大学学报(自然科学版), 5: 897-902, 1036.

高天翔, 张秀梅, 张美昭, 等. 2001. 寿南小沙丁鱼鳞片表面结构及轮纹特征的扫描电镜观察. 海洋湖沼通报, (3): 34-37.

高永华, 李胜荣, 任冬妮, 等. 2008. 鱼耳石元素研究热点及常用测试分析方法综述. 地学前缘, 6: 11-17.

贡艺, 陈新军, 李云凯, 等. 2015. 秘鲁外海茎柔鱼摄食洄游的稳定同位素研究. 应用生态学报, 9: 2874-2880.

国家海洋局. 2002. 中国海洋政策图册. 北京: 海洋出版社.

海洋调查规范. GB/T 12763 6-2007. 第 1 部分至第 7 部分.

侯刚, 张辉. 2023. 南海鱼卵图鉴(一). 青岛: 中国海洋大学出版社.

胡杰. 1995. 渔场学. 北京: 中国农业出版社.

胡贯宇, 陈新军, 刘必林, 等. 2015. 茎柔鱼耳石和角质颚微结构及轮纹判读. 水产学报, 3: 361-370.

黄海水产研究所. 1981. 海洋水产资源调查手册. 2 版. 上海: 上海科学技术出版社.

蒋瑞, 刘必林, 刘华雪, 等. 2018. 三种常见经济虾蟹类眼柄微结构分析. 海洋与湖沼, 49(1): 99-105.

蒋瑞, 刘必林, 张虎, 等. 2019. 中国对虾眼柄微结构与其生长关系的研究. 水产学报, 43(4): 928-934.

蒋瑞, 刘必林, 张健, 等. 2017. 甲壳类年龄鉴定方法研究进展. 海洋渔业, 39(4): 471-480.

金丽, 宋少东. 2004. 鱼类的繁殖类型. 生物学通报, 12: 17-18.

金岳. 2018. 基于硬组织的中国近海枪乌贼渔业生物学研究. 上海: 上海海洋大学博士学位论文.

雷霁霖, 樊宁臣, 郑澄伟. 1981. 黄姑鱼 (*Nibea albiflora* Richardson) 胚胎及仔、稚鱼形态特征的初步观察. 海洋水产研究, 1: 77-84.

李楠, 方舟, 陈新军. 2020. 剑尖枪乌贼渔业研究进展. 大连海洋大学学报, 35(4): 637-644.

李城华, 沙学绅, 尤锋, 等. 1993. 梭鱼仔鱼耳石日轮形成及自然种群日龄的鉴定. 海洋与湖沼, 24(4): 345-349.

李胜荣, 申俊峰, 罗军燕, 等. 2007. 鱼耳石的成因矿物学属性: 环境标型及其研究新方法. 矿物学报, Z1: 241-248.

李云凯, 贡艺. 2014. 基于碳、氮稳定同位素技术的东太湖水生食物网结构. 应用生态学报, 33(6): 1534-1538.

李忠义, 郭旭鹏, 金显仕, 等. 2006. 长江口及其邻近水域春季虻鲉的食性. 水产学报, 30(5): 654-661.

李忠义, 金显仕, 庄志猛, 等. 2005. 稳定同位素技术在水域生态系统研究中的应用. 生态学报, 11: 260-268.

栗小东. 2022. 基于多种模型的东海北部海域三疣梭子蟹时空分布特征分析. 舟山: 浙江海洋大学硕士学位论文.

联合国粮食及农业组织. 2014. 世界渔业和水产养殖状况——2014 年报告. 罗马.

联合国粮食及农业组织. 2016. 世界渔业和水产养殖状况——2016 年报告. 罗马.

联合国粮食及农业组织. 2022. 世界渔业和水产养殖状况——2022 年报告. 罗马.

梁佳伟. 2021. 基于生物地球化学技术的西北太平洋秋刀鱼栖息地评价研究. 上海: 上海海洋大学硕士学位论文.

林东明, 陈新军. 2013. 头足类生殖系统组织结构研究进展. 上海海洋大学学报, 3: 410-418.

林东明, 陈新军, 方舟. 2014. 西南大西洋阿根廷滑柔鱼夏季产卵种群繁殖生物学的初步研究. 水产学报, 6: 843-852.

林东明, 方学燕, 陈新军. 2015. 阿根廷滑柔鱼夏季产卵种群繁殖力及其卵母细胞的生长模式. 海洋渔业, 5: 389-398.

林新濯, 王福刚, 潘家模, 等. 1965. 中国近海带鱼 *Trichiurus haumela* 种族的调查. 水产学报, 4: 11-23.

林昭进, 梁沛文. 2006. 中华多椎鰕虎鱼仔稚鱼的形态特征. 动物学报, 3: 585-590.

刘勇. 2012. 渔业资源评估抽样调查方法的理论探讨与研究. 上海: 华东师范大学博士学位论文.

刘必林. 2012. 东太平洋茎柔鱼生活史过程的研究. 上海: 上海海洋大学博士学位论文.

刘必林, 陈新军. 2011. 头足类耳石. 北京: 科学出版社.

刘必林, 陈新军, 方舟, 等. 2014. 利用角质颚研究头足类的年龄与生长. 上海海洋大学学报, 6: 930-936.

刘必林, 陈新军, 李建华. 2015. 内壳在头足类年龄与生长研究中的应用进展. 海洋渔业, 1: 68-76.

刘必林, 陈新军, 马金, 等. 1994. 头足类耳石的微化学研究进展. 水产学报, 34(2): 315-321.

刘家富, 翁忠钗, 唐晓刚, 等. 1994. 官井洋大黄鱼标志放流技术与放流标志鱼早期生态习性的初步研究. 海洋科学, 5: 53-58.

刘梦娜. 2020. 中国枪乌贼形态学与摄食生态学研究. 上海: 上海海洋大学硕士学位论文.

陆化杰, 陈新军. 2012. 利用耳石微结构研究西南大西洋阿根廷滑柔鱼的年龄、生长与种群结构. 水产学报, 36(7): 1049-1056.

罗秉征, 卢继武, 黄颂芳. 1981. 中国近海带鱼耳石生长的地理变异与地理种群的初步探讨//中国海洋湖沼学会. 海洋与湖沼论文集. 北京: 科学出版社: 181-194.

倪震宇, 刘必林, 蒋瑞, 等. 2019. 利用眼柄微结构研究虾蟹类的年龄和生长的进展. 大连海洋大学学报, 34(1): 139-144.

欧阳力剑, 郭学武. 2009. 温度对鱼类摄食及生长的影响. 海洋科学集刊, 00: 87-95.

潘克赫斯特. 1984. 生物学鉴定方法——生物学鉴定的原理与实践. 王平远译. 北京: 科学出版社.

齐银, 王跃招. 2010. 物种生殖对策和交配对策的变异性. 四川动物, 29(6): 1002-1007.

丘古诺娃. 1956. 鱼类年龄和生长的研究方法. 陈佩薰译. 北京: 科学出版社.

上海水产学院. 1962. 水产资源学. 北京: 农业出版社.

沈建忠, 曹文宣, 崔奕波. 2001. 用鳞片和耳石鉴定鲫年龄的比较研究. 水生生物学报, 25(5): 462-466.

侍茂崇, 高郭平, 鲍献文. 2008. 海洋调查方法导论. 北京: 中国海洋大学出版社.

水柏年. 2000. 小黄鱼个体生殖力及其变化的研究. 浙江海洋学院学报(自然科学版), 19(1): 58-69.

宋海棠, 丁耀平, 许源剑. 1989. 浙北近海三疣梭子蟹洄游分布和群体组成特征. 海洋通报, 8(1): 66-74.

宋鹏东. 1982. 三疣梭子蟹的形态与习性. 生物学通报, (5): 20-23.

宋昭彬, 曹文宣. 2001. 鱼类耳石微结构特征的研究与应用. 水生生物学报, 6: 613-619.

孙松. 2012. 中国区域海洋学——生物海洋学. 北京: 海洋出版社.

孙颖民, 宋志乐, 严瑞深, 等. 1984. 三疣梭子蟹生长的初步研究. 生态学报, (1): 59-66.

唐启升. 2012. 中国区域海洋学——渔业海洋学. 北京: 海洋出版社.

田明诚, 徐恭昭, 余日秀. 1962. 大黄鱼 Pseudosciaena crocea (Richardson) 形态特征的地理变异与地理种群问题. 海洋科学集刊, 2: 79-97.

万瑞景, 李显森, 庄志猛, 等. 2004. 鳀鱼仔鱼饥饿试验及不可逆点的确定. 水产学报, 1: 79-83.

王晶, 徐宾铎, 张崇良, 等. 2017. 黄河口鱼类底拖网调查采样断面数的优化. 中国水产科学, (5): 931-938.

王腾, 黄丹, 孙广文, 等. 2013. 鱼类分批繁殖力和繁殖频率的研究进展. 动物学杂志, 1: 143-149.

王岩. 2021. 基于硬组织的北太平洋柔鱼渔业生态学对海洋环境变化的响应. 上海: 上海海洋大学博士学位论文.

王成友. 2012. 长江中华鲟生殖洄游和栖息地选择. 武汉: 华中农业大学博士学位论文.

王新安, 马爱军, 张秀梅, 等. 2006. 海洋鱼类早期摄食行为生态学研究进展. 海洋科学, 11: 69-74.

肖述, 郑小东, 王如才, 等. 2003. 头足类耳石轮纹研究进展. 中国水产科学, 1: 73-78.

熊瑛, 刘洪波, 汤建华, 等. 2015. 耳石微化学在海洋鱼类洄游类型和种群识别研究中的应用. 生命科学, 7: 953-959.

徐兆礼, 陈佳杰. 2009. 小黄鱼洄游路线分析. 中国水产科学, 6: 931-940.

徐恭昭, 罗秉征, 王可玲. 1962. 大黄鱼种群结构的地理变异. 海洋科学集刊, 2: 98-109.

许巍, 刘必林, 陈新军. 2018. 眼睛晶体在头足类生活史分析中的研究进展. 大连海洋大学学报, 23(3): 408-412.

颜云榕, 卢伙胜, 金显仕. 2011. 海洋鱼类摄食生态与食物网研究进展. 水产学报, 1: 145-153.

杨德国, 危起伟, 王凯, 等. 2005. 人工标志放流中华鲟幼鱼的降河洄游. 水生生物学报, 1: 26-30.

杨刚. 2017. 山东近海蟹类群落结构及三疣梭子蟹生长参数、资源量研究. 上海: 上海海洋大学硕士学位论文.

杨瑞斌, 谢从新. 2000. 鱼类摄食生态研究内容与方法综述. 水利渔业, 20(3): 1-3.

殷名称. 1995. 鱼类生态学. 北京: 中国农业出版社.

于洪贤, 马一丹, 柴方营, 等. 1997. 生态环境对鱼类繁殖的影响. 野生动物, 1: 14-17.

张其永, 蔡泽平. 1983. 台湾海峡和北部湾二长棘鲷种群鉴别研究. 海洋与湖沼, 14(6): 511-521.

张其永, 林双淡, 杨高润. 1966. 我国东南沿海带鱼种群问题的初步研究. 水产学报, 3(2): 106-118.

张仁斋, 陆穗芬, 赵传𬘭, 等. 1985. 中国近海鱼卵与仔鱼. 上海: 上海科学技术出版社.

张天风, 樊伟, 戴阳. 2015. 海洋动物档案式标志及其定位方法研究进展. 应用生态学报, 11: 3561-3566.

张学健, 程家骅. 2009. 鱼类年龄鉴定研究概况. 海洋渔业, 31(1): 92-98.

赵静. 2014. 小尺度多生境下底层鱼类群落采样设计及影响因素——以马鞍列岛海域为例. 上海: 上海海洋大学博士学位论文.

赵静, 章守宇, 林军, 等. 2014. 不同采样设计评估鱼类群落效果比较. 应用生态学报, 4: 1181-1187.

郑重. 1988. 中国海洋浮游生物学研究的回顾与前瞻. 台湾海峡, 4: 3-13.

郑元甲, 李建生, 张其永, 等. 2014. 中国重要海洋中上层经济鱼类生物学研究进展. 水产学报, 1: 149-160.

中国海洋渔业环境编写组. 1991. 中国海洋渔业环境. 杭州: 浙江科学技术出版社.

中国海洋渔业区划编写组. 1990. 中国海洋渔业区划. 杭州: 浙江科学技术出版社.

中国海洋渔业资源编写组. 1990. 中国海洋渔业资源. 杭州: 浙江科学技术出版社.

钟俊生, 楼宝, 袁锦丰. 2005. 鲵鱼仔稚鱼早期发育的研究. 上海水产大学学报, 3: 3231-3237.

钟俊生, 夏连军, 陆建军. 2005. 黄鲷仔鱼发育的形态特征. 上海水产大学学报, 1: 24-29.

周纪伦. 1982. 种群的基本特征和种群生物学的进展. 生态学杂志, 2: 35-41.

周应祺, 王军, 钱卫国, 等. 2013. 鱼类集群行为的研究进展. 上海海洋大学学报, 5: 734-743.

朱国平. 2011. 金枪鱼类耳石微化学研究进展. 应用生态学报, 8: 2211-2218.

朱国平, 宋旗. 2016. 运用脂褐素鉴定甲壳类年龄的研究进展. 生态学杂志, 35(8): 2225-2233.

渡部泰辅, 服部茂昌. 1971. 魚類の発育段階の形態の区分とそれらの生態的特徴. さかな, 7: 54-59.

久保伊津男, 吉原友吉. 1957. 水産資源学. 愛知県安: 共立出版株式会社: 483.

木部崎修. 1960. 東海黄海における底魚資源の研究. 水産庁西海区水産研究所, 5: 1-212.

真子滉. 1957. 東海黄海における底魚資源の研究. 水産庁西海区水産研究所, 4: 55-60.

Argelles J, Rodhouse P G, Villegas P, et al. 2001. Age, growth and population structure of jumbo flying squid *Dosidicus gigas* in Peruvian waters. Fisheries Research, 54(1): 51-61.

Arkhipkin A. 1992. Reproductive system structure, development and function in cephalopods with a new general scale for maturity stages. Journal of Northwest Atlantic Fishery Science, 12: 63-74.

Amundsen P A, Gabler H M, Staldvik F J. 1996. A new approach to graphical analysis of feeding strategy from stomach contents data—modification of the Costello (1990) method. Journal of Fish Biology, 48(4): 607-614.

Arkhipkin A I, Campana S E, FitzGerald J, et al. 2004. Spatial and temporal variation in elemental signatures of statoliths from the Patagonian longfin squid (*Loligo gahi*). Canadian Journal of Fisheries and Aquatic Sciences, 61(7): 1212-1224.

Bertschy K A, Fox M G. 1999. The influence of age-specific survivorship on pumpkinseed sunfish life histories. Ecology, 80: 2299-2313.

Boyle P, Rodhouse P. 2005. Cephalopods: Ecology and Fisheries. Oxford: Wiley-Blackwell.

Cailliet G M, Andrews A H, Burton E J, et al. 2001. Age determination and validation studies of marine fishes: do deep-dwellers live longer? Experimental Gerontology, 36(4-6): 739-764.

Cao J, Chen Y, Zhang J H, et al. 2014. An evaluation of an inshore bottom trawl survey design for American lobster (*Homarus americanus*) using computer simulations. Journal of Northwest Atlantic Fishery Science, 46(27): 39.

Cadrin S X, Kerr L A, Mariani S. 2014. Stock Identification Methods: Applications in Fishery Science. Amsterdam: Elsevier.

Chen X J, Lu H J, Liu B L, et al. 2011. Age, growth and population structure of jumbo flying squid, *Dosidicus gigas*, based on statolith microstructure off the EEZ of Chilean waters. Journal of the Marine Biological Association of the United Kingdom, 91(1): 229-235.

Chikaraishi Y, Steffan S A, Ogawa N O, et al. 2014. High-resolution food webs based on nitrogen isotopic composition of amino acids. Ecology and Evolution, 4(12): 2423-2449.

Collins M A, Burnell G M, Rodhouse P G. 1995. Reproductive strategies of male and female *Loligo forbesi* (Cephalopoda: Loliginidae). Journal of the Marine Biological Association of the United Kingdom, 75: 621-634.

Committee of Age Reading Experts(CARE). 2006. Manual on generalized age determination procedures for groundfish. http://care.psmfc. org/agemanual.htm[2023-10-20].

Cushing D H. 1968. Fisheries Biology: A Study in Population Dynamics. Madison: University of Wisconsin Press: 200.

Dale J J, Wallsgrove N J, Popp B N, et al. 2011. Feeding ecology and nursery habitat use of a benthic stingray determined from stomach content, bulk and amino acid stable isotope analysis. Marine Ecology Progress Series, 433: 221-236.

Dalsgaard J, St John M, Kattner G, et al. 2003. Fatty acid trophic markers in pelagic marine environment. Advances in Marine Biology, 46: 225-340.

FAO. 2011. Review of the state of world marine fishery resources. Rome: FAO Fisheries and Aquaculture Technical Paper, No. 569: 1-18.

Goff R L, Gauvrif E, Pinczon D S, et al. 1998. Age group determination by analysis of the cuttlebone of the cuttlefish *Sepia officinalis* L. in reproduction in the bay of Biscay. Journal of Molluscan Studies, 64: 183-193.

Hu G Y, Fang Z, Liu B L, et al. 2016. Age, growth and population structure of jumbo flying squid (*Dosidicus gigas*) off the Peruvian Exclusive Economic Zone based on beak microstructure. Fish Sci, 82(3): 597-604.

Hu Z, Gao S, Liu Y, et al. 2008. Signal enhancement in laser ablation ICP-MS by addition of nitrogen in the central channel gas. Journal of Analytical Atomic Spectrometry, 23 (8): 1093-1101.

Ikeda Y, Arai N, Sakamoto W, et al. 1996. Relationship between statoliths and environmental variables in cephalopods. International Journal of PIXE, 6: 339-345.

Ikeda Y, Arai N, Sakamoto W, et al. 1997. Comparison on trace elements in squid statoliths of different species'origin: as available key for taxonomic and phylogenetic study. International Journal of PIXE, 7(03n04): 141-146.

Ikeda Y, Arai N, Sakamoto W, et al. 1999. Preliminary report on PIXE analysis for trace elements of *Octopus dofleini* statoliths. Fisheries Science, 65(1): 161-162.

Ikeda Y, Yatsu A, Arai N, et al. 2002. Concentration of statolith trace elements in the jumbo flying squid during El Niño and non-El Niño years in the eastern Pacific. Journal of the Marine Biological Association of the United Kingdom, 82(5): 863-866.

Laptikhovsky V V, Arkhipkin A I, Hoving H J T. 2007. Reproductive biology in two species of deep-sea squids. Marine Biology, 152: 981-990.

Laptikhovsky V V, Nigmatullin C M. 1993. Egg size, fecundity, and spawning in females of the genus *Illex* (Cephalopoda: Ommastrephidae). ICES Journal of Marine Science: Journal du Conseil, 50: 393-403.

Laptikhovsky V V, Salman A, Önsoy B, et al. 2003. Fecundity of the common cuttlefish, *Sepia officinalis* L. (Cephalopoda, Sepiidae): a new look at the old problem. Scientia Marina, 67: 279-284.

Leporati S C, Semmens J M, Peel G T. 2008. Determining the age and growth of wild octopus using stylet increment analysis. Marine Ecology Progress Series, 367: 213-222.

Liu B L, Chen X J, Chen Y, et al. 2013. Age, maturation and population structure of the humboldt squid, *Dosidicus gigas* off Peruvian Exclusive Economic Zones. Chinese Journal of Oceanology and Limnology, 31(1): 81-91.

Lopez J L H, Hernandez J J C. 2001. Age determined from the daily deposition of concentric rings on common octopus (*Octopus vulgaris*) beaks. Fish Bull, 99: 679-684.

Ma J, Tian S Q, Gao C X, et al. 2020. Evaluation of sampling designs for different fishery groups in the Yangtze River estuary, China. Regional Studies in Marine Science, 38: 101373.

McClelland J W, Montoya J P. 2002. Trophic relationships and the nitrogen isotopic composition of amino acids in plankton. Ecology, 83: 2173-2180.

Medina A. 2020. Reproduction of Atlantic bluefin tuna. Fish and Fisheries, 21: 1109-1119.

Miriam L Z, Donald L S, David H S. 2012. Geometric Morphometrics for Biologists. New York: Elsevier.

Nigmatullin C M, Arkhipkin A, Sabirov R. 1995. Age, growth and reproductive biology of diamond-shaped squid *Thysanoteuthis rhombus* (Oegopsida: Thysanoteuthidae). Marine Ecology Progress Series, 43: 73-87.

Nigmatullin C M, Markaida U. 2009. Oocyte development, fecundity and spawning strategy of large sized jumbo squid *Dosidicus gigas* (Oegopsida: Ommastrephinae). Journal of the Marine Biological Association of the United Kingdom, 89: 789-801.

Ou L, Liu B, Chen X, et al. 2023. Automated identification of morphological characteristics of three thunnus species based on different machine learning algorithms. Fishes, 8(4): 182.

Perez J A A, O'Dor R K, Beck P, et al. 1996. Evaluation of gladius dorsal surface structure for age and growth studies of the short-finned squid, *Illex illecebrosus* (Teuthoidea: Ommastrephidae). Canadian Journal of Fisheries and Aquatic Sciences, 53: 2837-2846.

Pianka E R, Parker W S. 1975. Age-specific reproductive tactics. The American Naturalist, 109: 453-464.

Pianka E R. 1976. Natural selection of optimal reproductive tactics. American Zoologist, 16: 775-784.

Richardson D E, Marancik K E, Guyon J R, et al. 2016. Discovery of a spawning ground reveals diverse migration strategies in Atlantic bluefin tuna (*Thunnus thynnus*). Proceedings of the National Academy of Sciences, 113: 3299-3304.

Rocha F, Guerra Á, González Á F. 2001. A review of reproductive strategies in cephalopods. Biological Reviews, 76: 291-304.

Rodhouse P G, Robinson K, Gajdatsy S B, et al. 1994. Growth, age structure and environmental history in the cephalopod *Martialia hyadesi* (Teuthoidea: Ommastrephidae) at the Antarctic Polar Frontal Zone and on the Patagonian Shelf Edge. Antarctic Science, 6(2): 259-267.

Steven X C, Lisa A K, Stefano M. 2014. Stock Identification Methods: Applications in Fishery Science. New York: Elsevier.

van Winkle W, Rose K A, Winemiller K O, et al. 1993. Linking life history theory, environmental setting, and individual-based modeling to compare responses of different fish species to environmental change. Transactions of the American Fisheries Society, 122: 459-466.

Waldron M E, Michael K. 2001. Age validation in horse mackerel (*Trachurus trachurus*) otoliths. ICES Journal of Marine Science, 58: 806-813.

Xu B D, Zhang C L, Xue Y, et al. 2015. Optimization of sampling effort for a fishery-independent survey with multiple goals. Environmental Monitoring and Assessment, 187(5): 252.

Yatsu A, Mochioka N, Morishita K, et al. 1998. Strontium/calcium ratios in statoliths of the neon flying squid, *Ommastrephes bartrami* (Cephalopoda), in the North Pacific Ocean. Marine Biology, 131: 275-282.

Zelditch M L, Swiderski D L, Sheets H D. 2012. Geometric Morphometrics for Biologists. Amsterdam: Elsevier.

Zhang C, Xu B, Xue Y, et al. 2020. Evaluating multispecies survey designs using a joint species distribution model. Aquaculture and Fisheries, 5(2): 156-162.

Zhao J, Cao J, Tian S, et al. 2018. Evaluating sampling designs for demersal fish communities. Sustainability, 10(8): 2585.

Zhao J, Yang K E, Ma J. 2022. Optimization of sampling effort for different fishery groups in the Yangtze River estuary, China. Marine and Coastal Fisheries, 14(4): doi: 10.1002/mcf 2.10214.

Zumholz K, Kluegel A, Hansteen T, et al. 2007. Statolith microchemistry traces the environmental history of the boreoatlantic gonate squid *Gonatus fabricii*. Marine Ecology Progress, 333(Mar): 195-204.

Zumholz K. 2005. The Influence of Environmental Factors on The Micro-Chemical Composition of Cephalopod Statoliths. Kiel: University of Kiel.

附录　相关基本概念

第一章

1. 渔业资源（fisheries resources）：天然水域中具有开发利用价值的经济动植物（鱼类、贝类、甲壳类、海兽类、藻类）的种类和数量的总称。

2. 海洋渔业资源（marine fishery resources）：海洋资源的组成部分，也是渔业资源的组成部分。海洋中具有开发利用价值的生物种类和数量的总称。中国海洋生物种类达 20 000 多种，其中鱼类 3032 种，蟹类 734 种，虾类 546 种，软体动物 2557 种，大型经济海藻 790 种，海产哺乳动物 29 种。其特点是：①在资源种中缺乏世界性的广布种及高生物量鱼种；②生物种类组成复杂多样；③渔业资源数量的区域性差异明显。

3. 内陆水域渔业资源（inland water fishery resources）：分布在江河、湖泊、水库、池塘等内陆水域中水生经济动植物的种类和数量的总称。中国内陆水域鱼类资源有 800 多种，纯淡水鱼类约 760 种（亚种），分属于 13 目 38 科 226 属。鱼类中鲤科鱼类占重要地位，共 12 亚科 120 属 433 种，分布最广。贝类 169 种，虾类 60 多种，中华绒毛蟹占重要地位。水生植物中维管束植物 186 种。国家重点保护的水生动物有中华鲟、白鲟、胭脂鱼、白鳍豚、扬子鳄、大鲵等。

4. 跨界渔业资源（straddling fisheries resources）：出现在两个或两个以上沿海国专属经济区的种群，或出现在专属经济区内又出现在专属经济区外的种群。

5. 中上层鱼类（pelagic fishes）：主要生活于水域中层或上层的鱼类，如金枪鱼类、鲭类、鲹类、鳀类、沙丁鱼类等重要经济鱼类。常分布于外海的中上层或洋区表层，常作较长距离的洄游。体形一般呈流线型，游动敏捷快速。尾部肌肉发达，尾柄或具侧褶，尾鳍深叉形或新月形，背鳍、臀鳍后方常具小鳍，口多数为前位或上位，眼较发达或具脂眼睑。

6. 中层鱼类（mesopelagic fishes）：栖息在外海和大洋 200～1000m 水层内的鱼类。

7. 底层鱼类（ground fishes, demersal fishes）：主要生活于水域底层，游泳能力较差，洄游距离较短的鱼类。体形有纺锤形、平扁形或细长蛇形等。尾部肌肉不发达，一些种类背鳍、臀鳍常具强棘、毒刺或毒腺，眼无脂眼睑，口多数下位或位于头的腹面，某些种类有口须、颏须等触觉器官，牙较发达或锐利。种类繁多，包括大多数软骨鱼类、鲟形目、鲇形目、鳗形目、鳕形目、鲽形目、鲀形目、鮟鱇目及鲤形目的多数科属等。

8. 底栖种类（benthos species）：海洋底栖生物种类繁多，其中底栖植物种类较少，底栖动物种类多。底栖植物几乎全部为大型藻类，如海带、紫菜、石莼及海草和红树等。底栖动物按生活方式和栖息情况可分为：①底内动物（infauna），如蛏、蛤等双壳类软体动物直接穴居于底内筑巢或管道；②底上固着（sessile epifaunal）或附生于岩礁的海绵动物、藤壶、水螅、牡蛎、贻贝、扇贝等；③匍匐爬行于岩底表石的螺类、海星、寄居蟹等；④底上漫游活动的蝶形类、对虾类等，又称游泳性底栖动物。按底栖生物体型大小的不同，可分为：①大型底栖生物，体长或体径大于 1mm，如海绵、珊瑚等；②小型底栖生物，体长或体径为 0.5～1mm，如线虫类、猛水蚤类和介形类等；③微型底栖生物，体径小于 0.5mm，有原生动物、细菌等。

9. 底栖生物（benthos）：栖息于水域底表层或沉积物中的生物总称，是一类种类最多的海洋生物。包括的门类很多，从单细胞藻类、原生动物到鱼类等都有许多底栖生物种类。许多底栖生物可供食用，是渔业采捕或养殖对象，具有重要的经济价值。更多的底栖生物是经济鱼、虾类的天然饵料，它们在海洋食物链中是相当重要的一环。有些底栖生物是提取药物的原料，如柳珊瑚类中可提取前列腺素，鲍、珍珠、海人草等是传统的中药原料。

10. 渔业资源学（science of fisheries resources）：研究鱼类等种类的种群结构、繁殖、摄食、生长和洄游等自然生活史过程；研究鱼类等种类的种群数量变动规律、资源量和可捕量估算，以及不同管理策略下种群数量变动规律及其不确定性；研究鱼类等种类的资源开发利用与社会经济发展、资源优化配置规律；研究渔业资源管理与保护措施等内容，从而为渔业的合理生产、渔业资源的科学管理提供依据的科学。

11. 渔业资源生物学（广义，biology of fisheries resources）：研究鱼类等渔业生物的种群结构、年龄与生长、洄游与分布、摄食与繁殖、渔场分布与环境的关系、种群数量变动、资源量评估与管理等内容的一门学科。

12. 渔业资源生物学（狭义，biology of fisheries resources）：研究鱼类等水生生物的种群组成，以及以鱼类种群为中心，研究渔业生物的生命周期中各个阶段的年龄组成、生长特性、性成熟、繁殖习性、摄食、洄游分布等种群的生活史过程及其特征的一门学科。

13. 生物学指标（biological indicator）：渔业生物学的研究内容之一。利用鱼类等水生动物生物学上的某些特征值作为研究渔业资源的指标。如研究鱼类数量变动时，常用鱼类年龄组成、死亡率等；分析产卵群体时，常用性腺成熟度、雌雄比例等。

14. 生物学特性（biological characteristics）：渔业生物学的研究内容之一，包括鱼类等水生动物的形态、生态、生理特性，如鱼类体长、体重、寿命、性腺成熟度、繁殖力、生长、洄游习性和食性等。

第二章

1. 种群（population）：渔业资源研究、开发利用的具体对象和计量单位，也是物种进化的基本单元。其是指特定时间内占据特定空间的同种有机体的集合群。例如，终年生活在黄海的太平洋鲱可称为黄海种群；生活在渤海和黄海西部的对虾可称为渤海—黄海西部种群等。

2. 地方种群（endemic population）：种群类型的一种；局限分布于某一地理区域的独立种群；因地理分布限制，一般资源总量不大，应合理利用和保护，以防资源灭绝。

3. 外来种群（allochthonous population，exotic population）：种群类型的一种。从异地迁入或引进的生物种群。在引进时应防止生物入侵破坏当地生物多样性。

4. 群体（stock）：由可充分随机交配的个体群组成，具有时间或空间的生殖隔离及独立的洄游系统，在遗传离散性上保持着个体群的生态、形态、生理性状的相对稳定，是渔业资源评估和管理的基本单元。

5. 种族（race）：在遗传、形态和生态上具有某些相同特征，但繁殖相对独立的群体。最早出现在 Heincke（1898）的"北海大西洋种族鉴别的研究"中，以后常出现在渔业生物学的文献中。现已被种群或群体所代替。

6. 亚种群（subpopulation）：也称种下群。鱼类在其分布区内形成若干个相对独立的洄游，并在一定的水域进行产卵、索饵的小群体。由 Clark 和 Mayr（1955）首先提出，以后得到了国际上的重视。

7. 种群组成（population composition）：也称种群结构，为渔业生物学的研究内容之一，是指种群内部各生物学特征值的比例组成。包括年龄组成、性别组成、长度和质量组成，以及性成熟组成等，可反映种群同环境条件之间的相互关系。

8. 种群参数（population parameter）：决定种群性质的生物学指标，如性比、体长组成、出生率和死亡率、迁出和迁入等。

9. 种类组成（species composition）：群落中物种的成分。一个群落在质方面的表征，直接影响到群落的性质。

10. 种群鉴定（population identification）：渔业生物学的研究内容之一。利用鱼类的形态、生态、生理、生物化学和遗传特性等区分种群的工作。地理和生殖隔离及其隔离程度是区分种群的基本标准。鉴定材料一般应在产卵场采用产卵群体，样本要求新鲜、完整，并有足够的数量。

11. 种群年龄结构（population age structure）：渔业生物学的研究内容之一。种群内各年龄组个体的比例。一般指幼体、成体及老年个体的分布及其比例，可预测种群数量的动态变化。

第三章

1. 鱼卵（fish egg, fish roe）：鱼类的雌性生殖细胞。主要由卵膜、卵盘、卵黄、油球等部分组成。一般分浮性卵、沉性卵、黏性卵三种。海洋硬骨鱼类的受精卵发育可分为 4 个阶段：1 期，受精后的单细胞至 16 细胞期；2 期，16 细胞期至低囊胚期；3 期，低囊胚期至原口关闭；4 期，胚体尾芽出现至胚体破膜前。其可为探索新渔场和分析鱼类数量变动提供依据，并可推断鱼类产卵的时间和地点。

2. 浮性卵（pelagic egg）：鱼卵的一种。其密度小于水的卵。产出后悬浮在水中或水面上，随波逐流，漂浮发育。形状较小，色泽透明，大多内有油球，多为无黏性。多为海水鱼类，淡水鱼类较少，如乌鳢、鲚鱼和斗鱼等。

3. 沉性卵（demersal egg）：鱼卵的一种，是密度大于水的卵。产出后沉于水底基质上发育。一般较浮性卵为大。其中有：①无黏着性，粒粒分离的，如大麻哈鱼、虹鳟等；②带有黏性或长出黏丝的黏性卵，附着在水草或石块上。多为淡水鱼类，如淡水鲤、鲫等。海水鱼类较少。

4. 黏性卵（adhesive egg, viscid egg, sticky egg）：沉性卵的一种。卵膜表面有黏液或黏丝的鱼卵。产后常附着于水草、海藻或岩礁上，如鲤、鲫、团头鲂等。常用树枝等扎成鱼巢，营造其产卵环境。

5. 漂流性卵（drift egg）：沉性卵的一种。卵膜平滑无黏性并随流漂浮发育的鱼卵。产出后吸水膨胀特别明显，在卵膜和紧贴原生质的卵质膜之间出现较大的卵间隙，扩大了卵的体积，使密度减小，但仍稍大于水，如鲢、鳙等的卵。

6. 盘状卵裂（discoidal cleavage）：不完全卵裂的一种。含卵黄特别多的端黄卵的卵裂方式。由于细胞质占卵很小的区域，卵裂仅局限于这一部分。巨大的卵黄部分不能参与或不能完全参与卵裂。因卵裂的部分如盘状而得名。

第四章

1. 年龄鉴定（age identification）：根据鱼类等水生动物的鳞片、耳石、脊椎骨等的年轮、鳍条、体长或其他材料鉴定其年龄。依此可了解其寿命、性成熟时期，为渔业资源评估和管理及合理利用等提供依据。

2. 年龄鉴定形质（age identification character）：多数鱼类个体的若干组织，包括鳞片、耳石、硬棘、脊椎骨等，由于某种生理上的作用随季节改变而留下不同的痕迹。通过观察这些痕迹，加以统计整理，可推算其年龄及以往的成长过程。

3. 耳石（otoliths）：鉴定鱼类年龄的材料之一。鱼类等的内耳中由石灰质形成的石状物。其剖面有明显的轮纹，可判断其年龄。具有影响听神经的感觉作用，以及平衡鱼体的作用，也反映自身生长发育与外界环境的关系。

4. 鱼鳞（fish scale）：也称鳞片。被覆于鱼体表面的一种皮肤衍生物。具保护躯体的作用。由结缔组织构成，呈截头圆锥体，中央部分较四周为厚。从其中心伸向前区的一些条纹，称辐射沟、辐射管或辐射线。按其性质和形状，可分为：①盾鳞，如鲨、鳐等鱼类。②硬鳞，如鲟、鳇等鱼类。③骨鳞，如真骨鱼类，可再分为圆鳞，如鲥；栉鳞，如鲈。因水域环境和鱼类生理有周期性变化，因此在骨鳞上会出现有生长标志的年轮。鱼鳞也是水产品综合利用的原料，从中可提取鱼鳞胶等。

5. 副轮（false ring）：也称假轮。鳞片上留下不规则形状的轮圈。因饵料不足、水温突然变化、疾病等原因而形成。没有年轮清晰，需要周年观察或通过鳞长与体长的关系进行逆算等方法去加以分析与验证。

6. 生殖痕（spawning mark）：也称生殖轮或产卵标志。因鱼类生殖活动停止摄食或产卵等生理变化，影响鱼体生长而形成的轮圈。通常鳞片的侧区环片断裂、分歧和不规则排列，鳞片顶区常生成一个变粗了的暗黑环片，并常断裂成许多细小的弧形部分，环片的边上常紧接一个无结构的光亮间隙。溯河性鲑鳟类中最为常见。

7. 再生鳞（regenerated scale）：鳞片脱落后，在原有部位又长出的新鳞片。该鳞片的中央部分无透明齿质环片的同心点，不适用于年龄鉴定。

8. 幼轮（fry check）：也称零轮。当年鱼在生长过程中，由于食性转换或外界环境因子突变等因素的作用，在鳞片上形成的轮纹。常见于一些降河洄游的幼鱼。

9. 年轮（annual ring, annulus）：鱼类鳞片或耳石断面在秋冬季形成的密带和翌年春夏形成的疏带轮纹之间区分年龄的分界线。鱼类生长快时，环纹间距宽，形成疏带；生长慢时，环纹间距窄，形成密带。一年之中所形成的疏带和密带，称为一个生长年带。生长带围绕着鳞焦，一个接一个的数目与鱼龄一致。依此可推断鱼类的年龄、生长速率及生殖季节等。

10. 日轮（daily ring）：一些处在稚鱼期的鱼类或生命周期短的水生动物如头足类等，因昼夜环境的变化而在耳石断面上留下当日的轮纹。由轮纹的数目可推测其孵化后的日数或日龄，以及食性改变的时期等。

11. 年龄锥体（age pyramid）：也称年龄金字塔形。表示动物种群的年龄组成时，按不同年龄级，自上而下，自年幼至年老，用横柱逐龄作图，横柱的长度表示各年龄的个体数或百分比，所成的图形通常呈锥体形。

12. 鱼类生长（fish growth）：渔业生物学的研究内容之一。鱼类通过摄食、消化吸收，使食物转化成体长和体重的增长过程。通常有三个阶段：①未达到性腺成熟的时期，鱼类体长生长最迅速；②性成熟的时期，鱼类所有的体内贮藏物质大多转化成生殖产物，体长生长缓慢，体重增长迅速，生殖能力显著提高；③衰老期，正常新陈代谢减弱，绝大部分食物仅用于维持生命，生长极缓慢直到衰亡。

13. 生长曲线（growth curve）：分析鱼类等水产动物生长特性的方法之一。在坐标图上绘制的动物个体体长或体重与时间关系的曲线图形。

14. 生长系数（growth coefficient）：也称瞬时生长率。鱼类等水生动物的生长参数之一。水生动物个体体长或体重的生长速率和该个体当时的体长或体重的比值。通常以符号 g 表示。

15. 生长率（growth rate）：也称生长速率。鱼类等水生动物的生长参数之一。鱼类等在单位时间内所增加的长度或质量。

16. 生长方程（growth equation）：渔业生物学的研究内容之一。描述水生动物的体长或体重与其年龄或能代表年龄等指标之间关系的数学模型。通常有指数方程、幂函数方程、特殊的 V-B 方程、一般的 V-B 方程、逻辑斯谛方程和 Gompertz 方程 6 种数学类型。可用来分析生长速率、生长加速度和生长拐点等特性，也是 B-H 渔业资源评估模型的基础。

17. 李氏现象（Lee's phenomenon）：在渔业生物学的研究中，通常根据鱼类年轮半径的大小，来推算鱼体在不同年龄的体长，但一些学者在推算鱼类早期的鱼体大小时，发现所使用的鱼体年龄愈大，所得结果则愈小，在老龄鱼体上表现得尤为明显。因此，Rosa Lee（1920）提出了修正公式：$L_t = \dfrac{R_t}{R} \times (L-a) + a$。式中：$L_t$ 为鱼类在以往年份的长度；L 为捕获时实测的长度；R_t 为 L_t 相应年份鳞片的长度；R 为捕获时鳞片的长度；a 为开始出现鳞片时的鱼体长度。

18. 逻辑斯谛生长方程（Logistic growth equation）：生长方程的类型之一。S 形曲线的生长方程。常被用来描述研究人口的增长和动物种群数量的增加，但也适合描述鱼类和甲壳类的生长。

19. von Bertalanffy 生长方程（von Bertalanffy growth equation）：生长方程的常用类型之一。von Bertalanffy（1934，1938）从理论生物学的角度出发，认为水生生物体的生命物质的瞬时变化，是由于生物体本身的新陈代谢过程的同化作用和异化作用相互作用的结果。

20. 生长速率（growth speed）：鱼类等水生动物的生长参数之一。体长或体重的生长方程对年龄的一阶导数。以常用的 von Bertalanffy 生长方程为例，其体长和体重生长速率的表达式分别为：$\dfrac{\mathrm{d}L_t}{\mathrm{d}t} = KL_\infty \mathrm{e}^{-K(t-t_0)}$，$\dfrac{\mathrm{d}W_t}{\mathrm{d}t} = 3KW_\infty \mathrm{e}^{-K(t-t_0)}[1-\mathrm{e}^{-K(t-t_0)}]^2$。式中，$t$ 为年龄；L_t 和 W_t 分别为 t 龄时的平均体长和体重；L_∞ 和 W_∞ 分别为平均渐近体长和体重；K 为生长参数；t_0 为理论上的假设年龄。

21. 生长加速度（growth acceleration）：鱼类等水生动物的生长特性之一。体长或体重的生长方程对年龄的二阶导数。以常用的 von Bertalanffy 生长方程为例，其体长和体重生长加速度的表达式分别为：$\dfrac{\mathrm{d}^2 L_t}{\mathrm{d}t^2} = -K^2 L_\infty \mathrm{e}^{-K(t-t_0)}$，$\dfrac{\mathrm{d}^2 W_t}{\mathrm{d}t^2} = 3K^2 W_\infty \mathrm{e}^{-K(t-t_0)}[1-\mathrm{e}^{-K(t-t_0)}][3\mathrm{e}^{-K(t-t_0)}-1]$。式中，$t$ 为年龄；L_t 和 W_t 分别为 t 龄时的平均体长和体重；L_∞ 和 W_∞ 分别为平均渐近体长和体重；K 为生长参数；t_0 为理论上的假设年龄。

22. 生长拐点（growth inflexion）：鱼类等水生动物的生长参数之一。生长速率所达到的最大的点。

23. 拐点年龄（age of inflecting point）：鱼类等水生动物的生长参数之一。体重的生长加速度等于零，或体重绝对生长速率达到最大时的年龄。

24. 补偿性生长（compensatory growth）：鱼类生理学理论研究的基本内容之一。鱼类在生活周期中，因缺乏饵料而生长减缓，一旦饵料充足，恢复摄食后，出现超正常生长速率的现象。其可为渔业资源管理及水产养殖实践提供理论指导。

25. 临界年龄（critical age）：渔业生物学的研究内容之一。当自然死亡系数与瞬时生长率相等时的平均年龄。

26. 临界体长（critical size）：鱼类等水产动物的生长参数之一，是指自然死亡系数与瞬时生长率相等时的平均体长。

27. 渐近体长（asymptotic length）：也称极限体长。鱼类等水生动物的生长参数之一。某鱼群所有个体在自然状态中所能增长的最大长度的平均值。

第五章

1. 繁殖习性（reproductive habit）：渔业生物学的研究内容之一。鱼类等水生动物生殖行为与过程所表现的特性。主要包括繁殖期、排卵方式、产卵类型及繁殖力等内容。

2. 繁殖力（fecundity）：也称生殖力。渔业生物学的研究内容之一。在一个生殖期内，雌性个体可能排出的卵的绝对数量和相对数量。一个是在一个生殖期内，雌性个体可能排出的卵的总数量，称为个体绝对繁殖力。另一个是在一个生殖期内，雌体个体可能排出的单位体重或单位体长的卵的数量，称为个体相对繁殖力。

3. 分批繁殖力（batch fecundity）：渔业生物学的研究内容之一。某些鱼类中雌性个体怀卵分期分批成熟时，卵巢中成熟的卵的数量。其绝对繁殖力是各批繁殖力的总和。

4. 种群繁殖力（population fecundity）：渔业生物学的研究内容之一。在一个生殖季节里，某一种群中所有成熟雌鱼可能产出的总卵数。

5. 怀卵量（fish brood amount）：渔业生物学的研究内容之一。鱼类等水产动物个体怀卵的数量。通常用计数法、质量比例法、体积比例法和利比士法等测定。其数量常与其生物学特性、卵粒大小、生殖方式、卵的性质及年龄、体重、体长等有关。体外受精的水产动物，因受敌害的吞食和环境的影响，一般其怀卵的数量较多，如翻车鱼的怀卵量高达上亿粒；体内受精的水产动物，多为卵胎生，仔鱼在母体内发育，一般其怀卵的数量较少，如宽纹虎鲨仅产 2～3 粒。有的终生仅产一次卵，如大麻哈鱼；有的一生多次怀卵与产卵，如小黄鱼。

6. 排卵量（ovulating amount）：渔业生物学的研究内容之一。鱼类等水产动物个体产卵前卵巢内全部卵数减去产卵后剩余在卵巢内的数量。通常以产卵前卵巢内第Ⅳ期成熟卵数来计算。

7. 性比（sex ratio）：渔业生物学的研究内容之一。种群内的雌雄个体数量之比。通常从渔获物中随机抽样测得。在产卵场，产卵群体的性比组成是分析渔汛的重要依据。

8. 鱼类生殖群体类型（types of spawning stock）：鱼类等水生动物群体的性未成熟、初次性成熟、重复生殖等不同类型的总称。按鱼类等水产动物寿命长短可分为：①寿命短的鱼类和甲壳类等，首次产完卵后一般即死亡，如中国明对虾、毛虾、香鱼、银鱼、大麻哈鱼等，$D=0$，$K=P$；②中等寿命的鱼类、软体动物等，如带鱼等，$D>0$，$K>D$，$K+D=P$；③长寿命鱼类和鲸类等，如大黄鱼和长须鲸等，$D>0$，$K<D$，$K+D=P$。其中，D 为剩余群体数量；K 为补充产卵群体数量；P 为产卵群体或生殖群体数量。

9. 性腺成熟度（maturity of gonads）：鱼类等性腺发育程度的指标之一。根据性腺外表性状和性细胞发育程度，以目测法划分的性腺发育阶段。主要根据性腺外形、血管分布、卵与精液颜色及其大小等特征来判别。中国将鱼类性成熟分为 6 期：1 期，性腺尚未发育；2 期，性腺开始发育或产卵后性腺重新发育；3 期，性腺正在成熟；4 期，性腺即将成熟；5 期，性腺完全成熟，即将或正在产卵；6 期，已产卵或排精后。

10. 性腺成熟系数（coefficient of maturity）：鱼类等性腺发育程度的指标之一。表示鱼类等水生动物性腺成熟度的特征数值。通常用性腺质量占其纯体重的千分数表示。可判明鱼类性腺发育周期、性成熟特征和主要生殖时期。

11. 性腺指数（gonad index）：鱼类等水生动物性腺发育程度的指标之一。性腺质量或长度与其体重或体长之间关系的特征数值。通常有：精巢体指数=精巢重/体重×100；精巢长指数=精巢长/体长×100；缠卵腺体指数=缠卵腺重/体重×100；缠卵腺长指数=缠卵腺长/体长×100。

12. 生殖对策（reproductive strategy）：是指物种个体为获得较高的繁殖适合度（reproductive fitness）所采取的不同生殖方式，是繁殖行为变异性的进化稳定策略。

13. r 策略（r-strategy）：是指种群内的个体常把较多的能量用于生殖，而把较少的能量用于生长、代谢和增强自身的竞争能力的种类，这些种类的内禀自然增长率（r）高，其生活史在不确定或出现时间短暂的生境中体现出较大的适合度，表现出显著的环境和种群波动、资源补充恢复能力较强。此类水生生物的属性是：性成熟早、生长率快、体型小、死亡率高、寿命短。很多单次生殖的鱼类均偏向于这种策略，如大麻哈鱼、大洋性柔鱼类等。

14. K 策略（K-strategy）：是指种群内的个体常把更多的能量用于除生殖以外的生长、代谢和增强自身的竞争能力等其他各种活动的种类，这些种类的环境容纳量（K）具有优越性，其生活史在稳定的生境中具有较高的适合度，表现出较低的种群波动和较强的环境抵抗力，资源补充恢复缓慢。此类水生生物的属性是：性成熟迟、生长率慢、体型大、死亡率低、寿命长。多次生殖的物种均偏向于该策略，如大多数的硬骨鱼类等。

第六章

1. 摄食强度（feeding intensity）：也称胃饱满度。渔业生物学常规调查项目之一。判断鱼类等水生动物胃中食物饱满程度的标准。通常分为 5 级：0 级，空胃；1 级，胃内有少量食物，其体积不超过胃腔的 1/2 级；2 级，胃内食物较多，其体积超过胃腔的 2/3 级；3 级，胃内充满食物，但胃壁不膨胀；4 级，胃内食物饱满，胃壁膨胀变薄。为探索索饵鱼群的重要指标。

2. 胃含物分析（analysis of stomach content）：渔业生物学的研究内容之一。对胃内所含食物的种类和数量进行鉴定与计量。为合理利用水域饵料资源、提高增养殖效果、侦察索饵鱼群等提供依据。

3. 摄食饱满系数（feeding coefficient）：分析鱼类等水生动物摄食饱满度的指标之一。实测胃含物质量乘 10 000 除以鱼的体重所得的万分比数值。其公式为：饱满系数=消化道质量/鱼纯体重×10 000。

4. 含脂量（fat content）：渔业生物学的研究内容之一。鱼类等水生动物体内脂肪的含量。不同生物体脂肪储存部位不同。大多数鱼类积累在肠膜，鳕科和鲨的脂肪集中在肝脏，鳗鲡主要集中在肌肉。脂肪积累的程度是生物体在特定水域中饵料保障的指标。其变化与生物体的行动、成活率和数量的变动有着密切的关系。

5. 肥满度（condition factor）：也称丰满度。渔业生物学的研究内容之一。鱼类等水产动物个体的肥瘦程度。反映了鱼类等水产动物的肥瘦程度和生长情况。

6. 营养级（trophic level）：在海洋生态系的食物能量流通过程中，按食物链环节所处位置而划分的等级。如自养的植物是生产者，为第一营养级；食草动物是消费者，为第二营养级；食肉动物也是消费者，为第三营养级，还有第四营养级等。其数目是有一定限制的，通常只有 4～5 级。

7. 海洋食物链（marine food chain）：在海洋生物群落中，由摄食而形成的链状食物关系。通常达到 4～5 级，而陆生食物链通常仅 2～3 级。每升高一级次，有机物和能量就要有很大的损失。处于低食物链级的动物多，高链级的数量小，构成了海洋中生物量和能量两种"金字塔"。

8. 海洋食物网（marine food wet）：在海洋生态系统中，各种生物纵横交错的食物关系所形成的复杂网络结构。其网络状的营养关系比陆地更为复杂。其结构越复杂，一个生态系统中群落就越稳定。

9. 生态金字塔（ecological pyramid）：也称生态锥体。沿着食物链营养顺序向上，有机体数目、生物量和能量的分布逐级递减形成的锥体营养结构。包括数目金字塔、生物量金字塔和能量金字塔。单位时间的能流量或净生产力，也称生产力金字塔。通常能量金字塔呈现规律性，能比较准确地反映营养级之间的能量传递的有效性。

10. 生物多样性（biodiversity）：一定空间范围内多种多样活动的有机体如动物、植物和微生物等有规律地结合的总称。包括遗传基因、物种和生态系统三个层次。由于食物链的作用，地球上每消失一物种，往往有10～30种依附该物种的生物也随之消失。

11. 竞争（competition）：生物为争夺食物或栖息地等对另一种生物产生不利或有害的影响。通常分为不同种之间的种间竞争和同一种内的种内竞争。最剧烈的常见于有种间或种内最大共同争夺的生物之间。

12. 生态位（ecological niche）：也称生态龛。物种或种群在其所属生态系统中所处的位置。主要有：①该种群在与无机环境相联系的生活场所中所处的时空位置；②该种群在生态系统的食物网中所处的位置。位置越接近，其种间竞争越激烈。在渔业生产中，该理论对鱼类分层混养或混合放养等有指导意义。

13. K 选择（K-selection）：也称 K 策略（K-strategy）。鱼类生态策略的一种。生活在稳定的环境中，其种群数量维持在一定平衡状态 K 值附近的种类。通常出生率低，寿命长和个体大，具有较完善的保护幼体的机制。一般扩散能力较弱，但竞争能力较强，把有限能量资源多投入到提高竞争能力上。

14. r 选择（r-selection）：也称 r 策略（r-strategy）。鱼类生态策略的一种。具有较大的扩散能力，且适应多变栖息生境的种类。通常出生率高、寿命短、个体小，常常缺乏保护后代的机制，子代死亡率高。

15. 鱼类饵料基础（fish feeding base）：水域中鱼类饵料生物的种类和数量。可分为：①浮游植物，主要为藻类，有硅藻、双鞭毛藻等；②浮游动物，包括桡足类、枝角类、糠虾等；③底栖生物，有长毛类、短毛类、多毛类等；④自泳生物，包括鱼类和头足类。其丰度和变化往往影响着鱼类生长发育和数量变动。

16. 海洋生态系统（marine ecosystem）：生态系统的一种。海洋中由生物群落与其环境之间相互进行物质和能量循环而构成的统一的自然系统。由于海洋生物群落之间的相互依赖性和流动性，其缺乏明显的分界线。利用数学模式预测人为影响对海洋环境和资源的变化，是其研究重点，可为资源开发、利用、发展和环境管理、整治等提供科学依据。

17. 河口生态系统（estuary ecosystem）：生态系统的一种。河口水域中各类生物之间及其与环境的相互关系而构成的统一体。河口环境具有多变性，而该区域内的人类活动频繁，大量陆源污染物排放，对其研究尤为重要。

18. 上升流生态系统（upwelling ecosystem）：生态系统的一种。上升流海区内的各类生物之间及其与环境相互作用而构成的统一体。上升流将把深水中大量的营养盐带到表层，提供了丰富的饵料，易形成著名渔场。例如，秘鲁外海的强劲上升流，使这一海区成为世界著名的鳀渔场。

19. 深海生态系统（deep-sea ecosystem）：生态系统的一种。大陆架以外、水深超过200m的深海水域各生物之间及其与环境的相互关系而构成的统一体。通常其物理因子变化较小，趋于均衡状态，缺乏阳光，形成黑暗、低温和高压的环境。由于不能进行光合作用，一般没有植物也没有植物性动物，只有碎食性和肉食性动物、异养微生物和少量滤食性动物。在大洋深海海底存在特殊的海底热泉生物群落，为海洋生物学研究开辟了新领域。

20. 大洋生态系统（large marine ecosystem，LME）：生态系统的一种。在接近大陆的广阔海域，其面积在 20 万 km² 或更大，具备水文、海底地形、生产力和种群间营养关系 4 个表征的大洋生态系统。美国国家海洋和大气管理局 K. Shesman 博士和罗德岛大学 L. Alexandes 博士等于 1982 年提出。其研究有利于跨国研究、监测、管理和持续利用海洋，完整认识每个生态系统的结构与功能。世界近岸海域共分为 49 个大洋生态系统，黄海、东海、南海和黑潮区是其中 4 个。

21. 水域生态平衡（aquatic ecological equilibrium）：某水域在一定时间内，动植物群落在其生态系统发展过程中物质和能量的输入与输出维持相对稳定的状态。通常这一状态是动态变化的，其原因主要有：①自然因素，如厄尔尼诺现象的影响；②人为因素，如过度捕捞、水域污染及建造大型水利工程。水域初级生产力的降低、群落结构的变化等均会破坏其平衡，给渔业等带来不利的后果。

22. 生态容量（ecological capacity）：生态系统的特征指标之一。生态系统所能支持的某些特定种群的限度。

第七章

1. 洄游（migration）：鱼类等水产动物的生活习性之一。一些水生动物由于生活环境影响和生理习性要求，进行定期、定向的周期性移动。一般有：①产卵洄游，也称生殖洄游。在产卵前，按一定路线集群向产卵场的迁移；②索饵洄游，育肥期间，集群向饵料丰富水域的迁移；③越冬洄游，为避寒向深海或适温水域的迁移。其迁移所经过的路径，称为洄游路线。掌握其规律对渔情预报和渔业资源开发、养护具有重要意义。

2. 降河洄游（catadromous migration）：产卵洄游的一种。在河川中生长，到深海进行产卵的洄游。产卵时由河川向海洋洄游，幼仔鱼由深海向河川洄游，如鳗鲡。

3. 溯河洄游（anadromous migration）：产卵洄游的一种。在海洋中生长，到河川进行产卵的洄游。仔幼鱼由河川游向深海生长，性成熟的成鱼由海洋游回到原河川进行产卵，如大麻哈鱼等。

4. 产卵场（spawning ground）：也称繁殖场。鱼类、虾类等水生经济动物集群产卵的场所。因产卵群体密集，往往成为良好渔场。为保护产卵群体，常被设定为禁渔区。掌握产卵的场所，对渔业资源的利用和保护都有重大意义。

5. 索饵场（feeding ground）：鱼类、虾类等水生经济动物进行摄食的场所。通常饵料生物丰富，有利于鱼类等摄食和生长。河口、流界、上升流等海域饵料丰富，往往成为较好的索饵场所，也是良好渔场。

6. 越冬场（over-wintering ground）：冬季鱼类、虾类等水生经济动物因避寒而转移到适合栖息的场所。通常是良好渔场。因适温性的不同，越冬的场所也不同。

7. 集群（assemblage）：鱼类等水生动物的生活习性之一。由于鱼类在生理上的要求和生活上的需要，一些在生理状况相同又有共同生活需要的个体集合成群，以便共同生活的现象。按生活阶段和环境条件，集群的规模和方式可分：①由性腺已成熟而聚集的，称为生殖集群，也称产卵集群；②由捕食相同而聚集的，称为索饵集群；③因冬季水温下降而共同寻找适合场所而聚集的，称为越冬集群；④因环境条件突变或遇到凶猛水生动物而引起暂时性聚集的，称为临时集群。

8. 垂直移动（vertical migration）：鱼类等水生动物的生活习性之一。有些水生动物为追索饵料或适应环境，对其所处的栖息水层作上下移动的习性。有的水生动物所作周日性的水深变化，称为"昼夜垂直移动"。例如，大洋性柔鱼类和带鱼等在白天大多处于较深水层，傍晚逐步向上移动。

9. 标志放流（tagging and releasing）：研究鱼类等水生动物洄游路线及考察渔业资源的方法之

一。将捕获的野生或培育的鱼类等个体加上标志，再回放水域中自由生活。根据重捕数量、时间、地点和海况等数据，与原放流记录进行分析，可判断其分布区域、洄游路线和生长状况。依此可评估渔业资源量及利用状况等。按标识可分为：在生物体器官上做标记的标记放流，如切鳍烙印；将特制的标志物附加在生物体上的标牌放流，如体外标志法、同位素标志法、生物遥感标志法、数据储存标志法和分离式卫星标志法等。

10. 同位素标记法（isotope labeling method）：标志放流的一种。利用放射性同位素具有可探测射线的特点，使它与化学物质结合作为标记，以研究鱼类等水生动物迁移途径的方法。

11. 线码标志（coded wire tag，CWT）：体内标志的一种。通过特定的标志器注入鱼体、标有编码的细小金属丝。

12. 卫星跟踪标志（pop-up tag）：体外标志的一种。植入鱼体、能自动记录海洋环境参数、经一定时期后离开鱼体浮至水面，当卫星经过时能自动发射数据的设施。一般用于大型水生动物如哺乳动物、海龟、鲨鱼及金枪鱼类。

13. 回捕（return，recapture）：标志个体放流后重新被捕获的过程。为研究鱼类洄游分布和生长等提供依据。

14. 回捕率（recapture rate）：标志个体放流后重新捕获的尾数与放流总尾数之比。可作为评价渔业资源的依据。

第八章

1. 海湾（bay）：指洋或海的一部分延伸入大陆，且其深度逐渐减小的水域。

2. 大陆坡（continental slope）：一般指大陆架外缘以下更陡的区域，实际上是指大陆构造边缘以内的区域，且处于由厚的大陆地壳向薄的大洋地壳的过渡带之上。

3. 大洋环流（ocean circulation）：是指海域中的海流形成首尾相接的相对独立的环流系统。

4. 西边界流（western boundary current）：是指大洋西侧沿大陆坡从低纬度向高纬度的海流，包括太平洋的黑潮与东澳大利亚海流，大西洋的湾流与巴西海流，以及印度洋的莫桑比克海流等。

5. 西风漂流（west wind drifting current）：与南北半球盛行西风带相对应的是自西向东的强盛的西风漂流，即北太平洋流、北大西洋流和南半球的南极环流。

6. 海洋生物区系（marine biological fauna）：是指生存在某海域内各个种、属和科等生物的自然综合。

第九章

1. 渔业资源调查（fishery resources survey）：对水域中经济生物个体或群体进行样本采集的活动，旨在了解其繁殖、生长、死亡、洄游、分布、数量等信息，是开展水产捕捞和渔业资源管理的基础性工作。

2. 抽样调查（sampling survey）：一种非全面调查，它是按照一定程序从总体中抽取一部分个体作为样本进行调查，并根据样本调查结果来推断总体特征的数据调查方法。

3. 海洋初级生产力（marine primary productivity）：是指海洋植物，特别是浮游植物通过光合作用将无机碳转化为有机碳的过程，是海洋生态系统的基础。

4. 浮游生物（plankton）：泛指生活于水中但缺乏有效移动能力的漂流生物，包括浮游植物和浮游动物两大类，是各种渔业生物直接或间接的饵料。

5. 概率抽样（probability sampling）：也称随机抽样，是指遵循随机原则进行的抽样，总体中每个个体都有一定的机会被选入样本。从理论上讲，概率抽样是最科学的抽样方法，它能保证抽取出来的样本对总体的代表性。

6. 简单随机抽样（simple random sampling）：也称纯随机抽样，是直接从总体中抽选个体，每个个体被选入样本的概率相等，可分为有放回和无放回两种方式。

7. 系统抽样（systematic sampling）：也称等距抽样，是将总体 N 个个体按某种顺序排列并编号，按随机等规则确定一个随机起点，再每隔一定间隔逐个抽取样本单位的抽样方法。典型的系统抽样是先从数字 1 和 N 之间随机抽取一个数字 r 作为初始起点，设 k 为间距，以后依次取 $r+k$，$r+2k$，…。

8. 分层抽样（stratified sampling）：也称类型抽样，它首先将要研究的总体按某种特征或某种规则划分为不同的层（组），然后按照等比例、最优比例等方式从每一层（组）中独立、随机地抽取个体，最后将各层的样本结合起来对总体的目标量进行估计。